개정12판

Cocktail &
Beverage

NCS 자격검정을 위한

조주학개론

현대 칵테일과 음료이론

이석현 · 김용식 · 김종규 · 김학재 · 김선일 공저

(사)한국베버리지마스터협회·한국바텐더협회 공식지정도서

백산출판사

추천사

세계 각국에는 음식과 더불어 많은 음료가 있다. 그중에서도 술은 그 국가와 민족의 정서가 담겨 생활문화를 이루고 있다. 그들만의 독특한 술의 탄생, 비법, 환경, 또 즐기는 멋 등은 우리들로 하여금 호기심을 불러일으킨다.

이제 문화교류가 활발해지면서 식문화 체험은 자연스런 현상이 되었다. 요즈음은 국내에서도 세계적으로 유명한 주류는 다 볼 수 있고, 우리는 그 멋을 즐기는 시대에 살고 있다. 단순히 그저 취하는 술이 아닌 다른 나라의 문화를 느끼며 체험한다.

이러한 때에 대부분의 사람들은 좀 더 정확하고 자세한 음료 정보를 원하게 되고, 이에 종사하는 직업인들은 더욱 많은 종류의 구체적인 내용을 얻고자 한다. 이는 그것을 토대로 우리 민족성에 맞는 문화를 이루어내기 위함이다.

이에 관련된 책은 많이 있으나 내용이 비슷비슷하고 미흡하다. 그런데 여기 방대한 자료 수집, 내용의 정확성, 체계적이고 풍부한 사진 자료 등으로 알차게 준비한 종합적인 책을 보고 매우 반갑고 부러웠다. 내가 하고 싶고 만들고 싶었던 작업을 대신해 준 저자에게 감사의 마음을 전한다.

저자의 수년간의 자료 수집, 검증, 보충, 검토, 확인 등 그 집념과 노력으로 이루어낸 이 책은 음료의 지식을 얻으려는 모든 분께 큰 도움을 줄 것으로 믿어 의심치 않는다.

이에 (사)한국바텐더협회는 협회 지정도서로 삼고자 한다. 기초부터 시작해서 음료 전문가 자격증을 취득하려는 분뿐만 아니라 현재 종사 중인 분들에게도 새로운 음료 문화를 창조하는 데 훌륭한 지침서가 될 것이라 확신한다.

(사)한국바텐더협회
평생교육원 원장 **고 치 원**　洪致元

추천사

　　술은 인간을 위해 만든 것이 아니다. 술은 신에게 바치기 위해 인간이 만들어낸 최고의 걸작품이다. 동서고금을 막론하고 신이나 조상에게 제사를 지낼 때는 예외없이 술을 바치고 있다. 그래서 술은 만든다기보다는 빚는다는 표현을 사용함으로써, 마치 도예가가 도자기를 빚어내듯이 술을 빚어내는 것을 예술의 경지로 승화시키고 있다.

　　신과 조상만이 받을 수 있는 천상의 음식인 술을 신과 조상을 받드는 의식을 빙자하여 인간이 먹게 되었으며, 인간이 술을 마심으로써 신의 경지를 넘보는 천기를 범하게 되어 술은 잘 마시면 약이 되지만 잘못 마시면 폐가망신하게 되는 묘약이 되는 것이다. 모든 경조사에 술이 빠질 수 없는 것도 이 때문일 것이다.

　　인간의 희로애락을 술로써 달래고, 인생을 논하는 자리에서 윤활유 구실을 톡톡히 해내는 술! 술은 나라와 민족을 초월하는 만국 공통의 음료이기에 민족마다, 나라마다, 지방마다 나름대로의 독특한 술이 있기 마련이다. 따라서 술을 만드는 방법도 다양할 수밖에 없다.

　　이러한 의미에서 이 책은 국내적으로 양조학 분야에 있어서 이론과 실제를 겸비하고 있는 몇 안 되는 전문가 중 한 사람인 이석현 교수와 동료 교수들의 술에 대한 남다른 애정과 집념과 노력의 결과로 빚어낸 작품이라고 아니할 수 없을 것이다.

　　칵테일을 즐기는 고객들을 위하여 직접 칵테일을 만들어 제공하는 현장에서 일하며 주경야독하여 "傳統 民俗酒를 利用한 Cocktail의 開發"이라는 논문으로 석사학위를 획득하고도 학문에 대한 남다른 집념으로 박사학위까지 도전하여 이제는 대학 강단에서 후학을 가르치는 저자를 대할 때, 저자와 전공이 같은 본인으로서는 참으로 반갑고 부러운 작품이 아닐 수 없어 추천사의 부탁을 기꺼이 받아 함께 기쁨을 나누고자 한다.

　　양조학 분야에 이렇다 할 교과서가 없는 우리의 실정으로서는 이번에 저자들이 집필하여 세상에 내놓게 된,『조주학개론-현대 칵테일과 음료이론』은 내용은 물론이고 편집이나 장정에도 심혈을 기울였음을 책의 곳곳에서 확인할 수 있어 이 분야를 전공하는 후학들뿐만 아니라 전문가들에게도 유익한 전문서적으로서의 역할을 충분히 해낼 수 있을 것으로 사료되어 삼가 추천하는 바이다.

동국대학교 생명자원과학대학
식품공학과 교수 공학박사　　노 완 섭

머리말

　우리나라에 칵테일이 들어온 연대는 정확히 알 수 없으나 근대호텔의 등장과 함께였을 것으로 추정된다. 그리고 1963년 리조트 호텔인 워커힐에 칵테일 바를 운영하면서 조금씩 알려지기 시작하다가 '88서울올림픽을 계기로 외식산업이 급속히 발달하고 웨스턴 바가 등장하면서 칵테일의 대중화 바람이 불어 현재에 이르고 있다. 또한 세계인의 축제 2002 한일월드컵을 훌륭하게 치러내면서 관광산업의 발전가능성이 높다는 것을 알 수 있었다. 본 교재는 이러한 시대적 흐름에 부응하고자 롯데호텔에서 바텐더로 30년간 근무하면서 좀더 체계적이고 실용적인 책의 필요성을 느끼고 준비해 오던 자료와 강의 내용을 바탕으로 바텐더 지망생, 호텔, 외식관련학과 학생들에게 도움을 주고자 알기 쉽게 구성하였다.

　본 교재 제1부에서는 음료의 개요와 역사 등을 다루었고, 제2부에서는 양조주로 맥주와 와인에 대해 살펴보았으며, 제3부에서는 증류주로 위스키, 브랜디, 진, 보드카, 럼, 테킬라, 소주 등에 관해서, 제4부에서는 혼성주로 리큐어의 정의, 역사, 제조법, 종류에 관해 살펴보았다.

　제5부에서는 비알코올성 음료로 청량음료, 영양음료, 기호음료에 대해 자세히 서술하였고, 제6부에서는 2024년 1월 1일부터 적용되는 조주기능사 실기시험 개정 칵테일 40종을 새롭게 수록하였다.

　본 교재의 개정판을 거듭하면서 좀 더 알찬 내용을 위해 최선의 노력을 해왔으나, 부족한 부분에 대해서는 계속 연구하고 지도하면서 전문가의 조언과 현장 실무자의 도움을 얻어 충실한 내용으로 수정해 나갈 것이며 많은 분들에게 도움이 되는 교재가 되었으면 한다.

　끝으로, 본서의 출판을 도와주신 백산출판사 진욱상 사장님을 비롯한 임직원 여러분께 감사의 말씀을 드리며, 자료에 도움을 주신 롯데호텔 바텐더 선후배님들과 동국대학교 노완섭 교수님, (사)한국바텐더협회 고치원 평생교육원 원장님, 유윤종 교수님, 월간 커피 발행인이신 홍성대 대표님, 바텐더 아카데미 레서퍼 류중호 원장님 등 여러분에게 깊은 감사를 드립니다.

저자 씀

차 례

Chapter **1**

음료의 개요

1. 음료의 역사

인류 최초의 음료는 물이다. 옛날 사람들은 이런 순수한 물을 마시고 그들의 갈증을 달래고 만족했을 것이다. 그러나 세계문명의 발상지로 유명한 티그리스(Tigris)강과 유프라테스(Euphrates)강의 풍부한 수역에서도 강물이 오염되어 그 일대 주민들이 전염병의 위기에 처해지기도 했지만, 독자적인 방법으로 강물을 가공하여 안전하게 마신 것으로 전해진다. 인간은 오염으로 인해 순수한 물을 마실 수 없게 되자 색다른 음료를 연구할 수밖에 없었다.

음료에 관한 고고학적(考古學的) 자료가 거의 없기 때문에 정확히 알 수는 없으나 자연적으로 존재하는 봉밀(蜂蜜)을 그대로 또는 물에 약하게 타서 마시기 시작한 것이 그 시초라 한다.

1919년에 발견된 스페인의 발렌시아(Valencia) 부근에 있는 동굴 속에서 약 1만 년 전의 것으로 추측되는 암벽조각에는 한 손에 바구니를 들고 봉밀을 채취하는 인물그림이 있다. 다음으로 인간이 발견한 음료는 과즙(Fruit Juice)이다. 고고학적 자료로써 BC

6000년경 바빌로니아(Babylonia)에서 레몬(Lemon)과즙을 마셨다는 기록이 전해지고 있다. 그 후 이 지방 사람들은 밀빵이 물에 젖어 발효된 맥주를 발견해 음료로 즐겼으며, 중앙아시아 지역에서는 야생의 포도가 쌓여 자연 발효된 포도주를 발견하여 마셨다고 한다.

인간이 탄산음료를 발견하게 된 것은 자연적으로 솟아나오는 천연 광천수(Mineral Water)를 마시게 된 데서 비롯된다. 어떤 광천수는 보통 물과 달라서 인체나 건강에 좋다는 것을 경험으로 알게 되어 병자에게 마시게 했다.

기원전 그리스(Greece)의 기록에 의하면, 이러한 광천수의 효험에 의해 장수했다고 전해지고 있다. 그 후 로마(Rome)시대에는 이 천연 광천수를 약용으로 마셨다고 한다. 그러나 약효를 믿고 청량한 맛은 알게 되었으나 그것이 물속에 함유된 이산화탄소(CO_2) 때문이란 것은 알지 못했었다. 탄산가스의 존재를 발견한 것은 18C경 영국의 화학자 조셉 프리스트리(Joseph Pristry)이며, 그는 지구상 주요 원소의 하나인 산소의 발견자로서 과학사에 눈부신 업적을 남겼다. 탄산가스의 발견이 인공 탄산음료 발명의 계기가 되었고, 그 이후에 청량음료(Soft Drink)의 역사에 크게 기여하게 되었다고 한다. 그리고 인류가 오래전부터 마셔온 음료로 유(乳)제품이 있다.

목축을 하는 유목민들은 양이나 염소의 젖을 음료로 마셨다고 한다. 현대인들 누구나가 즐겨 마시는 커피도 AD 600년경 에티오피아에서 염소를 치는 칼디에 의해 발견되어, 약재와 식료 및 음료로 쓰이면서 홍해 부근의 아랍 국가들에게 전파되었고, 1300년경에는 이란(Iran)에, 1500년경에는 터키(Turkey)에까지 전해졌다.

인류가 음료의 향료에 관심을 가지게 된 것은 그리스(Greece)나 로마(Rome)시대부터라고 전해지고 있으나, 의식적으로 향료를 사용하게 된 것은 중세 때부터로, 십자군의 원정이나 16C경부터 시작된 남양(南洋) 항로개발로 동양의 향신료를 구하게 된 것이 그 동기가 되었다.

당시에는 초근목피(草根木皮)에 함유된 향신료(Spice and Bitter)를 그대로 사용하였으나, 18C에 과학의 다양화와 소비자의 기호에 맞춘 여러 종류의 청량음료가 시장에

나오게 되었다. 그 외 알코올성 음료도 인류의 역사와 병행하여 많은 발전을 거듭하여 오늘에 이르렀고, 유(乳)제품을 비롯한 각종 과일주스가 나오게 되면서 점점 다양화되어 현재에 이르게 된 것이다.

2. 음료의 정의

우리 인간의 신체 구성요건 가운데 약 70%가 물이라고 한다. 모든 생물이 물로부터 발생하였으며, 또한 인간의 생명과 밀접한 관계를 가지고 있는 것이 물, 즉 음료라는 것을 생각할 때 음료가 우리 일상생활에서 얼마나 중요한 것인지를 알 수 있다. 그러나 현대인들은 여러 가지 공해로 인하여 순수한 물을 마실 수 없게 되었고, 따라서 현대문명 혜택의 산물로 여러 가지 음료가 등장하게 되어 그 종류가 다양해졌으며 각자 나름대로의 기호음료를 찾게 되었다.

음료(Beverage)라고 하면 우리 한국인들은 주로 비알코올성 음료만을 뜻하는 것으로, 알코올성 음료는 '술'이라고 구분해서 생각하는 것이 일반적이라 할 수 있다. 그러

나 서양인들은 음료에 대한 개념이 우리와 다르다. 물론 음료 (Beverage)라는 범주(category)에서 알코올성, 비알코올성 음료로 구분을 하지만, 마시는 것은 통칭 음료라고 하며, 어떤 의미는 알코올성 음료로 더 짙게 표현되기도 한다. 또한 와인 (Wine)이라고 하는 것은 포도주라는 뜻으로 많이 쓰이나 넓은 의미로는 술을 총칭하고 좁은 의미로는 발효주(특히 과일)를 뜻한다.

일반적으로 술을 총칭하는 말로는 리쿼(Liquor)가 있으나, 이는 주로 증류주(Distilled Liquor)를 표현하며, Hard Liquor (독한 술, 증류주) 또는 Spirits라고도 쓴다.

3. 음료의 분류

음료란 크게 알코올성 음료(Alcoholic Beverage=Hard Drink)와 비알코올성 음료 (Non-Alcoholic Beverage=Soft Drink)로 구분되는데, 알코올성 음료는 일반적으로 알코올이 포함된 술을 의미하고, 비알코올성 음료는 알코올이 포함되지 않은 것으로 청량음료, 영양음료, 기호음료로 나눈다. 음료를 종류별로 분류해 보면 다음과 같다.

● **음료의 분류**

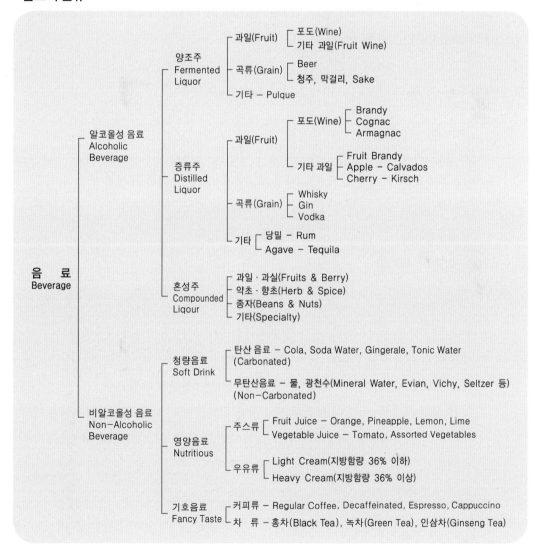

4. 주세법상 주류의 정의와 분류

1) 주류의 정의(제3조)

우리나라 주세법상 주류라 함은 주정(희석하여 음료로 할 수 있는 것을 말하며, 불순물이 포함되어 있어서 직접 음료로 할 수는 없으나 정제하면 음료로 할 수 있는 조주정을 포함한다)과 알코올분 1도 이상의 음료(용해하여 음료로 할 수 있는 분말상태의 것을 포함하되, 약사법에 의한 의약품으로서 알코올분 6도 미만의 것을 제외한다)를 말한다. 다시 말해 전분(곡류), 당분(과일)들을 발효 및 증류시켜 만든 1% 이상의 알코올(Ethanol)성분이 함유된 음료이다.

2) 주류의 종류

(1) 주정

(2) 발효주

발효주라 함은 기타 발효액으로 제성(製成)한 것으로서 다음의 것을 말한다.

① 탁주(濁酒)　　　　　　　② 약주(藥酒)

③ 청주(淸酒)　　　　　　　④ 맥주(麥酒)

⑤ 과일주(果實酒)

(3) 증류주

증류주라 함은 주료(酒料), 기타 알코올분을 함유하는 물료(物料)를 증류하여 제성한 것으로 다음의 것을 말한다.

① 소주로 통합(제조방법으로만 구분 ; 2013년 1월 1일부터 적용)

　　가. 증류식 소주 : 녹말이 포함된 재료 등을 원료로 하여 발효시켜 단식 증류한 소주

　　나. 희석식 소주 : 주정을 주된 원료로 하여 물로 알코올도수를 낮춘 소주

② 위스키　　　　　　　　　③ 브랜디

④ 일반 증류주　　　　　　　⑤ 리큐어

(4) 기타 주류

Chapter **2**

술의 개요

1. 술의 역사

　술은 인류의 역사와 더불어 존재하였으며, 저마다 그 나라의 풍습과 민속을 담고 있다. 어느 나라 술의 역사를 보아도 그 기원은 아주 먼 고대로부터 전래되고 있으며, 고대인에게 있어서 술은 신에게 바치는 신성한 음료로 전승되어 왔음을 알 수 있다.

　인간이 어떻게 술을 알게 되었는가에 대해서는 어느 정도 추측으로 알 수 있다. 한 예로 원숭이가 술을 만들었다고 전하는 말과 같이, 수렵시대에 바위틈이나 움푹 패인 나무 속에서 술이 발견되었다고 하는데, 이것은 과일이 자연적

● 아르마냑 지방의 **연속증류기**

으로 발효해서 술이 된 것이다. 이어서 유목시대와 농경시대 사이에 곡류에 의한 술이 만들어져 술은 다양화되었다. 현재 곡주로서 가장 오래된 것으로 알려진 것이 맥주인데 우리나라에서는 막걸리가 같은 예에 속한다.

• 포도주의 신
디오니소스-레오나르도 다빈치 그림

맥주는 인간이 한곳에 정착하여 농사를 짓기 시작한 농경시대부터 비롯되었는데, BC 4000년경 수메르(Sumer)인에 의해 맥주가 최초로 만들어졌다고 한다. 맥주 다음으로 발견된 술은 포도주(Wine)로, 구약성서(Bible)에 노아(Noah)가 포도주에 취한 기록이 있듯이 이미 포도원을 경작하였음을 추측할 수 있다. 그리스신화에서는 디오니소스가 포도주 만드는 방법을 가르쳤다고 전한다.

중세 이전까지 인간은 맥주, 포도주를 즐겨 마셨으나, 중세에 접어들면서 8C에 아랍의 연금술사인 제버(Geber)로 알려진 자비르 이븐 하얀(Jabir Ibn Hayyan)이라는 사람이 보다 강한 주정(酒精)의 제조과정을 고안해냈다. 그 이후 십자군전쟁(1096~1291)으로 연금술 및 증류비법이 유럽에 전파되었고, 1171년에 헨리 2세가 아일랜드를 침입하였을 때 곡물을 발효하여 증류한 강한 술을 마셨다고 한다.

12C경 러시아에서 보드카(Vodka)가 만들어졌고, 13C경에는 프랑스에서 아르노 드 빌누브(Arnaud de Villeneuve)라는 의학교수에 의해 브랜디(Brandy)가 발견되었다. 17C경 네덜란드 라이덴 대학의 의학교수인 실비우스(Sylvius) 박사에 의해 진(Gin)이 탄생했고, 거의 같은 시기에 서인도제도에서는 사탕수수를 원료로 한 럼(Rum)을 만들어 마셨다. 그 후 멕시코에 있는 스페인 사람들은 원주민이 즐겨 마시던 발효주인 풀케(Pulque)를 증류하여 테킬라(Tequila)를 만들었다. 이 외에도 수많은 리큐어(Liqueur)가 만들어졌고, 각 나라마다 자기 민족에 맞는 새로운 알코올음료가 생겨나고 있다.

2. 술의 제조공정

술을 만든다고 하는 것은 효모(酵母)를 사용해서 알코올발효(醱酵)를 하는 것이다. 즉, 과일 중에 함유되어 있는 과당이나 곡류 중에 함유되어 있는 전분(澱粉)을 전분당화효소인 디아스타제(Diastase)로 당화시키고 이에 효모인 이스트(Yeast)를 작용시켜 알코올과 탄산가스를 만드는 원리이다.

● 과일류를 원료로 한 술의 제조과정

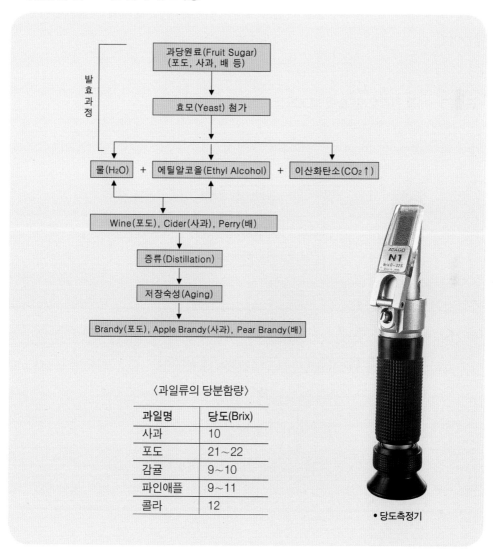

발효과정

과당원료(Fruit Sugar)
(포도, 사과, 배 등)
↓
효모(Yeast) 첨가
↓
물(H_2O) + 에틸알코올(Ethyl Alcohol) + 이산화탄소(CO_2↑)
↓
Wine(포도), Cider(사과), Perry(배)
↓
증류(Distillation)
↓
저장숙성(Aging)
↓
Brandy(포도), Apple Brandy(사과), Pear Brandy(배)

〈과일류의 당분함량〉

과일명	당도(Brix)
사과	10
포도	21~22
감귤	9~10
파인애플	9~11
콜라	12

● 당도측정기

1) 과일류를 원료로 한 술의 제조

과일류에 포함되어 있는 과당(Fruit Sugar)에 효모를 첨가하면 에틸알코올(Ethyl Alcohol)과 이산화탄소(CO_2) 그리고 물(H_2O)이 만들어진다. 여기서 이산화탄소는 공기 중에 산화되기 때문에 알코올성분을 포함한 액이 술로 만들어진다.

2) 곡류를 원료로 한 술의 제조

곡류에 포함되어 있는 전분 그 자체는 직접적으로 발효가 되지 않기 때문에 전분을 당분으로 분해시키는 당화과정을 거친 후에 효모를 첨가하면 알코올로 발효되어 술이 만들어진다.

● **곡류(Grain)를 원료로 한 술의 제조과정**

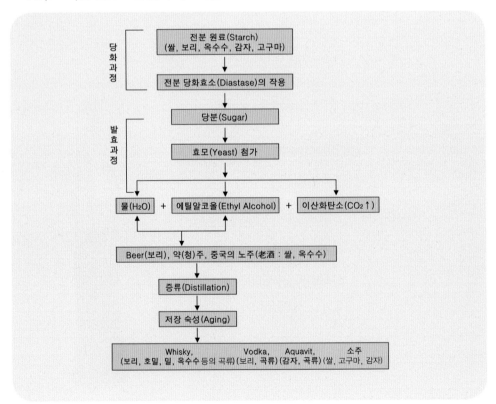

3. 술의 분류

1) 양조주

양조주는 효모의 활동에 따라 발효되는 당분, 즉 과당을 원료로 하는 술과 곡류 중에 함유되어 있는 전분을 당화 발효하는 전분질 원료에서 만들어지는 술로 구분한다. 당질을 원료로 한 과일주에는 와인(Wine), 사과주(Cidre) 등이 있고, 전분질을 원료로 한 술에는 맥주, 막걸리, 약(청)주 등이 있다.

2) 증류주

일반적으로 과일이나 곡물로부터 양조하여 만드는 양조주는 효모의 성질이나 함유량에 의하여 와인의 경우 8~14%, 맥주의 경우 6~8% 내외의 알코올을 얻을 수 있는데, 증류주는 이보다 높은 알코올농도를 얻기 위해 양조한 술을 증류해서 만든다.

(1) 증류의 원리

• 우리나라 토고리 증류기

혼합물을 구성하는 각각의 성분물질은 서로 다른 기화점(Evaporation point), 즉 비등점(Boiling point)을 가지고 있다는 데서 착안된 것이다. 물과 알코올이 섞여 있는 것을 가열하면 176℉(80℃)에서 알코올은 액체에서 수증기로 기화하며, 물(H_2O)은 212℉(100℃)에 도달할 때까지 기화현상을 일으키지 않는다. 따라서 176℉(80℃) ~212℉(100℃) 사이의 온도를 유지하면서 가열하면 알코올분만이 기화되므로 이것을 다시 176℉(80℃) 이하로 냉각시키면 순도가 높은 알코올을 얻을 수 있다.

(2) 증류기(Distiller)

① 단식 증류기(Pot still)

단식증류는 밀폐된 솥과 관으로 구성되어 있으며, 구조가 매우 간단하고 1회 증류가 끝날 때마다 발효액을 넣어 증류하는 원시적인 증류법이다.

• 단식 증류기

아일랜드 사람들은 아랍인들이 향수를 제조할 때 사용하던 알렘빅(Alembic)이라는 흙으로 빚은 증류기를 향수 제조보다 위스키 제조에 사용하기 시작했는데, 이 알렘빅이 단식 증류기의 시조라 할 수 있다.

- **장점** : 시설비가 저렴하고, 맛과 향의 파괴가 적다.
- **단점** : 대량생산이 불가능하고, 재증류의 번거로움이 많다.
- **대표적인 술** : Malt Whisky, Cognac

② 연속식 증류기(Patent still)

• 연속식 증류기(보드카)

1831년 영국의 Aeneas Coffey가 개발한 신식 증류기로 2개의 Column still로 구성되어 있다.

- **장점** : 대량생산이 가능하고, 생산원가 절감, 연속적인 작업을 할 수 있다.
- **단점** : 주요성분이 상실되고, 시설비가 고가이다.
- **대표적인 술** : Grain Whisky, Vodka, Gin 등

3) 혼성주

혼성주는 증류주 또는 양조주에 초근목피(草根木皮), 향료, 과즙, 당분을 가해서 만든 술로서 리큐어(Liqueur)라고 불리는 모든 술이 여기에 속한다.

양조주

Chapter **1**

맥주

1. 맥주의 기원

자연계에 존재하는 과일즙, 꿀 등과 같은 당분을 함유한 물질은 공기 중에 떠돌아다니는 효모가 부착 또는 혼입해서 발효를 일으켜 알코올 함유물을 만든다고 생각한다. 그러나 곡류를 원료로 한 알코올 함유물은 인간이 어떤 지방에 정착하여 곡류를 재배하고 다시 그 곡류에 소화성(消化性)을 높여서 여러 가지 가공을 행할 수 있기 때문에 가능했다고 생각된다.

예를 들면, 맥분(麥粉)에 물을 가해 잘 섞어서 빵반죽을 만들고, 이때 효모를 가하고 그 발효에 의해서 빵을 만들게 되는데, 빵과 맥주의 제조과정을 살펴보면 유사한 점이 매우 많다. 이와 같은 또는 유사한 경로를 더듬어서 맥주의 양조도 아주 옛날 여러 민족에 의해 여러 곳에서 창시(創始)되었다는 것을 여러 가지 증거를 통해 알 수 있다. 그러나 현재의 맥주(Beer)는 고대 바빌로니아(Babylonia; 현재 이라크)와 이집트 등에서 발달해서, 문화의 교류와 함께 여러 지역으로 전파된 것으로 추측되는데, 그 경로는 부정확하여 아직까지 자세히 알려진 바가 없다. 하지만 고고학자들의 연구에 의하면 BC

4000~BC 5000년 전부터 맥주에 관한 유적이 나타나고 있고, 맥류(麥類)의 발상지는 지중해 농경문화권 내의 티그리스(Tigris), 유프라테스(Euphrates) 두 강의 연안지방으로 기술하고 있다. 따라서 고대 바빌로니아(Babylonia)는 곡물 재배 및 맥주 제조 발상지로서 또한 인류문화 요람지로 알려져 오고 있다.

• 모뉴멘트 블루
Monument Blue, 맥주에 관한 최고의 기록. BC 3000년경 수메르에서 닌-하라(Nin-Harra) 여신에게 바칠 맥주를 만드는 광경(루브르박물관 소장)

1) 고대 바빌로니아(Babylonia)의 맥주

곡물을 원료로 한다는 점에서 맥주의 기원은 인간이 한곳에 정착하여 농사를 짓기 시작한 농경시대부터 비롯된다 하겠다. 혹자는 BC 7000년에 바빌로니아에서 시작되었다고 하는데, 역사의 고증을 종합하면 BC 4000년경에 수메르(Sumer)인에 의해 맥주가 최초로 만들어졌다고 보는 것이 타당할 것 같다.

1953년 메소포타미아(Mesopotamia)에서 발견된 비판(碑版)의 문자를 해석한 결과, 기원전 4200년경 고대 바빌로니아에서는 이미 발효를 이용해 빵을 구웠으며, 그 빵으로 대맥(大麥)의 맥아를 당화시켜 물과 섞어서 맥주를 만들었다는 사실을 알게 되었다.

수메르인에 대한 가장 오래된 기록은 파리 루브르박물관에 소장되어 있는 '모뉴멘트 블루(Monument Blue)'인데, 방아를 찧고 맥주를 빚어 닌나(Nina 또는 Nin-Harra) 여신에게 바치는 모양이 기록되어 있다. 이러한 수메르인들은 티그리스(Tigris)와 유프라테스(Euphrates) 양쪽 강 유역의 중요한 메소포타미아 평원에 이주해서, 그곳에 훌륭한 문화를 건설하고, 곡물을 재배해서 맥주 양조의 기술을 고도로 발달시켰으며, 그 문화는 고대 그리스, 로마 문명의 기초가 되었다.

2) 고대 이집트 맥주의 양조법

고대 이집트(Egypt)의 맥주 제조법은 거의 완전하게 회화에 의해 기록되어 있기 때문에 옛날부터 상세하게 알려져 있는데, 한 연구 자료에 따르면 BC 3000년경 이집트인들은 내세(內世)가 있다고 믿어, 죽은 자는 열 가지 육류, 다섯 가지 포도주, 네 가지 맥주, 열한 가지 과일, 그리고 여러 가지 과자와 부장물을 원했다고 한다.

이상에서 미루어보아 이집트에서도 당시 맥주 제조가 이루어졌던 것으로 볼 수 있다. 이는 수메르인보다 훨씬 후의 일로, 아마도 소아시아인의 이동으로 양조기술이 전래된 것으로 추측된다. BC 2300년경에 제작된 고대 이집트의 벽화는 그 시대의 맥주 제조과정을 잘 보여주는데, 당시의 맥주 제조방법은 다음과 같다.

① 대맥(大麥)을 방아에 찧는다.

② 찧은 대맥(大麥)을 가루로 분쇄한다.

③ 물을 넣고 반죽한다.

④ 반죽한 것을 빵 모양으로 만든다.

⑤ 고인돌형의 불돌에 외부만 약간 누를 정도로 굽는다.

⑥ 빵을 갈아서 항아리에 물과 함께 넣고 불을 가한다.

⑦ 하루를 방치해서 농축한 죽 형태로 된 것을 버드나무 가지째 위에서 눌러 큰 항아

리에 흘려 넣어 자연발효를 행한다(전발효).

⑧ 전발효 후 바로 소비하는 맥주 외에, 다시 항아리에 넣어 후발효를 시킨다.

⑨ 뾰족한 뚜껑을 닫는다.

⑩ 항아리가 넘어지지 않도록 구멍을 뚫어놓은 평판 위에 세워 저장한다.

 외상 맥주가 있었던 바빌로니아

고대 바빌로니아의 함무라비(Hammurabi; BC 1728~1686) 법전의 360조항 중에 맥주와 관련된 것을 보면 다음과 같다.

제108조 : 맥주집 여인이 맥주값으로 곡식을 마다하고 귀중한 은전을 요구하거나 곡물의 분량에 비해 맥주의 분량을 줄이면 그녀는 벌을 받을 것이며 물속에 던져지리라.

제109조 : 죄진 자를 맥주집에 숨기고 관가에 알리지 않으면 그 주인은 사형에 처하리라.

제110조 : 수도원에 거주하지 않은 여승 또는 사제가 맥주집을 내거나 맥주를 마시러 주점에 들어가면 화형에 처하리라.

제111조 : 맥주집에서 보통 맥주 60실라(1sila는 약 0.5ℓ)를 외상으로 주면 추수 때 곡식 50실라를 받아라.

이와 같은 법조문으로 미루어보아 바빌로니아시대의 주점은 정부에서 관장하였다고 볼 수 있으며, 바빌로니아의 탁월한 통치자였던 '네부카드네자르(Nebukadnezar : BC 605~562)'는 예루살렘을 점거해 유대인 포로를 바빌로니아로 데려가 맥주 제조에 동원하였으며, 당시에 벌써 큰 맥주공장이 있었다고 한다. 함무라비(Hammurabi)왕 때도 맥주의 주원료는 대맥(大麥)을 사용하였다는 것이 확실하며, 그 밖에 맥주와 유사(類似)한 술로써 참깨와 기타 곡류(穀類)로 만든 술이 있었고, 때로는 꿀이나 계피(桂皮)를 첨가하였다고 한다. 당시에는 일반 맥주를 시카루(Sikaru)라 하였고, 단맛을 가진 맥주를 시라수(Sirasu)라 했으며 그 밖의 곡주를 쿠루누(Kurunnu)라 했다. BC 4200년경 수메르 민족에 의해 처음 제조된 맥주는 그 후 아르메니아, 코카서스 그리고 러시아 영토까지 전해지고 이어 게르만 민족에게까지 전래되었다.

● 고대 바빌로니아의 맥주 마시는 모습

3) 맥주의 어원

맥주의 어원은 '마신다'는 의미의 라틴어 '비베레(Bibere)'라고도 하고, 게르만족의 곡물이라는 의미의 베오레(Bior)에서 유래되었다고 한다. 세계 각국에서 맥주는 다음과 같이 불린다.

맥주의 어원

- 독일-비어(Bier)
- 프랑스-비에르(Biere)
- 체코-피보(Pivo)
- 러시아-피보(Pivo)
- 미국-비어(Beer)
- 스페인-세르베사(Cerveza)

- 포르투갈-세르베자(Cerveja)
- 영국-에일(Ale)
- 이탈리아-비르라(Birra)
- 덴마크-올레트(Ollet)
- 중국-페이주(碑酒)

● 각국의 맥주

4) 맥주의 발전

맥주는 농경 정착시대 이후 인간이 가장 좋아하는 대표적인 곡물 발효주의 일종으로, 보리를 발아시켜 당화하고 호프(Hop)를 넣어 효모에 의해서 발효시킨 술이다. 이산화탄소가 함유되어 있기 때문에 거품이 이는 청량 알코올음료라고 할 수 있다. 고대의 맥주는 단순히 빵을 발효시킨 간단한 양조방법에서 시작하여 수도원 중심으로 발전해 오다가 중세를 지나면서 도시가 발전하고 길드제도가 정착함에 따라 일반 시민들도 맥주 양조기술을 가질 수 있게 되었다. 이 무렵에는 맥주 품질을 향상시키려는 움직임도 일어나기 시작해서 독일에서는 1516년에 대맥, 물, 호프 이외의 원료를 사용해서는 안된다고 하는 맥주 순수령도 나오게 되었다. 그리고 19세기 중엽에는 맥주 양조기술에 화학의 메스를 댄 프랑스의 대화학자 루이 파스퇴르(1822~1895)가 등장하였다.

미생물학의 기초를 쌓았던 그는 발효란 효모의 움직임에 의한 것임을 명확하게 하고, 맥주 효모가 60℃ 이상의 온도에서는 작용하지 않는다는 것을 발견하게 되었다. 그 이론의 연장으로 술의 재발효를 방지하기 위한 방법, 즉 저온살균법을 발견하게 되었다.

이 방법은 그의 이름을 따서 파스처라이제이션(Pasteurization; 파스퇴르법)이라 불렸고, 맥주는 이 방법을 사용함으로써 장시간 보관이 가능하게 되어 이후에 급속도로 보급되어 갔다. 파스퇴르의 '맥주에 유해한 미생물이 파고들지 못하게 함으로써 맥주 효모만으로 맥즙을 발효시킨다'라는 방법은 독일이나 덴마크의 미생물학자에게 계승되어 1883년에는 한센(Hansen)이 질 좋은 효모를 골라서 이것을 순수하게 배양·증식한 효모의 순수배양기술을 개발했다. 그에 앞서 1870년대에 독일의 칼 폰 린네(Carl von Linne)가 암모니아 압축법에 의한 인공 냉동기를 발명하면서 처음으로 공업적으로 사계절을 통한 양조를 가능하게 하여 맥주의 품질향상에 기여하게 되었다. 이에 따라 저온에서 천천히 오랜 시간에 걸쳐 발효·숙성시켜야 하는 하면발효맥주 양조는 비약적으로 발전하게 된다.

또 맥주에 유해한 미생물의 연구나 그의 침투·감염을 막는 미생물 관리기술의 연구도 정비되어 처음으로 질 좋은 맥주를 실패하지 않고 양조하는 기술이 완전하게 확립되었다. 이것은 맥주 양조가 오늘날과 같은 거대산업으로 발전하는 기초가 되었음을 의미한다.

 클레오파트라의 아름다움은 맥주에서

클레오파트라의 얼굴은 남아 있는 석상으로 미루어보아 파스칼이 '그 코가 조금만 낮았더라면 세계 역사가 바뀌었을 것'이라고 감탄했을 정도로 아주 빼어난 미인은 아니었다. 그런데 케사르, 안토니우스 등 로마제국의 영웅들이 꼼짝 못하고 그녀에게 반한 것은 그녀의 뛰어난 재치와 피부의 매끄러운 감촉 때문이었으리라는 것이 역사가들의 일반적인 견해이다. 그 단서를 제공해 주는 문서 중의 하나는 고대 로마의 박물학자 플리니우스가 쓴 『박물지』이다. 그 책에는 이렇게 적혀 있다.

"이집트 여성은 얼굴 미용에 맥주를 이용했다. 맥주의 거품은 일종의 미안료여서 얼굴의 피부를 곱고 젊게 만드는 데 도움을 준다."

2. 맥주의 원료

맥주는 대맥, 호프, 효모, 물을 주원료로 사용하며 전분 보충원료로서 쌀, 옥수수, 전분, 설탕 등을 부원료로 사용하고 있다.

1) 대맥(大麥, barley)

맥주에 사용되는 모든 곡류를 대표하는 것은 대맥이라 하겠다. 수메르인들은 보리와 밀을 주원료로 하여 맥주를 빚었으며, 함무라비(Hammurabi)시대에도 맥주의 주원료는 대맥이었고 기타 곡류도 사용하였다고 한다. 1290년 뉘른베르크(Nürnberg)에서는 귀리, 호밀, 소맥(小麥) 등의 사용은 금지하고 대맥만을 사용하도록 지시했으며, 15세기 초 아우크스부르크(Augsburg)에서는 맥주 제조에 귀리만을 사용하도록 하였다. 맥주 제조에 대맥(大麥), 소맥(小麥), 호밀, 옥수수, 기장 등을 사용했다는 프랑스의 기록으로 보아 모든 곡식은 맥주 제조의 원료로 사용될 수 있음을 알 수 있다.

오늘날에도 맥주의 종류에 따라서 대맥의 맥아(麥芽) 이외에 밀, 쌀, 수수, 옥수수 등을 약간씩 섞어 빚는다. 양조용 대맥은 보통 보리(6조종)와 달리 2조종을 주로 사용하

맥주용 보리의 조건

① 껍질이 얇고, 담황색을 띠고 윤택이 있는 것
② 알맹이가 고르고 95% 이상의 발아율이 있는 것
③ 수분 함유량은 13% 이하로 잘 건조된 것
④ 전분(澱粉) 함유량이 많은 것
⑤ 단백질이 적은 것(많으면 맥주가 탁하고 맛이 나쁘다)

며, 맥주용 보리는 낱알이 크고 균일하며 곡피는 엷고 광택을 띤 황금빛이 좋다.

보리품종은 2조종(二條種)과 6조종(六條種)이 있으며, 2조종 보리는 입자가 크고 곡피가 엷은 맥주 양조에 적합하므로 독일, 일본, 우리나라 등지에서는 2조종 보리만을 사용하고 있으나, 미국에서는 대부분 6조종 보리가 사용되고 있다. 대표적인 양조용 대맥은 영국의 아처(Archer), 독일의 한나(Hanna), 스칸디나비아의 골드(Gold) 등인데, 각 지방에서는 그곳의 풍토에 알맞은 품종을 개발하게 되어 그 종류는 수없이 많다.

우리나라에서는 1960~1970년대에 골든 멜론(Golden melon)이 재배되었으나 지금은 품종개량을 통해 제주보리(1992년), 진양보리(1993년), 남향보리(1995년), 신호보리(1999년) 등을 경상남도, 전라남도, 제주도 일대에서 재배하고 있다.

2) 호프(인포, 忍布; Humulus luplus L.)

(1) 호프의 식물학적 성상(性狀)

호프(Hop)는 뽕나무과(桑科), 삼나무아과(麻亞科) 식물로서 자웅이주(雌雄移住)이며, 숙근성, 연년생 식물이다. 구화(毬火)는 맥주 양조에 쓰이는 것으로서 맥주 특유의 상쾌한 쓴맛을 내며, 거품, 색깔 등을 띠게 하고 방부의 역할을 한다. 그리고 호프는 양조용 이외에도 사료용, 의약용, 섬유용, 타닌 제조용 등 그 용도가 매우 다양하다.

• 호프

호프가 우리나라에 처음 도입된 것은 1938년이며, 처음으로 함경남도 혜산진에서 재배하여 여기서 남은 양은 일본에 수출한 기록이 있다. 그 후 1942년 수원농사시험장으로부터 할러타우(Hallertau)를 함경남도에 심었는데 재래의 것과 달라서 한국 할러타우(Korean Hallertau)라고 명명하였다.

우리나라에서는 1990년대 초까지 강원도 홍천군, 평창군, 횡성군에 맥주회사 직영 농장과 위탁농가에서 호프를 재배하였으나 농산물 수입개방 및 경쟁력 약화로 현재는 재배하는 농가가 없다.

호프의 일생은 대략 3기로 나눈다.

① 휴면기 : 10월~3월
② 영양기 ┌ 유경기 : 4월
         └ 생장기 : 5월~6월
③ 생식기 ┌ 개화기 : 6월~7월
         ├ 구화기 : 7월
         └ 성숙기 : 8월~9월

필렛호프(Pellet Hops)
생호프를 분쇄·압착해서
토끼의 변 정도로 굳힌 것

홀호프(Whole Hops)
꽃의 형태 그대로 사용

(2) 호프의 원산지와 재배연혁

호프의 원산지는 지중해 연안이라고 하며, 옛날부터 약초를 넣어 맥주의 맛과 향기를 돋우고 약효를 얻었다고 한다. 호프도 그 약초 중의 하나로 바빌로니아의 통치자(統治者)였던 네부카드네자르(Nebukadnezar)시대에 포로(捕虜)로 끌려온 유대인들이 맥주 제조에 종사하여 처음으로 호프를 사용하였는데, 이 시기로 보아 기원전 6세기경부터 맥주의 첨가물로 호프를 사용하였음을 알 수 있다.

호프재배에 관한 최초의 기록은 남부 독일 바이에른(Bayern)에서 나왔는데, 기원전 736년 바이에른주 할러타우(Hallertau) 지방의 가이젠펠트(Geisenfeld)라는 곳에서 전쟁포로로 일하던 벤데족(Wende, 8~9세기경 독일 북동부에 이주한 슬라브족)이 호프 농장의 장비(裝備)에 관하여 기술하였던 것이다. 또한 768년 프랑켄(Franken) 지방의 피핀(Pipin)왕 때의 기록에는 남부 독일 바이에른주 프라이싱(Freising)의 사원(寺院) 근처에 있는 호프 농장에 관한 내용이 있다.

호프 농원이 켄트에 최초로 세워진 것은 1533년 노르포크(Norfork)에 있는 호프농원으로 기록되어 있다. 이때 재배작물로서의 호프의 가치는 정부에 의해 인정된 해가 1549년과 1553년이었다. 호프를 주로 사용하게 된 것은 중세 후기의 일이며, 14~15세기에 이르러 호프의 사용은 도처에 전파되었다.

1477년에 기록된 비망록(備忘錄)에는 도르트문트(Dortmund)에서 1447년까지 그루트(Grut)를 제조(製造)하였으며, 1477년에 비로소 호프만을 사용하게 되었다고 한다.

 호프의 이용

① 줄기가 덩굴지는 자웅이주의 숙근(宿根)식물로서 수정이 안된 암꽃을 사용(Lupulin잎)
② 루풀린(Lupulin)잎의 성분은 휴물론(Humulon)과 루풀론(Lupulon)으로서 맥주의 쓴맛과 향을 부여
③ 거품의 지속성, 향균성 부여
④ Hop의 타닌성분이 양조공정에서 불안정한 단백질을 침전, 제거하여 맥주의 청징에 효과
⑤ 7월 상순에 개화, 8월 중순에 수확하여 45℃ 이하에서 열풍건조(수분 10~11%) 압축 밀봉하여 0℃에서 저장

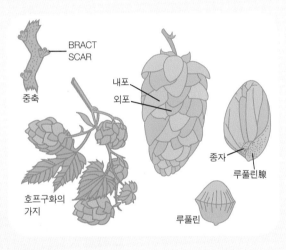

• 호프의 구화

3) 효모(酵母; Yeast)

맥주에 사용되는 효모는 맥즙 속의 당분을 분해하고 알코올과 탄산가스를 만드는 작용을 하는 미생물로써, 발효 후기에 표면에 떠오르는 상면발효효모(上面醱酵酵母; Top Yeast)와 일정기간을 경과하고 밑으로 가라앉는 하면발효효모(下面醱酵酵母; Bottom Yeast)가 있다. 따라서 맥주를 양조할 때 어떤 효모를 사용하느냐에 따라 맥주의 질도 달라진다.

(1) 효모의 정의

효모(酵母; Yeast)란 진핵세포로 된 고등미생물로서 주로 출아에 의하여 증식하는 진균류를 총칭한다. 이스트(Yeast)란 명칭은 알코올발효 때 생기는 거품(foam)이라는 네덜란드어인 'Gast'에서 유래되었다.

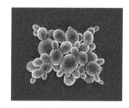

• 효모

효모는 식품 미생물학상 매우 중요한 미생물로서 알코올발효 등에 강한 균종이 많아 옛날부터 주류의 양조, 알코올 제조, 제빵 등에 이용되어 왔으며, 식·사료용 단백질, 비타민, 핵산관련 물질 등의 생산에 큰 역할을 하고 있다.

① 야생효모(Wild Yeasts)

자연계에서 분리된 그대로의 효모를 야생효모라 한다.

예) 과일의 표피, 우유, 토양

② 배양효모(Cultural Yeasts)

우수한 성질을 가진 효모를 분리하여 용도에 따라 배양한 효모를 배양효모라 한다.

③ 효모의 형태

구형   난형   타원형   레몬형   소시지형   삼각형

• 효모의 형태

- **난형** : 효모의 대표적인 형태로서 맥주효모(*Saccharomyces cerevisiae*), 빵효모, 청주효모 등이 여기에 속한다.
- **타원형** : 포도주의 양조에 사용하는 *Saccharomyces ellipsoideus*가 대표적인 타원형 효모이다.
- **구형** : *Torulopsis Versatilis*가 대표적인 구형으로 간장의 후숙에 관여하여 맛과 향기

를 부여하는 내염성 효모이다.

- Lemon형 : 방추형이라고도 하며 *Saccharomyces Apiculatus*와 *Hapseniaspora* 속에서 볼 수 있다.

이외에 소시지(Sausage)형, 삼각형, 위균사형 등이 있다.

④ 효모의 세포구조

효모세포의 구조는 외측으로부터 두터운 세포벽으로 둘러싸여 있고, 세포벽 바로 안에는 세포막이 있는데 이 막은 원형질막이라고도 부른다. 원형질막 속에는 원형질이 충만되어 있으며, 그 속에는 핵, 액포, 지방립, 미토콘드리아, 리보솜 등이 들어 있다. 효모세포의 크기는 종류, 환경조건, 발육시기에 따라 다르나, 일반적으로 배양효모의 경우 $5\sim6\times7\sim8\mu$ 정도이며, 야생효모의 경우 $3\times3.5\sim4.5\mu$ 정도이다.

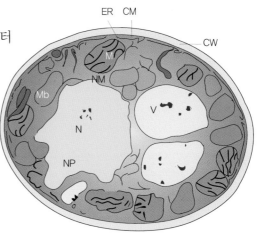

- **전자 현미경으로 본 효모**(Candida tropicalis)
  CM ; 세포막, CW ; 세포벽, ER ; 소포체, M; mitochondria, Mb; microbody, N ; 핵, NM ; 핵막, NP ; 핵막공, V ; 액포

4) 물

- 암반수

맥주 양조는 원래 수질이 좋은 곳을 선택하여 시작되었다고 한다. 과거에는 양조수의 질(質)을 임의로 개량하지 못했기 때문에 그 지방의 수질에 따라서 맥주의 타입이 결정되었다고 볼 수 있다. 뮌헨(München)의 농색맥주(濃色麥酒)와 필젠(Pilsen) 지방의 담색맥주(淡色麥酒)가 그 대표적인 예라고 하겠다. 양조용수는 무색(無色) 투명(透明)하고, 착색, 혼탁, 부유물, 이취 등이 없어야 하며, 각종 무기성분도 적당량 함유되어야 한다.

5) 전분 보충원료

맥주 양조의 경우 맥아 전분의 보충원료로서 자주 다른 전분질 원료를 사용하는데 그 이유는 경제적인 것과 당화작업을 원활하게 하기 위해서이다. 일본에는 주세법에 의해 맥아의 50%까지 부원료의 사용을 허용하고 있는데, 실제 사용량은 맥주의 맛과 향기 등을 상하게 할 염려가 있기 때문에 제한적으로 사용되고 있다.

전분 보충원료로서 가장 중요한 것은 옥수수 및 백미인데, 일본에서는 감자전분, 고구마전분, 소맥전분 등을 이용하는 곳도 있으며, 나라에 따라서는 포도당, 전화당, 설탕 등의 당류를 이용하는 곳도 있다.

(1) 쌀

쌀은 전분함량이 많으며, 가장 양호한 맥주용 전분원료로서 특히 일본에서는 옛날부터 사용하고 있다. 쌀립(粒)의 곡피 및 호분(胡粉)층은 단백질 및 지방이 풍부하며, 정백(精白)의 경우 겨와 함께 제거되기 때문에, 백미(白米)의 단백질 및 유지 함량은 현미에 비해 현저히 떨어진다. 맥주에는 오로지 경백미만 이용된다.

● **쌀의 성분**

성 분	현 미	국내산 경백미
수 분	13.43	14.4
조 단백질(건물 %)	8.13	7.0
조 지방(건물 %)	2.72	0.65
조 섬유(건물 %)	1.20	
가용성 질소물(건물 %)	73.20	
회 분(건물 %)	1.32	
전분가(건물 %)		71.4
Extract(건물 %)		79.5

● 각종 전분의 호화 온도

전 분	호화 시작	호화 종료
감자	66.0℃	80.0℃
고구마	68.0℃	81.0℃
옥수수	70.5℃	86.6℃
쌀	64.5℃	72.0℃
소맥	55.0 ℃	66.5℃

(2) 전분

맥주용 부원료로 이용되는 것은 고구마전분, 감자전분, 소맥전분, 옥수수전분 등이다.

(3) 옥수수

미국에서는 부원료의 80%를 차지하며, 일본에서도 최근에 많이 사용하고 있다. 옥수수는 립(粒) 자체로서는 지질함량이 많기 때문에 맥주용으로 배아를 분리해 배유만을 그릿츠(grits; 옥분) 또는 플레이크(flake) 상태로 사용한

다. 옥수수기름은 약 80%가 불포화지방산으로 맥주 품질에 악영향을 미치므로 맥주용에는 지질함량이 0.5~1.0% 이하인 것을 사용한다.

(4) 소맥

독일이나 벨기에서 특수맥주(Weissbier or Weizenbier) 양조용으로 소맥맥아가 사용되고 있다. 소맥에는 백색종, 황색종 및 갈색종이 있는데, 유럽에서 맥주용으로 재배되는 것은 갈색종이다.

● 소맥의 성분   (단위 : %)

수분	조단백질	조지방	전분	가용성 질소물	조섬유	회분
13.5	12.5	1.9	57.0	10.9	2.3	1.9

3. 맥주의 제조공정

맥주의 제조과정은 크게 제맥, 양조(담금, 발효), 저장 및 여과, 제품화의 5공정으로 나눌 수 있다.

1) 제맥(製麥; Malting)

맥아 제조의 주목적은 ① 당화효소, 단백분해효소 등 맥아 제조에 필요한 효소들을 활성화 또는 생합성시키고, ② 맥아의 배조(焙燥)에 의해서 특유의 향미와 색소를 생성시키고 동시에 저장성을 부여하는 데 있다.

수확된 보리는 제맥공장의 창고에 일정기간 저장하여 충분한 발아력이 생길 때까지 휴면(休眠)기간을 둔다. 그러므로 제맥공정은 9월 상순에 시작하는 것이 보통이다. 원료 보리는 보리 정선기(大麥精選機)를 이용하여 토사, 짚, 잡초종자, 금속파편 등의 협잡물을 제거하고 다시 선입기(選粒機)로 보리입자의 크기를 일정하게 선별하여 수분흡수 속도나 발아를 일정하게 함으로써 발아관리를 용이하게 한다.

(1) 대맥(大麥; Barley)

담황색으로 생기가 있고 광택이 있어야 한다. 녹색 또는 흰색의 것은 성숙이 불완전한 것이며, 곡립 끝이 갈색인 것은 곰팡이가 발생한 것이며, 색택이 불량한 것은 수확 전후에 우습(雨濕)이 있었던 것으로서 발아력이 낮다. 그리고 보리의 수분함량은 10~13% 이하의 잘 건조된 것을 사용한다.

(2) 정선(精選; Careful Selection)

대맥은 맥아 제조에 앞서서 기계적 조작에 의해 원대맥(原大脈)에 함유된 지푸라기, 볏짚, 이삭, 돌, 잡초의 종자, 충해립(蟲害粒) 등을 정선에 의해 제거한다. 대맥은 정선에 의해서 균일한 침맥도를 얻고, 따라서 균일한 상태로 발아할 수 있도록 한다.

맥주로 인해 바뀐 미국의 역사

영국에서 종교적 자유를 찾아 미국으로 떠난 청교도들은 처음에는 버지니아로 갈 예정이었다. 그런데 그들은 맥주 때문에 그만 착륙지점을 바꾸지 않을 수 없었다. 필그림 파더스(102명의 초기 이민자)는 필그림 파더스 바위에 착륙한 이유를 일기에 이렇게 적어놓았다.

"우리는 앞으로 더 조사하거나 이것저것 고려할 시간이 없다. 우리가 가지고 온 식량이 거의 다 바닥이 났다. 특히 우리의 맥주가 달랑달랑 떨어져 간다."

그런데 이 맥주는 실은 에일이어서 보통 맥주보다 도수가 약간 높았다. 지금도 청교도의 정통 후예를 자부하는 동부 미국인들이 첫손가락에 꼽는 맥주는 발렌타인 에일이다.

맥주가 충분하여 이들이 버지니아까지 향하였다면 미국의 역사는 달라질 수 있었을 것이다.

(3) 침맥(浸麥; Steeping)

입자의 크기나 형태가 일정하게 선별된 보리를 물에 침지하여 발아에 필요한 수분을 흡수시킨다.

보리의 수분흡수 속도는 초기에는 빠르고 수분이 40%를 넘으면 완만해진다. 발아를 완성시키기 위해서 필요한 수분은 42~44%이며 이 수분함유량에 도달하는 데 요하는 시간은 수온에 따라 다르고 수온이 높을수록 침맥시간은 단축되지만 대맥의 표면에는 많은 미생물이 존재하여 수온이 높으면 발아 중에도 쉽게 번식하게 되므로 20℃ 이상은 피하도록 한다. 또 수온이 너무 낮으면 침맥시간이 연장되어 보리가 질식하는 등의 위험이 있으므로 보통 우물물의 온도인 약 12~14℃에서 침맥시킨다. 침맥에 의해 수분이 40% 이상 함유되므로 호흡현상은 왕성해지고 산소의 소비가 많아지며 산소가 결핍되면 발아가 균일하지 않게 된다. 또 호흡에 의해서 발생하는 CO_2도 발아를 저해하므로 침맥 시에는 침맥조의 하부로부터 통기하며 침지와 물빼기를 반복하고 물을 빼어 수 시간 동안 CO_2를 제거하든가 침맥조의 하부로부터 흡인, 제거한다.

침맥시간은 수온이나 보리의 성질에 따라 일정하지 않으나 보통 약 40~50시간 소요된다.

(4) 발아(發芽; Germination, Sprouting)

침맥이 끝난 보리는 발아실의 작은 구멍이 있는 발아상(發芽床)으로 옮기고 습한 공기를 통하면 보리는 일제히 발아를 시작하게 된다. 발아 중의 보리는 호흡에 의해서 열과 CO_2를 발생하게 되므로 맥층(麥層)에 12~17℃의 공기를 통기하여 온도를 일정하게 유지하는 동시에 산소를 공급하고 CO_2를 배출시켜 보리가 질식하는 것을 방지하고 맥층을 뒤집어 어린뿌리(幼根)가 엉키지 않도록 한다.

이렇게 하여 약 1주일 후에는 수개의 어린뿌리가 알갱이의 하단에서 알갱이 길이의 약 1.5배로 자라고 싹은 알갱이 등쪽의 곡피 안쪽을 따라서 알갱이 길이의 약 2/3까지 자란다. 발아 6~7일째부터 건조공기를 송풍하여 어린뿌리를 말린다. 이렇게 해서 발아 시작부터 7~8일로 발아는 완료되고 알갱이 전체가 가루처럼 연하게 되며 손가락으로 부스러뜨릴 수 있는 상태가 된다. 이것을 녹맥아(Green Malt, Grunmalz)라 하며, 이때 수분함량은 약 42~45%이다.

• **보리의 발아과정**

(5) 녹맥아(綠麥芽; Green Malt)

일명 엿기름이라고도 하며, 수분함량은 41~45%이다.

(6) 배조(焙燥; Kilning)

발아가 끝난 녹맥아를 수분함량 8~10%로 건조하고 다시 1.5~3.5%로 하는 공정을 배조라고 한다. 배조의 목적은 ① 녹맥아의 성장과 용해작용을 정지시키고, ② 저장성을 부여하며, ③ 생취(生臭)를 제거하고 맥아 중의 당과 아미노산이 반응하여 멜라노이딘(Melanoidine) 색소를 생성하여 맥아에 특유한 향기와 색을 부여하고, ④ 뿌리의 제거를 용이하게 하는 데 있다.

(7) 탈근 · 정선(脫根 · 精選)

맥아의 뿌리를 제거하는 것으로 맥아근(麥芽根)은 흡습성이 강하고, 고미를 가지기 때문에 맥아에 섞여 들어가면 맥아를 습윤하게 하고, 맥주에 불쾌한 고미를 주며, 또한 착색의 원인이 된다.

(8) 저장(貯藏; Preservation)

맥아의 저장은 20℃ 이하가 바람직하고, 습기의 흡수를 가능한 한 피하는 것이 좋다. 고온상태로 방치할 때에는 효소력이 약하고, 맥즙 여과를 지연시켜 혼탁을 일으키며, 또한 색도를 높여서 맥주의 품질을 떨어뜨리는 원인이 된다.

2) 담금공정

담금공정은 ① 맥아분쇄, ② 담금, ③ 맥즙 여과, ④ 맥즙 자비(煮沸)와 호프 첨가, ⑤ 맥즙 냉각 및 정제의 공정을 거치게 된다.

맥주제조공정

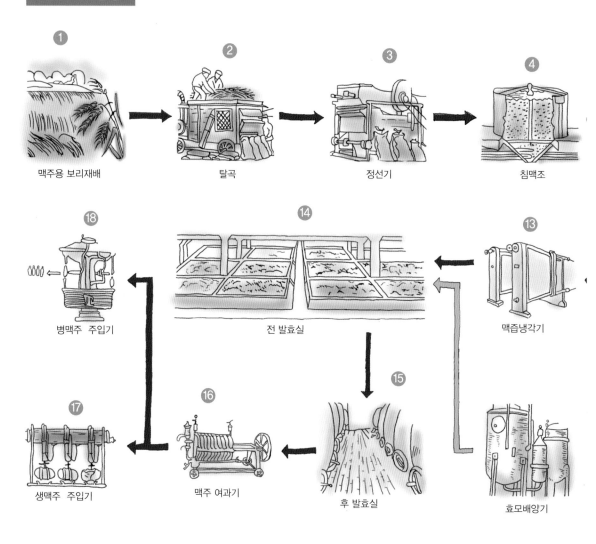

① 맥주용 보리재배
② 탈곡
③ 정선기
④ 침맥조

⑱ 병맥주 주입기
⑭ 전 발효실
⑬ 맥즙냉각기

⑰ 생맥주 주입기
⑯ 맥주 여과기
⑮ 후 발효실

효모배양기

• 맥주공정도표

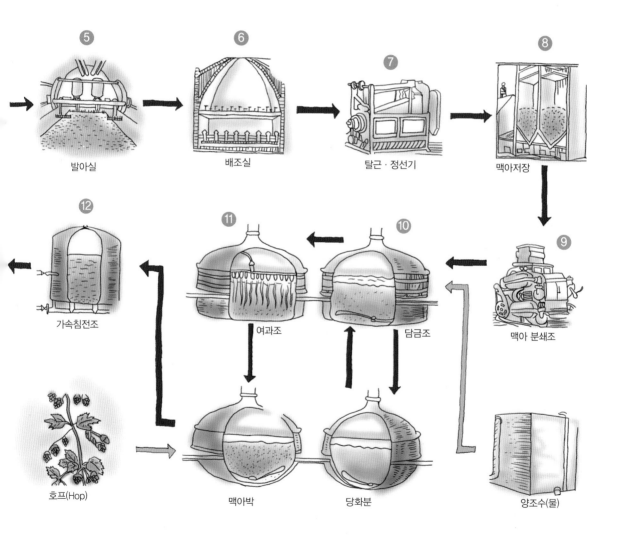

보리 → 정선 → 침지 → 발아 → 녹맥아 → 배조 → 건조맥아 → 탈근정선 → 저장

분쇄 → 분쇄맥아 → 당화 → 여과 → 맥아즙 → 자비 → 여과 → 냉각 → 완성맥아즙

자비

Hop

물 → 맥아박 → Hop박

종효모

전발효 → 후발효 → 여과 → 생맥주 → 병맥주 → 타전 → 살균 → 병맥주

폐기효모

❺ 발아실

❻ 배조실

❼ 탈근 · 정선기

❽ 맥아저장

⑫ 가속침전조

⑪ 여과조

⑩ 담금조

❾ 맥아 분쇄조

호프(Hop)

맥아박

당화분

양조수(물)

(1) 맥아분쇄

맥아는 분쇄하여 내용물과 물의 접촉을 용이하게 하고 가용성 물질의 용출과 효소에 의한 분해가 충분히 진행될 수 있도록 한다.

맥아의 곡피부에는 맥주의 품질에 나쁜 영향을 미치는 안토시아노겐(Anthocyanogen)이나 고미물질을 함유하고 있으며, 여과를 용이하게 하기 위해서도 곡피부는 지나치게 분쇄되지 않도록 하면서 배젖부분만 곱

• 맥아분쇄

게 분쇄해야 한다. 맥아분쇄는 롤러와 체가 짝이 된 분쇄기가 이용된다. 분쇄가 적당치 못하면 엑기스분의 수득률에 영향을 미칠 뿐 아니라 담금작업, 맥즙 여과, 맥주의 맛, 색, 혼탁에도 영향을 미치게 되므로 분쇄의 관리는 대단히 중요하다. 또 분쇄의 정도는 맥아의 성질, 맥주의 종류, 담금방법, 맥즙 여과장치에 따라서 적당히 선택한다. 맥즙 여과에 있어서 여과조를 사용하는 경우와 여과기를 사용하는 경우가 있으며 여과방법에 따라 맥아의 분쇄도를 달리하여 여과가 용이하도록 한다.

(2) 담금(Mashing)

담금의 목적은 분쇄한 맥아 또는 부원료로부터 맥주발효에 적합한 맥즙을 많이 얻는데 있으며, 이것은 적당한 온도와 산도의 담금용수로 이루어진다.

• 담금

맥아성분의 추출은 10~15%는 단순한 용해에 의한 것이지만 대부분이 효소에 의한 용해로 이루어진다. 맥아의 아밀라아제(Amylase)는 맥아 및 부원료의 전분을 덱스트린(Dextrin)과 말토오스(Maltose)로 분해하며 단백분해효소는 단백질을 가용성의 함질소물질로 분해한다. 피타아제(Phytase)는 피틴(Phytin)을 이노시톨(Inositol)과 인산염으로 분해한다. 45~50℃에서는 함질소물질의 분해, 용해가 촉진되고 피타아제(Phytase)가 작용한다. 60~65℃에서는 발효성 당이 가장 많이 생성되며, 70~75℃에서는 전

분의 약화가 빠르고 60~65℃에서보다 덱스트린(Dextrin)이 많아진다.

이와 같이 각 단계 온도에 유지하는 시간의 장단에 따라 추출성분의 종류와 비에 여러 가지 차이가 생긴다. 담금용수의 pH가 높으면 효소작용은 저하되므로 맥즙 여과에 보다 많은 시간이 걸리고 맥즙은 투명하게 되지 않는다. pH가 높은 맥즙으로부터 제조된 맥주는 색이 짙고 고미가 강하며, 맥주의 혼탁에 대한 내구성이 떨어진다. 그러므로 이러한 용수에는 $CaSO_4$나 산을 첨가하여 pH를 조절한다.

(3) 맥즙 여과

당화 및 단백분해가 끝난 매시(Mash; 엿기름)는 맥아찌꺼기(Spent)를 제거하고 맥즙(Wort)을 얻기 위하여 가늘고 긴 구멍(Slit, 폭 0.4~0.7mm, 길이 20~30mm)이 있는 황동제의 여과판과 액이 모이는 바닥이 있는 이중바닥의 여과조(Lautertub)를 이용하여 자연 여과하거나 여과기(Mash filter)에 매시를 펌프로 압송하여 여과포를 통하여 여과하게 된다.

(4) 맥즙의 자비(煮沸)와 호프 첨가

여과된 맥즙은 맥아 솥에서 호프를 첨가하고 끓이게 되는데 ① 맥즙을 농축하고 (보통 엑기스분 10~10.7%), ② 호프의 고미성분이나 향기를 추출하고, ③ 가열에 의해

 맥주의 제조와 성분 맥즙은 왜 끓여야 하나?

맥즙을 끓여야 하는 이유는 맥주에 쌉쌀한 맛을 내는 흡성분을 용출시키고, 휘성분들을 증발시키며, 맥주의 보존성을 좋게 하기 위함이다. 바로 이 과정을 거치면 불필요한 잉여성분들을 응고·침전시켜서 제거할 수 있는 것이다. 또, 특유의 황금색과 맥아 향미를 형성시키는 과정이기도 하다. 이러한 과정을 거치는 것이 정통 맥주라 하겠다.

서 응고하는 단백질이나 타닌의 결합물을 석출시키고, ④ 효소를 파괴 및 살균하는 것이 목적이다.

호프의 첨가량은 완성된 맥즙 1kℓ에 대해서 1.5~1.8kg 정도이고 맥즙을 끓이는 동안 2~3회에 나누어 첨가하며 첨가시기나 첨가량은 맥주의 종류나 호프의 종류에 따라 달라진다.

끓이는 시간은 1~2시간 정도이며 농축된 맥즙에는 단백질 등의 열응고물이 응고되며 액은 윤이 있고 감미와 상쾌한 호프의 향기 및 고미를 가지게 된다. 다음에 호프 분리조(Hop Strainer)를 통해서 호프 찌꺼기(Spent Hop)를 제거하고 냉각공정으로 옮긴다.

(5) 맥즙의 냉각 및 정제

• 맥즙의 냉각

맥즙은 침전조(호프의 잔재와 응고된 단백질을 분리)에 옮겨져 응고물을 침전시킨다. 맥즙은 잡균으로부터 오염되기 쉽고 또 냉각으로 인한 액의 대류를 방지하기 위해서 60℃ 이상에 보온하면서 침전시킨다. 응고침전(Trub)을 분리 제거한 맥즙은 다시 5℃로 냉각한다. 냉각기는 밀폐식으로 잡균오염의 우려가 없는 평판 열교환기가 주로 사용된다. 냉각하면 냉각 응고물(Cold break)이 생기고 이들 응고물은 주로 단백질이며 타닌, 호프 수지 등이 함유되어 있다. 이들의 응고물은 주로 맥주의 숙성을 촉진하고 맛을 좋게 하기 위해서 완전히 제거해야 하며, 이를 위해 원심분리기를 이용한다.

3) 발효공정

발효는 전발효(Fermentation)와 후발효(Maturation)로 구별한다.

(1) 전발효(前醱酵, Fermentation)

• 전발효

냉각된 맥즙에 0.5% 정도의 맥주 효모를 첨가하여 알코올발효를 하는데 이것을 전발효라고 한다. 전발효는 발효실의 개방된 용기나 밀폐식 탱크에서 행하며, 하면발효의 경우 5~10℃에서 8~12일이 걸린다.

우선 냉각된 맥즙 1kℓ당 효모를 약 5ℓ 첨가하여 발효조에 넣으면 효모는 곧 생장·번식하는 동시에 발효성 당을 소비하고 알코올과 이산화탄소를 배출하는 발효작용을 한다. 이때 발효의 진행을 그대로 방임하지 않고 온도조절을 통하여 대략 8~12일에 전발효가 끝나도록 조절한다. 발효상태는 대개 효모 첨가 후 3일까지 가장 왕성하게 진행되고, 맥즙 중에 효모 수는 4~5일에 최고에 달하며, 이때 발효도가 가장 왕성하다. 전발효가 끝날 때에는 효모가 발효조 밑에 가라앉아 발효된 맥주와 분리된다. 전발효가 끝난 맥주를 미숙성 맥주(Young Beer)라고 한다.

(2) 후발효(後醱酵; Maturation)

저주공정(貯酒工程)이라고도 하며 전발효가 끝난 맥주는 맛과 향기가 거칠기 때문에 저온에서 서서히 나머지 엑기스분을 발효시켜 숙성하는 동시에 필요량의 탄산가스를 함유시킨다. 저주의 목적을 요약하면 다음과 같다.

• 후발효

① 엑기스분을 완전히 발효시킨다.
② 저온에서 적당한 압력(0.48~0.5%)으로 발생한 CO_2의 필요량을 맥주에 녹인다.
③ 맥주 특유의 미숙한 향기(Jung bouquet)나 용존되어 있는 다른 가스를 CO_2와 함께 방출시킨다.
④ 효모나 석출물을 침전 분리시켜 맥주의 여과를 용이하게 한다.
⑤ 거친 고미가 있는 호프 수지의 일부를 석출·분리시켜 세련되고 조화된 향미로 만든다.

⑥ 맥주 혼탁 원인물질(단백질, 타닌 결합물질)을 저온에서 석출 · 분리시킨다.

저주조(후발효탱크)는 단열구조의 0~1℃의 저주실 내에 설치된다. 저주조는 내부에 글라스 라이닝이나 알루미늄제를 사용하며, 숙성을 위한 저장기간(Lagering)은 맥주의 종류에 따라 다르나, 보통 생맥주의 경우 40~60일, 병맥주는 70~90일 정도 걸리며, 온도는 0~2℃의 낮은 온도로 냉각장치를 설치하고 완전히 보온해야 한다.

4) 저장 및 여과공정

• 여과공정

숙성된 맥주는 여과하여 투명한 맥주로 만든다. 여과의 주된 목적은 다음과 같다.

① 맥주 중의 효모나 석출된 호프 수지나 단백질의 대부분은 저주조 바닥에 침전되어 제거되나 여과는 액 중에 혼탁되어 있는 부분을 제거한다.

② 맥주 혼탁의 원인이 되는 불안정한 콜로이드 물질을 제거한다.

각 저주조의 맥주를 혼합하여 품질이 균일하게 되도록 하고 맥주 냉각기를 통하여 0~1℃로 냉각하여 여과하게 된다.

5) 제품화

압력탱크의 맥주를 병, 캔, 생맥주통에 담고 포장하여 제품화하는 공정이다. 여과 후 살균하지 않고 여과기로 효모를 제거한 것이 생맥주(Draft Beer)이며, 병이나 관에 주입 전 또는 주입 후에 살균하여 보존성을 부여한 맥주(Lager Beer)가 일반적인 병맥주, 캔맥주이다.

여과한 맥주는 보통 말하는 생맥주이며, 이 중에 수는 극히 적으나 효모나 그 외의 미생물이 존재하고 병 포장 후 시일이 경과하면 번식하여 혼탁하거나 향미가 변화하게 되며, 또 인베르타아제(Invertase; 전화효소) 등의 효소가 맛의 변화를 촉진하는 경우도 생각할 수 있으므로 이들을 불활성화하기 위하여 저온살균(Pasteurization)을 한다. 병주입 전의 살균방법으로는 평판 열교환기와 홀딩튜브(Holding tube)로 된 순간 살균기(Flash pasteurizer)를 이용하여 70℃에서 20여 초간 가열, 살균하는 방법으로 가열에 의한 맥주 향기의 변화가 적고 보존성이 높은 맥주를 얻을 수 있다.

4. 맥주의 분류

1) 효모에 의한 분류

맥주는 효모형에 따라 상면발효와 하면발효로 크게 나뉜다.

(1) 상면발효맥주(上面醱酵麥酒; Top Fermentation Beer)

발효 도중에 생기는 거품과 함께 상면으로 떠오르는 성질을 가진 효모(호기성 효모)를 사용하여 만드는 맥주이다.

• 상면발효

상면발효맥주는 18~25℃의 비교적 고온에서 2주 정도 발효 후 15℃ 정도에서 약 1주간의 숙성을 거쳐 만들어진다.

이 방법은 냉각설비가 개발되지 않았던 15세기 이전까지 사용되던 양조방법인데, 주로 영국 맥주가 여기에 속하며, 영국의 스타우트(Stout)맥주, 에일(Ale)맥주, 포토(Porter)맥주가 여기에 속한다.

상면발효의 대표적인 효모 : *Saccharomyces Cerevisiae*

① 스타우트(Stout)

스타우트는 아일랜드에서 시작된 상면발효맥주의 꽃
이다. 이 맥주는 검게 구운 맥아를 풍부하게 사용해서
검은색에 가깝다. 스타우트의 대표적인 종류에는 아이
리시(Irish), 임페리얼(Imperial), 스위트(Sweet), 포린스
타일(Foreign-Style), 오트밀 스타우트(Oatmeal Stout)로
구분되며, 알코올도수는 4~11%로 다양하고 호프(Hop)
를 많이 사용해 맛이 진하다.

• Original Irish Stout • Best Extra Stout

② 에일(Ale)

영국의 대표적인 맥주로 라거맥주에 비해 호프(Hop)를 1.5~2배 정도
더 첨가하기 때문에 호프의 향과 쓴맛이 강하다. 발효시킬 때 산과 에스
테르화합물이 많이 생성되어 과일향이 풍부하게 나는 것
이 특징이다. 향과 색의 차이에 따라 마일드 에일(Mild
Ale), 스코틀랜드식 에일(Scottish Ale), 페일 에일(Pale
Ale), 브라운 에일(Brown Ale), 인디아 페일 에일(India Pale
Ale) 등으로 구분한다.

• Scotch Ale

③ 포터(Porter)

이 맥주는 영양가가 높아서 심한 육체노동을 하는 노
동자들에게 알맞았다. 특히 런던 빅토리아역의 짐꾼들
이 많이 마셨기 때문에 Porter라는 이름을 얻게 되었다.
바싹 건조한 농색맥아와 흑맥아를 섞어 만들기 때문에
진한 색의 흑맥주이다. 입속에서 느껴지는 바디감이 좋
고, 단맛이 나며 거품이 많은 것이 특징이다.

• Taddy Porter

④ 램빅(Lambics)

벨기에에서 가장 전통적인 발효법을 사용해서 만드는 맥주이다. 일반적인 맥주는 발효시킬 때 외부 공기와의 접촉을 차단하지만 램빅은 발효시키기 전에 뜨거운 맥즙을 공기 중에 직접 노출시켜 자연에 존재하는 야생효모와 미생물이 자연스럽게 맥즙에 섞여 발효하게 만든 맥주이다. 발효가 끝난 뒤 긴 숙성과정을 거치는데 2~3년간 숙성하는 경우도 있다.

• Kirek Lambic

(2) 하면발효맥주(下面醱酵麥酒; Bottom Fermentation Beer)

하면발효맥주는 발효 중 밑으로 가라앉는 성질을 가진 효모를 사용하여 만드는 맥주로, 비교적 저온에서 발효되며, 일반적으로 라거맥주(Lager Beer)라고 부른다. 라거맥주는 5~10℃의 저온에서 7~12일 정도 발효 후, 다시 1~2개월간의 숙성기간을 거쳐 만들어진다.

• 하면발효

이러한 라거맥주 양조방법은 맥주의 품질을 안정시키기 위하여 근세에 개발된 보다 우수한 정통 맥주 양조방법으로 현재에는 영국을 제외한 전 세계 맥주시장을 주도하고 있다. 체코의 필젠(Pilsen)맥주, 독일의 도르트문트(Dortmund)맥주, 미국, 일본, 한국 등의 맥주가 여기에 속한다. 세계 맥주 생산량의 약 3/4 정도를 차지하고 있다.

♣ 하면발효의 대표적인 효모 : Saccharomyces Carlsbergensis

① 라거맥주(Lager Beer)

라거맥주는 하면발효 효모에 의하여 저온숙성(2~10℃)과 긴 후발효기간을 통해 바닥에서 발효되는 맥주이다. 하면발효에서는 저온에서의 숙성과정을 라거링(lagering)이라 부른다.

♣ 라거(Lager)란 독일의 라게른(lagern : 저장하다)에서 유래한 말이다.

② 도르트문트(Dortmund)맥주

유럽에서 가장 큰 양조도시인 독일 도르트문트 지방에서
센물을 사용해 만든 맥주이다. 알코올도수는 약 3~4% 정
도이며, 필젠타입보다는 향이 조금 무거우나 산뜻하고
쓴맛이 적은 담색맥주 계열이다.

• Dortmunder Union Export

③ 복(Bock)

독일 북부에서 유래한 라거맥주의 일
종으로 동절기 내내 충분한 숙성과정을
거쳐 봄에 즐기는 맥주이다.

• Sam Adams Triple Bock

④ 필스너(Pilsner)

체코 필젠 지역에 살던 보헤미아인들에 의해 유래된 맥
주이다. 연수를 사용해 만든 황금색으로 담색맥주의 효시
라 할 수 있다. 알코올함량은 3~4.5%이다.

⑤ 뮌헨(München)

독일 맥주의 다양함을 보여주는 맥
주로, 경수를 양조용수로 사용하
고 농색맥아와 흑갈색맥아를
섞어서 만들기 때문에 맥아향이 짙
고 색이 진하다.

• Pilsner Urquell

• Sillamäe München

⑥ 바이첸비어(Weizenbier)

보리 맥아 이외에 밀(Wheat)을 사용하여
풍부한 거품과 흰색에 가까운 빛깔을 내는 부드럽고 신맛이
있는 맥주이다.

• Maclay Honey Weizen

2) 맥즙 농도에 따른 분류

주로 독일에서 분류하는 방법으로 발효 전 맥즙의 농도에 따라 2~5% 아인파흐비어(Einfachbier), 7~8% 샹크비어(Schankbier), 11~14% 폴비어(Vollbier), 16% 이상 슈타르크비어(Starkbier)로 분류되며 보통 맥주의 맥즙 농도는 10.0~10.7%이다.

♣ 독일에서는 맥즙 농도에 따라 세금을 부여하고, 우리나라에서는 알코올도수에 따라 세금을 부여하고 있다.

3) 맥주의 타입에 따른 분류

맥주의 색, 향기, 고미 등에 따라 필젠(Pilsner), 도르트문트(Dortmund), 빈(Wien), 뮌헨(München) 등의 각 타입으로 분류된다. 이들의 명칭은 각 맥주가 처음 생산된 지명에서 유래하며, 그 지방의 원료, 양조용수의 성질 등에 의해서 특징이 생기게 되나 근래에는 양조기술이나 수질개량기술의 진보에 따라 이들 지역 이외에서도 널리 생산되고 있다.

4) 맥주의 색도에 따른 분류

색의 농·담에 따라서 농색(濃色), 담색(淡色), 중간색 맥주로 분류된다. 농색맥주에는 뮌헨(München), 상면발효의 것으로는 영국의 포터(Porter), 스타우트(Stout) 등이 여기에 속한다. 담색맥주에는 필젠(Pilsner), 도르트문트(Dortmund) 맥주가 대표적이며 우리나라 맥주도 대부분 여기에 속한다. 영국의 페일 에일(Pale Ale)은 상면발효의 담색맥주에 속한다. 중간색의 것으로 빈(Wien) 타입의 맥주가 있다.

• 담색맥아

• 농색맥아

5) 열처리방법에 따른 분류

(1) 저온 열처리 맥주

효모의 발효를 억제하여 발효가 진행되지 않게 하여 맥주의 맛을 균일하게 보존하는 방법이다. 병에 들어간 맥주를 저온 열처리기에 통과시키는 방법인데, 이때 맥주는 60℃까지 올라갔다가 다시 상온으로 낮아진다. 공정의 총소요 시간은 40~50분이고, 맥주 온도가 60℃를 유지하는 시간은 약 10분이다. 저온 열처리는 파스퇴르에 의해 발견되었는데 일명 파스퇴르법(Pasteurization)이라고도 한다. 독일의 뢰벤브로이(Löwenbräu), 네덜란드의 하이네켄(Heineken), 덴마크의 칼스버그(Carlsberg), 일본의 기린(Kirin), 미국 앤호이저 부시의 버드와이저(Budweiser), 그리고 우리나라에서는 보통 '레귤러 맥주'라 불리며 대표적으로 OB라거가 여기에 해당된다.

(2) 비열처리 맥주

효모 및 미생물을 비열처리방식으로 제거한 맥주이며, 일반적으로 열처리를 하지 않은 생맥주가 대표적이다. 비열처리를 하면 맥주 특유의 좋은 맛을 내는 각종 미세한 성분이 파괴되지 않고 효모가 여과과정에서 제거되어 거품도 빨리 사그라지고 맛도 부드러워진다.

① 생맥주의 적정온도

생맥주는 미살균상태이므로 항상 온도를 2~3℃로 유지해야 하며, 7℃ 이상일 경우 맥주의 맛이 시어지게 된다. 따라서 글라스에 서비스할 때에는 항상 3~4℃ 정도의 적절한 온도가 유지되어야

• 카스 비열처리 맥주   한다.

• 생맥주통

5. 각 국가별 Best 맥주

1) 영국

(1) 런던 프라이드(London Pride)

🏴 원산지 : 영국

🍺 스타일 : 페일 에일(Pale Ale)

🍺 알코올도수 : 4.7%

🌡 마시기 좋은 온도 : 11~13℃

☆ 역사

런던 프라이드(London Pride)는 1845년 설립된 풀러스(Fuller's) 맥주회사에서 350년의 오랜 전통과 역사를 자랑하는 런던 템스 강 근처의 양조장에서 만들고 있다. 영국에서는 보통 펍에서 캐스크비어로 판매되고 있는데 런던 프라이드는 캐스크비어 중에서 가장 많이 팔리는 제품이다. 영국을 대표하는 에일 맥주이다.

◎ 테이스팅 노트

향긋한 과일향이 담겨 있어 부드럽고 고소한 맛이 특징이며, 차게 해서 마시는 것보다 잠시 상온에 두었다가 마시는 게 오히려 향을 즐기기에 좋다. 스테이크 같은 음식과 함께 즐기기에 적절한 프리미엄 에일 맥주이다.

(2) 뉴캐슬 브라운 에일(Newcastle Brown Ale)

🏴 원산지 : 영국 북동부(North East England)

🍺 스타일 : 브라운 에일(Brown Ale)

🍺 알코올도수 : 4.7%

🌡 마시기 좋은 온도 : 10℃

☆ 역사

스코티시 앤 뉴캐슬 맥주회사의 대표적인 맥주로 1927년 처음 생산되었다. 영국 북동부지역을 대표하는 브라운 에일 맥주로 "브라운 에일" 이란 쓴맛을 억제한 에일 맥주를 말한다. 브라운 에일의 색깔은 말 그대로 갈색이었지만 맥주의 색깔이 점점 엷어지는 추세에 따라 현재는 보통의 갈색이다.

◎ 테이스팅 노트

견과류, 캐러멜, 과일향이 나며, 붉은빛이 감도는 연한 갈색으로 목으로 넘어가는 느낌이 부드러운 순한 에일 맥주이다. 뉴캐슬 브라운 병에 붙어 있는 파란색 별 모양의 로고는 뉴캐슬 맥주회사를 창립한 5인의 설립자를 나타낸다.

(3) 올드 피큘리어(Old Peculier)

☆ **역사**

올드 피큘리어는 '오래된 특별한 것 또는 오래된 명물'이라는 뜻으로 1827년 잉글랜드 북부 Masham의 작은 마을에서 로버트 티억스턴(Theakston)이 설립한 양조장이다.

◎ **테이스팅 노트**

스타우트라고 착각하게 만드는 올드 피큘리어는 다크 에일 맥주로 풀바디 타입이며 풍부하고 부드러운 맛을 연출한다. 강한 타입이지만 스타우트나 포터가 아니어서 탄맛이 없고 맥아의 달콤함과 입 안에 남는 향긋함이 매력적이다. 영국 맥주 앞에 '올드'가 붙으면 올드 에일인데 긴 숙성을 거쳐서 만들어진 옛 방식의 에일이라는 뜻으로 장기간 보관하면서 숙성시키며 마실 수 있는 에일로 추운 겨울에 마시면 좋다.

- 🇬🇧 원산지 : 영국 북동부(North East England)
- 🍺 스타일 : 다크 에일(Dark Ale)
- 🍺 알코올도수 : 5.6%
- 🔧 마시기 좋은 온도 : 10℃

2) 아일랜드

(1) 기네스 드래프트

☆ **역사**

기네스맥주는 1759년 아서 기네스(Arthur Guinness)가 설립했다. 1799년 흑맥주만 생산하기로 하여 지금까지 흑맥주만 만들고 있으며 현재 흑맥주로는 세계 1위의 규모를 자랑하고 있다.

◎ **테이스팅 노트**

기네스 맥주는 색깔이 짙은 맥아나 숯가루처럼 검게 태운 보리를 원료로 한다. 호프를 많이 넣어 쓴맛이 나는 게 특징이며 맥주의 빛깔은 검은 진주처럼 윤택하고 거품은 좀처럼 꺼지지 않는다. 기네스 드래프트는 흑맥주의 왕이라 불린다. 매우 어두운 색을 지니고 있으며 크림 같은 거품은 흑맥주의 부드러움과 신선한 맛을 느끼게 해주는 데 부족함이 없다.

- 🇮🇪 원산지 : 아일랜드
- 🍺 스타일 : 드라이 스타우트
- 🍺 알코올도수 : 4.2%
- 🔧 마시기 좋은 온도 : 10~13℃

3) 독일

(1) 벡스

- 🟥 **원산지** : 독일
- 🍺 **스타일** : 필스너
- 🍺 **알코올도수** : 5%
- 🌡 **마시기 좋은 온도** : 8~9℃

☆ 역사

벡스(Beck's)는 1873년 독일 북서부에 위치한 브레멘에서 시작되었다. 1876년 미국의 필라델피아 국제대회에서 '최고의 대륙맥주상'을 수상하였고, 벡스 설립 1년 후인 1874년 독일 황제 프레드릭 3세가 최초의 금메달을 수상하였다. 맥주 순수령에 따라 보리, 호프, 물, 효모와 전통 양조기술로 제조된 정통 독일 라거맥주이다.

◎ 테이스팅 노트

벡스(Beck's)는 신선한 호프의 향과 쌉쌀함이 풍부하게 어우러진 담백하고 깨끗한 맛이 나며, 벡스 다크(Beck's Dark)는 특유의 쓴맛과 함께 라거의 숙성된 맛을 느낄 수 있다.

(2) 뢰벤브로이(Löwenbräu)

- 🟥 **원산지** : 독일, 뮌헨
- 🍺 **스타일** : 뮌헨 스타일 헬레스
- 🍺 **알코올도수** : 5.2%
- 🌡 **마시기 좋은 온도** : 9℃

☆ 역사

Löwen은 사자라는 뜻이고 Bräu는 양조장으로 "사자의 양조장"을 의미하는 뢰벤브로이는 1383년 독일 바이에른주의 주(州)도인 뮌헨에서 설립하였으며 1886년부터 사자를 상표로 등록하여 사용하고 있다. 세계 3대 축제 '옥토버페스트(Oktoberfest)'에 참가하는 맥주로도 유명하다. 1997년 스파텐브로이(Spatenbräu)와 합병된 후 2004년 인베브(InBev)의 소유가 되었다.

◎ 테이스팅 노트

호프의 맛과 향이 향긋하며, 맥주를 마시고 난 이후에도 잔향의 여운이 오래 지속되게 해준다. 탄산도 적당하며, 가벼운 무게감을 지니고 있는 엷은 황금색 빛깔을 띠는 맥주이다.

4) 덴마크

(1) 칼스버그(Carlsberg)

■■ 원산지 : 덴마크
🍺 스타일 : 필스너(Pilsner)
🍺 알코올도수 : 5.0%
🌡 마시기 좋은 온도 : 8~9℃

☆ **역사**

1847년에 창업한 칼스버그(Carlsberg)는 1840년대 덴마크 왕 프레드릭 7세가 양조가들을 불러 "덴마크와 왕실을 대표할 수 있는 세계적인 걸작을 만들라"고 지시하여 제이콥 크리스찬 야콥센(1811~1887)이 그의 아들 칼 야콥센의 칼(Carl)과 언덕(Berg)에서 딴 칼스버그 맥주를 만들어 왕실에 헌정하면서부터 시작되었다. 1904년 덴마크 왕실은 마침내 칼스버그를 덴마크 왕실의 공식 맥주로 선정했다. 칼스버그 로그에 숨어 있는 이미지는 코끼리다. "Carlsberg"의 이니셜 'C'는 코끼리의 상아를 형상화했고, 두 번째 'r' 아랫부분은 코끼리의 발을, 마지막 'r'의 윗부분은 위를 향하고 있는 코끼리의 코를 닮았다. 'g'의 아랫부분은 코끼리의 코를 표현한다. 칼 야콥센이 칼스버그의 상징으로 코끼리를 선택한 것은 이 동물의 힘과 충성, 부지런함을 상징한다고 봤기 때문이다.

◎ **테이스팅 노트**

부드러운 거품과 한 모금 마신 후에 밀려드는 선명한 특유의 짙은 향은 칼스버그가 가진 그만의 개성이 아닌가 생각한다. 남자들이 좋아하는 맥주로 이미지를 추구하고 있다.

5) 체코

(1) 필스너 우르켈(Pilsner Urquell)

■ 원산지 : 체코
🍺 스타일 : 필스너
🍺 알코올도수 : 4.4%
🌡 마시기 좋은 온도 : 9℃

☆ **역사**

필스너 우르켈은 체코의 필젠(Pilsen) 지방에서 1842년에 생산된 세계 최초의 담색맥주이다. 현재 우리가 즐겨 마시는 라거맥주의 원조이다.

◎ **테이스팅 노트**

황금빛 색깔과 입으로 가져가기 전 올라오는 향긋한 호프의 향과 처음엔 쌉쌀하지만 적당한 탄산이 주는 상쾌함과 끝에 남는 고소함까지 잘 어울러진 맥주이다.

6) 네덜란드

(1) 하이네켄(Heineken)

- **원산지** : 네덜란드
- **스타일** : 필스너
- **알코올도수** : 5.0%
- **마시기 좋은 온도** : 8~9℃

◎ **역사**

1863년 22살의 네덜란드인 게라드 아드리안 하이네켄(Gerard Adriaan Heineken)이 암스테르담에서 가장 큰 양조장 데호이베르(De Hoiberg)를 인수하여 다음해에 하이네켄 사(Heineken & Co.)를 설립했다. 20여 명의 직원을 두고 소규모로 시작한 회사는 첫해에 100% 가까운 성장을 보였다. 1886년 루이 파스퇴르의 제자인 엘리온 박사가 에이이스트(A-yeast) 배양에 성공한 후, 하면발효(Bottom-Fermentation)의 양조기법을 사용하여 하이네켄만의 독특한 맛을 만들어내고 있다.

현재 전 세계 65개국 120여 개의 양조장을 보유하고 있으며, 170여 개국에서 판매되고 있다.

하이네켄 로고는 "Heineken" 속 3개의 'e'를 약간 뒤로 기울여보면 사람이 웃고 있는 듯한 인상을 주는데 늘 웃는 얼굴로 세상을 즐겁게 바라보는 하이네켄의 핵심 가치를 구현한 것이다. 로고 상단의 붉은 별은 맥주 품질이 우수하다는 것을 보증하고 좋은 맥주 생산을 기원하는 주술적 의미로 별의 꼭지점 5개는 각각 불, 땅, 물, 공기, 마법을 뜻한다. 마법은 양조액의 품질이 유지되기를 기원하는 의미이다.

◎ **테이스팅 노트**

네덜란드의 세계적인 맥주 하이네켄은 물, 보리, 호프 등 천연 원료만을 사용하여 제조하고 있다. 특히 하이네켄은 고유의 효소 A-yeast를 첨가함으로써 하이네켄 특유의 상쾌하면서도 쌉싸름한 맛과 맑은 색상, 시원한 목 넘김을 만들어내고 있다.

7) 미국

(1) 버드와이저(Budweiser)

- **원산지** : 미국
- **스타일** : 라거비어
- **알코올도수** : 5.0%
- **마시기 좋은 온도** : 8~9℃

☆ **역사**

1852년 조지 슈나이더가 미국 미주리주의 세인트루이스에 '바비리안(Bavarian)'이라는 양조장을 설립했고, 1860년 독일계 이민자인 에버하르트 안호이저(Eberhard Anheuser)가 그 양조장을 사들여 자기 이름을 따서 '안호이저'라고 개명했다. 1864년에 안호이저는 맥주 공급업자인 사위 아돌프 부쉬(Adolphus Busch)를 판매 책임자로 고용했으며, 체코 출신의 미국 이민자 아돌프는 1869년 개인소유 양조장을 안호이저에 합병, 본격적으로 장인의 사업에 뛰어들게 된다. 이후 1876년 자신이 살던 고향 마을인 부드바이스(Budweiss)의 지명을 따 '버드와이저'라 이름 짓고, 미국 내 정통 라거맥주를 출시했다. 단일 브랜드 판매량 세계 1위인 버드와이저는 코카콜라, 말보로 다음으로 미국이 자랑하는 가장 미국적인 3대 소비재 브랜드 중 하나로 미국 내 약 50%의 판매량을 자랑하고 있다.

◎ **테이스팅 노트**

버드와이저는 질 좋은 보리 엿기름, 쌀, 이스트, 물과 호프의 5가지 성분으로 되어 있다. 30일 동안 양조해서 만들어지며 발효과정에서 비치우드 에이징(Beechwood Aging)이란 독특한 숙성방법을 사용, 다른 맥주보다 부드럽고 깨끗한 맛을 제공한다. 목 넘길 때 느껴지는 버드와이저 특유의 쌉쌀한 맛과 마지막 입 안에 남겨진 뒷맛이 특징이다.

(2) 밀러 제뉴인 드래프트(Miller Genuine Draft)

■ 원산지 : 미국
🍺 스타일 : 프리미엄 라거
🍺 알코올도수 : 4.7%
🍴 마시기 좋은 온도 : 8~9℃

☆ 역사

밀러의 역사는 창업자 Fredrick John Miller가 미국으로 이주하면서부터 시작된다. 1849년부터 독일에서 주류제조업으로 성공한 밀러는 1855년 미국 위스콘신주 밀워키(Milwaukee)에 있는 Plank Road Brewery라는 작은 양조장을 인수하여 독일에서 직접 가져온 특별한 효모와 밀워키 지역에서 재배한 호프, 맥아보리를 이용해서 최고 품질의 맥주를 생산하기 시작했다. 밀러는 현재 미대륙 전역에 일곱 개의 메이저급 주류 제조공장을 가진 미국에서 두 번째로 큰 맥주회사로 성장하였다.

◎ 테이스팅 노트

밀러 제뉴인 드래프트(Miller Genuine Draft)는 열을 가하지 않아 맥주 본래의 풍부한 맛과 향이 살아 있는 진정한 의미의 생맥주이다. 밀러의 독특한 맛은 다른 맥주와는 달리 매우 신선하고, 부드럽고, 순하고, 산뜻하여 최고의 만족감을 느낄 수 있다.

(3) 새뮤얼 애덤스(Samuel Adams)

■ 원산지 : 미국
🍺 스타일 : 라거
🍺 알코올도수 : 4.8%
🍴 마시기 좋은 온도 : 8~9℃

☆ 역사

미국에서 보통 샘 애덤스라 불리며 보스턴 맥주회사에서 생산되어 미국뿐만 아니라 여러 나라에서 인기 있는 맥주이다.

새뮤얼 애덤스라는 이름은 보스턴 차 사건의 주도적인 인물로 미국 독립전쟁의 영웅이며 맥주 양조업자이기도 했던 새뮤얼 애덤스(Samuel Adams)에서 따온 것이다.

◎ 테이스팅 노트

라거맥주이지만 진한 색을 띠며, 풍부한 향을 자랑하고 쓴맛이 강하지는 않다. 진하고 구수한 맛이 착 달라붙는 느낌이 든다.

보스턴 차 사건(Boston Tea Party)은 그레이트브리튼 왕국의 지나친 세금징수에 반발한 새뮤얼 애덤스를 비롯한 50여 명의 보스턴 주민들이 아메리카 토착민으로 위장해 1773년 12월 16일 보스턴항에 정박한 배에 실려 있던 홍차 상자들을 바다에 버린 사건으로 미국 독립전쟁의 도화선이 되었다.

8) 일본

(1) 아사히(Asahi)

- 🔘 **원산지** : 일본
- 🍺 **스타일** : 라이트 라거
- 🍺 **알코올도수** : 4.8%
- 🌡 **마시기 좋은 온도** : 7~8℃

☆ 역사

아사히맥주(朝日酒)의 공식설립은 1949년이지만 실제 역사는 이보다 길다. 1889년 아사히맥주의 전신인 오사카맥주(大阪酒)가 설립됐기 때문이다. '아사히맥주'가 출시된 건 1892년의 일이다. 1893년 시카고세계박람회에서 아사히맥주는 최우수상을 수상했고, 1957년엔 캔 맥주를 최초로 선보였다. 1987년엔 일본 최초의 드라이 비어인 아사히 슈퍼 드라이를 출시하여 엄청난 인기를 끌어 일본 시장 점유율 50%를 기록하고 있다. 이 전까지 일본 맥주시장은 기린이 점유율 1위를 차지하고 있었는데 이 상품을 통해 기린을 앞서게 되었다고 한다.

◎ 테이스팅 노트

아사히 슈퍼 드라이는 엷은 황금색 맥주로 약간 가벼운 맛에 탄산의 느낌이 강한 드라이맥주이다. 여러 잔을 마셔도 질리지 않는 깔끔하고 담백한 맛으로 많은 마니아층을 확보하고 있다.

(2) 삿포로(Sapporo)

- 🔘 **원산지** : 일본 삿포로
- 🍺 **스타일** : 드래프트맥주
- 🍺 **알코올도수** : 5%
- 🌡 **마시기 좋은 온도** : 5~7℃

☆ 역사

1876년 6월 개척사는 독일에서 맥주 만드는 법을 배우고 일본으로 돌아온 나카가와 세이베이를 주임기사로 초청하여 양조장 건설에 착수하였다. 9월에 맥주양조장이 완성, 다음해 개척사의 심벌 북극성을 표시한 찬 맥주인 삿포로맥주를 세상에 출시하게 되었고 이것이 삿포로맥주의 시작이다.

◎ 테이스팅 노트

삿포로맥주 고유의 세라믹 필터방식과 비열처리의 신선한 맛을 가장 가깝게 느낄 수 있는 맥주로 마실 때는 부드럽고, 마신 후에는 입안 가득한 향과 쌉쌀함이 그윽한 정통식 일본 맥주로 청아한 맛이 일품이다.

(3) 기린 이치방(Kirin Ichiban)

☆ 역사

1870년 일본 최초의 맥주공장을 인수한 영국인 J. 돈스와 T.B. 글러버가 재팬브루어리사를 설립하여 기린맥주회사의 시초가 된다. 1888년 독일풍 라거맥주를 기린맥주라는 브랜드로 첫 발매를 시작했다.

◎ 테이스팅 노트

첫 번째 짜낸 맥즙만을 사용하는 독특한 제법을 통해서 비용은 더 많이 들어가지만 바디감이 풍부한 맥주의 순수한 맛을 연출해 낸다. 일본 음식과 잘 어울리는 고급맥주로 생선초밥, 생선회, 야키도리 등과 같은 담백한 향의 음식과 잘 어울린다.

- ● **원산지** : 일본
- 🍺 **스타일** : 라거맥주
- 🍺 **알코올도수** : 5.5%
- ✎ **마시기 좋은 온도** : 7℃

9) 벨기에

(1) 호가든(Hoegaarden)

☆ 역사

벨기에의 수도 브뤼셀 동쪽에 위치한 호가든 지방은 예로부터 최고 품질의 밀이 생산되는 지역으로, 황금빛 구름 컬러와 함께 부드럽고 상쾌한 맛을 내는 벨기에 화이트맥주, 호가든이 처음 만들어진 곳이다. 밀맥주라고도 불리는 화이트맥주는 말 그대로 밀을 원료로 한다. 보리 몰트와 함께 밀이 사용되어 다른 맥주에 비해 옅은 색깔을 띠며 안개처럼 뿌연 느낌이 나는 것이 특징이다. 뿐만 아니라, 풍부한 과일향과 독특한 산미로 인해 개성 넘치는 맛을 전한다. 1445년 수도사들에 의해 처음 만들어진 호가든 화이트맥주는 벨기에 전통의 제조방식 그대로 오늘날 전 세계 60여 개국에서 판매되고 있다.

◎ 테이스팅 노트

정통 벨기에 화이트 맥주 호가든은 특유의 부드럽고 풍부한 맛, 풍성한 구름거품과 여기에 오렌지 껍질(Orange Peel), 코리앤더(Coriander; 고수)가 조화된 매혹적인 향이 특징이다.

- ▌▌ **원산지** : 벨기에
- 🍺 **스타일** : 밀 맥주(Wheat Beer)
- 🍺 **알코올도수** : 4.9%
- ✎ **마시기 좋은 온도** : 9~10℃

10) 멕시코

(1) 코로나(Corona)

원산지 : 멕시코
스타일 : 라거
알코올도수 : 4.6%
마시기 좋은 온도 : 8~9℃

☆ **역사**

스페인어로 '왕관'이라는 뜻의 코로나맥주는 1925년 멕시코 Gurupo Modelo사에서 생산되는 맥주이다.

◎ **테이스팅 노트**

테킬라와 함께 멕시코를 대표하는 맥주로, 라임(레몬)을 넣어 마시는 것으로 유명하다. 선인장향이 가미된 가볍고 깔끔한 맛이 특징으로 라임의 상큼함이 더해지면 청량감이 더 잘 느껴진다.

11) 필리핀

(1) 산미구엘 라이트(San Miguel Light)

원산지 : 필리핀
스타일 : 라이트 라거
알코올도수 : 5.0%
마시기 좋은 온도 : 7~8℃

☆ **역사**

필리핀을 점령했던 스페인의 제조 노하우를 전수받아 오히려 지금은 스페인으로 수출까지 하고 있을 정도로 스페인에서 더 인기가 있다.

◎ **테이스팅 노트**

대중적인 산미구엘 맥주의 페일 필젠은 옅은 금빛 라거로 상쾌하고 톡 쏘는 뒷맛이 특징이다. 라이트는 칼로리가 낮은 맥주로서 부드럽고 균일하게 쏘는 맛이 특징이다. 그리고 다크는 구워진 맥아의 쓴맛과 달콤함이 특징이다.

12) 중국

(1) 칭다오(Tsingtao)

☆ 역사

중국 최초의 맥주로 독일이 칭다오를 지배할 당시에 생산되기 시작해서 독일의 맥주 제조법에 의해 만들어진 것이 특징이다. 칭다오는 1991년부터 매년 8월 마지막 2주 동안 맥주축제를 열고 있으며, 아시아 최대의 맥주축제로 자리 잡았다.

◎ 테이스팅 노트

청도 지역의 호프와 호주산 이스트를 사용하고 쌀을 첨가했다.

- 🇨🇳 **원산지** : 중국
- 🍺 **스타일** : 필스너
- 🍺 **알코올도수** : 5.0%
- 🌡 **마시기 좋은 온도** : 8~9℃

13) 호주

(1) 포스터스(Foster's)

☆ 역사

포스터 형제가 포스터주류회사를 시작한 것은 1888년. 이들은 자신들의 주류 제조기술로 오스트레일리아인의 입맛에 맞는 맥주를 제조했다. 몇 년 뒤 자본부족으로 회사를 현지 채권단에 넘겼는데 이것이 현 포스터스 주류그룹의 시초이다.

◎ 테이스팅 노트

호주인들의 낙천적이고 친근한 정서를 담고 있다. 밝은 황금색에 크림과 같은 거품이 특징이다. 가벼운 맥아향에 깨끗한 호프의 끝맛이 느껴진다.

- 🇦🇺 **원산지** : 호주 멜버른
- 🍺 **스타일** : 라거
- 🍺 **알코올도수** : 4.9%
- 🌡 **마시기 좋은 온도** : 8~9℃

14) 북한

(1) 대동강(Taedonggang)

☆ **역사**

2000년도에 180년 전통의 영국어셔 양조회사로부터 양조장 설비를 인수하고, 독일의 건조실 설비를 도입하여 평양직할시 사동구역 송신동에 "대동강맥주공장"을 설립하여 2002년 4월부터 맥주를 생산하기 시작하였다.

◎ **테이스팅 노트**

보리길금(맥아)과, 흰쌀(30%)로 만들며 목 넘김이 부드럽고 맥주 본연의 쌉싸래한 맛이 살아 있다. 쌀맛이 느껴져 상큼하면서도 뒷맛이 고소한 여운이 남는 것이 특징이다.

🇰🇵 원산지 : 조선민주주의인민공화국
🍺 스타일 : 라거
🍺 알코올도수 : 5.0%
🌡 마시기 좋은 온도 : 7~8℃

15) 대한민국

(1) 카스 후레쉬(Cass Fresh)

🇰🇷 원산지 : 대한민국
🍺 스타일 : 아메리칸 스타일 라거(American Style Lager)
🍺 알코올도수 : 4.5%
🌡 마시기 좋은 온도 : 7~8℃

◎ **테이스팅 노트**

카스 후레쉬는 맥아의 함량이 낮고 대신 옥수수나 밀이 들어가며 탄산을 첨가하여 청량감과 톡 쏘는 맛이 특징이다.

(2) 카프리(Cafri)

🇰🇷 원산지 : 대한민국

🍺 스타일 : 인터내셔널 라거

🍺 알코올도수 : 4.2%

🍴 마시기 좋은 온도 : 7~8℃

◎ 테이스팅 노트

1995년 출시한 국내 최초의 투명 병맥주로, 청정지역인 캐나다산 헤링턴에서 생산된 맥아를 사용해 카프리 맥주만의 청량감을 강화하였고, 유럽산 아로마 호프인 헥사 호프(Hexa Hope)를 사용해 깔끔한 끝 맛과 함께 부드러운 거품을 선사한다. '산뜻한 기분전환, 상쾌한 카프리'라는 슬로건으로 라이프 스타일을 추구하는 젊은 층을 겨냥한 대표적인 맥주라 하겠다.

(3) 오비 골든 라거(OB Golden Lager)

🇰🇷 원산지 : 대한민국

🍺 스타일 : 유럽 라거

🍺 알코올도수 : 4.2%

🍴 마시기 좋은 온도 : 7~8℃

☆ 역사

OB맥주(동양맥주)는 1933년 12월 일본의 맥주회사인 소화기린맥주를 모태로 설립되었다. 1948년 해방 이후에는 상표를 'OB'로 변경하고, 1952년 (주)두산을 모기업으로 한 두산그룹이 다시 설립한 주류회사였으나 2003년에는 롯데그룹으로부터 벨기에의 인베브 즉 KKR에 매각되었다.

현재 OB맥주는 OB, 카스, 카프리, 라거 등 많은 브랜드의 맥주를 생산하고 있다.

◎ 테이스팅 노트

국내 유일의 타워 몰팅(Tower malting) 공법을 이용해 만든 맥주로 황금맥아 100%와 독일 아로마 호프를 사용하여 풍성하면서도 산뜻하고, 중후하면서도 젊고, 부드러운 풍미를 느끼게 한다.

(4) 하이트(Hite)

🇰🇷 원산지 : 대한민국
🍺 스타일 : 라거
🍺 알코올도수 : 4.5%
🌡️ 마시기 좋은 온도 : 7~8℃

◎ **테이스팅 노트**

100% 보리 맥주만의 풍부한 맛과 향을 자랑한다.

(5) 맥스(Max)

🇰🇷 원산지 : 대한민국
🍺 스타일 : 라거
🍺 알코올도수 : 4.5%
🌡️ 마시기 좋은 온도 : 7~8℃

☆ **역사**

하이트맥주는 1933년 일본맥주주식회사가 조선맥주로 시작하였다가 크라운맥주 후속으로 내놓은 하이트맥주의 대히트에 힘입어 1998년에 하이트맥주주식회사로 회사명을 변경하였다. 2005년에는 하이트맥주와 진로의 합병으로 종합주류기업으로 성장하고 있다.

◎ **테이스팅 노트**

100% 보리맥주 맥스는 고급 캐스케이드 호프(미국산 호프)를 사용하여 맛과 향이 풍부하며, 깊고 진한 맛이 입 안 가득 전해진다.

6. 맥주와 건강

1) 맥주의 영양가치

고대는 물론 중세에 이르기까지 맥주는 일종의 변형된 빵(액체의 빵)으로 간주되어 왔다. 옛날에는 맥주로 만든 수프를 애용하였는데 흔히 달걀과 맥주, 또는 맥주와 포도주로 만든 수프가 있었다.

맥주의 화학적 조성을 개략적으로 보면 탄수화물이 3.5~4.5%, 조단백질이 0.15~0.65%, 알코올이 3~5%, 유기산이 0.2~0.3%, 탄산가스가 0.4~0.5%, 회분이 0.1~0.3%, 그 밖에 호프의 여러 가지 성분과 비타민 등이 들어 있어 맥주의 영양가는 1L당 450~600kcal나 된다.

이는 우유의 영양가에 가까우며, 4홉 맥주 한 병은 쇠고기 약 160g에 해당할 만큼 막대한 열량 공급의 원천이 될 수도 있다. 예로부터 맥주를 마시면 배가 나온다는 얘기를 흔히 듣는다. 그러나 맥주 속에 살찌게 하는 특별한 요소가 들어 있다는 과학적인 근거는 없다. 그보다는 맥주를 마심으로써 소화액의 분비를 촉진시켜 입맛을 돋우고 음식을 많이 먹게 되어 배가 나올 가능성이 생길지도 모른다. 알코올은 칼로리가 높기는 하나 단백질 또는 지방분으로 축적되지는 않는다.

맥주 중의 영양분은 용액상태로 되어 있어 흡수가 잘 되며, 알코올 이외의 기타 여러 가지 유익한 성분이 적당량 배합되어 있어 마시는 속도에 관계없이 과량으로 흡수되는 일이 거의 없다. 그리고 맥주는 4% 내외의 알코올을 함유하고 있으므로 맥주를 마셨을 때 혈액 중의 알코올농도는 다른 술에 비하여 완만하게 증가될 뿐만 아니라 혈액 중에 도달할 수 있는 최대 알코올농도는 맥주를 마셨을 때가 다른 술의 경우보다 훨씬 낮다고 한다.

그래서 맥주를 즐기는 분은 스스로 취하는 것을 느끼고 즐길 만큼 충분한 시간적 여유를 가지며, 따라서 자신의 주량을 스스로 조절할 수 있는 것이다. 사람의 혈액 속에는 원래 약간의 알코올(0.029~0.037g/L)이 함유되어 있다. 음식을 섭취하면 알코올을 마시지 않아도 이것의 약 50%가량이 증가되는데 학자들은 이를 장내발효에 기인한다고 믿는다.

우리가 자주 먹는 식빵 속에도 0.2~0.4%의 알코올이 포함되어 있다. 맥주는 그 풍부한 영양가 이외에도 중요한 것은 인체 생리에 유익한 기타 물질을 많이 함유하고 있다는 사실이다. 그중에 비타민 함량은 주목할 만큼, 성장촉진 작용을 가진 비타민 B_2와 비타민 B_6 등이 들어 있다.

그리고 맥주 중에는 인체에 중요한 인화합물이 많아서 대사기능을 증진시킨다고 한다. 동물의 기아실험 결과 맥주를 첨가해서 양육했던 동물은 같은 방법

● 맥주의 성분

물	89~90%
탄수화물	3.5~4.5%
알코올	3~5%
탄산소다	0.4~0.5%
조단백질	0.15~0.65%
유기산	0.2~0.3%
회분	0.1~0.3%
호프	소량
비타민	소량

으로 맥주를 주지 않고 기른 동물보다 훨씬 오래도록 생명을 유지하였다고 한다. 그것은 신체를 구성하고 있는 단백질의 소모를 보호하는 효과를 가지고 있기 때문이라고 생각한다. "백년을 살려거든 맥주를 들라!"는 이탈리아의 선전광고가 전혀 근거 없는 얘기는 아닐지도 모른다.

2) 맥주의 의료효과

맥주가 병의 치료효과를 나타낸다고 생각하게 된 것이 언제부터인지 알 수 없지만 어쩌면 술의 기원과 그 역사를 같이할 것으로 추측된다. 오랜 옛날 의사는 어느 정도 신통한 의료방법 외에 자신의 영함을 나타내기 위하여 당시 신으로부터 하사받았다고 믿었던 술의 취기를 이용했음직하다.

가정에서 조제한 맥주수프, 또는 영양과 약효를 위한 약술의 형태로 여러 가지 질병에 대하여 의사들이 맥주를 권하였던 것으로 봐서 맥주가 인체에 유익한 작용을 한다는 것은 틀림없는 사실이다. 또한, 맥주 제조에 사용되는 효모는 수많은 치료효과를 가지고 있다는 것은 잘 알려진 사실이며 호프는 이미 8세기부터 약초로 사용되었다.

맥주가 식이요법으로 이용될 수 있는 선행조건으로 병원균에 오염되는 일이 없어야 하는데 영국의 학자 벙커(Bunker)의 광범위한 연구결과 1mL의 맥주에 100 내지 2천만 마리의 대장균을 포함한 병원균을 접종하고 얼마 후에 조사해 보니 병원균은 전혀 살아 있지 않았다고 보고하였다.

맥주효과에 관한 보고를 요약하면 다음과 같다.

(1) 식욕증진 및 소화촉진작용

환자에 대한 맥주의 효과를 알아내기 위해서 동물실험을 해보았는데, 어떤 식품을 과량(過量)으로 투입하면서 맥주를 첨가했을 경우에는 같은 양의 물을 첨가했을 때보다 식욕이 왕성하였으며, 정상보다 훨씬 많은 영양소를 흡수하였다고 한다. 사람이 알코올을 조금씩만 취하면 소화효소의 기능을 증가시켜 음식의 흡수를 촉진시킨다는 것은 잘 알려진 사실이며, 맥주에 들어 있는 탄산은 위액의 분비를 촉진시켜 위 내(胃內)에서 연동운동을 빠르게 하여 식욕을 증진시킨다.

맥주의 탄산가스는 원래 교질물질(膠質物質)과 결합되어 있기 때문에 그 분해가 서서히 일어나서 위에 대한 자극이 온화하다. 또 맥주의 고미성분인 호프 고미질은 담즙(膽汁)의 분비를 촉진하여 소화작용을 도우며 맥아 배조 시에 생성되는 히스토 염기는 장의 운동과 분비작용에 대하여 강한 촉진작용을 한다는 것이 밝혀졌다.

맥주성분의 대부분은 분해작용에 의하여 생성된 것이어서 소화와 흡수가 빠르고 소화액의 분비를 촉진하므로 공복감을 불러일으켜서 구미를 당기게 하므로 특히 회복기의 환자에게 권하고 있다.

(2) 이뇨촉진작용

맥주 중의 고미질은 이뇨촉진작용이 있다. 동물실험의 일례를 보면 하루 평균 4홉의 요량(尿量)을 가진 동물들을 갑과 을의 2군(群)으로 나누어, 갑에게는 사료와 동시에 맥주 엑기스를 주고 을에게는 엑기스 대신 같은 양의 물을 주어 수일간 사육한 후에, 그전과 같이 갑과 을에게 같은 사료와 물만 주어서 요량을 측정해 보니 을은 변화가 없는 데 반하여 갑의 1일 평균요량은 5.6홉이 되었다고 한다.

(3) 신경진정 및 수면촉진작용

맥주의 호프성분은 신경중추에 작용하여 신경을 안정시키고 수면을 촉진시키는 효과가 있다.

(4) 항균작용

독일 슈나이더(Schneider)의 연구에 의하면 위암환자는 위산(胃酸)이 부족한데 맥주를 조금 주었더니 위산분비를 자극하여 항균력이 생겨서 수술 시 감염의 위험을 덜었다고 하며, 수술의 이튿날부터 맥주를 조금씩 마심으로써 식욕을 돕고 체온조절에도 좋다는 결론을 얻었다. 독일의 한 결핵연구소의 발표에 의하면 맥주는 또한 결핵 예방에도 효과가 있다고 한다.

뮌헨의 결핵연구소 뵐트치히(Boeltzig)가 보고하기를 맥주공장의 종업원이 그와 비슷한 다른 업종의 종업원에 비하여 결핵 이환율이 반에 불과하며, 환자 중에서도 활성환자와 불활성환자의 비(比)가 다른 업종의 경우 1 : 1 정도인데 맥주공장의 경우는 1 : 6이나 되어서 사실상 맥주공장의 환자는 대부분 치료된 상태였다는 것

맥주 마시는 온도

맥주를 마시는 온도는 사람에 따라 다르겠지만 하절기에 4~8℃ 정도, 가을에는 6~10℃, 동절기에는 6~12℃가 좋다. 맥주의 거품은 맥주로부터 달아나는 탄산가스를 막아주고 공기와 접촉을 차단하여 산화를 억제하는 뚜껑과 같은 역할을 하며, 맥주에는 소화효소 기능을 촉진시켜 음식물의 흡수를 돕는 기능이 있고, 탄산가스는 위액의 분비를 촉진시켜 식욕을 증진시킨다.

이다. 최근 뮌헨에 있는 양조연구소의 보고를 보면 맥주 제조에 이용되는 효모는 페니실린과 같은 병원균에 대한 항균물질을 함유하고 있으며 폐결핵에 유용하다는 것이다.

(5) 호르몬의 작용

1953년 독일의 코흐(Koch) 박사와 하임(Heim) 박사의 연구에 의하면 맥주는 여성호르몬(Estrogene, Oestrogene)을 함유하고 있다. 이 호르몬은 탄수화물의 흡수와 전환을 촉진시키며 광물질의 신진대사를 원활히 함으로써 여성의 미용효과에도 좋다는 것이다. 그러나 코흐 박사의 연구결과로는 매일 10리터 이상의 맥주를 마시면 과량(過量)의 호르몬을 취하게 될 것이라고 하였다.

Chapter **2**

와인의 분류

포도 품종에 따른 와인 분류하기

1-1 포도 품종의 특징

| 학습 목표 |　• 포도 품종의 특징에 대하여 분류하고 설명할 수 있다.

① 와인의 포도 품종

와인의 맛을 결정하는 여러 요소 중 가장 영향력이 큰 것은 포도 품종이다. 따라서 여러 포도 품종에 대한 정확한 특성을 이해하는 것이 매우 중요하다.

1. 화이트 와인 포도 품종

주요한 화이트 와인 포도 품종은 다음과 같다.

(1) 샤르도네(Chardonnay)

대부분의 고급 화이트 와인을 만드는 품종으로 널리 재배되고 있다. 주산지는 프랑스 부르고뉴 지방이며, 캘리포니아와 칠레, 호주 등에서도 재배된다. 샤블리(Chablis), 뫼르소(Meursault), 몽라쉐(Montrachet) 등에서 이름난 화이트 와인을 생산한다.

서늘한 기후대에서 자란 샤르도네는 섬세하고, 기품 있는 와인을 생산하며, 뜨거운 태양 아래서 일조량을 많이 받은 샤르도네는 사과, 레몬, 자몽, 복숭아, 파인애플과 열대 과일향이 풍부한 강한 화이트 와인을 만들어준다.

오크 숙성을 통하여 부드러움과 복합미를 증진시킬 수 있으며, 화이트 와인 중에서 가장 오래 보관할 수 있는 품종이다.

(2) 쇼비뇽 블랑(Sauvignon Blanc)

보르도 남서부 지방과 루아르(Loire) 지역이 대표적인 산지인데, 보르도 지역의 쇼비뇽 블랑은 대개 쎄미용 품종과 블렌딩하여 조화롭고도 싱그러운 느낌을 준다. 루아르 지역은 미네랄 성분이 강하고 쌉쌀한 풍미가 난다.

그리고 뉴질랜드에서 생산되는 쇼비뇽 블랑은 라임, 토마토 잎의 향과 함께 잘 익은 구스베리 향의 독특한 자극을 느낄 수 있다.

이 품종은 대단히 상큼하며 풋풋함이 넘쳐흐르고, 푸릇푸릇한 들판에서 갓벤 듯한 풀 향기가 인상적이다. 현대인의 입맛에 맞기 때문에 최근 전 세계적으로 재배 면적이 급증하고 있다. 대표적인 백포도주로는 상세르(Sancerre), 푸이퓌메(Pouilly Fume) 등이 있다.

(3) 리슬링(Riesling)

독일을 대표하는 품종으로 라인과 모젤 지방 그리고 프랑스의 알자스에서 생산되는 화이트 와인의 대표적인 품종이다. 이 와인은 섬세하고 기품 있는 와인으로 산도와 당도의 균형과 조화가 잘 이루어져 와인의 초보자가 마시기에 가장 적

합한 와인이라 할 수 있으며 닭고기, 야채 등과 잘 어울린다.

(4) 슈냉 블랑(Chenin Blanc)

프랑스 루아르 지방에서 가장 많이 재배되는 품종으로 신선하고 매력적이며 부드러움이 특징이다. 껍질이 얇고 산도가 좋고 당분이 높다. 세미 스위트 타입으로 식전주(Aperitif)로 많이 이용되며 간편하고 복숭아, 멜론, 레몬 등 과일향이 짙다.

(5) 쎄미용(Semillon)

산도는 낮고 향이 강하지 않아 단독으로는 사용되지 않으며, 주로 샤르도네나 쇼비뇽 블랑과 블렌딩되는 보조품종이다. 이 품종에 걸리는 귀부병을 이용해 쏘떼른(Sauternes) 지방에서 만든 스위트 화이트 와인은 세계 최고 수준이다. 유명한 스위트 와인 샤또 디껨(Chateau d'Yquem)도 이 품종을 80% 정도 사용한다.

최근에는 호주의 헌터밸리(Hunter Valley) 등에서도 좋은 와인이 만들어지고 있다.

(6) 게뷔르츠트라미너(Gewürztraminer)

두말할 것도 없이 알자스 와인 중 가장 유명한 포도주를 만드는 품종이다. 게뷔르츠트라미너는 황금빛 색조를 지니며 복합적인 맛을 지닌 포도주이다. 향이 매우 강하여 모과, 자몽, 리치, 망고 등의 과일향을 띠며 꽃향기로는 아카시아, 장미향을 주로 띤다. 또 향신료향이 두드러져 계피, 후추향이 나기도 한다. 입안에서 느껴지는 부드러움과 강함이 때로는 감미로운 이 와인에 매혹적인 분위기를 주며 장기숙성이 가능하다.

※ Gewurz는 독일어로 향신료란 뜻이다.

(7) 트레비아노(Trebbiano)

이탈리아에서 가장 널리 재배되는 청포도 품종으로 오르
비에토(Orvieto), 소아베(Soave) 등 드라이 화이트 와인을 주
로 만든다. 높은 산도, 중간 정도의 알코올, 중성적인 향을 가
지고 있으며, 라이트바디하면서 평범한 특성 때문에 주로 다
른 품종과 블렌딩용으로 사용된다. 프랑스에서는 위니 블랑
(Ugni Blanc)으로 부르며, 주로 브랜디를 만든다.

(8) 비오니에(Viognier)

원산지는 북부 론의 콩드리외(Condrieu)이다. 현재는 전
세계로 퍼졌다. 완전히 익어야만 고유의 매혹적인 아로마가
형성된다. 론 지방의 다른 화이트 품종들과 블렌딩하는 경
우도 늘고 있다. 특히 프랑스 남부에서는 섬세하지만 아로
마가 강한 루산(Roussanne)이나 고소한 아몬드 향의 마르산
(Marsanne)과 블렌딩한다. 빨리 숙성되지 않도록 시라(Syrah)
와도 블렌딩한다.

비오니에는 고급 와인 콩드리외(Condrieu)와 샤토 그리에(Château Grillet)를 만들며,
코트 로티(Côte Rôtie)의 시라 포도나무와 함께 소량을 경작하기도 한다. 코트 로티에서
는 이 비오니에를 시라 품종과 함께 수확하고 발효시켜 레드 와인을 만든다.

비오니에의 매력은 인동덩굴의 매력적인 풍미, 사향 냄새 나는 과일 맛, 원숙한 바디
감 그리고 라놀린 같은 질감에 있다. 비오니에는 프랑스 론 밸리와 캘리포니아 외에도
프랑스 랑그독 루시용(Languedoc-Roussillon) 지역과 미국 버지니아(Virginia)에서도 재
배된다.

1980년대부터 남부 프랑스와 미국에서 선풍적인 인기를 끌었는데, 산도는 낮고 알
코올함량은 높으며 비단같이 부드러운 맛으로 아시아 요리, 닭, 새우, 가재 요리 등에
잘 어울린다. 장기 숙성용 와인은 아니기 때문에 어릴 때 마시는 것이 가장 좋다.

(9) 삐노 블랑(Pinot Blanc)

삐노 블랑은 푸른 회색 포도로 프랑스 알자스 지방 포도 재배량의 5%를 차지하며, 독일, 이탈리아, 오스트리아 등지에서 재배되고 있다. 이탈리아에서는 '피노 비앙코(Pinot Bianco)'라고 한다.

향이 유쾌하며 섬세하고 입 안에서는 신선하고 부드러움을 간직하고 있어 스파클링 와인을 만드는 데 좋은 포도 품종이다.

(10) 삐노 그리(Pinot Gris)

삐노 누아의 변종으로 서늘한 기후의 프랑스 알자스, 헝가리 토카이 지역에서 주로 재배된다. 프랑스 알자스에서는 풀바디(Full Body), 부드러운 향, 중간 정도의 산도를 가지고 있으며 피니시가 기분 좋은 와인을 만들어 내는데, 재배 지역에 따라 풍미의 차이가 크다. 이탈리아 북동부에서 재배되는 것은 삐노 그리지오(Pinot Grigio)라고 불리는데 프랑스산과는 전혀 다른 스타일이다. 독일, 오스트리아, 뉴질랜드, 미국 캘리포니아와 오리건의 서늘한 지역에서도 많이 재배되고 있다.

(11) 뮐러 투르가우(Müller-Thurgau)

독일에서 리슬링(Riesling)과 실바너(Sylvaner)를 교배해 개발한 품종으로 만든 사람의 이름을 따서 명명되었다. 비교적 추운 지역에서 잘 자라고 장기 숙성용 품종은 아니기 때문에 숙성 직후에 바로 마시는 것이 좋다. 빨리 숙성하며 수확량이 많은 것이 특징인데, 부드럽고 꽃향기가 나며 비교적 산도가 낮은 와인을 만든다. 독일 외에 프랑스 알자스, 이탈리아 북부, 동유럽, 뉴질랜드 등에서도 재배된다.

(12) 질바너(Silvaner)

리슬링에 비해 조생종으로 리슬링이나 뮐러투르가우보다 바디(Boddy)가 더욱 있는 편이다. 향기가 약하여 산도는 중간 정도이

다. 순한 향의 생선요리, 닭고기, 송아지고기와 가벼운 소스가 있는 돼지고기요리에 잘
어울린다.

(13) 토론테스(Torrontes)

원산지는 스페인으로 아르헨티나와 칠레에서 주로 재배
된다. 토론테스는 말벡과 함께 아르헨티나를 대표하는 포도
품종이다. 아르헨티나의 토론테스는 꽃 향과 과일 향이 풍부
한 향기로운 와인인데, 상쾌하고 청량감을 주는 와인이기 때
문에 오크통에서 숙성하지 않는다.

(14) 뮈스카(Muscat)

여러 변종이 있는데 아주 다양한 기후에서 여러 가지 와인을 생산한다.
따뜻한 지역에서는 스위트 와인(Sweet Wine)을, 추운 지역에서는 드라이
와인(Dry Wine)을, 이탈리아에서는 스파클링 와인(Sparkling Wine)을 만
들어 내고 있다. 가볍고 산도가 낮으며 아로마가 풍부한 것이 특징이다.
껍질은 녹색을 띠며 얇은 편이고, 주정 강화 와인의 원료가 되기도 한다.
이탈리아에서는 모스카토(Moscato), 스페인에서는 모스카텔(Moscatel)이라고 부른다.

(15) 뮈스카데(Muscadet)

프랑스 루아르 지방의 낭트(Nantes) 부근에서 주로 재배되
는 포도 품종이다. 이 지방에서는 믈롱 드 부르고뉴(Melon de
Bourgogne)라고 부른다. 신선하고 가벼운 와인을 만든다.

(16) 뮈스카델(Muscadelle)

보르도에서 재배되는 품종으로 단일 품종으로는 사용되
지 않고 블렌딩 보조 품종으로만 사용된다. 특히 세미용(Semillon), 쏘비뇽(Sauvignon)
과 혼합되어 사용된다. 산도는 낮지만 부드럽고 당도가 높으며, 잘 익었을 때는 진한 꽃
향기가 난다. 보르도의 쏘테른과 바르싹 지역에서 스위트 와인의 향을 내기 위한 보조
품종으로 사용된다.

2. 레드 와인 포도 품종

주요한 레드 와인 포도 품종은 다음과 같다.

(1) 까베르네 쇼비뇽(Cabernet Sauvignon)

레드 와인 하면 까베르네 쇼비뇽, 화이트 와인 하면 샤르
도네라 할 정도로 까베르네 쇼비뇽은 레드 와인을 위한 포
도 품종으로 가장 많이 알려져 있다. 이 포도는 4가지 특징이
있는데, 작은 포도 알, 깊은 적갈색, 두꺼운 껍질, 많은 씨앗
이 특징이다. 씨앗은 타닌 함량을 풍부하게 하고, 두꺼운 껍
질은 색깔을 깊이 있게 나타낸다. 최고의 까베르네 쇼비뇽은
프랑스 보르도 지방에서 생산되는 것이지만 추운 독일 지역을 제외하고는 광범위한 지
역에서 생산되고 있다.

블랙커런트, 체리, 자두 향기를 지니고 있으며, Young Wine일 때는 떫은맛이 강해서
거칠지만 오크통 숙성을 통해 맛이 부드러워진다. 이 포도로 만든 포도주는 장기간 숙
성이 가능하다.

(2) 메를로(Merlot)

메를로는 까베르네 쇼비뇽과 유사하지만 까베르네 쇼비
뇽에 비해 타닌함량이 적고 부드러워서 마시기에 좋으며, 가
벼워서 다른 포도의 거친 맛을 부드럽게 하기 위해 혼합용으
로 많이 사용한다.

메를로는 보르도와 프랑스의 남쪽 지방, 캘리포니아, 칠
레, 남아프리카, 이탈리아, 헝가리 등에서 재배되고 있으며,
쌩떼밀리옹과 뽀므롤 지방에서는 주 품종으로 사용된다.

딸기, 체리, 자두, 꽃, 향신료 향기를 지니고 있다. 일반적으로 빨리 숙성되는 경
향이 있으므로 일찍 마실 수 있으나, 프랑스의 뻬트뤼스(Petrus), 이탈리아의 마쎄또
(Masseto) 등 특급 와인들은 장기간 보관도 가능하다.

(3) 삐노 누아(Pinot Noir)

프랑스 부르고뉴에서 이 포도 품종으로 세계 정상급의 레드 와인을 만들고 있다. 우아한 과일의 맛이 풍부하고, 비단 같이 부드러우면서도 야생성을 지니고 있는 매력적인 와인이라 할 수 있겠다.

나무딸기, 딸기, 체리, 민트 향기를 지니고 있으며, 타닌이 적고 부드러워 마시기 좋다. 재배지역은 다른 품종들이 잘 자라지 못하는 서늘한 기후대를 선호한다.

대표 와인으로는 로마네 꽁띠(Romanee-Conti), 샹베르땡(Chambertin) 등의 특급 와인이 있고, 샹빠뉴 지방에서는 스파클링 와인의 주 품종으로 사용된다.

(4) 시라(Syrah)

프랑스 남부 꼬뜨 뒤 론 지역에서 주로 생산되며, 최근에는 호주의 대표 품종으로 자리 잡고 있다. 호주에서는 '쉬라즈 (Shiraz)'라고 부른다.

진하고 선명한 적보라빛 색상이 일품이며, 풍부한 과일향과 향신료향이 색다른 와인의 맛을 느끼게 해준다.

(5) 까베르네 프랑(Cabernet Franc)

원산지는 프랑스 보르도인데 까베르네 쏘비뇽의 조상으로 덜 농밀하고 더 부드럽다. 프랑스의 적포도 가운데 까베르네 쏘비뇽과 메를로 다음으로 중요한 품종이다. 보르도의 위대한 최고급 와인의 블렌딩에 빠지지 않는 품종이 바로 까베르네 프랑이다. 까베르네 쏘비뇽과 자주 비교되는 카페르네 프랑은 산도도 탄닌도 적어 까베르네 쏘비뇽과 블렌딩하는 환상적인 파트너로 좁은 재배면적에 비해 대단히 중요한 품종으로 확실하게 자리매김했다.

빨리 익기 때문에 루아르와 생떼밀리옹의 서늘하고 눅눅한 토양에서 널리 재배되며,

메를로와 많이 블렌딩한다. 메독과 그라브에서는 까베르네 쏘비뇽 농사를 망쳤을 때를 대비한 일종의 보험용으로 기른다. 까베르네 쏘비뇽보다 탄닌이 적어 일찍 숙성되지만, 장기간 숙성시킬 수 있는 특징도 있고 포도알이 일찍 익는데다가 추위에도 강해 악천후와 추위로 까베르네 쏘비뇽이 흉작일 때 훌륭한 대안이 되기도 한다. 메를로보다 겨울 추위에 대한 저항력이 훨씬 높다.

뉴질랜드와 롱아일랜드, 워싱턴 주에서는 식전용 와인으로 만들기도 한다. 이탈리아북동부 산은 기분 좋은 풀내음이 나며, 시농(Chinon), 부르게일(Bourgueil), 소뮈르상피니(Saumur-Champigny), 앙주 빌라주(Anjou-Villages) 산들은 최고의 실키한 부드러움을 보여 준다. 세계에서 가장 위대한 레드 와인 중 하나인 샤토 슈발 블랑(Château Cheval Blanc)이 까베르네 프랑을 중심으로 해서 만든다. 루아르에서도 광범위하게 재배하는데 이곳에서는 시농(Chinon)과 부르게이(Bourgueil)를 만든다.

(6) 가메(Gamay)

매년 11월 셋째 주 목요일 출시되는 '보졸레 누보(Beaujolais nouveau)' 때문에 갑자기 유명해진 품종이다. 프랑스 보졸레 지방의 토양이 화강암질과 석회암질 등으로 이루어져 배수가 뛰어나 부르고뉴의 주요 재배품종인 삐노 누아(Pino Noir) 대신에 이 토양에 적당한 가메(Gamay)종을 재배하고 있다.

루비색에 체리, 나무딸기, 과일향이 풍부한 와인이다.

(7) 네비올로(Nebbiolo)

이탈리아 북서부의 최고급 전통품종으로 바롤로와 바르바레스코를 생산한다. 네비올로(Nebbiolo)는 이탈리아어로 안개를 뜻하는 네비아(Nebbia)에서 유래되었다. 이 포도 품종은 10월 말경에야 익게 되는 만숙종인데, 이때쯤 되면 포도밭에 안개가 곧잘 끼게 되고, 이 안개가 네비올레의 거친 맛을 완화시켜 준다고 한다.

포도 알이 작고 껍질은 두껍고 짙은 보라색이며 풍미는 까베르네 쇼비뇽보다 훨씬 더 부드럽다.

(8) 산지오베제(Sangiovese)

산지오베제(Sangiovese)는 네비올로 품종과 더불어 이탈리아를 대표하는 토착품종으로 중부지방의 주 포도 품종이다. 끼안티를 비롯하여 중부지역의 주요 적포도주 생산에 사용되고 있으며 껍질이 두껍고 씨가 많아 타고난 높은 산미와 타닌으로 인해 견고한 느낌을 준다. 진하고 선명한 색상으로 초기 향은 블랙체리,

말린 자두, 담뱃잎, 허브, 건초 등의 향이 나고 숙성되면서 육감적인 동물적 풍미로 바뀐다.

(9) 뗌쁘라니요(Tempranillo)

빨리 익는 특성이 있으며 갈수록 재배면적이 늘고 있는 품종이다. 스페인 최고급 품종으로 인정받고 있으며 백악질 토양에서 잘 자라고 산도가 낮으며 농익은 딸기향이 감도는 매우 섬세한 와인이 만들어진다. 부드럽지만 연약하지 않고 강하지만 거칠지 않은 풍성하면서 절제가 있는 와인이다. 리오하(Rioja) 와인을 만드는 주품종이다.

(10) 진판델(Zinfandel)

캘리포니아의 특화 품종인 진판델(Zinfandel)은 이탈리아 프리미티보(Primitivo) 품종이 건너온 것으로만 알려져 있었으나, 수년간 DNA검사를 통해 이 품종이 수도승들에 의해 이탈리아로 전해진 크로아티아의 플라박 말리(Plavac Mali)

라는 품종이라는 것이 밝혀짐으로써 진판델도 그 최초 근원이 재조정되었다.

일반적인 진판델 와인의 맛은 약간의 산도와 단맛 그리고 풍성한 과일향과 스파이시한 맛이 특징이라 하겠다. 주요 재배지역으로는 소노마, 시에라 풋힐스, 산타 크루즈 등이 있다.

• 끌로 두 발 진판델

(11) 말벡(Malbec)

이 포도는 원산지 보르도에서는 인기를 끌지 못하다가, 최근에 와서 칠레, 아르헨티나. 남아프리카공화국 등에서 널리 재배되고 있으며, 아르헨티나에서는 국가 대표 품종으로 육성하고 있다.

말벡은 까베르네 쇼비뇽의 힘을 부드럽게 하는 블렌딩용으로 많이 사용된다. 자두향이 물씬 풍기며 유연하고 안정된 와인의 맛을 보여주고 있다.

(12) 바르베라(Barbera)

이탈리아 피에몬테에서 가장 널리 재배하는 적포도 품종으로 이 지역에서는 저녁 식

사와 함께 마시는 와인으로 가장 인기가 있다. 재배하기 까다롭지 않으며 가뭄이나 세찬 바람에도 잘 자라고 각종 질병에도 저항력이 높은 품종이다.

바르베라는 밝은 색상의 낮은 탄닌 그리고 높은 산도를 지니고 있다. 체리, 라즈베리, 블랙베리 등의 향을 가지고 있다. 호주, 캘리포니아, 아르헨티나 등 더운 지역에서도 생산된다.

(13) 그르나슈(Grenache)

원래는 그르나슈 누아(Grenache Noir)인데 간단히 그르나슈(Grenache)라 한다. 프랑스론(Rhône) 지방과 스페인 북쪽에서 가장 널리 재배하는 적포도 품종으로 스페인에서는 가르나차(Garnacha)라고 부른다. 높은 알코올 함량, 육중한 바디감, 향신료와 잼 같은 풍미 때문에 주로 블렌딩용으로 사용된다. 호주와 미국에서도 많이 재배한다.

(14) 카르메네르(Carménère)

오래된 보르도 품종으로 18세기에 까베르네 프랑과 함께 널리 재배되었는데, 지금은 보르도에서는 찾아보기 힘들고 칠레에서 널리 재배된다. 대표적인 만생종이다. 부드럽고 산미가 낮다. 과일 향이 풍부하며 매콤한 향과 초콜릿, 시가, 오크 향 등이 나며 여운은 길게 남는다.

어원은 진홍색을 의미하는 카르민(Carmin)이다. 포도 잎이 낙엽이 되기 직전 붉게 변하기 때문에 지어진 이름이라고 한다. 이름처럼 이 포도 품종으로 만든 와인은 진하고 선명한 진홍색을 띤다. 과거 메를로로 알려졌는데 1990년대에 와서 메를로와 다른 품종으로 인정 받았고 1998년에 칠레 정부에서 하나의 품종으로 공식 인정 받았다.

(15) 무르베드르(Mourvédre)

프랑스 남부와 스페인 같은 더운 지역에서 잘 자라는 포도 품종이다. 색이 진하고, 알코올 함량이 높다. 농축된 과일 향, 후추 향이 나며 스파이시(Spicy)하다. 블렌딩용으로 많이 사용한다. 스페인에서는 모나스트렐(Monastrell)이라고 부르며, 가벼운 레드 와인과 로제 와인을 만든다. 호주와 미국 캘리포니아에서는 마타로(Mataro)라고 부른다.

1-2 떼루아(Terroir)

| 학습 목표 |
- 떼루아의 개념을 설명할 수 있다.
- 떼루아를 구성하는 요소를 설명할 수 있다.
- 국가별 떼루아를 설명할 수 있다.

① 떼루아의 개념

떼루아(Terroir)는 프랑스어로 좁은 의미로는 토양을 의미한다. 하지만 와인과 관련해 사용하는 넓은 의미로는 포도가 자라는 데 영향을 주는 기후와 지리적 환경 등을 말하는데 와인의 품질을 결정하는 핵심적인 요소 중 하나이다. 떼루아는 토양의 성질이나 구조, 포도밭의 경사도나 방향, 일조량, 고도, 강수량, 풍속, 안개 빈도수, 일광 누적 시간, 온도(평균최고 온도, 평균 최저 온도 등) 등이 모두 포함되는 포괄적인 개념이다. 때로는 와인 산지인 포도밭의 위치, 토질, 기후 등 자연적 요소는 물론 그 곳에서 와인을 만드는 사람들의 역사, 면면히 이어 내려오는 기술, 장인 정신 등의 인적 요소를 모두 통틀어 말하기도 한다. 특히 프랑스에서는 떼루아를 중심으로 포도밭의 등급을 매긴다.

② 국가별 떼루아

같은 포도 품종이라도 재배하는 지역의 떼루아에 따라 전혀 다른 성격을 나타내기도 한다.

1. 프랑스(France)

프랑스에는 지중해성 기후, 대서양 기후, 대륙성 기후 등 크게 3개의 기후대가 존재한다.

(1) 보르도(Bordeaux)

보르도라는 말의 어원은 '물의 가장자리' 즉 '물가'이다. 보르도는 대서양 기후의 영향으로 연평균 온도가 12.5℃로 온화하며 강수량은 연간 850mm로 포도 재배에 적합한 곳이다. 토질도 포도 재배에 적당하기 때문에 좋은 품질의 와인이 많이 생산된다.

보르도에는 지롱드(Gironde) 강, 도르도뉴(Dordogne) 강, 가론(Garonne) 강 등 3개의 강이 흐르고 있고, 서쪽으로는 대서양이 인접해 있다. 인접한 바다와 강이 보르도의 기후를 조절하는 작용을 해 온화하고 안정적인 환경을 조성한다. 또한 남부와 서부가 소나무 숲으로 둘러싸여 있어 혹독한 날씨로부터 보호를 받는다. 보르도의 포도밭 대다수, 특히 마고, 포이약, 생떼밀리옹, 생테스테프를 포함하는 메독 지역은 경사가 거의 없는 편이다. 보르도는 해안지방이어서 자갈과 토사가 뒤섞여 있기 때문에 배수가 잘 된다.

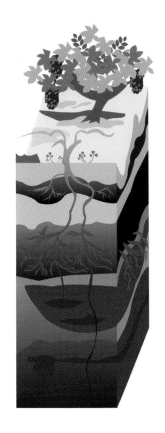

(2) 부르고뉴(Bourgogne)

보르도와 함께 프랑스 최고의 와인 생산지인 부르고뉴 지방은 대륙성 기후로서 겨울은 춥고 여름은 덥다. 특히 겨울철과 봄철 서리 피해가 가끔 나타난다. 이로 인해 겨울의 추위 정도와 초봄의 서리 일수에 따라 그 해 작황이 결정된다. 포도밭이 위치한 고도도 가장 서리 저항성이 큰 고도인 해발 200~250m 사이의 낮은 구릉 지대에 형성이 되어 있으며, 햇빛도 최대한 늦게까지 받을 수 있는 곳에 위치하고 있다. 지질은 쥐라기 시대부터 형성된 모암과 퇴적암으로 되어 있다. 단층 운동 등의 영향으로 지역적으로 석회, 점토, 이회암, 자갈 등이 다양하게 나타난다. 충적토로 이루어진 저지대에는 부르고뉴 삐노 누아와 빌라주 와인이 생산된다. 석회암, 초크, 이회토로 구성되어 있는 산비탈 중턱 해발 250m 근방에는 프르미에 크뤼와 그랑 크뤼 포도밭이 집중적으로 분포되어 있다.

• 그라브(Grave)　　　　　• 샹빠뉴(Champagne)　　　　　• 보졸레(Beaujolais)

(3) 샹빠뉴(Champagne)

샹빠뉴 지역은 기온이 상당히 낮아서 가을철에 포도 주스가 완전히 발효되기도 전에 날씨가 추워진다. 겨울에는 춥고 봄에는 서리가 자주 내린다. 샹빠뉴 지역은 늦서리 문제, 개화기의 비, 바람, 우박 등의 영향으로 수확기가 9월 초에서 10월 중순 등으로 일정치 않고 연평균 강수량은 650mm, 연평균 온도는 11℃쯤 된다. 이 지방에서 생산되는 포도는 기후의 영향으로 산도는 상당히 높고 당도는 좀 낮다. 토질은 주로 석회질이며 그 외에 점토와 모래 등이다. 샹빠뉴 지역은 배수가 잘 되는 이점이 있다.

2. 이탈리아(Italy)

이탈리아는 국토 전역에 걸쳐 와인을 생산하고 있는데, 지중해의 영향으로 온화한 기후 덕분에 포도 재배에 아주 좋은 조건을 갖추고 있다. 전국적으로 산악 지형이다. 이탈리아의 북쪽 지역은 대륙성 기후이며 남쪽은 지중해성 기후로 다양하다. 지중해성 기후의 영향으로 포도의 당분 함량이 높고 산도가 약하다.

(1) 토스카나(Toscana)

토스카나는 서쪽의 티레니아 해에서 동쪽으로는 에밀리아로마냐(Emilia-Romagna), 마르케(Marche), 움브리아(Umbria) 지역을 분리하는 낮은 산맥들로 이어져 있는데, 68%가 언덕으로 되어 있으며, 토양과 기후가 매우 다양하다. 토양은 모래와 석회석으로 이루어져 있어 배수가 쉽고 기후는 온화하고 밤이 서늘하다. 중요한 와인 생산지는 북쪽으로 피렌체(Firenze)에서 중부의 시에나(Siena) 그리고 남쪽의 작은 언덕 마을 몬탈치노(Montalcino)까지이다. 이 지역의 기후는 따뜻하지만 티레니아 연안만큼 따뜻하거나 습도

가 높지는 않다. 토양은 천차만별이지만 중부 언덕들의 배수가 잘 되는 경사지는 모래, 돌, 석회암으로 이루어지며, 편암과 갈레스트로(Galestro)가 섞여 있다.

(2) 피에몬테(Piemonte)

피에몬테는 '산기슭에 있는 땅'이라는 의미이다. 이탈리아 북서쪽에 위치하며, 북쪽으로는 스위스, 서쪽으로는 프랑스와 국경을 접하고 있다. 이름이 나타내듯 이 지역은 산과 구릉이 많다.

피에몬테 주요 언덕의 토양 성분과 크기는 다양한데, 예전에 이곳이 바다였던 관계로 지형 붕괴나 과격한 침식 작용에 의해 생긴 모래와 자갈 성분이 뭉쳐서 생긴 비교적 지름이 큰 입자의 토양과 점토, 미사, 이회토 등과 같이 입자가 작은 토양이 서서히 쌓여서 형성된 퇴적 토양으로 구분된다. 알프스 산맥 근방에 있는 언덕의 토양 성분은 고대에 발달했던 강이 운반해서 쌓아 놓은 자갈이 주류를 이룬다. 예전에 호수와 삼각주였던 곳이나 빙하기가 휩쓸고 간 곳은 입자가 작은 토양이 겹겹이 쌓여 있는 퇴적층이 발견되며 바다 화석이 포함된 점토나 이회토 등이 혼합되어 발견된다. 알프스 산맥 산자락에 위치한 지역은 소량의 석회암이 포함된 결정질암으로 구성되어 있으며 언덕 지역은 최근에 형성된 퇴적암으로 되어 있다.

피에몬테는 다양한 지형으로 인해 여러 기후 패턴을 보인다. 알레산드리아(Alessandria), 베르첼리(Vercelli), 비엘라(Biella), 노바라(Novara) 등 평지에 위치한 도시는 피에몬테주의 다른 도시보다 평균 기온이 약간 높은 연평균 12.5~14℃이고, 수사 계곡(Val di Susa), 토체 계곡(Valle del Toce), 몽페라토(Monferrato) 지역, 그리고 랑게(Langhe)나 로에로(Roero) 언덕의 낮은 부분은 연평균 11~12.5℃를 나타내며, 알프스 산자락과 근접한 언덕과 쿠네오(Cuneo), 랑게 언덕의 높은 부분 그리고 아펜니노

(Appennino) 산맥의 해발 1,000m까지는 연평균 9~11℃를 나타낸다.

강수량은 봄과 가을에 최대를 보이며 여름과 겨울에 최소를 나타낸다. 피에몬테 중부, 남부, 북부 그리고 알프스 산맥에는 여름에 거의 비가 내리지 않아 가뭄을 겪는 경우도 있다. 강수량이 가장 높은 곳은 마조레(Maggiore) 호수, 란조 계곡(Valli di Lanzo)으로 연평균 1,400mm이며, 아펜니노 산맥 최남단 지역에는 연평균 1,600mm이상 내린다.

강수량이 최저인 곳은 알레산드리아, 몽페라토, 랑게 지역과 쿠네오, 토리노(Torino), 수사 계곡 등이다.

(3) 베네토(Veneto)

베네토의 북부와 서부는 산이 많은 산악지대이지만 남쪽으로 내려갈수록 따뜻하고, 바다에 가까워지며, 이웃인 북서부의 트렌티노 알토 아디제(Trentino-Alto Adige)와 남동부의 프리울리 베네치아 줄리아(Friuli-Venezia Giulia)에 비해 알프스 산맥의 영향을 덜 받는다.

3. 스페인(Spain)

스페인은 국토 전체의 높이가 평균 약 650m로 유럽에서 두 번째의 고지대 국가로서 포도재배 지역은 대체로 600~1,000m 높이에 있다. 스페인은 국토가 중앙의 거대한 고원과 이 고원을 둘러싸고 있는 산악 지형으로 되어 있으며 기후와 토질은 지역별로 많이 다른데 크게 나누어 석회와 편암과 점토 등으로 되어 있다.

스페인 북쪽 대서양 해안과 그 인근의 그린 스페인 지역은 여름에는 평균 온도가  24℃로 높고 겨울에는 8℃로 약간 추운 편이다. 비는 연간 2,000mm로서 많이 내리는 편이다. 메세타 지역 등 중부 지역은 대륙성 기후로 여름에는 평균 30℃ 이상으로 아주 덥고 겨울에는 평균 온도 4℃로 상당히 춥다. 강수량도 연간 500mm로 아주 적어서 포도 재배에 좋지 못한 기후이다. 지중해 해안 쪽 지역과 포르투갈 국경 지역은 바다에서 불어오는 바람으로 상당히 선선한 곳이다. 여름에 25℃, 겨울에 12℃ 정도로 온화하고 비는 상당히 적게 내린다.

4. 독일(Germany)

와인 생산국 중 가장 북쪽에 위치(북위 52°부근)하지만 북대서양 난류의 간접 영향을 받기 때문에 포도 재배가 가능하다. 여름이 짧고 기온이 비교적 낮고 일조량이 많지 않기 때문에 강이나 호수의 온실 효과와 햇빛의 반사를 받기 위해서 주로 강가의 가파른 언덕에 포도밭이 조성되어 있다. 남부 지역은 상당히 넓은 평지와 구릉지에 포도원이 있으나, 북부 지역은 대체로 경사가 급한 지역에 계단식으로 포도를 재배한다. 독일은 날씨가 춥고 일조량이 부족한 기후 특성상 포도의 당분 함량이 낮고 산도가 높아서 맛이 산뜻하다.

• 모젤지역의 포도 묘목 심기, 급경사면인데다 암석이 많아 힘든 작업이다.

5. 미국(USA)

미국 동부 지역에서는 온화한 기후에서 재배되는 유럽의 포도가 추위에 견디기 힘들기 때문에 유럽 포도 품종은 많이 재배하지 않고 추위에 잘 견디는 자생 포도 품종이나 자생포도와 유럽 품종의 교잡종을 많이 재배하고 있다. 미국 서부 지역은 기후가 온화하기 때문에 유럽 포도 품종이 많이 재배되고 있다.

6. 칠레(Chile)

지역에 따라 기후가 다르지만 동쪽에는 5,000~6,000m 정도의 안데스 산맥이 있고, 서쪽에는 태평양이 있으므로 그 사이에 있는 포도원은 바다와 높은 산들의 영향을 받는다. 즉 낮에는 시원한 바닷바람이 불고 밤에는 높은 산에서 찬바람이 불어서 숙성 기간 중 포도의 당도가 높고 산도도 상당히 높아서 와인 맛이 조화를 잘 이룬다. 칠레

는 특별한 기후와 토질 덕분에 19세기 필록세라 (Phylloxera)로 전 세계의 포도원이 황폐화될 때도 아무런 피해를 받지 않았다. 강수량은 연간 380mm 정도로 적기 때문에 지하수 등 관개시설을 이용한다. 토질은 지역에 따라서 자갈, 모래, 점토, 석회암, 충적토 등으로 다양하다.

7. 아르헨티나(Argentina)

포도 재배 지역은 대부분 안데스 산맥의 산기슭에 있는 멘도사 주를 중심으로 집중되어 있고 대륙성과 반 사막형 기후이며 강수량은 연간 200~250mm 정도로 적은 편이

지만 이 강수량의 대부분이 여름철 포도가 성장하는 기간 중에 온다. 안데스의 눈 녹은 물로 도랑을 만들어 관개를 하고 있다. 숙성 기간 중 주간에는 온도가 40℃ 정도로 높고 야간에는 10℃ 정도로 낮다. 토양은 모래, 점토, 충적토 등으로 다양하다.

8. 호주(Australia)

호주는 사방이 바다로 둘러싸여 있다. 북으로 티모르 해(Timor Sea)와 아라푸라 해 (Arafura Sea), 카펀테리아 만(Gulf of Carpentaria)이 있고, 동으로 코럴 해(Coral Sea) 와 태즈먼 해(Tasman Sea), 서쪽과 남쪽으로는 인도양이 있다. 지역적으로 차이는 있으나 대체로 여름은 덥고 겨울은 상당히 온화한 기후이다. 연중 평균 온도가 14℃ 정도이

며 강수량은 연간 약 600mm로 포도 재배에 적당한 조건이다. 토질은 지역에 따라 다르지만 대체로 석회암, 모래, 양토, 점토 등의 토질이고 쿤나와라(Coonawara) 인근의 표토는 붉은 색으로 테라 로사(Terra Rosa)라고 부르는 토질이며 이곳의 심층토는 석회암 등으로 포도 재배에 적합하다.

• 터키 플랫 와이너리 150년 된 묘목

9. 뉴질랜드(New Zealand)

뉴질랜드는 온화한 해양성 기후의 영향을 받아 강한 태양과 서늘한 바닷바람을 조성함으로써 특히 해안가에 위치한 포도원에 많은 영향을 미친다. 북쪽 섬은 선선한 해양성 기후이며 비가 많이 오고 습하다. 남쪽 섬은 선선하며 건조한 지역이다. 토양은 지역에 따라서 화산암 위에 점토, 모래, 자갈 등의 다양한 토질이다.

10. 남아프리카공화국(South Africa)

 전반적으로 지중해성 기후이다. 케이프타운(Cape Town) 부근은 대체로 덥고 건조하고 해안 가까운 쪽은 뱅겔라 해류(Benguela Current)의 영향으로 시원한 바람이 불어서 내륙보다는 선선하고 비가 많이 온다. 연간 강우량은 200~1,000mm로 다양하나 포도 생장 기간 중에 약 30%가 내린다. 포도 수확기에는 비가 거의 오지 않으므로 포도의 질병이 적다.

1-3 포도 재배, 기후, 토양

| 학습 목표 |
- 포도 재배에 대하여 분류하고 설명할 수 있다.
- 기후에 대하여 분류하고 설명할 수 있다.
- 토양에 대하여 분류하고 설명할 수 있다.

① 포도 재배

완벽한 기후와 토양이 형성되어 있다고 하더라도 그곳에서 재배하는 포도 품종을 빼놓고 이야기할 수는 없다. 삐노 누아를 재배하기에 너무 따뜻한 기후라면 오히려 시라 재배에는 완벽한 기후일 수 있다. 포도 품종마다 열, 일광 시간, 물, 바람, 기후와 토양 모든 요소에 따라 달리 반응한다. 단지 메를로가 더 인기가 있다고 해서 훌륭한 리슬링을 생산하는 포도나무를 뽑아내고 메를로로 갈아 심으면 안 되는 이유이다. 대체로 까베르네 쏘비뇽, 진판델, 쏘비뇽 블랑 등은 비교적 따뜻한 기후를 좋아하는 반면, 삐노 누아, 리슬링 등은 서늘한 기후를 좋아한다. 샤르도네의 경우에는 믿기 어려울 정도로 적응력이 좋다. 추운 지역인 프랑스 부르고뉴 샤블리에서도 잘 잘라지만, 호주처럼 따뜻한 지역에서도 잘 자란다.

※ 포도나무의 계절별 경작과정

● 1월(휴식기)

가지치기(Pruning) : 가지치기는 포도생산을 주도하기 위한 것으로 나무의 식물생장 균형을 유지시키며 수명을 길게 하고, 포도의 질을 결정해 주는 수확량을 줄이며 경작을 용이하게 하기 위함이다. 품종, 토양, 기후에 연결된 여러 요소들을 고려하면서 판단하고 관찰해야 하는 중요하고 섬세한 작업으로서 주로 1~2월에 행해진다.

● 2월(휴식기)

잔가지 태우기 : 잘라낸 잔가지들을 모아 태우는 작업으로서 오늘날의 대규모 포도 재배자들은 땅에 가지를 묻거나 가루로 만드는 방법으로 대체하기도 한다. 주로 1~2월에 한다.

밭 갈기 : 포도나무를 재배했던 곳의 부족한 영양분을 보충해 주고 새로 심을 어린 포도나무를 위하여 밭을 갈아준다.

● 3월(양수기)

재배(Planting) : 와인을 만드는 첫 번째 단계는 포도나무의 재배에서 시작된다. 새로 심는 포도나무는 심고 나서 약 5년이 지나야 상업용으로 쓸 수 있는 포도가 생산되기 시작하며 약 85년 정도 계속해서 수확할 수 있다. 좋은 와인은 대체적으로 젊은 포도나무(약 20~30년)에서 포도를 수확한다.

비료 살포 : 연속되는 수확으로 인해 부족된 필수성분들을 보충해 주어야 하며, 땅속에 아직 남아 있는 성분들도 재구성되도록 해야 한다. 비료를 주는 것은 포도나무의 식물생장 주기와 함께 열매가 맺히는 것을 돕고 병충해와 서리로부터 저항력을 길러주기 위한 것이다.

포도나무의 눈물 : 가지치기가 끝나면 수액이 올라와 가지 친 끝으로 흘러와 맺힌다. 이를 포도나무가 운다고 한다. 이를 보고 뿌리조직의 활동이 시작되었음을 알 수 있고, 드디어 포도나무의 생장주기가 시작된 것이다.

솎기(Thinning) : 가지치고 난 다음 단계는 솎기(다듬기)인데, 이는 초봄에 실시한다. 솎기는 생성되기 시작하는 포도나무의 불필요한 부분을 제거하는 것을 말한다. 가지치기와 솎기가 필요한 이유는 포도의 수를 줄여서 익었을 때보다 질이 좋은 포도 품질과 당분 함유량을 높이기 위함이다.

● 4월(발아기)

데뷔타주(Le débuttage) : 포도 그루터기 밑동을 파내기 위해 나무의 열 가운데 쪽으로 흙을 모아주는 작업이다. 이것은 제초작업이 될 뿐만 아니라 토양이 숨쉬게 하며, 빗물이 스며들도록 하는 작업이다.

발아 : 봉우리가 점점 커지기 시작하여 기온이 10℃ 정도가 되고 알맞은 습도를 유지하면 벌어지게 된다. 봉우리를 감싸고 있던 보호비늘이 벗겨지면서 솜털 같은 발아가 나타난다. 포도나무의 식물생장 주기가 시작되는 것이다. 옅은 초록색 어린 싹이 돋아난 후 토양이 덥혀지면 곧이어 나뭇잎이 돋아나게 된다.

● 5월(전엽기)

첫 손질 : 포도 재배자는 봄에 시작되어 여름에 끝나는 여러 가지 손질을 계속해야 한다. 포도나무가 곰팡이 또는 흔치는 않으나 기타 바이러스나 박테리아로 인해 유발되는 병에 걸리지 않도록 돌보아야 한다.

농약 살포 및 꽃피는 시기 : 와인법에 준하여 허가된 농약만을 살포할 수 있다.

● 6월(개화기)

개화 : 개화는 섭씨 15~20℃가 되기만 하면 시작되어 10여 일에 걸쳐 진행된 후 꽃으로 피어난다. 개화가 수확 시기를 결정짓는 조건이다.

결실 : 어느 정도 번식력 있는 꽃들은 일반적으로 '과일'을 맺는다. 그러나 꽃가루가 묻지 않은 몇몇 꽃들은 떨어져버리며 '낙화'과정을 거친다. 이런 자연적인 과일 흉년은 온도가 조금 낮으면 나타나며 수확량에 차질을 줄 정도로 중요하다.

● 7월(결실기)

자르기 또는 상순 자르기 : 계속해서 자라면서 포도가 흡수할 영양분을 가로챌 우려가 있는 포도나무의 가지 끝을 친다.

열매 따기 : 수확할 포도에 충분한 영양분을 주기 위하여 불필요한 열매는 제거해 준다.

● 8월(결실기)

잎 따주기 : 포도송이 주변의 잎들을 어느 정도 제거해 주어야 일조량을 늘릴 수 있으며, 포도 껍질의 착색과 포도알의 숙성을 촉진시킬 수 있다.

포도 제조용기의 준비 : 8월 말경이 되면 포도는 성숙을 마친다. 포도 재배자는 손질을 끝내고 양조통을 닦거나 포도주 제조용기들을 검사해 본다.

물들기 : 초여름 동안 알이 커진 포도는 아직은 초록색의 단단한 모양을 하고 있다. 그러나 8월 15일경이 되면 색깔이 변하여 품종에 따라 짙은 보라색이나 반투명의 노란색으로 물이 든다.

● 9월(성숙기)

성숙기 : 뿌리와 나뭇잎으로부터 영양분을 공급받게 되면 포도 알이 당분으로 가득 차고 산도가 낮아지며 말랑말랑해진다. 수확하기 전까지 타닌과 색소, 아로마의 함량은 계속해서 증가한다. 주로 8~9월에 행해진다.

● 10월(수확기)

수확(Harvesting) : 포도가 익어감에 따라 당분이 증가하게 되어 본래의 신맛은 점차 사라지게 된다. 늦여름에 시작하며 8월 중순부터 10월 하순 사이에서 각 포도 품종이 최고의 상태에 있을 때를 선택하여 수확한다. 이

때 중점을 두어야 할 것은 잘 익은 건강한 포도를 수확하는 것이기 때문에 수확날짜는 포도의 익은 상태에 따라 달라진다. 오늘날 포도 재배자는 더 이상 각 마을에서 포도수확을 허가하는 날짜가 고시되는 것만을 따르지는 않으며, 포도가 익었는지를 먼저 관찰해 보는 것이 중요하다고 여긴다. 주로 9~10월에 행해지며, 수확은 개화 후 약 100일 후에 실시한다. 그 최고상태의 시점은 종류마다 약간씩 다르다.
가장 드라이한 스타일의 스파클링 와인을 만들려면 1% 정도의 산도(Acidity, 신맛 정도)와 18~19브릭스(Brix)의 당도를 가질 때 수확한다(브릭스는 대체로 포도의 당도 측정치이며 이것에 0.55를 곱하면 잠재적인 알코올농도 수치가 된다). 식탁용 백포도주에 쓰이는 포도는 산도 0.8퍼센트와 당도가 21~22브릭스 때에 주로 수확한다. 백포도주용 포도는 대체로 산도 0.65퍼센트와 23브릭스일 때 수확한다. 디저트용과 애피타이저용은 당도가 23브릭스(Brix), 산도는 낮을 때 수확한다. 위와 같은 수치는 단지 일반적인 관례일 뿐이며, 대부분의 와인 제조자들은 이보다도 포도의 맛과 상태를 더욱 중요시한다.

● 11월(낙엽기)

잎이 떨어짐 : 포도나무잎이 변색되고 떨어져버린다. 포도나무는 식물생장기 중 휴식기에 들어가게 된 것이다. 색이 물드는 초기부터 잎을 통해 진행되던 광합성작용으로 저장된 물질들이 가지에 쌓이게 된다. 이 저장된 성분들의 양에 따라 나무의 생물학적 균형이나 수명이 결정된다. 주로 10~11월에 행해진다.

● 12월(휴식기)

두둑 만들기 : 이것은 큰 추위가 닥쳐오기 전에 끝내야 하는 작업으로 흙을 나무 그루터기에 부어주어 겨울의 결빙을 막는 것이다. 주로 11~12월에 행해진다.

겨울잠 : 포도나무는 잎을 잃고 식물생장기 다음의 휴지기로 들어간다. 주로 11~3월에 해당된다.

② 기후(Climate)

　포도나무는 다양한 기후적 배경에 적응할 수 있다. 그러나 포도는 대개 결빙, 서리에 약하며, 햇빛을 잘 받아야 포도가 잘 익을 수 있으므로 일반적으로 온화한 기후대에서 좋은 결과를 얻게 된다.

　프랑스는 지중해성 기후, 서안해양성 기후, 대륙성 기후 등 3개의 커다란 기후대에 영향을 받는다.

1. 포도에 영향을 주는 3대 기후요소

　포도농사에 있어 기후는 직접적인 관계가 있다. 적당히 추운 겨울과 겨울비 그리고 적당히 더운 여름과 여름비 등은 햇빛과 비의 양을 조절한다. 이런 것들이 포도농사에 있어서 항상 희망하는 기후조건이다.

　늦가을의 첫 추위나 이른 겨울은 포도나무의 좋은 휴식조건이며, 나무를 튼튼하게 하는 데 좋다. 그러나 혹한은 나무를 동사시킬 우려가 있다. 그리고 충분한 햇빛은 포도를 과육 속까지 깊게 익히므로 온대지역에서는 가능한 늦게 수확하는 것이 좋다.

　늦여름의 잘 익은 포도는 늦가을에 서늘한 기후로 마무리를 잘 짓기 때문에 와인을 담는 데 이상적이다. 비는 대체적으로 겨울과 이른 봄에 오면 좋다. 여름비가 많이 와서 습도가 높고 햇빛이 충분하지 못하면 병충해가 바로 번져서 포도수확이 줄게 되며, 덜 익은 포도를 수확하게 된다. 한랭한 서리와 우박은 포도수확에 큰 타격을 주며, 바람이 심하면 포도를 떨어뜨려 수확이 줄어든다. 그리고 포도밭이 호수나 강가에 너무 가까이 있으면 물의 냉기가 포도밭의 열을 식히므로 좀 떨어지게 포도밭을 조성해야 좋다.

●　햇빛(Sun Light)

　햇빛은 포도주의 빛깔을 결정한다. 포도에 당분을 형성시키고 붉은 색소가 합성되기 위해서는 보다 많은 태양에너지가 필요하다. 이러한 이유로 알자스, 샤블리, 샹빠뉴 등 북쪽지역에서는 백포도주를 많이 생산하며, 남쪽에서는 색깔이 짙고 짜임새 있는 적포도주를 생산하는 것이다.

일조량이 적으면 당도가 떨어지고 산도가 높고, 일조량이 많으면 당도가 높고 산도가 낮다. 와인의 맛은 당도(Sweetness), 산(Acid), 타닌(Tannin)의 조화이다.

● **온도(Temperatures)**

포도나무는 서리를 싫어하므로 연평균기온이 높아야 하며, 포도나무의 생장주기 기간에 포도의 숙성을 위해서도 열이 필요하다.

● **강우량(Rain)**

강우는 수확의 양과 질에 지대한 영향을 미친다. 포도원에 결정적인 것은 강우량인데, 특히 연중분포와 어떤 형태로 내리는가가 중요하다(자주 오는 비인가, 폭풍우인가). 비가 오는 시기에 따라 포도나무의 반응은 제각기 다르다. 강우량이 많으면 포도의 산도(Acid)는 높아지는 반면 당도(Sweetness)는 낮아진다. 반대로 강우량이 적으면 산도는 낮아지고 당도는 높아져서 좋은 와인을 만들 수 있다.

● **4월~10월 사이 보르도(Bordeaux), 샹빠뉴(Champagne) 지방의 일조량, 평균온도 및 강수량**

3대 요소 ＼ 지방	Bordeaux	Champagne
☀ 햇빛(Sun light, 일조량)	2,010시간	1,560시간
☂ 온도(Temperatures)	12.9℃	11.10℃
⏐ 강우량(Rain)	909mm	673mm

2. 포도원의 방향(Vineyard Exposure)

포도원의 방향은 남향, 남동향이 좋다. 이는 포도나무에 아주 중요한 일조량에 크게 영향을 주기 때문이다. 부르고뉴 포도원은 동향인데 그 이유는 아침 해를 받아 토양이 서서히 달궈지고 서쪽으로부터 부는 바람과 비를 피할 수 있기 때문이다.

대서양기후

- 연평균기온 : 11~12.5℃ 사이의 온화한 기후
- 일조량 : 보통
- 강우는 규칙적으로 조금씩 내리고 연중 고른 분포
- 걸프 스트림이라는 바닷바람의 영향을 받는다.
- 보르도, 코냑, 아르마냑 지방 등이 영향

기후의 문제들

- 겨울의 서리 : 기온이 영하 15℃ 정도 되면 포도나무 둥지나 뿌리가 얼어서 부분적 또는 전체적으로 막대한 피해를 입게 된다.
- 봄의 서리 : 꽃봉오리와 어린 싹에 피해를 주어 수확에 큰 피해를 준다.
- 온도의 상승 : 포도나무잎을 그을려 누렇게 한다.
- 우박 : 부분적으로 수확에 영향을 주며 그 다음번 수확에도 영향을 미친다.
- 많은 비와 더위 : 포도나무에 병을 유발한다. 밀디유, 오이듐균, 보트리스티스 등
- 많은 비와 추위 : 개화와 수분이 진행되는 동안에 포도 알의 성장을 막아 포도의 결실을 방해하므로 수확에 손실을 유발한다.

내륙성 기후

- 연평균 기온 : 10~12℃로 서늘함
- 일조량 : 보통
- 적고 규칙적인 비, 연중 고른 강우량
- 산맥과 호수, 강 등이 포도재배에 중요한 역할
- 샹빠뉴, 부르고뉴, 알자스 지방 등이 영향

지중해성 기후

- 연평균 13~15℃ 사이의 가장 온화한 기후(포도의 당도를 높여준다)
- 일조량 : 많음(연중 2,700시간)
- 여름은 건조, 봄ㆍ가을은 비
- 바다와 대륙에서 부는 바람의 영향
- 론, 프로방스, 랑그독과 루시옹 지방 등이 영향

• 와인의 품질을 결정하는 요소

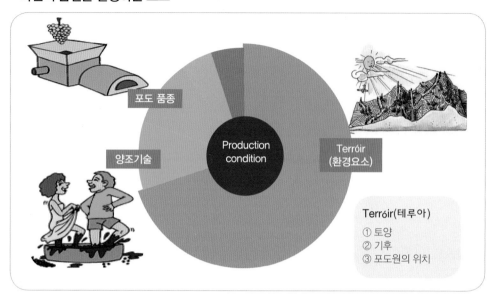

3. 해발(Altitude)

해발 100m씩 올라갈수록 기온은 0.6℃씩 내려간다. 이는 포도의 성장을 변화시키는데, 산맥이 포도원에 가까이 있으면 서늘해서 포도 알이 서서히 익게 된다. 그리고 알자스 포도원과 같이 숲이 가까이 있으면 찬바람으로부터 포도원을 보호할 수 있다.

③ 토양(soil)

토양은 뿌리를 지탱하며, 포도나무의 뿌리가 살고 있는 환경 전체로 물과 영양분을 공급하는 보고(寶庫)이다. 진흙으로 된 영양분이 풍부한 토양은 곡물이나 야채 등의 재배에 적합하지만 돌밭이나 자갈밭같이 영양분이 충분하지 못하고 배수가 잘 되는 토양에서는 포도나무 재배가 적합하다. 토양에 배수가 잘 되지 않으면 수분이 너무 많아 포도주의 원료인 포도의 당도가 떨어진다. 반면에 배수가 좋고 영양분이 없는 토양의 포도나무는 수분과 영양분을 얻기 위해 뿌리를 깊이 내려(약 5~15m) 지하층 깊숙이 있는 여러 가지 미네랄(Mineral)을 충분히 흡수하여 영양분이 있는 양질의 포도를 생산하게 된다. 이러한 이유로 포도를 수확할 때에도 수분이 거의 없는 아주 건조한 날을 선택한다.

포도나무는 품종에 따라 가장 이상적인 토양이 있는데 이는 그 품종의 성질을 가장 잘 드러나게 해주기 때문이다.

예를 들어, 가메 누아(Gamay Noir) 품종은 보졸레의 화강암 토양에서는 섬세하고 육감적인 포도주를 만들고, 진흙 석회질 토양에서는 훨씬 부드럽고 가벼운 포도주가 된다. 토양은 포도의 질과 양을 결정짓는 중요한 요소이다. 따라서 토양의 영양공급은 와인의 아로마(Aroma)와 영양소를 형성하기 때문에 매우 중요하다.

- 영양분이 풍부한 땅(Rich Soils) : 곡물이나 야채 재배에 적합
- 영양분이 없는 땅(Poor Soils) : 돌밭, 자갈밭, 석회암-포도 재배에 적합
- 가메(Gamay) 품종 : 대체적으로 화강암(Granitie) 지역에서 잘 자라며, 주로 보졸레 지방에서 재배한다. 가메 품종은 포도의 신맛이 강해서 일반적으로 라이트 와인(Light Wine)을 생산한다.
- 샤르도네(Chardonnay) 품종 : 석회암 토양에서 잘 자라며, 주로 버건디 지방이나 샹빠뉴 지방에서 재배한다. 샤르도네 품종은 맛이 부드럽고 잘 빚어낸 맛, 섬세한 맛 등을 나타내며 타닌으로 묵직한 와인 만들기에 적합하다.
- 메를로(Merlot) 품종 : 대체적으로 백악질 토양에 잘 어울린다. 개성이 있으면서 부드러운 맛으로 인해 보르도 지방의 까베르네 쇼비뇽과 완벽한 조화를 이룬다. 특히 쌩떼 밀리옹과 뽀므롤 지역에서 많이 재배한다.

평가 준거

- 평가자는 학습자가 수행 준거 및 평가 내용에 제시되어 있는 내용을 성공적으로 수행 하였는지를 평가해야 한다.
- 평가자는 다음 사항을 평가해야 한다.

학습 내용	평가 항목	성취수준		
		상	중	하
포도 품종의 특징	– 포도 품종의 특징에 대한 분류와 설명			
떼루아(Terroir)	– 떼루아의 개념 설명			
	– 떼루아의 구성 요소 설명			
	– 국가별 떼루아 설명			
포도 재배, 기후, 토양	– 포도 재배에 대한 분류와 설명			
	– 기후에 대한 분류와 설명			
	– 토양에 대한 분류와 설명			

평가 방법

- 객관식 시험

학습 내용	평가 항목	성취수준		
		상	중	하
포도 품종의 특징	– 화이트/레드 와인 포도 품종의 구분 여부			
	– 주요 화이트 와인 포도 품종의 원산지, 특징, 주요 생산 지역, 다른 포도 품종과의 차이점 파악 여부			
	– 주요 레드 와인 포도 품종의 원산지, 특징, 주요 생산 지역, 다른 포도 품종과의 차이점 파악 여부			
떼루아(Terroir)	– 떼루아의 개념 파악 여부			
	– 떼루아의 구성 요소 파악 여부			
	– 국가별 떼루아의 특징 파악 여부			
포도 재배, 기후, 토양	– 포도 재배의 월별 주요 작업 파악 여부			
	– 일조량과 포도 재배의 연관성 파악 여부			
	– 강우량과 포도 재배의 연관성 파악 여부			

학습 내용	평가 항목	성취수준		
		상	중	하
포도 재배, 기후, 토양	– 바람과 포도 재배의 연관성 파악 여부			
	– 온도와 포도 재배의 연관성 파악 여부			
	– 토양의 종류 및 구조와 포도 재배의 연관성 파악 여부			
	– 포도밭의 고도와 포도 재배의 연관성 파악 여부			
	– 포도의 방향과 포도 재배의 연관성 파악 여부			
	– 포도밭의 경사도와 포도 재배의 연관성 파악 여부			

피드백

1. 객관식 시험
– 포도 품종의 특징, 떼루아, 포도 재배, 기후, 토양에 관한 이해 여부를 평가하고. 부족한 부분에 대해서는 별도의 용지를 이용해 평가 결과를 피드백 한다. 일정 수준 이하의 평가 결과에 대해서는 학습 후 재평가를 실시할 수 있도록 한다.

2-1 발포성/비발포성 와인

| 학습 목표 |
- 발포성/비발포성 와인을 양조 방법에 따라 분류할 수 있다.
- 샴페인과 기타 발포성 와인을 국가별로 분류할 수 있다.

① 발포성 와인(Sparkling Wine)

일명 발포성 와인이라 부르는 스파클링 와인은 발효가 끝나 탄산가스가 없는 일반 와인을 병에 담아 당분과 효모를 첨가해 병내에서 2차 발효를 일으켜 와인이 발포성을 가지도록 한 것이다.

프랑스 샹빠뉴 지방을 제외한 지역에서 이 방식으로 만 들어진 스파클링 와인을 메토드 트라디시오넬((Methode Traditionnelle) 또는 크레망(Cremant)이라 표기하고 있는데, 이 것은 신흥 와인생산국 등에서 스파클링 와인에 샴페인이라고 표기, 판매한 데에 따른 샹빠뉴 지방 사람들의 반발 때문이 다. 스파클링 와인을 프랑스에서는 뱅 무소(Vin Mousseux), 독일에서는 젝트(Sekt), 이탈리아에서는 스푸만테(Spumante) 라고 부르는데, 이것은 병 속의 압력이 20℃에서 3기압 이 상을 가진 와인을 말한다. 1~3.5기압의 약발포성 와인을 프 랑스에서는 뱅 페티앙(Vin Petillant), 독일에서는 페를바인 (Perlwein), 이탈리아에서는 프리잔테(Prizzante)라고 한다.

- 모에 샹동 임페리얼 (Moët Chandon)
- 헨켈트로켄 (Henkell Trocken)

1. 스파클링 와인의 제조과정

스파클링 와인과 샹빠뉴(Champagne, 일반적으로 샴페인이라고 읽는다; 프랑스 샹빠뉴 지방에서만 생산되는 스파클링 와인)의 제조방법에는 약간의 차이가 있다. 또한 샹빠뉴의 포도 품종은 AOC법에 의해 삐노 누아(Pinot Noir, 적포도), 삐노 뫼니에(Pinot Meunier, 적포도), 샤르도네(Chardonnay) 등 3가지 포도 품종만을 사용해야 한다고 정해져 있는데, 화이트 포도 품종인 샤르도네만을 사용하여 만든 샴페인은 블랑 드 블랑(Blanc de Blancs)이라 하고, 레드 포도 품종인 삐노 누아, 삐노 뫼니에로 만든 샴페인은 블랑 드 누아(Blanc de Noirs)라 한다. 보통은 이 세 가지 포도 품종을 섞어서 만들며, 같은 해에 수확한 포도만으로 만들었을 때에만 빈티지를 사용할 수 있고 최소한 3년 이상이 경과해야만 한다.

 샴페인(Champagne) 제조과정

① 착즙(搾汁)
샹빠뉴 제조를 위한 대표적인 세 가지 품종은 샤르도네(Chardonnay), 삐노 누아(Pinot Noir), 삐노 뫼니에(Pinot Meunier)종이다. 수확한 포도는 착즙실로 운반되어 과육, 과피, 줄기, 씨가 포도즙과 분리된다.

② 1차 발효
분리된 포도즙은 탱크로 옮겨져 1차 발효로 들어간다. 이 발효에 의해 당분은 알코올로 변환되며, 자연발생적으로 탄산가스(CO_2)가 생성된다. 이 이산화탄소는 외부의 공기를 차단함으로써 와인의 산화를 방지하며, 발효가 끝날 즈음에는 모두 탱크 밖으로 발산된다.

③ 혼합(Blending)
1차 발효가 끝나서 포도주의 맛이 날 때 각 탱크 속의 와인은 나름대로의 독특한 맛과 향기를 지니고 있다. Cellar Master는 각기 다른 와인의 품질상태를 정확히 파악하여 혼합하는 양이나 비율을 결정하여 자기 회사 특유의 개성 있는 맛과 향기를 창출해 낸다.

④ 2차 발효
1차 발효는 탱크에서 했지만 2차 발효는 병 속에 채워져서 진행된다. 병입하기 전에 약간의 당과 효모가 동시에 투입된다. 따라서 1차 발효 때와 마찬가지로 알코올성분이 증가되며, 동시에 발포성을 일으키는 이산화탄소를 생산한다. 그러므로 병내의 기압이 매우 높게 형성되는데 약 6기압 정도이다. 강력한 압력을

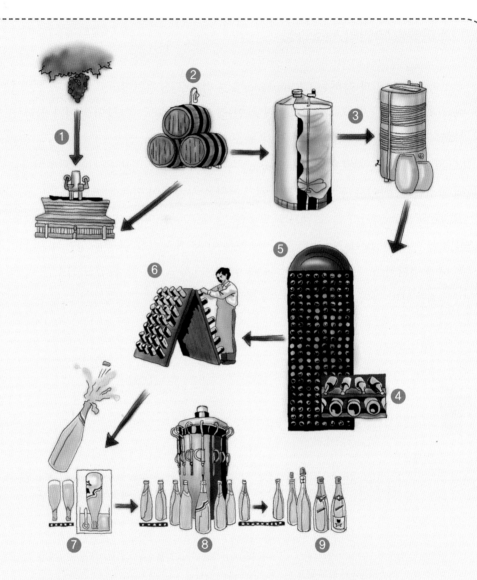

분산시키기 위해 샹빠뉴병 밑바닥에는 펀트(Punt)라는 움푹 팬 특별한 구조를 취하게 된다. 2차 발효기간 동안 샹빠뉴는 지하저장고에서 옆으로 눕혀 숙성시킨다.

⑤ 숙성(熟成)

숙성기간은 프랑스 법에는 1년 이상으로 되어 있으나 보통 3년 이상이며, 빈티지 샹빠뉴(Vintage Champagne)인 경우 10년 이상도 한다.

⑥ Riddling(침전물 병목에 모으기)

이 방법은 샹빠뉴만의 유일하고 매우 흥미로운 작업으로 오랜 숙성기간 동안 형성된 병 속의 침전물을 병 입구 쪽으로 모으는 과정이다. 작업은 특수하게 고안된 삼각형 받침대에 약 4개월에 걸쳐 시행한다. 이 작업을 프랑스어로 르뮈아주(Remuage)라고 한다.

⑦ 침전물 제거(Dégorgement; 데고르주망)

병 입구로 모아진 침전물은 순간냉동으로 병목을 얼려서 코르크 마개를 열면 자체 압력에 의해 응고되었던 침전물이 순간적으로 병 밖으로 빠져나가게 된다. 침전물의 방출로 인한 양적 손실은 도자쥬(Dosage)로 채워진다.

⑧ 도자쥬 첨가(添加)

도자쥬의 성분은 샹빠뉴산의 오래된 와인에 브랜디와 설탕을 탄 것이다. 도자쥬의 설탕 함유량에 따라 샹빠뉴의 감미가 달라진다.

※ 샹빠뉴는 당분의 함량에 따라 다음과 같이 분류한다.

- 브뤼(Brut; 당분 함유량 0~1%; 1L당 15g 이하) : Very Dry
- 엑스트라 쎅(Extra Sec; 당분 함유량 1~2%; 1L당 12~20g 이하) : Dry
- 쎅(Sec; 당분 함유량 3~6%; 1L당 17~35g 사이) : Medium Dry
- 드미 쎅(Demi Sec; 당분 함유량 5~10%; 1L당 33~50g 이하) : Sweet
- 두(Doux; 당분 함유량 10~15%; 1L당 50g 이상) : Very Sweet

⑨ 병입(Bottling)

이렇게 완성된 샹빠뉴는 양질의 코르크를 끼워 철사로 묶는다. 그리고 1~2년간 마지막 숙성을 하고 상표를 붙여서 코르크에 금속의 박을 감아 상품으로 시판한다.

각 회사마다 만드는 방법의 차이는 있으나, 최고의 제품이라 찬사받는 샹빠뉴를 중심으로 살펴보면 아래와 같다.

- **포도 수확** : 포도원으로부터 잘 익은 포도를 수확한다. 샴페인 제조를 위한 대표적인 3가지 품종은 샤르도네(Chardonnay), 삐노 누아(Pinot Noir), 삐노 뫼니에(Pinot Meunier)종이다. 수확된 포도는 착즙실로 운반되어 과육, 과피, 줄기, 씨를 포도즙과 분리한다.
- **공장** : 각각의 포도원으로부터 수확한 포도를 공장으로 취합한다.
- **제경, 파쇄** : 양조장에 도착하면 줄기는 풀냄새가 나고 쓴맛이 나기 때문에 먼저 분쇄기에 넣고 줄기를 골라내고 포도 껍질, 씨, 알맹이를 같이 으깨는데 이때 롤러의 사이가 약간 떨어져 있어 포도의 주스만 분리해 내는 것이지 씨나 껍질까지 완전히 으깨는 것은 아니다. 또한 주스가 만들어지면서 아황산염을 첨가하기 시작한다.
- **압착** : 포도 품종별로 따로 압착하여 각각의 포도 주스를 만든다.
- **주정발효(1차 발효)** : 서로 다른 수확연도와 포도 품종과 지역이 다른 포도 주스는 탱

크(tank)로 옮겨져 1차 발효에 들어간다. 이 발효에 의해 당분은 알코올로 변환되며 자연 발생적으로 탄산가스(CO_2)가 생성된다. 이 이산화탄소는 외부의 공기를 차단함으로써 와인의 산화를 방지하며 발효가 끝날 즈음에는 모두 탱크 밖으로 비산(飛散)된다.

　화이트 와인 만드는 방식과 똑같이 발효시켜 각각의 화이트 와인을 만든다.

• **퀴베 만들기(아상블라주, Assemblage)** : 여러 가지 포도 품종이 들어가는 경우 서로 다른 품종의 1차 발효한 와인들을 배합하여 하나의 와인을 만드는 것을 퀴베(Cuvée) 만들기라고 하는데, 샴페인의 맛은 이 퀴베에 의해 좌우된다고 해도 과언

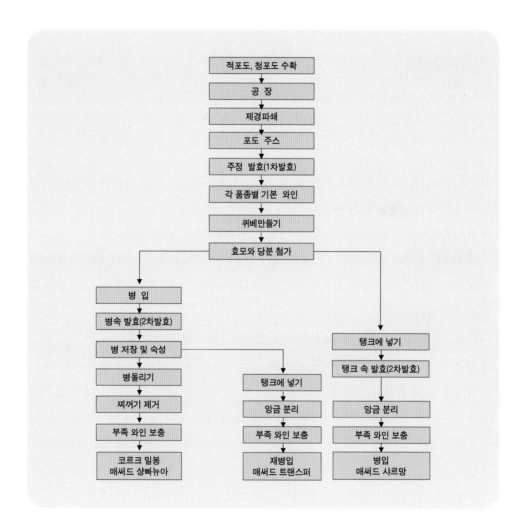

이 아니다. 1차 발효가 끝나서 포도주의 맛이 날 때 각 탱크 속의 와인은 나름대로의 독특한 맛과 향기를 지니게 된다. 까브 마스터(Cave Master : 와인 저장고의 총책임자이며 블렌딩이나 숙성 정도를 총괄한다.)는 각기 다른 와인의 품질상태를 정확히 파악하여 혼합하는 양이나 비율을 결정하여 자기 회사 특유의 개성 있는 맛과 향기를 창출해 낸다.

같은 해에 수확된 포도만으로 만든 퀴베에는 빈티지를 사용할 수 있지만, 여러 해에 걸쳐 수확한 포도로 만든 퀴베를 사용할 시에는 빈티지를 사용할 수 없다. 이렇게 여러 가지 품종을 섞는 것이 샴페인의 맛을 월등하게 한다는 것을 발견한 사람이 바로 돔 뻬리뇽 수사이다. 퀴베 만들기를 전문용어로 아상블라주라고 한다.

- **병입** : 퀴베로 만든 화이트 와인을 병에 담을 때 2차 발효를 용이하게 하기 위하여 당분 및 효모를 첨가한다. 병입 시에 병 뚜껑은 코르크 마개를 하지 않고 일반 음료수 병에 사용하는 왕관뚜껑을 사용한다.

- **병 속 발효(2차 발효)** : 1차 발효는 탱크에서 했지만 2차 발효는 병 속에 채워져서 진행된다. 병입하기 전에 미량의 당분과 효모가 동시에 투입된다. 따라서 1차 발효 때와 마찬가지로 알코올성분이 증가되며 동시에 발포성을 일으키는 이산화탄소(CO_2)를 생산한다. 그러므로 병내의 기압이 매우 높게 형성되는데 약 6기압 정도이다. 강력한 압력을 분산시키기 위해 샴페인병 밑바닥에는 펀트(punt)라는 움푹 패인 특별한 구조를 취하게 된다.

- **병 저장 및 숙성** : 2차 발효기간 동안 샴페인은 지하 저장고에서 옆으로 눕혀 숙성시킨다. 숙성기간은 프랑스 법에는 1년 이상으로 되어 있으나 보통 3년 이상이며 빈티지 샴페인(Vintage Champagne)인 경우 10년 이상도 한다.

- **병 돌리기(르뮈아주, Remuage)** : 이 방법은 샴페인만이 갖는 유일하고 매우 흥미로운 작업으로써 오랜 숙성기간 동안 형성된 병내 침전물, 즉 효모가 알코올과 탄산가스를 생성한 후 병 바닥에 쌓인 찌꺼기를 병 입구 쪽으로 모으는 과정이다. 특수하게 고안된 퓌피트르(Pupitre, 영어로는 riddling rack(삼각형 받침대))라고 하는 약 45도 경사진 나무판에 구멍을 뚫고 샴페인 병을 꽂아놓고 매일 조금씩 3주에서 약 4개월 정도를 반복하여 한 방향으로 돌리면 부유물들이 병목부분으로 모아진다.

이러한 과정을 르뮈아주라 부른다. 샴페인에 있어서 이러한 르뮈아주 과정을 발견한 사람이 뵈브 끌리꼬 퐁샤르뎅 여사인데 이러한 과정을 발명하기 전에 샴페인은 아주 맑은 빛을 띠지는 않았다.

- **병목 급속냉각** : 병목에 부유물들이 모여 있는 샴페인을 찌꺼기 제거를 위하여 냉동소금물에 담그는 순간냉동법으로 급랭시킨다.

- **찌꺼기 제거(데고르주망; Dégorgement)** : 급랭시킨 병목의 뚜껑을 열면 순간적으로 내부압력의 차이로 응고되었던 목부분의 침전물이 병 밖으로 빠져나오는데, 이때 병 안의 탄산가스 손실 없이 맑고 깨끗한 샴페인을 얻을 수 있다. 이러한 과정을 데고르주망이라 한다. 침전물의 방출로 인한 양적 손실은 도자주로 채워진다.

• 찌꺼기 제거

- **부족와인 보충(도자주, Dosage)** : 찌꺼기를 제거하고 나면 제거한 만큼의 빈 공간이 생기는데 그 빈 공간에 설탕과 화이트 와인을 넣거나 설탕과 레드 와인을 넣거나 또는 와인만을 넣기도 한다. 이때 첨가하는 설탕의 정도에 따라 당분의 함유량이 달라지는데 그 당분의 정도에 따라 샴페인에 붙여지는 이름이 달라지고, 부족분 첨가 시 레드 와인을 넣으면 로제 샴페인이 되기도 한다. 이러한 과정을 도자주라고 한다.

• **각국 포도주의 당도 분류기준**

프 랑 스	이 탈 리 아	독 일	당 함량(g/ℓ)
Ultra Brut(울트라 브뤼)	Pas Dose(파스 도제)		감미가 없음
Extra Burt(엑스트라 브뤼)	Extra Burt(엑스트라 부르트)	Extra Burt(엑스트라 부르트)	0~6g/ℓ
Burt(브뤼)	Burt(부르트)	Burt(부르트)	15g/ℓ
Extra Sec(엑스트라 쎅)	Extra Secco(엑스트라 세코)	Extra Trocken(엑스트라 트로켄)	12~20g/ℓ
Sec(쎅)	Secco(세코)	Trocken(트로켄)	17~35g/ℓ
Demi Sec(드미 쎅)	Semi Secco(세미 세코)	Halbtrocken(할프트로켄)	33~50g/ℓ
Doex(듀)	Dolce(돌체)	Mild(마일드)	50g/ℓ 이상

- **코르크 마개 밀봉 및 철사 두르기** : 도자주 과정이 끝나면 비로소 코르크 마개로 밀봉을 하고 샴페인의 압력을 지탱하기 위하여 철사로 단단히 고정한다.
- **병 속 숙성** : 모든 과정이 끝난 샴페인은 안정화 과정 및 병 속 숙성을 위하여 다시 1~2년간 숙성시키고 상표를 붙여서 출하한다.
- **출하 및 판매** : 병 숙성이 끝난 샴페인은 판매하는데 샴페인은 되도록 오래 보관하지 않고 바로 마시는 것이 좋다.

 스파클링 와인 제법에 의한 분류

- 메토드 샹빠뉴아즈(Methode Champenoise, Methode Traditional, Methode Classico, Spumante Classico, Cava) : 스틸 와인을 병입한 후, 당분 및 효모를 넣어 밀봉한 다음 병 속에서 2차 발효시키는 방법
- 메토드 샤르망(Method Charmant, Method Cuvée Close(밀폐탱크 방식)) : 스틸 와인을 큰 탱크 안에 밀봉하여 2차 발효를 시키는 방법으로 1회 대량생산이 가능하고 원가를 절감하며 일반 스파클링 와인 제조 시에 사용
- 메토드 트랜스퍼(Methode Transfer) : 2차 발효시켜 탄산가스가 있는 와인을 병 속에서 압력을 가하여 탱크에 넣고 냉각, 침전물을 제거하여 새로운 병에 병입하는 방법
- 가제피에 카버네이티드 스파클링 와인(Gazeifie Carbonated Sparkling Wine) : 탄산가스를 강제로 주입하는 방법으로 가장 저급의 스파클링 와인

② 비발포성 와인(Still Wine)

일반 와인은 일명 비발포성 와인이라고도 부르는데, 이것은 포도당이 분해되어 와인이 되는 과정 중에 발생되는 탄산가스를 완전히 제거한 와인으로 대부분의 와인이 여기에 속한다. 그 색깔은 레드, 화이트, 로제 와인이 있으며, 알코올도수는 프랑스, 독일, 이탈리아 등은 대체로 10~12%이다.

- 샤또 라세끄 쌩떼밀리옹
  (Château Lasseque
  St-Émilion)

1. 화이트 와인(White Wine)

화이트 와인은 첫째, 잘 익은 백포도(적포도가 아닌 것은 전부 백포도임. 노랑, 금빛, 청포도)를 압착하여 만들고, 둘째, 적포도를 이용할 경우 적포도의 껍질과 씨를 제거하여 만드는데, 포도를 으깬 뒤 바로 압착하여 나온 주스를 발효시킨다.

> **옐로우 와인(Yellow Wine)**
> 프랑스 남부 쥐라 지방의 화이트 와인이 특히 황금색을 띠기 때문에 옐로우 와인이라 하며, 때론 쏘테른(Sauternes) 지방의 화이트 와인도 옐로우 와인이라고 하는 사람도 있다.

• 뿌이 퓌세(Pouilly Fuissé)   • 샤블리(Chablis)

이렇게 만들어진 화이트 와인은 껍질과 씨에 많이 포함되어 있는 타닌성분이 적어서 맛이 순하고, 포도 알맹이에 있는 유기산으로 인해 상큼하며, 포도 알맹이에서 우러나오는 색깔로 인해 노란색을 띤다.

화이트 와인이라고 해서 눈처럼은 하얀색이 아니라 색깔이 없는 무색을 뜻하는데 대체로 연한 밀짚색과 노란색이다.

화이트 와인의 일반적인 알코올농도는 10~13% 정도이며, 보통 와인 쿨러에 차게(약 7~9℃) 해서 마셔야 제맛이 나나, 지나치게 차면 화이트 와인에 포함되어 있는 산과 향(Aroma)성분에 영향을 주어 제맛을 느낄 수 없다.

(1) 화이트 와인의 제조과정

화이트 와인은 잘 익은 백포도(청포도, 노란 포도 등)나 적포도의 껍질과 씨를 제거한 후에 만든다.

화이트 와인은 청포도 혹은 껍질과 씨를 제거한 적포도 품종으로 양조하는데, 포도를 으깬 뒤 바로 압착하여 나온 주스를 발효시킨다. 적포도의 색소는 껍질에 있으므로 포도를 압착하여 껍질을 제거한 후 맑은 포도즙만 짜낸다면 이 주스를 가지고 화이트 와인을 만들 수 있는 것이다. 화이트 와인은 타닌 성분이 적어서 맛이 순하고, 포도 알맹이에 있는 유기산으로 인해 상큼하며, 포도 알맹이에서 우러나오는 색깔로 인해 노란색을 띤다. 화이트 와인은 레드 와인에 비해 당분과 타닌의 함량이 적어서 장기간

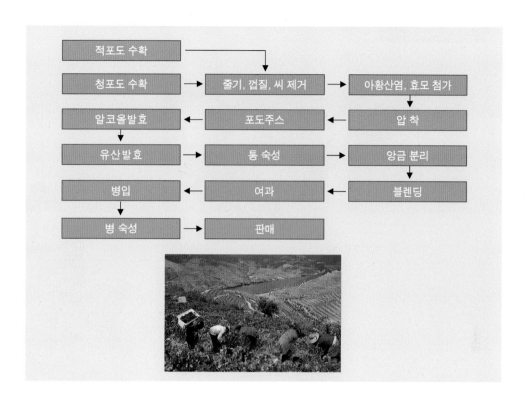

저장할 수 없다는 단점이 있다. 화이트 와인의 일반적인 알코올 농도는 10~13%이고, 5~10℃ 정도로 차게 해서 마셔야 제맛이 난다. 화이트 와인은 일반적으로 생선요리나 야채에 잘 어울린다. 대표적인 화이트 와인 품종은 샤르도네, 쏘비뇽 블랑, 리슬링, 슈냉 블랑, 세미용, 게뷔르츠트라미너, 트레비아노, 비오니에, 삐노 블랑, 삐노 그리, 뮐러 투르가우, 실바너, 토론테스, 뮈스카, 뮈스카데, 뮈스카델 등이다. 화이트 와인의 양조 과정은 다음과 같다.

- **포도 수확** : 일반적으로 청포도를 사용하지만 적포도를 사용하기도 한다.
- **줄기 제거 및 파쇄** : 포도 줄기 부분을 제거하고 과육만을 으깬다.
- **압착** : 포도의 과육을 빠르게 압착하여 껍질과 씨를 제거한 후 과즙을 발효조에 넣는다. 껍질과 씨가 깨지면 안되기 때문에 과도한 압력으로 압착해서는 안 된다.
- **발효** : 효모를 넣어 발효시킨다. 발효는 미생물인 효모에 의해서 이루어지는데 포도 껍질에도 야생 효모가 있지만 발효 능력이 떨어지기 때문에 대부분 순수 배양한 효모를 구입하여 사용하고 있다. 대부분의 레드 와인은 유산 발효가 필수지만 화

와인제조공정

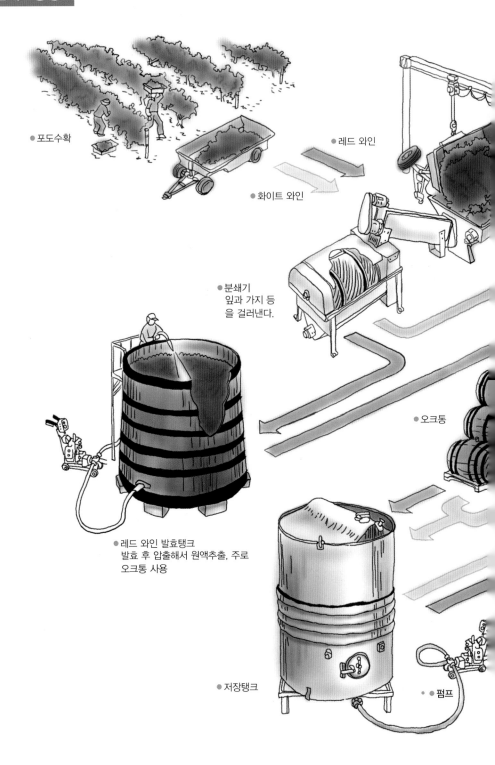

● 포도수확

● 레드 와인

● 화이트 와인

● 분쇄기
잎과 가지 등
을 걸러낸다.

● 오크통

● 레드 와인 발효탱크
발효 후 압출해서 원액추출, 주로
오크통 사용

● 저장탱크

● 펌프

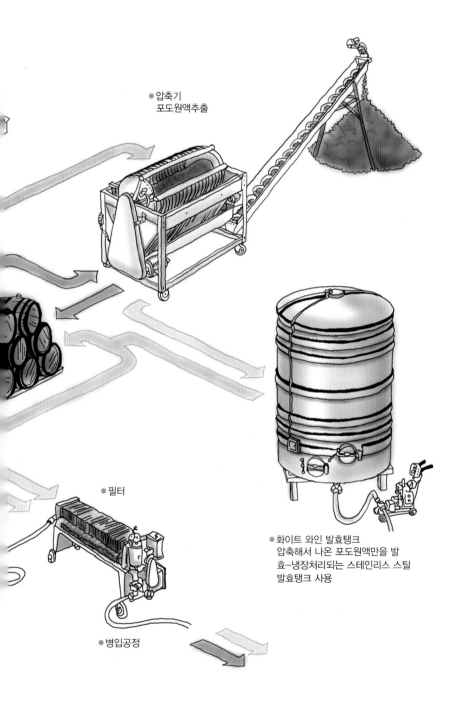

●압축기
 포도원액추출

●필터

●화이트 와인 발효탱크
 압축해서 나온 포도원액만을 발
 효-냉장처리되는 스테인리스 스틸
 발효탱크 사용

●병입공정

이트 와인은 선택이다. 유산 발효 과정을 거치면 산도가 낮아질 수도 있다. 유산 발효 과정에서 디아세틸(Diacetyl)이라는 버터 맛을 내는 화합물이 생성된다. 쏘비뇽 블랑, 리슬링, 삐노 그리지오 등은 대개 유산 발효를 거치지 않고, 샤르도네는 대개 유산 발효 과정을 거친다.

- **오크통 숙성** : 화이트 와인의 숙성 기간은 일반적으로 레드 와인에 비해 짧은데, 과일 향을 그대로 유지하기 위해 오크통 숙성을 하지 않는 경우도 있다.

- **정제** : 정제에 사용되는 것은 달걀흰자, 젤라틴(Gelatin), 벤토나이트(Bentonite), 카세인(Casein), 규조토 등이다. 독특한 맛과 향을 내기 위해 정제를 하지 않는 경우도 있다. 온도가 낮을수록 효과가 크기 때문에 겨울에 하는 것이 좋다.

- **병입** : 신선도 유지를 위해 보통 수확한 지 3~6개월 사이에 저온 상태에서 병입한다. 예전에는 병입하기 전에 가열하여 단백질을 응고시켜 제거하고 미생물을 살균하였으나, 요즘은 미세한 여과장치가 개발되어, 가열에 의한 아로마나 부케의 손실을 줄일 수 있게 되었다.

- **병 숙성** : 장기 숙성용 화이트 와인은 오크통 숙성의 저장실과 같은 환경에서 숙성시킨다.

- **출하 및 판매** : 병 숙성이 끝난 와인은 병에 레이블(Label)을 붙여 판매한다. 일반적으로 화이트 와인은 레드 와인보다 출하 시기가 빠르다.

2. 레드 와인(Red Wine)

일반적으로 적포도로 만드는 레드 와인은 화이트 와인과 달리 적포도의 씨와 껍질을 함께 넣어 발효시킴으로써 붉은 색소뿐만 아니라 씨와 껍질에 들어 있는 타닌(tannin)성분까지 함께 추출되므로 떫은맛이 나며, 껍질에서 나오는 붉은 색소로 인하여 붉은 색깔이 난다.

레드 와인의 맛은 이 타닌의 조화로움에 크게 좌우되며, 포도 껍질과 씨를 얼마 동안 발효시키느냐에 따라 또는 포도 품종에 따라 타닌의 양이 결정된다. 레드 와인의 일반적인 알코올농도는 12~14% 정도

- **마고(Margaux)** - **샤또 딸보(Château Talbot)**

이며, 타닌성분으로 인하여 상온(약 13~19℃)에서 마셔야 제맛이 나고, 레드 와인의 타닌성분은 와인이 차가울 때 훨씬 더 쓴맛이 나게 한다.

(1) 레드 와인의 제조과정

레드 와인은 적포도로 만든다. 화이트 와인과 달리 레드 와인은 붉은색 및 타닌성분이 중요하므로 포도 껍질 및 씨에 있는 붉은 색소와 타닌성분을 많이 추출해서 와인을 만든다. 그러므로 화이트 와인보다는 제조공정이 조금 더 복잡하다.

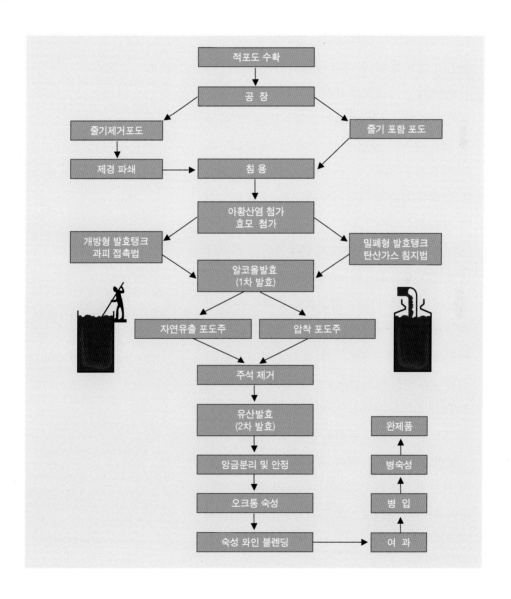

- **포도 수확** : 포도원으로부터 잘 익은 적포도를 수확한다.

- **공장** : 수확한 포도를 공장으로 취합한다.

- **줄기 제거(Stemming)** : 수확된 포도의 줄기에서는 풀냄새가 나고 쓴맛이 나기 때문에 제거한다. 스테머(Stemmer)라는 분쇄기에 넣고 포도로부터 줄기와 대를 분리시킨다.

- **제경 파쇄** : 줄기를 골라낸 포도의 껍질, 씨, 알맹이를 같이 으깨는데 이때 롤러의 사이가 약간 떨어져 있어 포도의 주스만 만들어내는 것이지 씨나 껍질까지 완전히 으깨지는 것은 아니다.

- **침용(Maceration; 마세라시용, 과피침지)** : 침용은 와인의 성격에 따라 다소 길어질 수 있다. 타닌 성분이 적은 햇포도주라면 침용은 며칠이면 충분하고 장기보관용 와인은 2~3주 또는 그 이상 걸린다. 색소와 타닌이 즙 안에 잘 퍼지도록 하려면 주조통 아래쪽의 즙을 위로 뽑아 올려 포도즙 덮개에 계속 뿌려주어야 주조통 안의 포도주의 질이 비슷해진다.

- **아황산염(SO_2) 첨가** : 침용 시 아황산염과 효모를 첨가하기 시작하는데, 아황산염은 항균제로서 포도에 부착되어 있는 야생효모의 생육을 저해하고 포도 과피에 붙어 있는 각종 부패균을 살균시킨다. 또한 과즙 중의 산화효소에 의해 색깔이 변화되는 것을 억제함으로써 과즙의 산화 및 페놀(Phenol)류의 산화를 방지하고 과즙을 맑게 하여 포도주가 식초로 변하는 것을 막아준다.

  또한 포도세포를 죽여 포도 껍질로부터의 적색 색소 용출을 돕고 알데히드(Aldehyde)와 결합하여 향미를 증진시키며 글리세린(Glycerine)의 생성을 돕는다.

> - **과피접촉법(Skin Contact)** : 포도의 껍질과 씨를 그대로 발효시킴으로써 포도 껍질과 씨 속에 들어 있는 타닌과 색소 등을 용출시키기 위한 과정을 말하며, 고급와인일수록 과피접촉을 오래하고 미국의 오프스 원(opus one) 같은 경우는 약 45일 동안 실시한다.
> - **탄산가스 침지법(마세라시용 카르보니크 ; Maceration Carbonique)** : 발효통 안에 탄산가스를 가득 차게 해서 그 탄산가스의 압력으로 포도 껍질을 터트려서 알코올발효가 일어나게 하는 것으로 주로 보졸레 지방에서 사용한다.

> - **효모의 첨가** : 효모란 진핵 세포로 된 고등 미생물로서 주로 출아에 의하여 증식하는 진균류를 총칭한다. 이스트(Yeast)란 명칭은 알코올발효 때 생기는 거품(Foam)이라는 네델란드어인 'gast'에서 유래되었다. 효모는 식품 미생물학상 매우 중요한 미생물로서 알코올발효 등에 강한 균종이 많아 옛날부터 주류의 양조, 알코올 제조, 제빵 등에 이용되어 왔으며, 식·사료용 단백질, 비타민, 핵산관련 물질 등의 생산에 큰 역할을 하고 있다.
> - **야생효모** : 자연계에서 분리된 그대로의 효모를 야생효모(Wild Yeast)라 한다. 예) 과일의 표피, 우유, 토양
> - **배양효모** : 우수한 성질을 가진 효모를 분리하여 용도에 따라 인위적으로 배양한 효모를 배양효모(Cultural Yeast)라 한다.

그러나 아황산염은 인위적인 첨가물이기 때문에 아무리 좋은 약도 적게 먹는 것이 좋다고 사람들이 생각하므로 최소한의 허용치를 넣으려고 노력한다. 특히 천식이 있는 환자에 있어서는 거의 미세하지만 민감한 반응을 보이고 있다. 각 나라마다 아황산염의 첨가를 제한하기도 한다. 미국과 일본에서의 허용치는 최대 350ppm이며 와인 생성과정 중에도 자연적으로 소량이 생성된다.

- 1차 발효(전발효 또는 알코올발효) : 침용한 포도즙은 발효통에 옮겨져 효모를 첨가하여 포도즙을 발효시킨다. 알코올발효는 약 10~20일 전후에 걸쳐서 진행된다. 이 기간 동안 온도와 농도를 세밀하게 관찰해야 한다. 온도가 높으면 당의 분

> - 고온 발효(마세라시용 아 쇼 ; Maceration-a-Chaud) : 발효 시 불을 지펴서 뜨겁게 하여 와인을 제조하는 방법으로 남프랑스의 가벼운 레드 와인이나 마데이라 와인 등에서 사용한다.

해속도가 빨라지기 때문에 발효기간은 짧아진다. 또한 포도의 찌꺼기가 표면 위로 올라와 포도즙 맨 위쪽에 덮개를 형성하기 때문에 지속적으로 섞어주어야 한다. 이때 포도 껍질의 타닌성분과 색소가 발효 중에 즙으로 우러나온다. 이것을 1차 발효라 한다.

포도즙은 10~32℃에서 효율적으로 발효를 하며, 그중에서 백포도주는 저온(18~22℃)에서 발효시켜야 좋은 와인이 되며, 적포도주는 포도에 표피가 있는 관계로 28~32℃가 가장 좋은데 38℃ 이상이 되면 효모가 박테리아와 동화되어 유독성 물질을 발생시키기 때문이다. 반대로 온도가 너무 낮으면 와인의 영양분 부족현상이 나타나 알코올함량이 낮아져 좋은 와인을 생산할 수 없게 된다. 발효통으로는 스테인리스 스틸통, 콘크리트통, 오크배럴 등을 사용한다.

- 압착 : 화이트 와인의 경우 포도 껍질과 씨를 분리시키기 위해 압착한 다음 포도즙만 발효시킨다. 그러나 레드 와인은 껍질, 과육, 씨와 함께 발효한 후 압착한다. 이렇게 해서 얻어지는 즙은 껍질에 의해 착색되고 향이 배게 된다. 로제 와인은 레드와 화이트 와인을 섞어서 만드는 경우도 있지만, 대개는 레드 와인 만드는 과정을 따르며 내용물이 전부 발효되기 전에 압착한다.

1차 발효가 끝나면 포도주를 유출시킨다. 여기에서 자연적으로 유출된 포도주를 뱅 드 구트(Vin de Gôutte)라 하고, 남아 있는 찌꺼기를 압착하여 얻어진 포도주를 뱅 드 프레스(Vin de Préss)라 하며, 대개 타닌성분과 색상이 풍부하다.

- **주석 제거** : 압착이 끝나면 와인의 온도를 낮추어 주석을 제거한다. 이것을 스타빌리사시용(Stabilisation)이라 한다.

- **2차 발효(후발효 또는 유산발효)** : 압착된 포도즙과 자연 유출된 포도즙을 합쳐 오크통이나 스테인리스 스틸통에서 2차 발효를 시킨다. 젖산 또는 유산 발효로 부르는 2차 발효는 포도에 포함되어 있는 사과산(Malic Acid)을 유산균의 작용으

> **발효통의 명칭**
> - **보르도** : 바리크(Barrique)라 부르며 225ℓ 통을 사용한다.
> - **부르고뉴** : 피에스(Piece)라 하며 228ℓ 통을 사용한다.
> - **미국** : 배럴(Barrel)이라 부르며 여러 가지 크기를 사용한다.

로 유산(Lactic Acid)과 이산화탄소(CO_2)를 발생시키는 필수적인 과정으로 와인의 맛을 좀 더 부드럽게 한다. 그런데 이 2차 발효는 언제 발생할지 모르기 때문에 요즘에는 2차 발효 매개물질인 박테리아를 실험실에서 배양하여 1차 발효가 끝나기 전에 첨가하여 와인의 숙성을 촉진시키고 병 속에서 2차 발효가 일어나는 것을 방지한다. 이때 발효통으로는 주로 오크배럴을 사용하는데 작은 통의 숙성기간이 큰 통보다 짧다. 그래서 배럴 발효(Barrel fermentation)라고도 한다.

- **앙금 분리(걸러내기)** : 후발효가 끝난 와인은 앙금을 분리하여 숙성에 들어간다. 이때 와인 속의 색소, 찌꺼기와 단백질, 주석산 물질 등을 침전시켜서 와인을 맑고 깨끗하게 하는 것으로 찌꺼기를 최대한 분리하기 위해 청징제를 배럴에 첨가하며, 불순물들이 청징제와 같이 엉겨 있을 때 제거한다. 청징제로는 달걀흰자, 젤라틴, 소피, 벤토나이트(Bentonite, 화산재의 풍화로 만들어진 점토의 일종) 등을 사용한다.

● 오크통 수평작업

- **숙성(Barreling)** : 이렇게 얻어진 액은 숙성시키기 위해 참나무로 된 통(Vat)으로 보낸다. 이 참나무통(Oak Vat) 또한 나무 그 자체와 통에 담겨지는 시기에 따라 향과 맛에 영향을 준다. 숙성장소는 진동이 거의 없으며 숙성온도는 약 12~14℃, 숙성습도는 약 70%가 가장 적당하고 숙성기간은 포도 품종에 따라 또는 만들고자 하는 와인의 종류에 따라 다르나, 보르도의 우수한 와인의 경우 보통 12~24개월 정도 숙성시킨다.

● 블렌더 마스터

- **블렌딩(Blending)** : 똑같이 숙성이 끝난 와인이라 해도 각 통마다 환경이 조금씩 달랐기 때문에 약간씩 맛의 차이가 난다. 이것을 보완하여 똑같은 맛을 내기 위하여 블렌딩 마스터(Blending Master)에 의해 여러 통들의 와인들을 섞는다.
- **여과 및 병입** : 블렌딩이 끝난 후 와인은 다시 한 번 불순물을 여과하면서 병에 담는다.
- **병 숙성** : 저급와인은 병입된 후 바로 판매에 들어가지만, 고급와인들은 병입 후 숙성을 통해서 와인을 한층 안정시키며, 거친 맛을 최소화시킨다. 병 숙성기간은 각각의 와인마다 다르나 약 3~24개월 정도 한다. 보르도의 우수한 와인의 경우 숙성온도 약 10~15℃, 습도 약 75%가 가장 적당하고 코르크 마개가 마르지 않도록 반드시 눕혀서 보관한다. 이때 습도가 너무 높으면 코르크에 곰팡이가 피어 와인향에 영향을 주며 라벨이 썩고, 습도가 너무 낮으면 코르크가 빨리 말라 와인이 산화되어 맛이 시큼해진다.
- **출하 및 판매** : 병 숙성이 끝난 와인은 병에 라벨(Label)을 붙여 판매한다.

3. 로제 와인(Rose Wine)

대체로 붉은 포도로 만드는 로제 와인의 색깔은 핑크색을 띠며, 로제 와인의 제조과정은 레드 와인과 비슷하다.

레드 와인과 같이 포도 껍질을 같이 넣고 발효시키다가(레드 와인의 경우 며칠 또는 몇 주; 로제 와인은 몇 시간 정도) 어느 정도 시간이 지나서 색이 우러나오면 껍질과 씨를 제거한 채 화이트 와인과 같이 과즙만을 가지고 와인을 만들거나 또는 레드 와인과 화이트 와인을 섞어서 만들기도 한다.

로제 와인은 보존기간이 짧으면서 오래 숙성하지 않고 마시는 것이 좋고, 색깔로는 화이트 와인과 레드 와인의 중간인 핑크빛이라 보기에 아름답고 맛은 오히려 화이트 와인에 가까워 차게 해서 마시는 것이 좋다.

● **따벨로제**(Tavel Rosé)

2-2 주정 강화 와인(Fortified Wine)

| 학습 목표 |
- 주정 강화 와인을 양조 방법에 따라 분류할 수 있다.
- 셰리, 포트, 마데이라, 베르무트에 대해서 설명할 수 있다.

① 주정 강화 와인(Fortified Wine)

주정 강화 와인 또는 알코올 강화 와인이라고 한다. 과즙을 발효시키는 중이거나, 발효가 끝난 상태에서 브랜디(Brandy)나 과일 등을 첨가한 것으로서 알코올도수를 높이거나 단맛을 나게 하여 보존성을 높인 와인이다. 프랑스의 뱅 드 리퀘르(Vin de Liquoreux), 스페인의 셰리 와인(Sherry Wine), 포르투갈의 포트 와인(Port Wine)이나 듀보네(Dubonnet) 등이 대표적인 강화 와인이다.

- 셰리 와인 (Sherry Wine)
- 포트 와인 (Port Wine)

1. 셰리(Sherry)

셰리는 세계에서 가장 유명한 주정 강화 와인 중 하나로 대부분 청포도 품종인 팔로미노(Palomino)로 만든다. 셰리에는 헤레스(Jerez), 세레스(Xeres), 셰리(Sherry) 이 세 단어가 병레이블에 표기되는데, 헤레스는 스페인식, 세레스는 프랑스식, 셰리는 영어식 표현이다.

(1) 솔레라(Solera) 시스템
셰리는 솔레라(Solera) 시스템이라는 독특한 방식으로 제조되는데, 숙성 창고에 오크통을 피라미드 모양으로 매년 차례로 쌓아두어 맨 밑에서 와인을 따라내면 위에 있는 와인이 차례로 흘러들어 가도록 만들어 숙성된 와인과 신선한 와인이 섞이도록 해

놓은 반자동 블렌딩 방식이다. 아래층이 오래된 와인, 위층에는 최근 와인이 들어가는데, 맨 밑에 놓인 통, 즉 가장 오래된 것을 솔레라(Solera)라고 하며, 각 단을 크리아데라(Criadera)라고 한다.

(2) 제조 방법에 따른 분류

셰리는 드라이한 것에서 스위트한 것까지 스타일이 다양한데 제조 방법에 따라 피노(Fino)와 올로로소(Oloroso)로 분류된다. 피노는 발효를 마친 알코올 함량 11~13%의 화이트 와인에 브랜디를 첨가한 것으로 알코올 함량이 15.5% 정도인 드라이한 형태의 와인을 말한다. 피노는 플로르(Flor)라는 마치 빵처럼 생긴 헤레스 특유의 효모막 아래서 숙성되는데, 이 플로르는 와인을 산소로부터 보호하고 셰리 와인 특유의 향과 맛을 내는 역할을 한다.

반면 올로로소는 알코올 함량을 18% 이상으로 높인 것으로 플로르가 형성되지 않으며 공기와 바로 접촉하여 숙성된다. 피노는 가볍고 드라이한 유형이고, 올로로소는 더 진하고 때로는 스위트한 유형인데, 이 두 유형은 다시 7가지 형태로 분류된다. 피노 유형으로는 만사니야(Manzanilla), 피노(Fino), 아몬티야도(Amontillado), 팔로 코르타도(Palo Cortado)가 있고, 올로로소 유형으로는 올로로소(Oloroso), 크림(Cream), 페드로 히메네스(Pedro Ximénez)가 있다.

(가) 피노(Fino) 유형

만사니야는 산루카르 데 바라메다(Sanlúcar de Barrameda)라는 조그마한 해안 도시에서만 생산되는데, 습한 바다 공기로 인해 짠맛을 가지게 된다. 피노는 세련미와 복합미의 정수를 보여주는 셰리로서, 빛깔이 옅고 알코올 함량이 낮다. 아몬티야도는 피노를 숙성시킨 것이다. 이 와인은 솔레라 시스템으로 옮긴 후에 주정 강화를 함으로써 알코올 함량이 만사니야나 피노보다 더 높고 진한 견과류 풍미가 더해진다. 팔로 코르타도는 드라이한 아몬티야도 와인이다. 팔로 코르타도는 때로 드라이한 아몬티야도의 향과 섬세함 그리고 드라이한 올로로소의 관능적인 바디감과 농축미를 함께 지니기도 한다.

(나) 올로로소(Oloroso) 유형

올로로소는 플로르가 형성되지 않기 때문에 산소에 많이 노출되어 와인의 빛깔이 더

셰리 와인의 분류

셰리 와인의 스타일은 기본적으로 피노(Fino)와 올로로소(Oloroso)로 나뉜다.

※ 피노(Fino) Type : 달지 않고, 빛깔이 맑은 드라이 셰리, 주 포도 품종은 팔로미노(Palomino)이다.

① 피노(Fino) : 적당한 플로르(Flor, 효모층)의 영향을 받아 드라이하고 연한 빛깔을 띠고 있다.

② 만사니야(Manzanilla) : 피노(Fino)를 좀 더 숙성시킨 것으로 플로르층이 두꺼운 드라이 타입이다.

③ 아몬티야도(Amontillado) : 피노(Fino)를 더 오래(5~6년) 숙성시킨 것으로, 빛깔이 피노(Fino)보다 진하고 올로로소(Oloroso)보다 연하다.

• 피노

• 티오 페페 　• 만사니야 　• 아몬티아도

플로르(Flor)란?

셰리는 팔로미노(Palomino) 포도 품종으로 화이트 와인을 만든 다음 브랜디를 첨가하여 알코올농도를 15.5% 정도로 맞춘 다음 600리터 대형 오크통에 가득 채우지 않고 뚜껑을 열어 공기와 접촉시키면 와인 표면에 하얀 효모막(Yeast film)이 생긴다. 이것을 스페인에서는 플로르(Flor), 영어에서는 플라워(Flower)라고 부른다.

※ 올로로소(Oloroso) Type : 대체로 달고, 빛깔도 진하며, 알코올도수도 높다.

① 올로로소(Oloroso) : 피노(Fino)와 반대로 와인에 플로르가 생기지 못하도록 알코올을 18%로 만든다. 이는 자연스럽게 와인과 공기가 만나 산화가 이루어져 브라운 컬러가 된다. 농도가 짙으면서도 단맛이 나며, 마시기가 부드러워 디저트로 사용

② 스위트 셰리(Sweet Sherry) : 페드로 시메네스(Pedro Ximénéz)나 모스까뗄(Moscatel) 품종으로 만든 스위트한 셰리 와인으로 이름 자체를 페드로 히메네스(Pedro Ximénéz)와 모스까뗄(Moscatel)이라 부르기도 한다. 수확된 포도를 장기간 햇볕에 말려 만드는 것으로 암갈색을 띠며 리큐르와 같이 농후한 단맛이 느껴진다,

③ 크림 셰리(Cream Sherry) : 크림 셰리는 올로로소(Oloroso)에 스위트 와인을 블렌딩하여 당도를 7~10도까지 높인 셰리이다. 페드로 시메네스(Pedro Ximénéz)와 모스까뗄(Moscatel) 품종을 3주간 건조시켜 만든 스위트 와인을 사용한다. 단맛이 아주 강해서 미국과 북유럽에서 디저트 와인으로 인기가 높다.

• 올로로소

• 까세그레인
(스위트
셰리)

• 크림 셰리

욱 짙어지고 견과류의 풍미가 더해진다. 크림은 원래 영국에 수출하기 위해 생산했는데, 페드로 히메네스를 상당량 섞어 당도를 높힌 셰리다. 페드로 히메네스는 진하고 농밀한 형태의 스위트한 셰리를 말한다. 페드로 히메네스는 팔로미노 품종으로 만드는 다른 셰리와 달리 페드로 히메네스 품종으로 만든다. 페드로 히메네스는 일반적으로 드라이한 셰리를 달게 만드는 데 사용한다.

2. 포트 와인

포도원에서 직접 딴 포도를 화강암으로 된 통에 넣고 발로 밟아 으깬 후 발효가 끝나면 브랜드가 1/4 정도 차 있는 오크통에 이 와인을 넣어서 알코올도수 18~20도 정도에서 발효를 중단시키는 방법으로 만든다. 토니(Tawny) 포트는 오크통에서 황갈색이 날 때까지 몇 년 동안 숙성시킨 것으로서 다른 포트보다 더 가볍고 부드럽다. 루비(Ruby) 포트는 비교적 짧은 기간 동안 오크통에서 숙성시킨 포트로서 색이 더 진하고 맛이 거칠다. 화이트(White) 포트는 백포도로 만들어지며 레드 와인보다 더 드라이하기 때문에 아페리티프(Aperitif)로 마신다.

• 포트 와인

3. 마데이라(Madeira)

마데이라섬은 세계에서 가장 이국적인 디저트 와인인 마데이라 와인을 생산하는 곳으로 유명하다. 마데이라는 푼샬(Funchal) 군도의 하나이며, 모르코 해안의 서쪽으로 약 600km 떨어진 곳에 위치해 있다.

이 섬의 발견에 대해서는 다소 과장된 이야기들이 전해 내려오고 있는데, 1418년 해양탐험가인 헨리(Henry) 왕자는 포르투갈을 위해서 섬을 탐험하도록 주앙 곤살베스 자르쿠(Jao Goncalves Zarco) 선장을 보냈다. 자르쿠 선장이 마데이라섬에 상륙했을 때에는 산림이 너무 빽빽이 들어차 있어 섬 안으로 침투할 수가 없었다. 그래서 섬에 불을 질러서 장애물을 제거하였는데 이 불은 7년 동안이나 계속해서 맹렬하게 탔으며, 자르쿠 선장은 불이 진화될 때까지 오랜 세월을 기다려야만 했다.

산림이 탄 재는 이 섬의 화산토양에 거름이 되어 포도나무 재배에 아주 알맞게 되었다. 음식과 물의 원천으로 마데이라섬은 정규 항구가 되었고, 극동과 오스트레일리아에 와인을 팔기 위하여 마데이라 와인을 오크통에 실어 운송했는데, 배가 열대를 통과하게 됨으로써 와인은 최고 섭씨 45도까지 열이 가해졌다.

그리고 6개월간 항해하는 중에 다시 와인은 식어갔다. 이러한 현상이 와인에 매우 특별하고 바람직한 특성을 주게 되었다.

그러나 마데이라 와인 제조업자들은 처음에는 이러한 현상을 전혀 알지 못하였다. 이러한 현상을 알게 된 이후 에스투파(Estufa)라 불리는 특별한 오븐에 열을 가하고 식히는 에스투파젬(Estufagem) 과정을 거치게 되었다.

모든 마데이라 와인은 에스투파젬 과정에 앞서 정상적인 발효과정을 겪는다. 드라이한 와인은 에스투파젬 과정에 앞서 알코올이 강화되고, 스위트한 와인은 에스투파젬 과정 뒤에 알코올이 강화된다.

• 마데리아 와인

4. 마르살라(Marsala)

마르살라는 이탈리아 서남단에 있는 지중해 최대의 섬인 시칠리아(Sicilia)에서 생산되는 강화 와인이다. 마르살라는 아라비아어로 '신의 항구'라는 의미인데, 시칠리아 서쪽 끝에 있는 항구도시인 트라파니(Trapani) 지방의 비옥한 평원과 낮은 구릉지에서 자란 그릴로(Grillo)와 카타라토 비앙코(Catarratto Bianco) 품종을 기본으로 만든다.

5. 베르무트(Vermouth)

어원은 쑥의 독일명 베르무트(Wermut)에서 유래한다. 원료인 포도주에 브랜디나 당분을 섞고 쑥, 용담, 키니네, 창포뿌리 등의 향료나 약초를 넣어 향미를 낸 가향 와인이다. 종류로는 캐러멜로 착색하여 붉은색이 나며 달콤한 Sweet Vermouth와 무색이며 단맛이 약간 덜한 Dry Vermouth가 있다. 유명 상표로는 이탈리아의 Martini, Cinzano와 프랑스의 Noilly Part가 있다.

② 일반 와인(Unfortified Wine)

브랜디와 같은 별도의 증류주 첨가 없이 만들어진 일반 와인을 말한다.

2-3 스위트(Sweet) 와인

| 학습 목표 |
- 스위트 와인을 양조 방법에 따라 분류하고 설명할 수 있다.
- 귀부 와인, 아이스바인, 건조 와인, 늦수확 와인에 대해서 설명할 수 있다.

주로 화이트 와인에 해당되며, 와인을 발효시킬 때 포도 속의 천연 포도당을 완전히 발효시키지 않고 일부 당분이 남아 있는 상태에서 발효를 중지시켜 만든 와인과 가당(加糖 : 설탕을 첨가함)을 한 와인 등이 있다.

• 샤또 클리망
(Château Climens)

① 귀부 와인

'귀하게 부패했다'는 뜻의 귀부(貴腐) 와인은 잿빛곰팡이 즉, 보트리티스 시네레아(Botrytis Cinerea)라는 곰팡이에 감염되어 귀부병에 걸린 포도로 만든다. 곰팡이가 껍질을 갉아먹으면 껍질이 벌어지며 수분이 빠져나와서 포도알이 쭈글쭈글해지는데 이때 당도가 높아진다. 귀부 와인은 기후적인 영향을 많이 받는데, 습기와 햇빛이 번갈아 일어나는 조건에 있는 포도밭에서는 이 곰팡이 번식을 더욱 촉진하게 된다. 아침에는 습기를 머금은 안개가 자욱하고, 오후에는 맑고 건조하며 강렬한 햇빛이 포도의 수분을 증발시킨다.

보트리티스 시네레아는 포도밭 전체에 한꺼번에 일률적으로 나타나는 경우는 거의 없기 때문에 인부들이 여러 차례 일일이 손으로 수확을 하게 되고 따라서 작업 비용이 많이 들어간다. 프랑스 보르도 지방의 쏘테른

• 귀부병에 걸린 포도

(Sauternes)과 바르싹(Barsac)에서 유명한 귀부 와인이 생산되는데, 특히 쏘테른 지역의 샤토 디켐(Château d'Yquem)이 가장 유명하다. 그 외에 헝가리의 토카이(Tokaji) 와인, 독일의 트로켄베렌아우스레제(Trockenbeerenauslese) 와인 등이 있다.

1. 쏘테른(Sauternes)과 바르싹(Barsac)

귀부 와인을 생산하는 지역으로 프랑스 보르도 지방의 쏘테른과 바르싹이 유명하다. 쏘테른과 바르싹은 주로 세미용과 쏘비뇽 블랑으로 와인을 만든다. 이 지역의 대표 품종인 세미용은 껍질이 얇고 당분을 많이 함유하고 있기 때문에 곰팡이에 특히 취약한 특징을 지니고 있다. 이들 포도를 가을까지 수확하지 않고 그대로 두어서 보트리티스 시네레아에 감염되도록 해서 귀부 와인을 만든다. 쏘테른과 바르싹에서는 이러한 과정이 이 지역의 특이한 기후의 영향으로 자연적으로 일어난다. 포도에 보트리티스 시네레아 곰팡이가 생기게 하려면 알맞은 습도와 온난한 기온이 조성되어야 하며 너무 높거나 낮지 않아야 한다. 쏘테른과 바르싹은 지리적으로 이상적인 조건을 갖추고 있는데, 시롱(Ciron) 강이 가론(Garonne) 강과 합류해 부드러운 아침 안개가 만들어진다. 인근의 숲은 공기가 수분을 머금게 하는 역할을 한다. 여기에 날이 따뜻해지고 건조해지면 보트리티스 시네레아가 번식하기에 좋은 환경이 된다. 쏘테른 지역의 샤토 디켐(Château d'Yquem)이 대표적인 귀부와인이다. 샤토 디켐은 세미용(Semillon)과 쏘비뇽 블랑(Sauvignon Blanc)으로 만드는데, 포도나무 한 그루에서 한 잔 정도 생산이 되기 때문에 귀하고 가격이 비싸다.

쏘테른도 메독처럼 1855년에 등급이 매겨졌는데, 샤토 디켐만이 유일하게 특등급 와인으로 지정되었다. 샤토 디켐은 양조 기간이 오래 걸리고, 포도의 농축된 맛을 얻기 위해 가지치기를 많이 해서 수확량이 아주 적다. 포도 작황이 좋지 않은 해에는 아예 와인을 만들지 않

• 스위트 와인
 샤또 끌리망

• 샤또 디켐

는다. 벌꿀, 복숭아, 파인애플, 버터 등의 진한 향이 신맛과 조화를 이루고 있다.

세계 3대 진미 중 하나로 불리는 푸아그라(Foie Gras)와 샤토 디켐은 미식가들 사이에서 최고의 궁합으로 꼽힌다.

2. 토카이(Tokaji)

• 토카이

헝가리의 토카이 지역은 세계 최초로 감미롭고 달콤한 귀부 와인을 만든 곳이다. 이 와인의 탄생은 일종의 우연이었다. 토카이 지역은 원래 드라이한 화이트 와인을 생산했는데, 17세기 투르크족의 침략 때문에 수확이 지연되었고, 포도는 쪼그라들 때까지 그대로 남게 되었다. 이 포도를 압착하여 와인을 만들었는데 오늘날 토카이 와인으로 불리는 훌륭한 디저트 와인이 나오게 되었던 것이다.

토카이는 푸르민트(Furmint), 하르슐레벨뤼(Harslevelu) 등의 헝가리 토착 청포도 품종으로 만든 스위트 와인인데 푸토뇨시(Puttonyos)라는 단위로 당도를 표시한다. 보통 'Tokay'라고 하지만 원래 명칭은 'Tokaji'이다. 토카이 지역은 따뜻한 날씨와 티사(Tisza) 강의 영향으로 발생하는 안개 등으로 인해 귀부병을 일으키는 곰팡이 보트리티스 시네레아(Botrytis Cinerea)의 번식에 완벽한 환경을 제공한다. 토카이 와인은 루이 14세 때 프랑스 왕실에 선물로 보내졌으며, 루이 15세는 이 와인을 일컬어 '왕들의 와인이자 와인의 왕'이라고 말하기도 했다.

3. 트로켄베렌아우스레제(Trockenbeerenauslese)

귀부병에 걸린 포도송이 중에서 마른 알갱이만을 모아 만든 와인으로 아이스바인과 더불어 쌍벽을 이루는 최고의 절정에 달한 와인이다.

• 트로켄베렌아우스레제
(Trokenbeerenauslese)

포도를 늦게 수확하여 전해지는 이야기

1775년 늦여름 포도수확을 준비할 무렵 라인가우 지방의 슐로스 요하네스베르크 수도원에 소속된 포도원에서 예년처럼 포도 수확시기를 지시받기 위해 대주교가 있는 상급 수도원으로 전령을 보냈다. 그런데 보통 1주일이면 돌아오던 전령이 3주나 걸려서 돌아오는 바람에 포도 수확시기를 놓쳐 포도가 너무 익어버렸다. 늦장을 부린 전령 때문에 이미 그해의 정상적인 와인 양조가 어려웠지만, 그렇다고 포도를 그냥 버릴 수도 없어 늦게나마 수확을 해서 와인을 만들었다.

이듬해 봄, 연례행사처럼 상급 수도원에서는 산하 수도원들에서 보내온 전년도 와인을 대상으로 품평회가 열렸는데 다른 수도원에서 만든 와인에 비해 슐로스 요하네스베르크 수도원의 와인의 맛은 아주 독특했다. 처음 맛보는 달콤하면서도 독특한 와인에 모든 심사위원들이 반해버렸다. 그래서 도대체 어떻게 이런 와인을 만들게 되었는지 물었더니 "늦게 수확했습니다(Spätlese=Late Harvest)"라고 대답했다. 이때부터 슈패트레제(Spätlese)는 와인의 한 카테고리가 되었으며, 늦장을 부려 본의아니게 슈패트레제 와인을 탄생하게 했던 그 전령은 슐로스 요하네스베르크에 자랑스러운 동상으로 남게 되었다.

그 후 늦게 수확하니까 더 좋은 와인이 만들어진다는 데서 힌트를 얻은 독일의 양조업자들이 그보다 좀 더 늦게 수확을 하여 만든 와인이 아우스레제(Auslese)이고, 더 욕심을 부려 조금이라도 더 늦게 수확하려다가 포도 알이 쭈글쭈글해지면서 상하려고 하자 깜짝 놀라서 상태가 좋은 알맹이만 손으로 직접 수확해서 만든 와인이 베렌아우스레제(beerenauslese)이다. 또 거기서 그치지 않고 더 욕심을 부려 수확시기를 더 늦추다가 이번에는 포도 알들이 전부 귀부병(Noble rot)에 걸려 만들어진 와인이 트로켄베렌아우스레제(Trokenbeerenauslese)요, 끝도 없는 욕심을 부리다가 갑자기 추워진 날씨에 포도송이가 얼어버려 또 본의 아니게 만들어진 와인이 아이스바인(Eiswein)이다.

② 아이스바인(Eiswein)

아이스바인(Eiswein) 혹은 아이스와인(Ice Wine)은 18세기 독일에서 비롯된 것으로 한겨울까지 포도를 수확하지 않고 두었다가 포도가 얼면 수확해 바로 압착해서 만든 스위트 와인이다. 아이스바인(와인)은 실수로 만들어진 와인이다. 독일의 한 와이너리에서 포도 수확시기를 놓쳐서 포도가 꽁꽁 얼어버렸는데, 혹한으로 얼어버

● 아이스바인 수확 전의 모습

린 이 포도로 와인을 만들어봤더니 더 맛이 달콤하고 향이 진한 와인이 되었다.

아이스바인(와인)은 포도의 수확부터 어렵다. 영하의 날씨가 지속되다가 섭씨 영하 7도 아래로 내려가면 자정을 넘긴 꼭두새벽부터 꽁꽁 언 포도송이를 손으로 수확한다. 날이 새기 전 포도에서 꽁꽁 언 얼음 부분을 압착기로 분리해 내면 당도가 확 올라간 진액만 남는다. 이를 발효한 후 숙성, 병입을 하면 아이스바인(와인)이 탄생하게 되는 것이다.

포도를 얼리기 때문에 다른 와인에 비해 빈티지의 영향을 크게 받지 않는다. 아이스바인(와인)은 주로 독일의 리슬링(Riesling)이나 캐나다의 비달(Vidal) 품종으로 만든다. 독일에서는 게뷔르츠트라미너(Gewuürztraminer), 케르너(Kerner) 등의 품종으로도 만들고 있으며, 캐나다 등에서는 레드 품종인 까베르네 프랑(Cabernet Franc), 삐노 누아(Pinot Noir) 등을 써서 아이스와인을 만드는 경우도 있다. 독일, 캐나다, 오스트리아에서 생산된 아이스바인(와인)이 유명하다. 호주 등 일부 지역에서는 포도를 인공적으로 얼리고 농축해 저가의 아이스와인을 만들기도 한다.

평가 준거

- 평가자는 학습자가 수행 준거 및 평가 내용에 제시되어 있는 내용을 성공적으로 수행하였는지를 평가해야 한다.
- 평가자는 다음 사항을 평가해야 한다.

학습 내용	평가 항목	성취수준		
		상	중	하
발포성/비발포성 와인	– 발포성 와인의 양조 방법에 따른 분류			
	– 비발포성 와인의 양조 방법에 따른 분류			
주정 강화 와인 (Fortified Wine)	– 주정 강화 와인의 양조 방법에 따른 분류			
	– 셰리, 포트, 마데이라, 마르살라, 베르무트에 대한 설명			
스위트(Sweet) 와인	– 스위트 와인의 양조 방법에 따른 분류와 설명			
	– 귀부 와인, 아이스바인, 건조 와인, 늦수확 와인에 대한 설명			

평가 방법

- 객관식 시험

학습 내용	평가 항목	성취수준		
		상	중	하
발포성/비발포성 와인	– 발포성 와인의 개념 파악 여부			
	– 국가별 발포성 와인의 명칭 파악 여부			
	– 샴페인의 유형 파악 여부			
	– 샴페인의 제조 과정 파악 여부			
	– 당분 함량에 따른 샴페인의 분류 파악 여부			
	– 국가별 발포성 와인의 특징 파악 여부			
	– 비발포성 와인의 분류 파악 여부			
	– 화이트 와인의 제조 방법 파악 여부			
	– 레드 와인의 제조 방법 파악 여부			
	– 로제 와인의 제조 방법 파악 여부			

학습 내용	평가 항목	성취수준		
		상	중	하
주정 강화 와인 (Fortified Wine)	– 주정 강화 와인 개념 파악 여부			
	– 셰리의 특징 파악 여부			
	– 포트의 특징 파악 여부			
	– 마데이라의 특징 파악 여부			
	– 마르살라의 특징 파악 여부			
	– 베르무트의 특징 파악 여부			
스위트(Sweet) 와인	– 스위트 와인의 양조 방법에 따른 분류 파악 여부			
	– 귀부 와인의 특징과 대표 와인 파악 여부			
	– 아이스바인의 특징과 대표 와인 파악 여부			
	– 건조 와인의 특징과 대표 와인 파악 여부			
	– 늦수확 와인의 특징과 대표 와인 파악 여부			

피 드 백

1. 객관식 시험
– 발포성/비발포성 와인, 주정 강화 와인, 스위트 와인에 관한 이해 여부를 평가하고. 부족한 부분에 대해서는
  별도의 용지를 이용해 평가 결과를 피드백 한다. 일정 수준 이하의 평가결과에 대해서는 학습 후 재평가를
  실시할 수 있도록 한다.

생산 국가에 따른 와인 분류하기

3-1 생산 국가별 와인 분류

| 학습 목표 |
- 생산 국가별 와인의 특징을 설명할 수 있다.
- 와인 레이블을 설명할 수 있다.
- 국가별 와인에 관한 전문 용어를 설명할 수 있다.

① 세계 와인 생산 지역

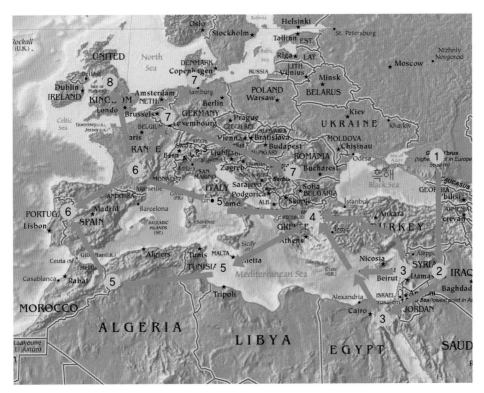

① 코카서스(카프카스)
② 메소포타미아(BC 4000)
③ 이집트, 페니키아(BC 3500)
④ 그리스(BC 600)
⑤ 이탈리아, 시칠리아, 북아프리카
⑥ 스페인, 포르투갈, 프랑스 남부(AD 500)
⑦ 남부 러시아, 북유럽
⑧ 영국

세계에서 와인을 생산하는 국가들은 적도를 중심으로 와인 밸트(북위 30~50°와 남위 20~40°)에 위치한 나라들로 기후는 연 평균 기온이 10~20℃와, 1,250~1,500 시간의 일조시간, 그리고 연간 강우량이 500~800mm의 영향권에 있는 국가들이 훌륭한 품질의 와인을 생산하고 그 생산량이 많은 국가들이다.

② 프랑스 와인(French Wine)

'Wine' 하면 가장 먼저 떠올릴 정도로 세계적으로 유명한 와인 생산국 프랑스는 그리스시대부터 로마시대에 이르기까지 계속해서 포도의 생산을 장려했다. 그 후 프랑스의 포도는 기원전 500년경에 프랑스 남부 지중해 연안으로 전래되었다. 이후 점차 프랑스 전역으로 전파되었다.

4세기 초(313년) 로마의 콘스탄티누스 황제의 기독교 공인 이후 종교행사에 와인이 사용된 이후부터 포도의 재배는 더욱 확산되었고, 12세기경에는 프랑스 와인이 인기상품으로 이웃 나라에 수출되기까지 했다. 18세기에는 유리병과 코르크 마개의 사용으로 와인의 판매와 유통경로가 더욱 다양해졌다. 19세기에는 철도의 가설로 인해서 남부의 와인산업은 더욱 발전했고 북부의 포도밭은 퇴조했다.

그러나 1864년 '필록세라(Phylloxera)'라는 포도나무뿌리 진딧물의 침입으로 인하여 프랑스의 모든 포도밭이 황폐해졌다. 그러다가 19세기 후반에 들어서면서부터 미국의 포도 묘목과 접목함으로써 필록세라 문제가 해결되어 1930년대에는 포도 생산량이 최대에 이르렀다. 현재 프랑스에서는 연간 약 4,300만 헥토리터 정도의 와인을 생산하며, 1인당 연간 약 67리터의 와인을 마신다고 한다. 프랑스는 1935년 와인에 관한 규정(A.O.C. 규정)을 만들어서 고급와인을 특별히 분리했고, 1949년에는 V.D.Q.S.에 관한 규정을 추가했으며, 1979년 뱅 드 뻬이(Vins de Pays)와 뱅 드 따블(Vins de Table)에 관한 규정을 신설하여 와인을 등급별로 관리해 오고 있다.

> **프랑스 와인의 특성**
>
> - 포도 재배의 최적지
> - 연평균 기온 : 10~20℃
> - 백포도주 : 35%
> - 다양한 토양에 맞는 다양한 포도 품종 재배
> - 연간 생산량 : 650만㎘ 　· 포도 재배면적 : 123만ha
> - 적포도주 : 65%

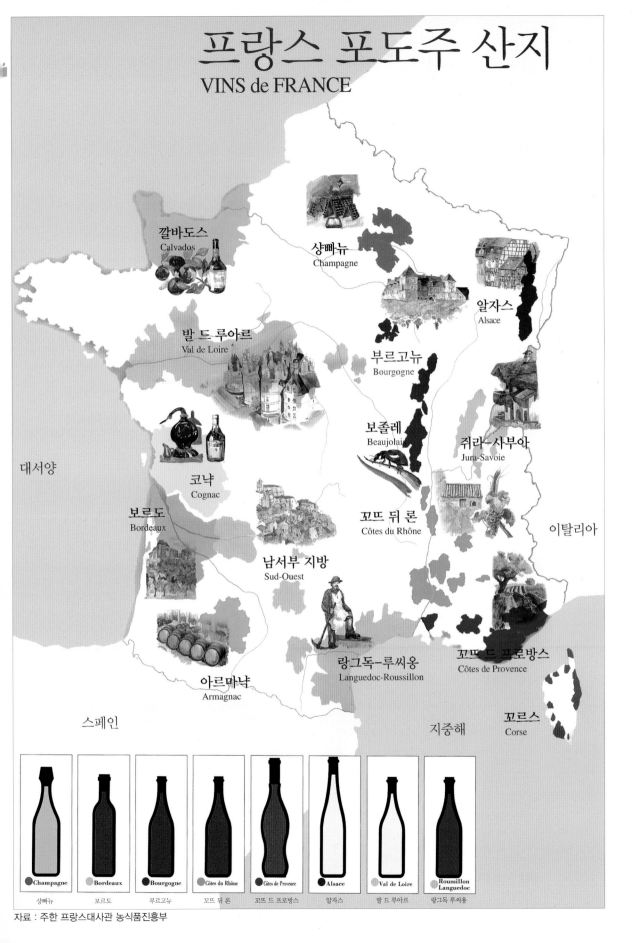

프랑스 포도주 산지
VINS de FRANCE

깔바도스
Calvados

상빠뉴
Champagne

알자스
Alsace

발 드 루아르
Val de Loire

부르고뉴
Bourgogne

코냑
Cognac

보졸레
Beaujolais

쥐라-사부아
Jura-Savoie

보르도
Bordeaux

꼬뜨 뒤 론
Côtes du Rhône

남서부 지방
Sud-Ouest

대서양

이탈리아

랑그독-루씨옹
Languedoc-Roussillon

꼬뜨 드 프로방스
Côtes de Provence

아르마냑
Armagnac

스페인

지중해

꼬르스
Corse

Champagne	Bordeaux	Bourgogne	Côtes du Rhône	Côtes de Provence	Alsace	Val de Loire	Roussillon Languedoc
상빠뉴	보르도	부르고뉴	꼬뜨 뒤 론	꼬뜨 드 프로방스	알자스	발 드 루아르	랑그독 루씨옹

자료 : 주한 프랑스대사관 농식품진흥부

(1) 프랑스 와인에 관한 법률

● 포도주 관련 법률

프랑스 와인산업은 1864년 미국에서 건너온 작은 진딧물인 필록세라(Phylloxera)가 가르(Gard) 지방에서 출현한 후 프랑스 포도밭의 대부분을 괴멸시켰지만, 필록세라에 강한 미국 포도 품종과의 교배품종에 프랑스 포도묘목을 접목시킴으로써 회복되었다. 필록세라 위기는 포도주의 품귀를 가져와 밀수와 가짜 포도주가 성행하였다.

1889년 8월 14일자 법령은 이런 부정행위를 막고자 포도주에 대해 '신선한 포도나 포도즙을 부분적으로 또는 완전히 발효시킨 제품'이란 법적 정의를 내렸으며, 1905년 에는 밀수방지국이 창설되었다. 포도밭 재건 후에는 과잉생산과 가격폭락이 일어나기도 하였으며, 제1차 세계대전 동안에는 포도밭 일손의 부족으로 수확량이 감소되었으나 1931년에서 1939년 사이에는 포도생산량이 급증하여 생산과잉으로 인해 비도덕적인 와인 생산업자들은 부정적인 방법으로 그들의 와인에 상표를 붙였는데 이를 방지하기 위해 프랑스 정부가 1935년에 이를 통제하는 강력한 법을 제정하였다.

프랑스 국내분류		EU분류
AOC	30%	VQPRD
AO VDQS	1%	
VINS DE PAYS	14.5%	
VINS DE TABLE	40%	VINS DE TABLE

Quality Wine(품질이 우수한 와인)		Table Wine	
최상급	상급	지방(지역) 와인	테이블 와인
AOC	VDQS	VdP(Vin de Pays)	VdT(Vin de Table)
전체 생산량의 30%	전체 생산량의 1%	14.5%	40%

※ 여기에 코냑과 아르마냑의 증류를 위해 양조하는 포도주의 양은 포함되지 않으나, 이 포도주들의 양은 대략 10~15% 정도이다.

① 아뻴라시옹 도리진 꽁뜨롤레(Appellation d'Origine Controlée : A.O.C. 원산지 통제 명칭 포도주)

전국원산지명칭협회(INAO)가 정하고 농림부령으로 공인된 생산조건을 만족시키는 포도주이다. V.D.Q.S. 규정보다 더 엄격한 A.O.C. 규정은 다음의 기준에 관한 것이다.

와인의 생산지역, 포도 품종, 최저 알코올 함유량, 1헥타르당 최대 수확량, 포도 재배 방법, 단위면적당 포도수확량 등을 엄격히 관리하여 기준에 맞는 와인에만 그 지역 명칭을 붙일 수 있도록 규정하고 있다. A.O.C. 포도주가 되려면 분석시험과 시음검사를 거쳐야 한다.

시음검사에 합격한 포도주는 A.O.C. 인가증명서를 발부받는다. INAO가 발행하는 이 증명서는 포도주가 해당 A.O.C. 명칭하에 시장에 출하되도록 허락해 준다. 인가받지 않은 포도주는 A.O.C. 명칭으로 판매될 수 없다.

매우 엄격한 A.O.C. 법규는 원산지 통제 명칭 포도주의 품질을 보장한다.

A.O.C. 포도주 의무 기재사항
❶ 원산지 명칭
❷ 'Appellation Controlée' 중간에 원산지명을 명기한다(Appellation Bordeaux Controlée). 단 상빠뉴의 경우에는 의무 기재사항이 아니다.
❸ 병입자의 이름과 주소 : 이 병입자는 법적으로 포도주에 대한 책임자로서 간주된다.
❹ 병의 용량을 밀리리터(㎖)로 기재
❺ 알코올함량을 %로 기재

임의 기재사항
❻ 상표명이나 생산자명
❼ '소유주가 병입함' 표기(도멘느명, 샤또명, 생산지명 등). 이러한 기재들은 포도주가 포도를 수확한 장소나 인근 지역에서 양조되어 병입된 경우에만 해당된다.
❽ 수확연도

② 뱅 델리미떼 드 꺌리떼 쉬뻬리외르(Vin Délimitéde Qualité Supérieuré; V.D.Q.S.; 원산지 명칭-우수품질 제한 포도주)

이 포도주는 전국원산지명칭협회(INAO)의 엄격한 규제와 감시 아래 생산된다. 우수품질 제한 포도주 관계 규정은 와인의 생산지역, 포도 품종, 최저 알코올 함유량, 포도주 분석 전문가로 구성된 공인위원회가 행한 시음 등에 관하여 농림부령이 정한 조건을 만족시키는 포도주에 대해서 포도 재배조합이 상표를 발행해 주도록 정하고 있다. V.D.Q.S. 상표 발행은 최종적으로 시음위원회에 의해 결정된다.

V.D.Q.S. 포도주 의무 기재사항
❶ 원산지 명칭
❷ "Appellation d'Origine-Vin Délimitéde QualitéSupérieuré" 원산지 명칭 바로 아래에 한 줄 또는 두 줄로 기입한다.
❸ 병입자의 이름과 주소
❹ 센티리터(㎖), 또는 밀리리터(m ℓ)로 표시한 순(純)용량(용기가 실제로 담고 있는 액체량)
❺ '%, vol.'로 표시된 알코올함량. 이의 기입은 EU 내에서 유통되는 포도주의 라벨에 대해서 1988년 5월 1일부터 의무화되었다.
❻ 검사번호가 적힌 V.D.Q.S. 보증상표

임의 기재사항
❼ 병입된 포도원명 기재

③ 뱅 드 뻬이(Vins de Pays)

뱅 드 뻬이란 뱅 드 따블 중에서 산지를 명시할 수 있는 선발된 포도주이다. 뱅 드 뻬이의 칭호를 사용하려면 다음의 품질기준을 만족시켜야 한다.

- 권장 포도 품종만을 사용하여야 하며, 한정된 지역(도(道), 도 내의 특정지역, 여러 도를 합친 지방)에서 생산되어야만 한다. 포도주는 이 지역의 이름을 갖게 된다.
- 자연 알코올함유량이 지중해 지방에서는 10%, 그 외의 지역에서는 지역에 따라 9.5% 또는 9% 이상이어야 한다.
- 분석상의 특성과 시음상의 특징이 기준을 만족시켜야 하며, 이는 전국포도주동업자연합회(ONIVINS)가 승인한 시음위원회에 의해 감정된다.

VdP 포도주 의무 기재사항
❶ 'Vin de Pays' 표기와 함께 생산지역의 지리적 단위명이 따른다.
❷ 병입자의 이름과 주소(포도주명이 마을명으로 A.O.C.와 비슷하여 혼동될 경우 우편번호를 기재한다.)
❸ 병의 용량을 센티리터(cℓ) 또는 밀리리터(㎖)로 기재
❹ 알코올함량을 %로 기재

④ 뱅 드 따블(Vins de Table)

이 포도주의 알코올함유량은 생산지역에 따라 8.5% 또는 9% 이상이며 15% 이하여야 한다. 이 포도주가 프랑스산일 경우(단일지방에서 생산된 포도주 또는 여러 지방에서 생산된 포도주의 혼성)에는 '프랑스산 뱅 드 따블(Vin de Table Francais)'이라는 칭호를 사용할 수 있다. 뱅 드 따블은 일상 소비용 포도주로서 일반적으로 생산방법에 따라 품질이 다른 일정한 맛을 지닌 혼성주이다. 1988년 5월까지는 유일하게 이 포도주에 대해서만 알코올함량(%)이나 알코올도수를 라벨에 의무적으로 기재하도록 하였다.

• Vin de Table 와인에는 수확연도 표시가 금지되어 있는 사항이다.

• 포도주의 라벨 위에 기재된 품종명은 그 포도주가 기재된 품종 하나로만 100%로 만들어졌다는 뜻이다.

• 프랑스산이라는 기재사항은 수출 시 몇 나라에서 요구하므로 반드시 기재해야 한다.

• 샹빠뉴 포도주에는 포도주의 타입(브뤼, 드미 쎅, 두…)을 반드시 기재해야 한다.

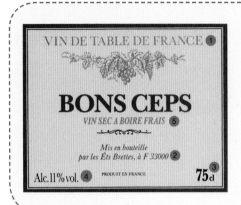

VdT 포도주 의무 기재사항

❶ 프랑스에서 생산 양조된 포도주의 경우 : 프랑스 내수용이면 'Vin de Table de France' 또는 'Vin de Table de Francais'(모두 '프랑스 뱅 드 따블'이라는 의미임) 사항은 판독 가능한 문자로 기재되어야 한다.

❷ 병입한 회사의 이름과 본사 주소

❸ 리터(ℓ), 센티리터(cℓ) 또는 밀리리터(㎖)로 표시한다.

임의 기재사항

사실의 경우에만 허가되어 있다.

❺ 상표명

(2) 프랑스 유명 와인산지의 분류

보르도 (Bordeaux)	메독(M□doc) 쏘테른과 바르싹(Sauternes et Barsac) 쌩떼밀리옹(St.-□million) 프롱싹(Fronsac)	그라브(Grave) 뽀므롤(Pomerol)
부르고뉴 (Bourgogne)	샤블리(Chablis) 꼬뜨 샬로네즈(Côte Châlonnaise) 마꼬네(Mâconnais)	꼬뜨 도르(Côtes d'Or) 보졸레(Beaujolais)
발레 뒤 론 (Vallee du Rhône)	꼬뜨 뒤 론(Côtes du Rhône) 북부 꼬뜨 뒤 론(Côtes du Rhône) 남부	
발 드 루아르 (Val de Loire)	뻬이 낭트(Pays Nantais) 뚜렌느(Touraine) 뿌이-쉬르-루아르(Pouilly-sur-Loire)	당주(d'Anjou) 상세르(Sancerre)
알자스(Alsace)	콜마(Colmar) 북부	콜마(Colmar) 남부
샹빠뉴(Champagne)	몽따뉴 드 르앙스(Montagne de Reims) 발레 드 라 마르느(Vall□e de la Marne) 꼬뜨 데 블랑(Côte des Blanc) 오브(Aube)	
프로방스(Provence)	꼬뜨 드 프로방스(Côtes de Provence)	
랑그독 루시옹 (Languedoc–Roussillon)	랑그도크(Lenguedoc) 루시옹(Roussillon)	

(3) 보르도(Bordeaux) 지역

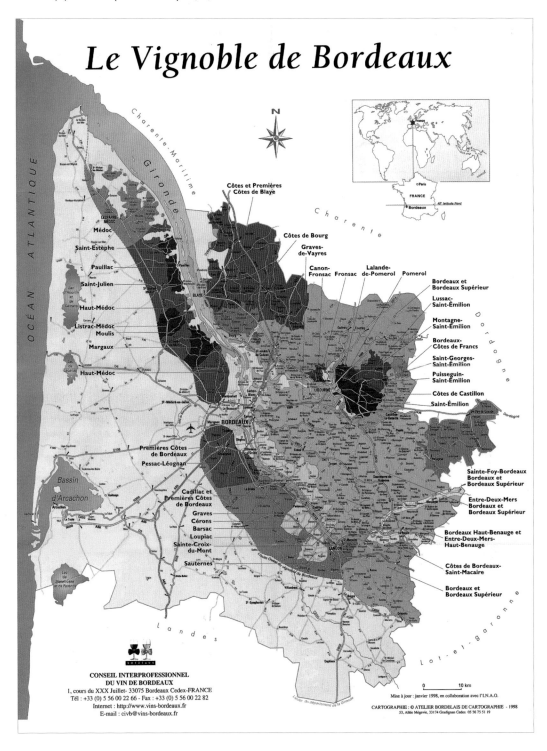

보르도의 와인산지는 프랑스 남서부에 위치한 보르도시 주변에 있으며 그 북쪽에 지롱드강이 흐르고 있다. 나지막한 구릉지로 이루어진 이곳은 연간 약 550만 헥토리터의 와인을 생산하여 단일 포도원으로는 세계 최대규모의 재배단지이다. 보르도 지방의 기후는 온화한 대서양기후로서 이 지방의 온도를 조절해 주는 더운 바

보르도 포도원

- 포도원 총면적 : 113,000헥타르
- 총생산량 : 5,550,000헥토리터
- 포도주의 색깔별 비율 :
  적포도주 82%
  로제포도주 3%
  백포도주 및 중감미 포도주 15%
- AOC : 57종

닷바람인 걸프 스트림과 지롱드강 안으로 들어온 내포(內浦)와 강들이 있고 서풍을 막아주는 랑드 숲으로 인해 이곳 기후는 매우 온화하다.

주로 레드 와인(82%)을 생산하며 일부 지역에서만 소량의 품질 좋은 화이트 와인을 생산하고 있다.

보르도의 포도주들은 다른 지역과는 달리 각 포도원마다 토양에 맞는 2~3종류의 포도를 재배해서 이를 특색 있게 혼합하여 와인을 만들고 있다.

 '샤또(Château)'의 의미?

다른 지방과는 달리 보르도 지방에서 나는 와인에는 '샤또'라는 이름을 붙인 회사가 많다. 원래 프랑스어에서 '샤또'는 '성(城)'이라는 뜻으로 쓰이지만, 와인공장에 쓰는 샤또는 '자체 내에 포도농장을 가진 와인공장'이란 뜻을 가진다. 예를 들면, 샤또 라피뜨-로칠드, 샤또 마고, 샤또 오브리옹 등이 있다. 영어로는 '이스테이트(estate)'라고 표기될 수 있고, 독일어로는 바인구트(Weingut)라고 표기할 수 있다.

샤또 중에는 아주 고색창연한 큰 건물과 넓은 포도원을 가진 곳도 있지만, 건물 하나와 작은 포도원을 가진 작은 샤또도 있다. 보르도 지역에만 대략 수천 개 정도의 샤또가 있다.

• 샤또 팔머

레드 와인의 포도 품종으로는 까베르네 쇼비뇽(Cabernet Sauvignon), 메를로(Merlot), 까베르네 프랑(Cabernet Franc) 등을 사용하고, 화이트 와인용 포도 품종으로는 쇼비뇽 블랑(Sauvignon Blanc), 쎄미용(Semillon), 뮈스까델(Muscadelle) 등이 이용된다.

보르도 와인은 보르도 타입의 병에 담아서 판매되며, 이 병 모양은 프랑스의 다른 지역에서는 거의 사용되지 않고 보르도 지역에서만 사용되므로 병 모양만 봐도 보르도 와인이라는 것을 금방 알 수 있다.

보르도 와인은 맛이 무거우므로 여성적인 와인이라 하고 무게가 있으면서도 산미가 있는 부르고뉴(Bourgogne) 와인은 남성적인 와인이라고 한다. 보르도에서는 프랑스 전국적으로 고급와인에 사용하는 등급인 A.O.C. 이외에 특별한 '와인공장'을 구분하여 별도의 등급을 사용하고 있다. 와인 병을 보면 프리미어 그랑 크뤼(Premiers Grand Crus), 그랑 크뤼(Grand Crus) 등의 라벨이 표기되어 있다.

이 보르도 지역은 다시 몇 개의 중간 크기의 지방으로 구분되는데, 이 지역에는 메독(Medoc), 그라브(Graves), 쏘테른과 바르싹(Sauternes et Barsac), 쌩떼밀리옹(Saint-Émllion), 뽀므롤(Pomerol), 프롱싹(Fronsac) 등이 있다.

① 메독(Médoc; 15,000ha)

메독(Médoc)이란 '중간에 위치한 땅'이라는 뜻이다. 왜냐하면, 대서양과 지롱드강의 내포(內浦)에 위치하기 때문이다. 메독(Médoc) 포도원의 독특한 특징은 크룹프라는 자갈, 모래, 조약돌 성분의 조그마한 언덕들이 이어지며 내포를 내려다보고 있다는 것이다.

이러한 척박한 토양은 배수가 뛰어나고 온기가 있어 이 지역의 주품종인 까베르네 쇼비뇽(Cabernet Sauvignon)에게 특히 알맞다.

메독(Médoc) 포도주는 골격이 있고 짜임새가 있으며 오래 보존할 수 있는 적포도주들이다.

메독(Médoc)은 보르도 지역 중에서 가장 유명하며, 다시 8개의 명칭들은 다음과 같다.

• 오 메독   • 샤또 투르사 메독

- **2개의 지방명칭 포도주** : 메독(Médoc)과 오메독(Haut-Médoc)이 있는데 메독 (Médoc) 포도원의 60%에 해당한다.
- **6개의 마을명칭 포도주** : 쌩떼스테프(St. Estéphe), 뽀이약(Pauillac), 쌩 쥴리앙(St.-Julien), 리스트락-메독(Listrac-Médoc), 물리 엉 메독(Moulis-en-Médoc), 마고 (Margaux) 등이다. 메독(Médoc) 포도주는 그랑 크뤼(Grand Grus) 등급의 대상이 되 기도 한다.

● Premiers Crus

샤또(Château)	A.O.C.	Second Wine
Ch. Lafite Rothschild (샤또 라피뜨 로칠드)	뽀이약	Carruades de Lafite Rothschild (까루아드 드 라피뜨 로칠드)
Ch. Latour(샤또 라투르)	뽀이약	Les Forts de Latour (레 포르 드 라투르)
Ch. Margaux(샤또 마고)	마고	Pavillon Rouge du Ch. Margaux (파비용루즈 뒤 샤또 마고)
Ch. Haut-Brion (샤또 오브리옹)	그라브	Le Bahans du Haut Brion (르 바한 뒤 오브리옹)
Ch. Mouton-Rothschild (샤또 무똥 로칠드)	뽀이약	Le Petit Mouton de Mouton Rothschild (르 프티 무똥 드 무똥 로칠드)

- 샤또 라피뜨 로칠드   - 샤또 라투르   - 샤또 마고   - 샤또 오브리옹   - 샤또 무똥 로칠드

- 그라브(Graves)에 있는 샤또 오브리옹(Ch. Haut-Brion)만 예외로 메독의 그랑 크뤼 끌라세 등급에 들어갈 수 있다.
- Second Wine : 세컨드 와인에 공식적인 규정이 있는 것은 아니지만 대체로 어린 포도나무에서 수확한 포도로 만든 와인이나 유명한 포도밭을 소유한 사람이 이웃에 있는 포도밭을 구입하여 포도밭은 다르더라도 소유자가 같은 곳에서 나온 와인으로 세컨드 와인을 만든다.

② 그라브(Graves; 3,000ha)

메독에 이어서 그라브 지방은 레드 와인과 화이트 와인을 생산하고 있으며, 토질은 자갈, 모래 등 퇴적물층으로 구성되어 있다. 우수한 그라브 지방의 적포도주 생산 포도원 중에는 A.O.C. 포도원인 뻬샤 레오냥(Pessac-Leognan)이 북쪽에 자리 잡고 있는데, 이 지역은 더욱 짜임새 있는 적포도주를 생산한다. 남쪽으로는 토질에 모래성분이 많아 백포도주 생산이 유리하므로 적포도주의 경우 가벼운 맛을 지닌다.

• 샤또 페랑드 그라브

- 이름의 유래 : Gravier(조약돌, 자갈이라는 뜻)에서 유래
    - 위 치 : 남북으로 약 60km, 동서로 약 10km에 걸쳐서 조성
    - 면 적 : 3,000ha
    - 토 양 : 규토질, 점토질, 자갈이 섞인 토양

    - 와인의 특징 : 레드 와인은 주로 북부지방에서 재배하며 까베르네 쇼비뇽, 까베르네 프랑, 메를로 등의 품종을 사용하므로 메독과 비슷하나, 메독 와인보다 더욱 부드럽고 숙성된 맛을 풍기며, 부케 또한 풍부하다. 화이트 와인은 강하고 풍부한 맛을 내는 쎄미용과 신선하고 산미가 강한 쇼비뇽 블랑이 주로 사용된다.

• 시쉘 그라브

- Premiers Crus
    - Premier Cru Classés en 1855 : 가장 유명한 샤또 오브리옹은 1855년 메독이 그랑 크뤼 끌라세에서 1등급으로 매겨진 바 있다.

● Château Haut-Brion(샤또 오브리옹)

소유자	클라랑스 딜롱(Clarence Dillon)
면적 및 생산량	레드; 41ha, 12,000Cases/1년 화이트; 3ha, 1,300Cases/1년
포도 품종 및 배합비율	레드; C/S 55%, C/F 15%, Merlot 30% 화이트; Semillon 55%, S/B 45%
와인의 특징	색이 진하고 섬세하며 부드러운 향기를 간직하고 있다.
레드 와인의 특징	적벽돌색에 맑게 빛나는 아름다운 색조로 풍부하고 감미 있는 부케, 매끈한 감촉, 섬세함이 결합한 밸런스가 좋은 와인
화이트 와인의 특징	맛과 향이 진하고 우아한 것이 깊이가 있다.
기타	샤또 건물은 1703년에 건립한 화려한 백아성관을 이루어 많은 관광객들이 찾아온다.

● C/S : Cabernet Sauvignon　　● C/F : Cabernet Franc

● 샤또 오브리옹

③ 쏘테른과 바르싹(Sauternes et Barsac; 2,200ha)

보르도 남쪽으로 40km 떨어진 곳에 위치한 이 지역은 특이한 기후의 혜택을 충분히 누린다. 실제로 시롱(Ciron)이라는 작은 강줄기가 있어 포도가 잘 익을 때쯤에는 하루 중에도 습한 날씨(아침안개)와 건조한 날씨가 교차한다. 이러한 기후는 포도 알에 번식하는 일명 귀부병(Botrytis)으로 일컬어지는 보트리티스 시네레아(Botrytis cinerea)라는 미세한 곰팡이의 생육조건을 조성해 준다. 그러므로 포도 알의 즙은 농축되어 껍질은 쭈글쭈글해지며 포도즙의 당도가 높아져 특별한 향기가 새로이 나타나게 되는 것이다. 포도 알의 이러한 질적인 변형은 한꺼번에 일어나지 않는다. 따라서 여러 차례에 걸쳐 수확이 이루어지며, 이를 '계속적인 선별'이라 부르는 것은 위에서 설명한 상태에 이른 포도 알만을 수확하기 때문이다. 1헥타르당 25헥토리터(25,000리터)의 생산량으로 포도주 생산은 미미할 수밖에 없다. 따라서 샤또 디껨(Chateau d'Yquem)의 경우 한 포도나무당 한 잔의 포도주가 만들어지며, 숙성을 오래 시킬수록 황금색을 띠게 된다. 향은 귤껍질이나 마른 살구, 꿀 또는 보리수향이 나며, 맛은 입 안에서는 달

● 스위트 와인
　샤또 끌리망

콤하고 기름지며, 오래 숙성할 수 있다.

쏘테른과 바르싹(Sauternes et Barsac) 포도주도 그랑 크뤼(Grand Grus)급 분류의 대상이 된다. 세롱(Cerons), 까디약(Cadillac), 루피약(Loupiac), 생트 크르와 뒤 몽(Sainte-Croix-du-Mont) 등도 이와 같은 조건에서 생산되는 리꿰르 포도주(감미 포도주)이다.

- **리꿰르 포도주(감미 포도주)** : 감미 포도주는 알코올도수가 높고 당분이 많이 함유된 것으로 특징지워지는 포도주만을 말한다.
- **수확의 특징**
  - 수확시기가 늦게 되면 포도에 곰팡이가 기생하여 귀부(Noble Rot)상태로 된다.
  - 귀부가 잘되어 상태가 좋은 것들만 골라 8~9회에 걸쳐 한 알, 한 알 수확한다. 이 포도들을 모아 으깨어 압착해서 포도 주스를 발효한다.
- **귀부(Noble Rot)** : 효모가 포도 껍질에 붙어 뿌리를 내리면 포도에 구멍이 나서 수분이 증발하고 그러면서 당도가 높아진다. 이러한 귀부가 일어나기 위해서는 먼저 포도 껍질이 얇은 품종이어야 하고, 지역적인 기후의 영향을 받아야 한다.
- Premier Cru Supérieur : 1개 샤또

  Château d'Yquem(샤또 디껨)

- Château d'Yquem

소유자	알렉상드르 드 뤼르 살뤼스(Alexandre de Lur-Saluces)
면적 및 생산량	102ha; 5,500Cases/1년
포도 품종 및 배합비율	Semillon 80%, Semillon Blanc 20%
화이트 와인의 특징	세계 최초로 스위트 와인을 생산. 황금색이 나며 섬세한 향기, 아주 부드럽다.
기 타	이 샤또 디껨은 1785년 전까지 소바주 디껨(Sauvage d'Yquem) 가문의 소유였다가 1785년 사위인 뤼르 살뤼스(Lur-Saluces)에게 양도되었다. 다른 지역의 와인은 1에이커(acre, 1224평)에 약 1,950병 정도를 생산하나 샤또 디껨은 약 480병 정도만 생산하고, 포도나무 한 그루에 약 1잔 정도 나오는 양이다.

• 샤또 디껨

④ 쌩떼밀리옹(St-Émillion; 5,500ha)

이 포도원은 상이한 토양들로 구성된 중세도시를 중심으로 형성되어 있다. 석회질 고원, 석회성분과 모래진흙의 언덕들, 아래쪽은 진흙 섞인 모래토양으로 구성되어 있다. 쌩떼밀리옹 포도주는 일반적으로 매우 짜임새 있으나 토양에 따라 조금씩 차이가 있다.

쌩떼밀리옹(St-Émillion)과 쌩떼밀리옹 그랑 크뤼(St-Émillion Grand Cru) 두 종류의 AOC가 있다. 주변 명칭으로는 뤼삭 쌩떼밀리옹(Lussac St-Émillion), 몽따뉴 쌩떼밀리옹(Montagne Saint-Émillion), 퓌스갱 쌩떼밀리옹(Puisseguin St-Émillion), 쌩죠르쥬 쌩떼밀리옹(Saint-Georges St-Émillion) 등 4가지가 있다.

• 샤또 라쎄크 쌩떼밀리옹

• 와인의 특징

– 색깔은 메독이나 그라브에 비해 다소 짙다.

– 가벼운 송로(Truffle)향, 체리(Cherries), 살구(Plums)향이 난다.

– Flavour : 풍부하고 깊으며, 타닌이 부드럽다.

– 바디는 Full, Medium, 풍부하다.

– 독자적인 강한 바디가 있어 보르도의 버건디라는 별명을 가진다.

– 뽀므롤 와인보다 단기숙성을 하고 최적 숙성기간은 4~8년

– 메독보다 섬세함과 복잡함이 약간 결여

– 메독 와인에 비하여 알코올도수가 약 1도 높다.

• Saint-Émillion 지구의 와인등급

• Saint-Émillion Premiers Grands Crus Classés A : 2개 샤또

– 최저 알코올도수 : 11.5도

– 1ha당 생산 제한량 : 4,200 ℓ

– Ch. Ausone(오존)

– Ch. Cheval Blanc(슈발 블랑)

• Château Ausone(샤또 오존)

소유자	알랭 보티에(Alain Vauthier)
면적 및 생산량	10ha; 2,000Cases/1년
포도 품종 및 배합비율	Cabernet France 50%, Merlot 50%
레드 와인의 특징	묵직하면서 섬세하고, 농익은 과일향
기 타	로마 시인 아우소니우스(Ausonius; 310~395)가 은거하여 시작에 열중했던 주거의 흔적에서 유래되었다.

• 샤또 오존

• Château Cheval Blanc(샤또 슈발블랑)

소유자	푸르코로사크(Fourcaud-Laussac)
면적 및 생산량	35ha; 12,000Cases
포도 품종 및 배합비율	Cabernet France 66%, Merlot 33%, Malbec 1%
레드 와인의 특징	상쾌한 떫은맛과 산미가 절묘하게 조화를 이루는 뛰어난 와인. Dark Ruby 색깔을 띠며 부케가 아주 풍부하다.
기 타	중세의 여인숙 백마정(白馬停; Cheval Blanc)에서 유래

• Saint-Émillion Premiers Grands Crus Classés 'B' : 11개 샤또

- 최저 알코올도수 : 11.5도

- 1ha당 생산 제한량 : 4,200L

• 샤또 슈발블랑

Château 이름	Château 이름
Ch. Beaus□jour Duffau(보세주르-뒤포)	Ch. La Gaffeliere(라 갸플리에르)
Ch. Beaus□jour-B□cot(보세주르-베코)	Ch. L'angelus(란젤루스)
Ch. Belair(벨레르)	Ch. Magdelaine(마들렌)
Ch. Canon(까농)	Ch. Pavie(빠비)
Ch. Figeac(퓌작)	Ch. Trottevieille(트롯뜨비에이)
Clos Fourtet(끌로 푸리떼)	

⑤ 뽀므롤(Pomerol; 800ha)

이 지역의 지하 토양은 철분이 함유된 충적층으로 이루어진 특성이 있어 '쇠찌꺼기'라는 별명이 있다. 포도주는 매우 강하며 풍부하고 대개는 붉은 열매이며 숲속 어린나

무의 향과 더불어 동물성 향이 살짝 난다. 뽀므롤에는 공식적으로 그랑 크뤼급 분류가 적용되지 않는다. 그러나 이 지역의 명예를 빛내 주는 샤또 뻬트뤼스(Petrus)는 세계적인 최고의 와인으로 잘 알려져 있다.

- **와인의 특징**

Deep Ruby Red, 과일 꽃을 섞은 듯한 향, 매끄럽고 유연한 맛, 메독의 섬세함, 쌩떼밀리옹의 힘참, 샹베르땡의 강직함을 겸하고 있으며, 특히 쌩떼밀리옹과 비슷하나 향기와 입맛이 부드럽다. 마시기 좋은 최적의 시기는 5~6년이나 그 이상의 것도 있다.

  - Grands Crus : Château Petrus(샤또 뻬트뤼스)

• 뽀므롤

- **Château Petrus(샤또 뻬트뤼스)**

소유자	장 피에르 무엑스(Jean Pierre Mouiex)
면적 및 생산량	11.4ha; 3,700 Cases/1년
포도 품종 및 배합비율	Cabernet France 5%, Merlot 95%
레드 와인의 특징	입맛이 부드럽다. 아주 뛰어난 밸런스와 풍부한 바디와 부케를 갖는다. 품질의 변화가 적다.
기 타	라벨의 초상화로는 교황 베드로(Peter)가 그려져 있다. 이 샤또의 소유자는 메독의 일류 크뤼 와인 판매가격의 이하로는 출고하지 않는다는 자부심을 가지고 있다.

⑥ 프롱싹(Fronsac)

가론(La Garonne)강과 도르도뉴(La Dordogne)강 사이의 구릉지대와 작은 계곡들로 형성된 포도원이다. 토양은 석회, 모래, 규암, 자갈 등이 진흙과 섞여 있는 것이 특징이며 무감미 백포도주만을 생산한다.

• 샤또 뻬트뤼스

쎄미용 품종은 포도주에 부드러움을 부여하고, 쇼비뇽 품종은 입 안에서 신선함을 돋우며 강한 향기와 과일향을 드러낸다. 이들은 모두 2, 3년 안에 소비해야 하는 아주 마시기 쉬운 와인들이다.

(4) 부르고뉴(Bourgogne) 지역

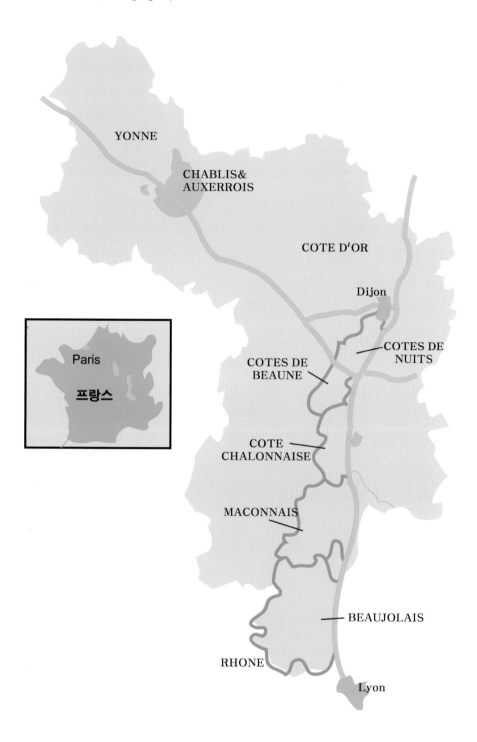

• 뫼르소(Meursault)

영어로 버건디(Burgundy)라 하는 부르고뉴 지역의 와인은 보르도(Bordeaux) 지방과는 달리 제한된 소수의 포도 품종만을 사용한다. 즉, 백포도주에는 샤르도네(Chardonnay)와 알리고테(Aligote), 적포도주에는 삐노 누아(Pinot Noir)와 가메(Gamay)를 사용한다.

대체로 토질이 척박하고 경사면으로 된 디종(Dijon)에서 리옹(Lyon) 사이의 론강 양쪽 계곡에서 생산되고 있으며, 혹독한 겨울과 잦은 봄의 서리가 특징인 대륙성 기후에도 불구하고 이곳의 포도원은 남향, 동향, 남동향과 평균 200~400m에 이르는 언덕에 위치함으로써 부르고뉴 포도원들은 서리로부터 잘 보호되고 서풍을 피할 수 있으며 최소한의 일조량을 보장받는다. 이곳에서 생산되는 와인은 산도와 알코올이 보르도 지역의 것보다 조금 높아 보르도 와인과 비교해 남성적인 와인이라고 불린다. 이곳은 로마시대부터 유럽의 다른 지역으로 가는 교통의 요지여서 여관과 식당이 많았기 때문에 이 지역 와인은 세계적으로 유명해질 수 있었다. 부르고뉴 와인은 생산량으로 보면 프랑스 와인의 5%밖에 되지 않지만 보르도와 더불어 세계적인 명성을 지니고 있다.

부르고뉴 와인산지들은 남북으로 250㎞ 정도 길게 펼쳐 있으며, 북쪽에서부터 샤블리(Chablis), 꼬뜨 도르(Côte d'Or), 꼬뜨 샬로네즈(Côte Chalonnaise), 마꼬네(Maconnais), 보졸레(Beaujolais) 5개의 중요 지역으로 나뉘어 있다.

부르고뉴 포도원

- 포도원 총면적 : 24,000헥타르
- 총생산량 : 1,200,000헥토리터
- 포도주의 색깔별 비율 :
  적포도주 48%
  로제포도주 52%
- AOC : 57종
- VDQS : 1종

끌리마(Climats)

보르도 지방에서 하나의 크뤼(Cru; 특주)는 한 명의 개인이나 한 개의 회사가 전체를 소유하는 하나의 도멘느(Domaine; 領地)와 일치한다. 예를 들어 무똥-로칠드(Mouton-Rothschild) 포도주는 로칠드 남작 가문의 소유이다. 반면에 부르고뉴 지방의 크뤼(Cru)는 많은 사람이 공동소유하는 토지대장의 단위이다. 샹베르땡(Chambertin)은 수십 명의 재배자에 속한다. 이때 각 파르셀(Parcelles; 區域)이나 리우-디(Lieux-dits; 小地區)를 '끌리마(Climats)'라고 부른다.

테루아(Terroir)

왜 같은 품종이라도 지역에 따라 전혀 다른 와인을 만들어낼까? 물론 포도주 양조방법에 따라 다르지만 역시 테루아가 관건이라 할 수 있겠다. 테루아는 어떤 포도원을 특징지어 주는 자연적 요소의 전반을 의미한다. 다시 말해 토양, 자연환경, 토질의 구조, 방향, 위치, 지형학적 조건, 포도원이 속해 있는 미기후대(Micro-climat) 등의 기후를 모두 일컫는 것이다.

• 그라브(Grave)

• 샹빠뉴(Champagne)

• 보졸레(Beaujolais)

① 샤블리(Chablis; 4,000ha)

샤블리는 부르고뉴(Bourgogne)의 중심에서 따로 멀리 떨어져 있지만(샹빠뉴에서 더 가깝다.) 와인의 생산지로서는 부르고뉴에 속한다. 이곳은 화이트 와인만 생산하는데, 샤르도네(Chardonnay) 품종이 잘 적응하는 테루아(Terroir)이다.

샤블리(Chablis)는 맛이 강하고 귀족적이며 우아한 백포도주로서 그 명성이 너무 높아서 프랑스 외의 지역에서는 무감미 백포도주의 대명사로 잘 알려져 있다. 샤블리(Chablis) 지역에는 4개의 AOC 포도주가 있다.

• 샤블리 그랑 크뤼(Chablis Grand Cru)

샤블리 그랑 크뤼는 7개의 작은 포도밭(Climats, 끌리마)으로 구성되어 있다. 부그로(Bougros), 르 클로(Les Clos), 그르누이(Grenouilles), 블랑쇼(Blanchot), 프뢰즈(Preuses), 발뮈르(Valmur), 보데지르(Vaudesir)는 모두 매우 경사진 언덕인 샤블리(Chablis) 마을에 위치한다.

• 샤블리 그랑 크뤼

이 포도주는 모두 향이 섬세하며 입 안에서 풍부함이 느껴지고 병입 후 5년 정도는 숙성되며, 15년 이상도 보관할 수 있다.

• 샤블리 프리미에 크뤼(Chablis Premier Cru)

양질의 토양에 일정조건을 갖춘 포도밭에서 생산되는 고급와인으로 가격에 비하여 품질이 우수하다. 약 40개 포도밭에서 생산되고 있다.

유명한 지역으로 몽떼 드 통네르(Montée de Tonerre), 푸르숌므(Fourchome), 몽 드 밀리외(Monts de Milieu), 레 리즈(Les Lys), 바이용(Vaillons) 등이다. 그랑 크뤼(Grand Cru)보다는 풍부한 맛이 덜하지만 몇 년은 보관하며 마실 수 있다.

• 샤블리 프리미에 크뤼

• 샤블리

• 샤블리(Chablis)

언덕의 경사진 면이나 평평한 곳 등 20여 개 마을에서 생산되는 샤블리 포도주는 신선하여 대개 기분 좋게 느껴지는 광물성 향의 뉘앙스를 풍기며, 병입 후 2~3년 후 가장 최고조의 맛을 가진 와인이 된다.

• 쁘띠 샤블리(Petit Chablis)

샤블리 포도원 근처의 땅에서 수확된 포도로 만드는데, 이 포도주들은 생동감 있고 가벼워 마시기 좋으며, 옅은 레몬향과 함께 샤르도네 특유의 꽃향이 난다. 쁘띠 샤블리의 매력은 자연스러움이다.

• 뉘뜨 생 죠르쥐(Nuit St George)

② 꼬뜨 도르(Côte d'Or)

꼬뜨 도르는 '황금언덕'이라는 뜻으로 부르고뉴 포도원의 심장부이며, 매우 좁은 구릉의 언덕을 따라 이루어져 있다. 이곳은 다시 꼬뜨 드 뉘(La Côte de Nuits)와 꼬뜨 드 본(La Côte de Beaune)으로 나누는데, 이 두 포도원은 부르고뉴에서 가장 유명한 적포도주를 생산한다.

• 꼬뜨 드 뉘 빌라지
(Côte de Nuits-Village

- 꼬뜨 드 뉘(Côte de Nuits; 1,500ha)

토양의 지하는 산성백토(酸性白土), 표면은 이회암(泥灰岩)으로 구성되었으며 약간 석회질이다. 부르고뉴 포도주의 명성을 가져온 심오하고 풍요롭고 탁월한 적포도주만을 생산한다.

이 지역에서는 세계적으로 가장 유명한 '로마네 꽁띠(Romanée-Conti)'를 생산하고 있으며, 나폴레옹 1세가 애음한 샹베르땡(Chambertin), 벨벳처럼 부드럽고 레이스처럼 화려한 뮈지니(Musigny) 등 유명한 와인이 생산되고 있다.

- 꼬뜨 드 본(Côte de Beaune; 3,000ha)

이 지역은 꼬뜨 드 뉘(Côte de Nuits)보다 더 넓고 더 길게 퍼져 있다. 이 포도원의 원만한 언덕들은 굳은 석회질이며 화석이 풍부하여 샤르도네 품종이 자기의 우아함을 한껏 드러낼 수 있는 토양의 면모를 갖추고 있다. 여기서 꼬뜨 도르(Côte d'Or)의 유명한 그랑 크뤼 화이트 와인을 만날 수 있다.

- 꼬뜨 드 본 빌라쥐
Côte de Beaune-Villages

 희귀 와인 로마네 꽁띠(Romanée-Conti)

로마네 꽁띠(Romanée-Conti)는 프랑스 부르고뉴의 꼬뜨 도르(Côte d'Or)의 북부지방에 있는 코트 드 뉘(Côte de Nuits)에서 생산되는 세계적으로 가장 유명한 와인이다. 완만한 경사지에 위치한 포도원의 면적은 약 1.8헥타르이며, 토질과 경사면이 포도 재배에 최적지로서 18세기 프랑스 드 꽁띠(Prince de Conti)가 자신의 이름을 따서 명명하였으며, 최고등급인 그랑 크뤼(Grands Crus)에 속한다. 이 포도원에서는 포도가 완숙될 때까지 기다려 가능한 한 늦게 수확하며, 사람의 손으로만 수확한다. 이렇게 선별된 포도를 3주~1달가량 발효시킨 다음 매년 새 오크통에 담아 숙성시킨다. 숙성 중 여과 등 여러 공정을 최대한 줄이며, 병에 담은 후에도 장기간 병 숙성을 시킨다. 생산량은 연간 약 6,000병에 불과하여 세계적인 부호들과 그들에게 초대받은 사람들만이 맛볼 수 있을 정도이고, 현재 우리나라 특1급 호텔의 병당 입고가격이 약 100만 원이며, 판매가격은 약 300만 원 이상의 고가로 팔리고 있다. 로마네 꽁띠(Romanée-Conti)는 프랑스 내에서 약 20% 정도만 소비되고, 80%는 미국, 영국, 독일, 일본 등지로 수출되고 있다.

- 로마네 꽁띠

세계에서 비싸기로 유명한 그랑 크뤼로서 몽라쉐(Montrachet), 꼬르똥 샤를르만뉴(Corton Charlemagne), 슈발리에 몽라쉐(Chevalier-Montrachet) 등이 있다.

③ 꼬뜨 샬로네즈(Côte Chalonnaise; 1,500ha)

꼬뜨 샬로네즈는 꼬뜨 드 본(Côte de Beaune)과 마꼬네(Maconnais) 중간 지역에 위치하며 주로 레드 와인을 생산하고 화이트 와인은 소량 생산하고 있다. 레드 와인 품종인 삐노 누아는 갈색 석회석지대의 토양인 지브리(Givry), 메르뀌레(Mercurey) 등 일부 지역에서 재배된다. 꼬뜨 샬로네즈의 북쪽에서 생산되는 부르고뉴 알리고테 부즈롱(Bourgogne Aligote Bouzeron)은 매우 마시기 좋은 무감미 백포도주를 생산하며, 서쪽으로 쿠슈아(Couchois) 포도원에서는 부르고뉴 적·백 포도주를 생산한다.

• 마꽁 슈페리어
(Macon Superieur)

④ 마꼬네(Mâconnais; 5,000ha)

마꼬네는 일반적으로 토양이 이회암질이며 백포도주를 생산하는 남부는 점토-석회질 토양이다. 마꼬네 포도원은 총면적이 5,000헥타르이며 평균 포도주 생산량은 25만 헥토리터로 대부분은 백포도주이나, 적포도주와 로제 포도주도 생산한다.

이 가운데 가장 유명한 포도주는 샤르도네 한 품종만으로 생산되는 뿌이-퓌세(Pouilly-Fuisse)이다. 이는 녹색을 띤 금빛의 무감미 백포도주이다. 섬세한 꽃향기, 과일향 등 좋은 방향을 지녔으며, 일반적으로 숙성을 거치지 않고 마시나 10년 이상의 보관기간을 거쳐도 향기를 잃지 않는다. 뿌이 로쉐(Pouilly-Loche), 뿌이 뱅젤르(Pouilly-Vinzelles)도 생산량은 적지만 좋은 평가를 받는 포도주이다.

• 뿌이-퓌세
Pouilly-Fuisse

⑤ 보졸레(Beaujolais)

보졸레 지역은 부르고뉴(Bourgogne) 지방의 마꽁(Mâcon) 마을 남쪽인 샤펠드 권샤이(Chapelle de Guinchay) 지역에서 시작해 리옹(Lyon) 북쪽까지 이어졌고, 폭으로는 보졸레라는 말의 어원이 되었던 보쥬(Beaujeu)까지 이르는, 남북으로 60km, 동서로 30km

펼쳐져 있는 부르고뉴(Bourgogne) 지역 중에서도 가장 광대한 지역으로서 전체 부르고뉴 와인의 절반이 넘는 59%를 생산해 내고 있다.

보졸레 와인은 99.5%가 레드 와인(Gamay 품종)이고 화이트 와인(Chardonnay 품종)은 0.5%에 불과하다.

이 지역은 샤온(Saône)강을 내려다보는 평균 300m 높이에 위치해 있지만 500m 이상까지 포도밭이 펼쳐져 있다. 그래서 프랑스 사람들은 샤온강과 더불어 또 하나의 붉은 포도주 강이 흐르고 있다고 말하기도 한다. 보졸레 지역은 프랑스에서도 가장 아름다운 농촌 지역이다. 끝없이 이어지는 구릉과 계곡, 언덕 중턱에 구불구불 이어지는 좁다란 도로, 띄엄띄엄 있는 마을의 목가적인 풍경과 이 지역 전체를 덮고 있는 포도

• 보졸레 빌라쥐

나무들, 여름은 푸른 언덕으로, 가을은 황금색으로 파도친다.

행정적으로는 부르고뉴 지방에 속해 있지만 토양이 화강암질과 석회암질 등으로 이루어져 포도주 재배에 필수조건인 배수가 뛰어나고 또한 약간의 산성을 띠고 있어 부르고뉴의 주요 재배품종인 삐노 누아(Pinot Noir) 대신에 이 토양에 적당한 가메(Gamay)종을 재배하고 있다. 요즘은 보졸레 누보(Beaujolais Nouveau)에 의해 전 세계적으로 알려졌지만, 이 지역은 몇 세기 전부터 포도 재배가 발달했다. 가메품종은 다른 부르고뉴 지역에서 A.O.C. 규칙상에 있는 삐노 누아(Pinot Noir) 대신에 심어지는 것이며, 보졸레 이외의 지역에서는 명성이 매우 낮다. 가메품종은 질을 나타내기보다는 양을 나타내는 포도 품종이다.

(5) 발레 뒤 론(Vallee du Rhône)

발레 뒤 론 지역은 비엔(Vienne)에서 아비뇽(Avignon)에 이르는 론강 양쪽에 200km에 걸쳐서 포도 재배단지가 있는데, 보르도 다음으로 넓은 포도산지이다.

그리스인들에 의해서 개발되기 시작하여 로마시대부터 포도원이 확장되었다. 주로 레드 와인을 생산하며 약간의 로제 와인과 화이트 와인도 생산한다.

미스트랄이라는 바람이 북쪽에서 남쪽 지중해로 부는데, 이 차고 건조한 강풍 덕분에 포도의 부패가 방지되어 와인 생산에 큰 도움이 된다. 이 지역은 다시 북부와 남부의 두 부분으로 나누어진다.

 보졸레 누보(Beaujolais Nouveau) 이야기

해마다 11월은 즐겁다. 11월 3째주 목요일은 보졸레 누보가 있어 즐겁고, 또한 우리의 명절은 아니지만 어쨌든 11월 4째주 목요일은 'Thanks Giving Day'가 있어 즐겁다.

보졸레의 햇와인이라는 뜻의 보졸레 누보는 오랫동안 이 지방에서 겨울이 오기 전 훈훈한 인정을 서로 나누며 행복을 기원하던 풍습에서 비롯되었다.

우리나라의 추석과 의미가 비슷하다. 그러던 것이 오늘날 보졸레 와인이 전 세계 와인 애호가들의 지대한 관심을 끌기 시작한 것은 20여 년 정도밖에 되지 않는다.

보졸레 누보의 출시는 1951년 프랑스 법령으로 규정되었고, 매년 11월 3째주 목요일이 출시일로 결정된 것은 1985년부터이다.

가벼운 와인이 유행하고 장기간의 지하 저장 및 오래 숙성시키는 것에 생산자들이 부담을 느끼고 있었을 때, 득을 본 것이 바로 보졸레이다.

보졸레 와인의 기본 요소는 Young하고, 친근하다는 것이다. 부르고뉴(Bourgogne) 와인이 다소 깊고 고전적이라면 보졸레 와인은 현대적이고 자유분방한 것이다.

보졸레 와인은 포도 수확이 좋은 해에는 fruity하고 부드럽다. 그러나 좋지 않은 해에는 맛이 엷고 거칠다.

• 보졸레 누보(2000년)　　• 보졸레 누보(2001년)　　• 보졸레 누보(2000년)

보졸레 와인은 숙성시켜도 별로 도움이 안된다. 되도록 이면 빨리 마시는 것이 좋다. 보졸레 지역에서 생산되는 포도주는 1년에 총 1,350헥토리터이다. 이들 포도주의 특성상 오래 저장하지 않고 1~2년 사이에 마시는 젊은 포도주이다. 그러나 크뤼 보졸레에 속하는 10개 지역 중에서 '물랭 아 방(Moulin A Vent)'처럼 5년 이상 저장해도 좋은 상급의 포도주들을 생산하는 곳도 있다. 그러나 무엇보다도 보졸레의 가치는 가벼우면서도 자연적인 음식과 편안하고 자연스러운 하모니를 이루며 모든 사람들이 식탁에 둘러 앉아 부담 없이 함께 나눌 수 있는 가장 대중적인 포도주이다.

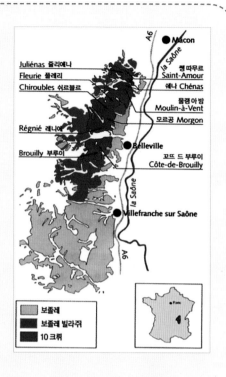

- 보졸레 누보(Beaujolais Nouveau)
  가메(Gamay)품종으로 만든 보졸레 누보는 맛이 가벼우며, 대부분 밝고 아름다운 핑크색을 약간 띤 옅은 자주색이다. 백포도주처럼 신선한 방향을 지녔고, 과일맛이 풍부한 가벼운 와인이다. 가금요리, 흰색 살코기, 햄버거 등과 아주 잘 어울리며, 마시기에 적절한 온도는 일반적인 적포도주보다 약간 차가운 10~13℃ 정도가 알맞다. 또한 보존성이 별로 좋지 않기 때문에 부활절이 오기 전까지 빨리 마시는 것이 가장 신선하다.

- 보졸레 빌라쥐(Beaujolais Villages)
  보졸레 누보보다 깊은 맛이 있고 순하며, 신선하고, 가장자리에 보라색이 감도는 신비한 루비빛을 띠고 있으며, 과일맛과 향이 조화롭게 느껴진다. 가벼운 소스의 육류나 구이 또는 약간 무거운 소스의 해산물이나 야채요리와도 잘 어울리고, 일반 적포도주보다 좀 더 차게(약 14~15℃ 정도) 마시는 것이 더욱 좋다. 또한 보졸레 누보보다 더 오래 보관할 수는 있으나 대체로 1년 안에 마시는 것이 더욱 맛이 있다.

- 크뤼 보졸레(Crus Beaujolais)
  10개의 크뤼 포도주들은 대체적으로 향이 좋고 숙성될수록 깊은 맛이 우러나오는 게 특성이다. 보통은 3~4년을 숙성시켜 마시는 것이 좋으나 '물랭 아 방(Moulin A Vent)'이나 플레리(Fleurie) 같은 와인은 6~10년까지 숙성시켜도 무난한 와인이다. 크뤼 보졸레 와인도 약간 차게 마시는 것이 더욱 좋다.

• 보졸레 빌라쥐   • 물랭 아 방

① 꼬뜨 뒤 론(Côtes du Rhône) 북부(산악지역)

이 지방의 포도주는 모두 그랑 크뤼이며 동일한 포도
품종을 사용하고 매우 어려운 포도 재배조건을 가졌다
는 공통점을 갖고 있다. 꽁드리유(Condrieu)나 꼬르나스
(Cornas) 지역, 또는 에르미따쥬(Hermitage) 지역의 유명
한 언덕들도 모두 경사가 매우 심한 구릉지대에 위치하
여 이곳에서 포도를 경작할 수 있는 유일한 방법은 계
단식 경작이다. 즉, 이 지방의 포도원은 론강가의 언
덕기슭에 자리 잡고 있으며, 토양은 화강암질이나 편
암질이다.

마르싼느(Marsanne), 루싼느(Roussanne), 비오니
에(Viognier) 품종들이 백포도주를 생산하며, 적포
도주는 유일하게 시라(Syrah)품종에서만 얻어진다.
북쪽 끝에 위치한 꽁뜨리유(Condrieu), 샤또 그리예
(Câateau-Grillet) 포도원은 백포도주만을 생산한다.

• 꼬뜨 뒤 론   • 에르미따쥬

② 꼬뜨 뒤 론(Côtes du Rhône) 남부(해안성)

해안성의 꼬뜨 뒤 론 계곡이 펼쳐지면서 기복은 점점
완만해지고 포도나무는 조그만 언덕에서 재배되며 강
가를 따라 펼쳐진다. 매우 더운 이곳의 지중해성 기후
는 폭풍우의 형태로 불규칙한 비를 동반한다.

때때로 부는 매우 강한 바람인 미스트랄은 기본
적인 기후 요소이다. 토양은 진흙이나 따벨(Tavel)
의 둥근 자갈과 모래, 지공다스(Gigondas)의 석회질
과 자갈, 샤또네프 뒤 빠쁘(Châteauneuf-du-Pape)의
굵은 자갈에 이르기까지 매우 다양하다.

이 지방은 AOC 꼬뜨 뒤 론에만 23개의 품종이
허가되어 있고 샤또네프 뒤 빠쁘(Châteauneuf-du-
Pape)에는 13개가 되어 있을 정도로 많은 수의 품

• 따벨 로제   • 샤또네프 뒤 빠쁘
(Tavel Rosé)   (Châteauneuf-du-pape)

종이 공존하고 있다.

이곳은 로제 와인인 따벨(Tavel)이 생산되고 있다. 그리고 프랑스에서 가장 유명한 적포도 중 하나인 샤또뇌프 뒤 빠쁘(Châteauneuf-du-Pape) 포도원이 위치한다. 진한 적색과 향신료의 향을 지닌 이 포도주는 취기가 머리로 오를 정도로 알코올함량이 높으며, 힘차고 완벽하게 균형이 잡혔으며, 숙성할수록 우아해지고 위대한 포도주가 된다.

이는 표면에 수미터 두께로 굵고 둥근 자갈이 덮인 모래와 사암으로 이뤄진 토양에서 재배된 13품종의 포도로 생산된다. 이 지역의 자갈은 낮 동안에 태양열을 비축하여 이를 밤 동안에 포도에게 제공하므로 당분함량이 충분해져 알코올함량이 높은 포도주가 생산된다.

(6) 발 드 루아르(Val de Loire)

발 드 루아르 포도원

- **포도원 총면적** : 75,000헥타르
- **총생산량** : 2,500,000헥토리터
- **포도주의 색깔별 비율** :
  적포도주 24%, 백포도주 14%
  로제 포도주 55%, 발포성 포도주57%
- **AOC** : 55종
- **VDQS** : 13종

발 드 루아르는 루아르강 유역에 있는 포도 재배지역이다. 루아르강은 상류지역에서는 론강의 상류와 30마일 정도 떨어져서, 약 100마일을 평행하게 흘러가다가 유명한 휴양도시인 낭트를 지나 대서양으로 흘러들어간다. 루아르강 양쪽 연안 약 300km에 포도가 재배되고 있다.

이 지역은 로마시대부터 포도가 재배되기 시작하여 중세시대에 와서 본격적으로 재배되기 시작했다. 루아르 지역은 주위 경관이 수려해서 중세에는 왕과 귀족들의 별장 100여 개가 건설되었고, 그중에서 약 20개 정도의 아주 아름다운 샤또들이 있다. 유명한 관광지라는 것 때문에 이 지역의 와인은 널리 알려질 수 있었다. 이 샤또들의 대부분은 포도원을 소유하고 있지 않으나, 몇개의 샤또에는 포도원이 있으며 이곳에서는 와인을 생산하고 있다.

대서양기후의 영향을 받은 해양성 기후로 온화하다. 발 드 루아르 포도원은 크게 4지역으로 갈라져 있다. 뮈스까데의 고향인 낭트(Le Pays Nantais) 지방, 당주와 쏘뮈르(d'Anjou et Saumur), 뚜렌느(La Touraine), 그리고 중부지역의 포도원, 즉 뿌이와 상세르(La Region de Pouilly et Sancerre) 등이 있다.

① 뻬이 낭트(Pays Nantais; 뮈스까데(Muscadet))

숙성시키지 않고 병입 후 단시일 내에 마시는 가볍고 과일향기를 띤 백포도주인 뮈스까데의 요람이다. 면적이 13,000ha에 달하는 뮈스까데 포도원은 1년에 약 66만 헥토리터의 포도주를 생산하며, 지질 제1기에 속하는 단단한 화강암, 사암, 운모편암 등의 바위로 구성된 산지에 위치한다.

17세기에 한파로 인해 이 지방 포도밭이 황폐해지자 믈롱 드 부르고뉴(Melon de Bourgogne)라는 품종이 도입되어 알맞은 토양과 기후 속에서 잘 적응하였는데, 이때부터 뮈스까데라는 이름이 정착되고, 오늘날에는 이 지방을 뻬이 뮈스까데(Pays Muscadet; 뮈스까데 지방)라고 부르기도 한다.

• 뮈스까데

② 당주(d'Anjou)

당주는 루아르강의 지류인 레이용강 주변에 있는 포도 재배지역으로, 주로 로제 와인이 생산되고 있다. 이곳에서 나는 와인은 세미 드라이(semi dry)한 정도의 감미가 있으며, 유명한 로제 당주(Rose d'Anjou)와 까베르네 당주(Cabernet d'Anjou)가 있다.

• 까베르네 당주

③ 뚜렌느(Touraine)

완만한 산들이 솟아 있으며 강을 거슬러 올라가면서 루아르강의 지류인 셰르, 앵드르, 비엔 강가의 구릉지대에서 뚜렌느(Touraine) 지방의 9개 AOC 포도원을 발견할 수 있다. 이곳의 기후는 대서양기후와 대륙성 기후의 영향을 받기 때문에 '프랑스의 정원'이라 불릴 만하다. 주로 백포도주가 더 많은 이곳 포도주들은 대개 단일품종으로 양조된 포도주들이다.

④ 뿌이-쉬르-루아르(Pouilly-sur-Loire)

루아르강을 계속 거슬러 올라가면 뿌이-쉬르-루아르(Pouilly-sur-Loire) 포도원이 있다. 강 우안의 점토성분을 띤 석회질 토양에 900ha의 면적을 가진 이 포도원은 주로 쇼비뇽 블랑 포도와 드물게 샤슬라(Chasselas) 포도로 4만 헥토리터의 과일향을 띤 무감미 백포도주를 생산한다.

뿌이 퓌메(Pouilly Fume)와 뿌이-쉬르-루아르(Pouilly-sur-Loire)가 바로 이들이다. 뿌이 퓌메(Pouilly Fume)는 쇼비뇽 블랑 포도를 원료로 한 강한 향기를 띤 포도주로 병 내에서 수개월 숙성시키면 완벽해진다. 샤슬라를 원료로 한 뿌이-쉬르-루아르(Pouilly-sur-Loire)는 숙성시키지 않고 병입 후 곧 마시는 와인으로 산미가 약하고 맛이 순수하며, 쉽게 마실 수 있는 포도주이다.

⑤ 상세르(Sancerre)

상세르 포도원은 강 맞은편에 위치하며 역시 점토성분을 띤 석회질 토양에 주로 쇼비뇽 블랑 포도를 재배하지만, 적은 양의 로제 포도주와 적포도주를 생산하기 위해 약간의 삐노 누아도 재배한다. 상세르 포도주는 일반적으로 백포도주로 과일향을 지녔고 힘차며 '쇼비뇽' 특유의 방향을 띤다.

• 뿌이 퓌메

• 상세르 랑로-샤또
(Sancerre Langlois-chateâv)

(7) 알자스(Alsace)

알자스 지역은 프랑스 내에서도 경치가 좋고 고급 레스토랑이 많기로 유명하다. 1세기경 로마군인들에 의해서 이 지역에 와인용 포도가 재배되기 시작했으며, 중세 때에는 알자스 와인이 왕실연회에서 사용될 정도로 사랑을 받았다. 그러나 30년전쟁으로 포도원과 공장들이 황폐화되었다가 제1차 세계대전 이후부터 다시 포도원이 조성되기 시작했다.

1870~1918년까지 '독일의 지배'라는 아픈 과거 때문에 지금도 알자스 지역에는 독일품종의 포도가 많이 재배되고 있으며, 독일 와인과 같이 단일한 포도 품종만을 사용한 와인이 제조되고 있다. 또한

알자스 포도원

• **포도원 총면적** : 14,000헥타르

• **총생산량** : 1,100,000헥토리터

• **포도주의 색깔별 비율** : 적포도주 8%
백포도주 82%
로제포도주 10%

• **AOC** : 3종과 그랑 크뤼로 분류된 50개의 명칭

알자스는 와인 병의 모양도 목이 긴 독일식 병 모양을 하고 있다.

라인강을 따라 보쥬(Vosges)산맥의 구릉지대에 자리 잡은 알자스 포도밭은 너비 1~5km, 길이 100km, 총면적 약 1만 4천ha에 달하며, 연평균 110만 헥토리터의 포도주를 생산한다. 보쥬산맥이 차갑고 습한 북서풍으로부터 보호해 주며 남동쪽으로 노출된 포도밭은 프랑스에서 가장 건조한 기후와 포도수확 전 수개월간 풍부한 일조량의 혜택을 누린다.

프랑스의 다른 지역에서는 라벨에 포도원이나 마을의 이름을 기재하는 데 비해 이 지역에서는 포도의 품종명을 기재하고 있다. 알자스에서 재배되는 7가지 포도 품종을 살펴보면 다음과 같다.

• 게뷔르츠트라미너 리져브

① 실바너(Sylvaner)

이 품종의 포도주는 갈증을 풀어주는 신선하고 가벼운 포도주로서 과일향이 풍부하며 섬세하고 때로는 가볍게 방울이 일기도 한다.

② 리슬링(Riesling)

섬세함이 극치에 이르는 포도주를 만들어내는 세계적으로 훌륭한 백포도 품종의 하나이다. 섬세한 방향과 과일향에 때로는 광물성 부케도 띠는 이 품종의 포도주는 귀족적이며 우아하다.

③ 또께 삐노 그리(Tokay Pinot Gris)

이 품종은 푸른빛이 도는 회색빛 청포도로 포도주가 황금색을 띠며 감미가 상당히 높다. 향이 매우 복합적이며 섬세하여 스모크향의 기운을 띠기도 한다. 적포도주를 쉽게 대치할 수 있을 만큼 힘찬 성질을 지니고 있다.

④ 삐노 블랑(Pinot Blanc)

향이 유쾌하며 섬세하고 입 안에서는 느껴지는 신선함과 부드러움이 좋다.

⑤ 뮈스까 달자스(Muscat d'Alsace)

특이한 과일향이 나는 백포도주로 양조된다. 프랑스 남부에서 재배되는 뮈스까와 반대로 무감미 백포도주를 만든다.

⑥ 삐노 누아(Pinot Noir)

알자스에서는 유일한 적포도 품종으로 원래 적포도주, 로제 포도주에 사용하는 품종이었다. 삐노 누아로 만든 적포도주는 붉은 과일향이 나는 것이 특징이다. 실크처럼 부드러운 타닌성분을 나타낸다.

⑦ 게뷔르츠트라미너(Gewürztraminer)

두말할 것도 없이 알자스 와인 중 가장 유명한 포도주를 만드는 품종이다. 게뷔르츠트라미너는 황금빛 색조를 지니며 복합적인 맛을 지닌 포도주이다. 향이 매우 강하여 모과, 자몽, 리치, 망고 등의 과일향을 띠며 꽃향기로는 아카시아, 장미향을 주로 띤다. 또 향신료향이 두드러져 계피, 후추향이 나기도 한다. 입 안에서 느껴지는

부드러움과 강함이 때로는 감미로운 이 와인에 매혹적인 분위기를 주며 장기숙성이 가능하다.

※ Gewürz는 독일어로 향신료란 뜻이다.

(8) 샹빠뉴(Champagne)

샹빠뉴 지역은 파리에서 동쪽으로 150km 떨어져 있는 세계적으로 유명한 샴페인 생산지이다. 화이트 샴페인은 샤르도네(Chardonnay), 로제 샴페인은 삐노 누아(Pinot Noir) 등의 포도로 샴페인을 생산하고 있다.

샹빠뉴 포도원

- 포도원 총면적 : 30,000헥타르

- 총생산량 : 1,800,000헥토리터
  매년 2억 5천만 병이 수출되고 있음

- 포도주의 색깔별 비율 :
  적포도주 1%
  백포도주 99%

샴페인(Champagne)은 포도 주스 속의 당분이 모두 알코올로 변하지 않고 남아 있다가 술에 있는 효모가 다시 2차 발효하면서 그 안에 탄산가스가 생기면서 만들어진다. 그 맛은 상큼하고 쌉쌀하다. 이렇게 만들어진 샴페인은 1700년대 베네딕트수도원의 와인 생산책임자였던 돔 뻬리뇽이라는 수사가 연구에 연구를 거듭한 끝에 와인을 2차 발효시키는 방법과 이때 발생하는 탄산가스를 병 속에 담아두는 방법을 개발함으로써 탄생하게 되었다.

샴페인의 상업적 시작은 19세기 초 크리쿠오라는 여자에 의해 이루어졌다. 그녀는 샴페인의 초대 문제점인 침전물 제거 시 가스 분출로 인한 와인 손실량을 줄이기 위해 와인 책임자에게 나무로 만든 선반에 구멍을 뚫어 그 속에 와인 병을 거꾸로 꽂아서 병 입구의 코르크에 침전물이 모이도록 매일 돌려줄 것을 지시했다. 모든 침전물이 병 입구의 코르크에 모였을 때 코르크를 제거해 보니 아주 소량의 와인만이 손실되었다. 이러한 방법이 바로 현재 샴페인 제조방법 중 가장 고전적이고 비싼 샴페인을 생산할 때 쓰이는 메토드 샹빠누아즈(Method Champanoise)이다. 현대적인 메토드 샹빠누아즈는 와인에 주스나 설탕을 첨가하고 효모를 넣어서 '맥주병에 쓰는 것과 같은 왕관'으로 뚜껑을 닫고 병 안에서 2차 발효시킨 후, 이때 발생한 탄산가스를 병 안의 와인에 포화되도록 한 것이다.

• 폴 로져   • 돔 뻬리뇽

이렇게 2차 발효를 마치고 완전히 숙성시킨 후, 경사진 선반에 구멍을 뚫고 여기에 샴페인 병을 처음에는 수평보다 조금 세우는 정도에서 시작하여 대략 2주간에 걸쳐 수직으로 세우는데 매일 조금씩 병을 좌우로 돌려주면서 약간씩 세운다. 거의 수직이 되면 왕관에 모든 침전물이 모이는데, 이때 병을 영하 20~30℃ 정도의 냉매가 있는 통에 조심스럽게 병 입구 부분만 담근다. 그러면 입구의 와인이 얼게 된다. 이 상태에서 병 입구를 덮은 왕관을 제거하면 모든 침전물을 제거할 수 있게 된다. 물론 이때 약간의 와인과 가스가 손실되기도 한다. 이렇게 한 후 이번에는 샴페인용 코르크 마개를 다시 씌운 뒤 탄산가스의 압

• 모에 샹동

력으로 코르크가 튀어나오지 못하게 코르크와 병 입구부분을 철사로 붙잡아맨 후 판매한다. 이때 쓰는 코르크는 일반 와인에 쓰는 코르크와는 다른 모양의 것이다.

샹빠뉴 지역에서 생산되는 세계적으로 유명한 샴페인의 브랜드로는 멈(G. H. Mumm), 모에 & 샹동(Moët & Chandon), 랑송(Lanson), 폴 로제(Pol Roger), 돔 뻬리뇽(Dom Pérignon) 등이 있다.

• 샴페인의 종류

구 분	특 징
Champagne 샴페인	매년 같은 품질을 유지하기 위해 대부분 빈티지를 사용하지 않는다.
Vintage Champagne 빈티지 샴페인	수확 후 3년 이상 경과해야만 판매할 수 있다. 수확연도를 라벨에 기재해야 하고 다른 수확연도의 포도를 20%까지 혼합할 수 있다.
Blanc de Blancs 블랑 드 블랑	화이트 포도 품종인 샤르도네만을 사용하여 만든다.
Blanc de Noirs 블랑 드 누아	적포도 품종인 삐노 누아, 삐노 뫼니에로 만든다.
Rosé Champagne 로제 샴페인	적포도 품종을 넣어 만드는 방법과 혼합 시 레드 와인을 첨가하는 방법이 있다.

최고급 샴페인으로 좋은 포도의 종류는?

샴페인에 최고의 맛을 결정해 주는 전통적인 포도에는 3가지 종류가 있다. 그것은 샤르도네(Chardonnay), 삐노 누아(Pinot Noir), 삐노 뫼니에(Pinot Meunier)이다. 샴페인의 주질에 미치는 포도나무 품종의 영향은 매우 중요하다. 샴페인의 특성을 형성하는 미묘함, 향기, 성숙도 등은 모두 품종과 깊은 관련을 맺고 있다. 화학적 분석으로는 우수한 와인과 평범한 와인을 구별할 수 없고 관능검사로써만 구별할 수 있다. 따라서 직업적으로 맛을 보는 사람이나 감정가들 사이에서 관능검사는 하나의 예술이 되어버렸다.

샤르도네는 청포도 품종이며, 삐노 누아 및 삐노 뫼니에는 적포도 품종이다. 주된 이 3가지 품종의 오묘한 조화가 최고의 샴페인 맛을 결정지어 주는 요체이다. 이들 품종들의 공통적인 특징은 활발한 성장력, 높은 당분함량 및 비할 수 없는 향기와 당과 산의 적정한 비율 등이다. 특히 순수한 청포도로서 세계적인 명성을 자랑하는 샤르도네만으로 만든 샴페인을 특별히 '블랑 드 블랑(Blanc de Blancs)'이라 통칭한다.

- **스토퍼(Stopper)**

  일시적으로 다량의 샴페인이 요구될 경우, 코르크 마개 따는 시간을 절약하기 위해 사전에 코르크 마개를 따서 잠그는 기능이 있다. 또한 이것은 마시다 남은 샴페인을 탄산가스 누출이 없는 상태로 보존시키는 역할을 한다.

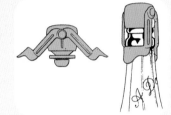

- **스파클링 와인 레이블 읽는 법**

❶ 이 병에서 발효되었음
❷ 스파클링 와인 발포성 포도주
❸ 정통 프랑스식 샴페인 제조방법
❹ 발포성 포도주
❺ 정통 프랑스식 샴페인 제조방법
❻ 순수 백포도만으로 제조
❼ GRANDJOIE (그랑쥬아)는 영어로 Grand Joy 환희, 기쁨의 뜻
❽ 영어로는 Dry 당도가 가장 낮은 샴페인 타입

• 세계 각국의 스파클링 와인의 명칭

국가	명칭	제법
프랑스	샹빠뉴	· 샹빠뉴 지방에서 만든 발포성 와인 · 20℃에서 병 속의 압력이 5기압 이상이어야 한다.
	끌레망 Crémant	· 샹빠뉴 지방 이외에서 만든 발포성 와인으로 20℃에서 3기압 이상이어야 하며 모두 7개 지역의 A.O.C.가 있다. · Crémant de Loire : 3.5기압 이상 · Crémant de Bourgogne : 3.5기압 이상 · Crémant d'Alsace : 4기압 이상 · Crémant de Limoux · Crémant de Die · Crémant de Bordeaux · Crémant de Jura
	뱅 무스 Vin Mousseux	· 샹빠뉴 지방 이외에서 만든 발포성 와인의 총칭 · 20℃에서 3기압 이상이어야 한다.
	뻬티앙 Petillant	· 약발포성 와인으로 20℃에서 1~2.5기압 이상이어야 한다.
독일	젝트 Sekt	· 기준을 만족시킨 발포성 와인 · 20℃에서 3.5기압 이상
	샤움바인 Schaumwein	· 발포성 와인의 총칭 · 20℃에서 3기압 이상
	페를바인 Perlwein	· 약발포성 와인 · 20℃에서 1~2.5기압
이탈리아	스푸만테 Spumante	· 발포성 와인의 총칭
	프리잔테 Frizzante	· 약발포성 와인 · 20℃에서 1~2.5기압
스페인	까바 Cava	· 병 내에서 2차 발효시키는 발포성 와인
	에스푸모소 Espumoso	· 발포성 와인의 총칭

• 모에 샹동

• 끌레망 드 쥐라

• 헨켈 트로켄

• 아스티 스푸만테

• 까바

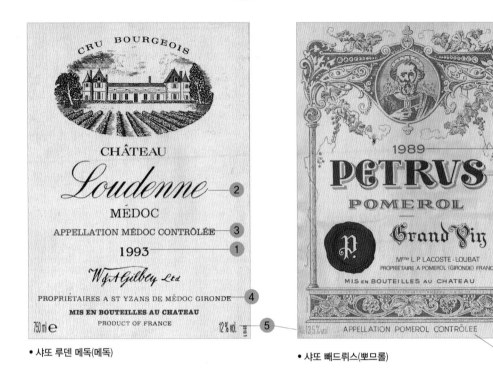

• 샤또 루덴 메독(메독)

• 샤또 빼드뤼스(뽀므롤)

프랑스 와인의 라벨
① 빈티지(Vintage : 포도수확 연도) 1993년임
② 상표명이나 생산자명
③ 메독 지방에서 생산되는 A.O.C.급 와인임을 증명함
④ 소유주 및 회사주소
⑤ 알코올도수 12% 및 용량 750㎖

③ 이탈리아 와인(Italian Wine)

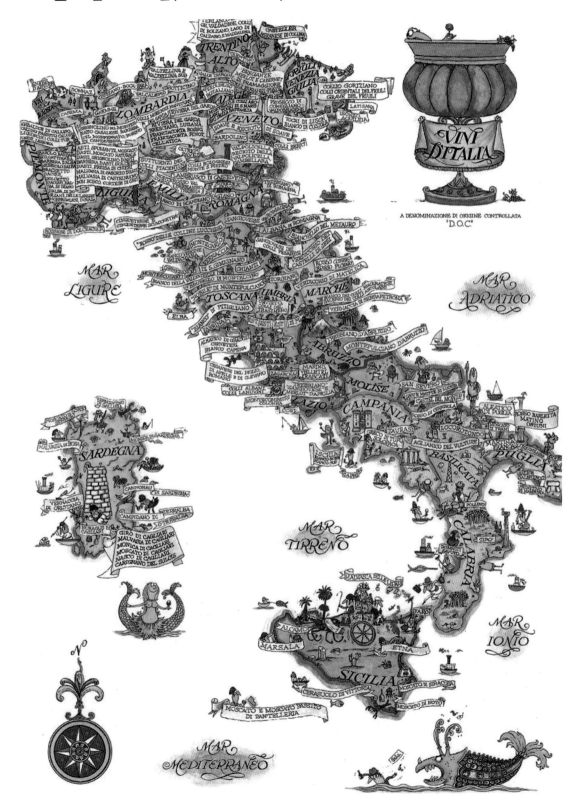

이탈리아는 거의 전 지역에서 와인이 생산되고 있으며, 와인의 생산량도 세계에서 제일 많다. 뿐만 아니라 유럽에서 가장 오래된 와인 생산국이기도 하다. 이탈리아인은 1인당 62리터 정도의 와인을 마셔 세계에서 프랑스인 다음으로 많이 마시고 있다. 이러한 이유 중에는 이탈리아 와인의 품질이 매우 뛰어난 것도 한 몫을 한다.

이탈리아 와인의 역사는 로마시대부터 시작된다. 이때는 와인을 생산한 후 국내에서 소비하다가 로마 군대가 유럽을 점령하면서 유럽 전역에서 양조용 포도가 재배되기 시작했다. 즉 프랑스를 점령한 로마 군대가 주둔지 근처에 포도나무를 심어 프랑스 와인이 시작되었고, 독일 점령 후 독일 지역에 포도 재배를 시작하여 독일 와인이 시작되었다. 이와 같이 이탈리아 와인은 그 역사나 품질 면에 있어서 세계 최고의 수준이지만 의외로 프랑스에 비해 상대적으로 싸게 판매되고 있다. 이러한 현상은 국제사회의 정치적 여건에도 영향을 받은 것이겠지만 이탈리아 와인에 대한 국내, 국제적 마케팅 활동이 늦게 시작되어 아직 적절한 평가를 받지 못하고 있기 때문이기도 하다.

1. 이탈리아 와인의 등급에 의한 분류

이탈리아는 크게 20개의 와인 생산지역이 있으며 와인의 등급은 최상급인 DOCG, 고급인 DOC, 아래 등급인 비노 다 타볼라(Vino da Tavola)로 구분된다.

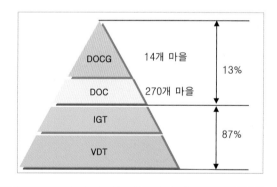

Quality Wine(품질이 우수한 와인)		Table Wine	
최상급	상급	지방(지역) 와인	테이블 와인
DOCG	DOC	IGT(VdP)	VdT
전체 생산량의 13%		전체 생산량의 87%	

- 데노미나찌오네 디 오리지네 콘트롤라타 에 가란티타(Denominazione di Origine Controllata E Garantita; DOCG)

이 DOCG 와인은 DOC보다 고급이며 최상급 와인이다. 이 와인은 더 엄격한 규정을 따라야 하며, DOCG의 가란티타(Garantita)란 이탈리아 정부에서 그의 품질을 보증한다는 뜻으로 최상급 와인을 의미한다. 초기에는 이탈리아 국내에 단지 4개의 DOCG가 있었다.

즉 피에몬테 지역의 바롤로(Barolo), 바르바레스코(Barbaresco), 토스카나 지역의 브루넬로 디 몬탈치노(Brunello di Montalcino), 비노 노빌레 디 몬테풀치아노(Vino Nobile di Montepulciano) 등이 바로 그것이다. 그러다 1984년에 세계적으로 잘 알려진 끼안티(Chianti)가 추가되었고 1987년에는 알바나 디 로마냐(Albana di Romagna)가 추가되었으며, 그 이후에 6개가 더 추가되었다. 앞으로도 더 추가되겠으나, 그 숫자는 매우 한정되게 지정하여 최상급으로서의 권위를 지켜나갈 것으로 본다. 이들 DOCG 와인은 병목에 분홍색 띠를 둘러서 아래 등급과는 차별되게 하여 판매하고 있다.

- 데노미나찌오네 디 오리지네 콘트롤라타(Denominazione di Origine Controllata; DOC)

DOC 와인 생산지는 지역 내의 자신의 포도원에서 재배한 포도를 사용해야 하고, 단위면적당 일정량 이상의 포도를 생산해서도 안되며, 정해진 기간 이상으로 숙성시켜야 하는 등 포도 재배와 와인제조에 대한 규제사항이 많다. 뿐만 아니라 당국의 주기적인 점검을 받아야 하는 등 많은 규제를 통해 고급와인을 생산하도록 하는 규정이 1963년에 제정되어 실시되고 있다. 현재 이탈리아 국내에 250개의 DOC 와인이 있으며, 이탈리아 전체 와인 중 약 10~12%만이 DOC등급으로 분류되어 있다.

- 인디카찌오네 제오그라피카 티피카(Indicazione Geografica Tipica)

생산지명만 표시하는 것과 포도 품종과 생산지명을 표시하는 두 가지가 있다. 그 지방의 특색을 지니거나 생산자의 독자적인 성격을 가진 것이 특징이다. 일부제품은 등급은 낮지만 품질은 DOCG급에 해당하는 것도 있다.

- 비노 다 타볼라(Vino da Tavola)

이 등급은 특별한 제한이 없는 와인으로 저가로 판매되고 있다.

(1) 포도 품종

① Rosso(Red)

• 바르베라(Barbera)

이탈리아 피에몬테(Piemonte) 지방에서 널리 재배되는 레드 와인 품종으로 높은 산도와 조화로운 맛을 가지고 있지 않아 테이블 와인의 블렌딩용으로 많이 사용하고 있다.

• 네비올로(Nebbiolo)

이탈리아 북서부의 최고급 전통품종으로 바롤로와 바르바레스코를 생산한다. 네비올로(Nebbiolo)는 이탈리아어로 안개를 뜻하는 네비아(Nebbia)에서 유래되었다. 이 포도 품종은 10월 말경에야 익게 되는 만숙종인데, 이때쯤 되면 포도밭에 안개가 곧잘 끼게 되고, 이 안개가 네비올레의 거친 맛을 완화시켜 준다고 한다.

포도 알이 작고 껍질은 두껍고 짙은 보라색이며 풍미는 까베르네 쇼비뇽보다 훨씬 더 부드럽다.

• 산지오베제(Sangiovese)

산지오베제(Sangiovese)는 네비올로 품종과 더불어 이탈리아를 대표하는 토착품종으로 중부지방의 주 포도 품종이다. 끼안티를 비롯하여 중부지역의 주요 적포도주 생산에 사용되고 있으며 껍질이 두껍고 씨가 많아 타고난 높은 산미와 타닌으로 인해 견고한 느낌을 준다. 진하고 선명한 색상으로 초기 향은 블랙체리, 말린 자두, 담뱃잎, 허브, 건초 등의 향이 나고 숙성되면서 육감적인 동물적 풍미로 바뀐다.

• 돌체토(Dolcetto)

이탈리아 피에몬테 지방에서 재배되는 산도가 낮은 적포도 품종으로 Dolcetto는 'little sweet one'이란 뜻이다. 진한 자주색을 내며, 과일향, 아몬드향, 감초향이 나는 부드러운 와인을 생산한다.

시간이 지나면 과일향이 감소하기 때문에 영한 상태에서 마시는 게 좋다.

• 그리뇰리노(Grignolino)

그리뇰리노(Grignolino)는 피에몬테 와인 중에서 가볍게 마시기 좋은 가벼운 레드나 로제 와인을 만들며, 강한 산도, 풍부한 과일향을 지니고 있다.

• 브라케토(Brachetto)

이탈리아 북서부 피에몬테 아퀴(Aqui) 지방에서 주로 재배된다. 아로마가 강한 피에몬테 주의 브라케토와 단순한 맛을 내는 니짜 마리띠마(Nizza Marittima)의 브라케토 두 종류로 알려져 있다. 섬세하고 특색 있는 부드러운 맛의 스푸만테를 생산하는 것이 일반적이지만 강도 높은 파시토(Passito; 건포도로 만든 와인)를 만들기도 한다.

• 로사리갈 브라
케토 다퀴

② Bianco(White)

• 모스카토(Moscato)

모스카토(Moscato)는 달콤한 스타일의 스위트 화이트 와인을 생산하는 품종으로 원산지는 지중해 연안이다. 뜨거운 태양 아래 과숙된 포도가 주는 짙은 풍미와 높은 당도 때문에 디저트 와인으로 이용되고 있다. 대부분 스위트 와인으로만 알고 있지만, 프랑스 알자스 지방에서는 드라이한 와인도 생산된다.

• 빌라 M

• 프랑스 알자스 : 감미로운 풍미의 강한 드라이 와인. 감귤 껍질, 자몽, 화사한 꽃향기 등이 풍성한 드라이 와인 생산

• 이탈리아 아스티 : 알코올함량 5~6% 정도의 가벼우면서 달콤한 사이다 같은 발포성 와인을 생산

• 삐노 그리지오(Pinot Grigio)

이탈리아 북동쪽에서 재배되고 있는 삐노 그리지오(Pinot Grigio)는 프랑스에서는 삐노 그리(Pinot Gri)라 불리는데, 주로 서늘한 지역에서 많이 재배되고 있다. 산도가 풍부하고 상큼한 라이트바디(Light Body) 화이트 와인을 만든다.

• 트레비아노(Trebbiano)

이탈리아에서 가장 널리 재배되는 청포도 품종으로 오르비에토(Orvieto), 소아베(Soave) 등 드라이 화이트 와인을 주로 만든다. 높은 산도, 중간 정도의 알코올, 중성적인 향을 가지고 있으며, 라이트바디하면서 평범한 특성 때문에 주로 다른 품종과 블렌딩용으로 사용된다. 프랑스에서는 위니 블랑(Ugni Blanc)으로 부르며, 주로 브랜디를 만든다.

• 아르네이스(Arneis)

이탈리아 피에몬테에서 재배되는 청포도 품종으로 1970년대에는 인기가 없었으나 1980년대부터는 인기가 많아졌다. 이 포도 품종의 특징은 허브향과 아몬드향이 매력적이다.

• 가르가네가(Garganega)

베네또(Veneto) 지방의 부드러운 화이트 와인인 소아베(Soave)를 만드는 전통 포도 품종으로 전형적인 꽃향과 과일향, 신선하고 은은한 맛과 함께 스파이시한 끝맛이 난다.

• 말바지아 비앙카(Malvasia Bianca)

청포도 품종으로 달콤한 강화 와인을 만든다. 말바지아 화이트 와인(Malvasia White Wine)은 색이 짙고, 높은 알코올도수와 너트(Nut)류의 향을 가지고 있다.

(2) 이탈리아 유명 와인산지의 분류

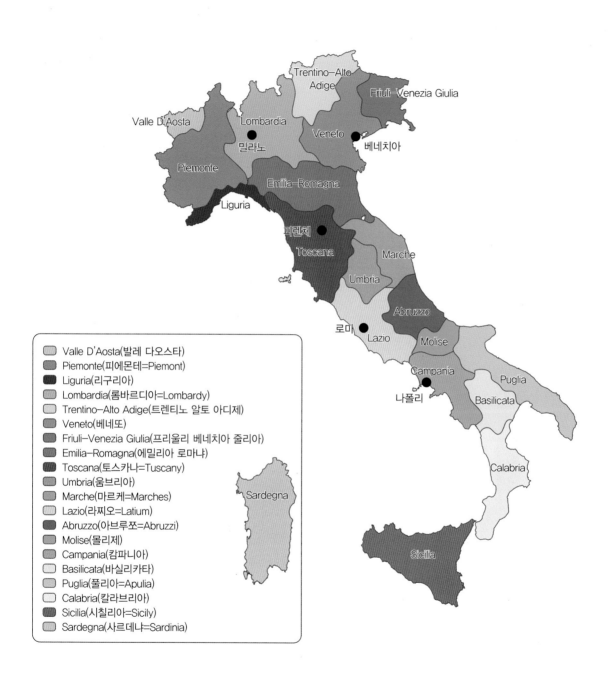

- Valle D'Aosta(발레 다오스타)
- Piemonte(피에몬테=Piemont)
- Liguria(리구리아)
- Lombardia(롬바르디아=Lombardy)
- Trentino-Alto Adige(트렌티노 알토 아디제)
- Veneto(베네또)
- Friuli-Venezia Giulia(프리울리 베네치아 줄리아)
- Emilia-Romagna(에밀리아 로마냐)
- Toscana(토스카나=Tuscany)
- Umbria(움브리아)
- Marche(마르케=Marches)
- Lazio(라찌오=Latium)
- Abruzzo(아브루쪼=Abruzzi)
- Molise(몰리제)
- Campania(캄파니아)
- Basilicata(바실리카타)
- Puglia(풀리아=Apulia)
- Calabria(칼라브리아)
- Sicilia(시칠리아=Sicily)
- Sardegna(사르데냐=Sardinia)

① 북동부 지역

베네또(Veneto), 트렌티노 알토 아디제(Trentino Alto-Adige), 프라울리 베네치아 줄리아(Friuli-Venezia Giulia)의 세 지역으로 이루어진 북동부 지역은 이탈리아 와인의 20% 정도를 차지하고 있으며 생산량에 비해 DOC 와인이 많이 분포되어 있다.

• 베네또

베네또(Veneto) 지역은 베니스 근처 알프스산맥의 산기슭에 위치해 있으며, 소아베(Soave), 발폴리첼라(Valpolicella)와 바르돌리노(Bardolino) 지방에서 DOC 와인이 많이 생산된다. 특히 이 지역의 도시인 베로나는 전체 이탈리아 수출 와인의 중심지로서 이탈리아 최대의 와인 전시회인 비니탈리

• 발폴리첼라　• 소아베

(VINITALY)가 매년 4월에 개최된다. 이 지역의 유명한 와인으로는 화이트 와인인 소아베, 레드 와인인 발폴리첼라와 로제 와인인 바르돌리노 등 DOCG와인 3, DOC와인 18가 있다.

• 소아베(Soave)

소아베는 가르가네가(Garganega)와 트레비아노 디 소아베(Trebbiano di Soave)로 만들며 보통 드라이하고 거품이 없다. 소아베는 이탈리아에서 가장 인기 있는 드라이 화이트 와인이며, 생산량으로는 등급을 받은 와인 중에서 끼안티와 아스티에 이어 세 번째(일 년에 5천만 리터 이상)이다.

• 소아베 클라시코

• 발폴리첼라(Valpolicella)

발폴리첼라는 코르비나(Corvina), 론디넬라(Rondinella), 몰리나라(Molinara) 포도를 혼합하여 만들며, 일 년에 3천만 리터를 생산하여 그 양에 있어 DOC 중 네 번째이다. 또한 발폴리첼라는 상대적으로 숙

• 조닌 발폴리첼라
(Zonin Valpolicella)

성을 덜 시켜 마시는 강력한 레드 와인으로, 베로나 북부 언덕에 있는 포도밭에서 생산되는 포도를 약간 건조시켜 아주 드라이한 아마로네 델라 발폴리첼라(Amarone della Valpolicella), 또는 스위트한 레쵸토 델라 발폴리첼라(Recioto della Valpolicella)로 만들기도 한다. 아마로네는 이탈리아에서 가장 권위 있는 레드 와인으로 인정받고 있으며, 전 세계적으로 찬양자가 늘어나고 있다. 이 와인은 숙성된 와인으로 매우 우수한 레드 와인 중 하나이다.

• 바르돌리노(Bardolino)

바르돌리노는 코르비나(Corvina)를 주품종으로 만들며, 가벼운 레드 와인과 진한 핑크의 키아레토(Chiaretto) 둘 중의 어느 것이나 마시기가 아주 쉽다. 또한 바르돌리노는 베네또가 생산하는 또 다른 분류인 비노 노벨로(Vino Novello)로써도 인기가 있다. 바르돌리노는 가르다 호수 주위에서 생산되며, 일 년에 2천만 리터를 생산하여 생산량에서도 높은 순위에 있다.

• 바르돌리노(Bardolino)

• 트렌티노 알토 아디제(Trentino Alto Adige)

스위스와 오스트리아의 국경과 맞닿아 있는 이탈리아의 가장 북쪽 지역이다. 이곳 사람들은 오스트리아의 영향을 받아 주로 독일어를 사용하고 있으며 와인 레이블에서도 오스트리아 스타일로 지명을 표기하기도 한다. 주요 DOC 와인을 살펴보면 다음과 같다.

- 알토 아디제(Alto Adige) DOC
- 트렌토(Trento)
- 발다디제(Valdadige)
- 라고 디 카르다로(Lago di Cardaro)
- 카스텔레르(Casteller)

② 북서부 지역

이탈리아 북서부 지역은 프랑스와 경계를 이루는 몬테 비앙코(몽블랑)에서 아드리아해까지로 이탈리아 최고의 와인들이 생산되는 지역이다. 프랑스에서 만년설로 뒤

덮인 몽블랑 터널을 지나 이탈리아로
넘어오면 가장 먼저 만나게 되는 산지
가 발레 다오스타(Valle d'Aosta)이고, 이
탈리아 최고의 와인산지인 피에몬테
(Piemonte), 그리고 리구리아(Liguria),
롬바르디아(Lombardia), 에밀리아 로마
냐(Emilia Romagna)의 5개 와인산지로
구성되어 있다.

• 발레 다오스타(Valle d'Aosta)

아오스타 계곡은 스위스, 프랑스 국경지대인 산악지역으로 바위가
많고 알프스의 영향으로 안개가 많으며 포도를 재배하기가 쉽지 않은
아주 작은 산지이다.

• 피에몬테(Piemonte)

피에몬테는 '산기슭에 있는 땅(Foot of Mountain)'이란 뜻으로 프
랑스에서 이탈리아로 가는 도중에 몽블랑산 아래의 터널을 지
나면 아름다운 산악지대가 나오는데, 이 지역이 바로 피에몬
테 지역이다. 여름에는 덥고 가을에는 선선해서 포도 재배에
적당하다.

피에몬데 최고의 레드 와인은 바롤로(Barolo)와 바르바
레스코(Barbaresco)이다. 이것은 이들의 마을이름에서 붙여

• 바르베라 달바
(Barbera D'alba)

진 것이다. 이들 와인은 풍부한 과육을 지닌 우아하고 여성
적인 포도 품종인 네비올로(Nebbiolo) 포도로 만들어진다. DOCG와인 7, DOC
와인 43을 갖고 있는 이곳은 이탈리아 최고의 와인산지이다.

• 바롤로(Barolo)

바롤로는 이탈리아의 작은 동네의 이름이다. 이곳에서는 1850년 이전까지
는 포도 주스의 당분을 완전히 발효시키지 못해서 늘 당분이 남아 있는 와인을
만들었다. 그러나 바롤로 지역의 한 포도원 주인이 프랑스의 양조기술자인 루

• 바롤로 체레토

이 오우다를 채용해서 포도를 늦게 수확하고, 또 발효방법 등을 개선해서 큰 오크통에 술을 보관하여 힘 있는 와인을 생산하게 된 후부터 국내외에 유명한 바롤로가 생산되기 시작했다.

이 와인은 바디(body)가 강한 레드 와인으로 축제나 특별한 행사에 많이 사용되고 있으며, 적어도 3년 이상 오크통에서 숙성시키는 이탈리아 최고급와인의 하나이다.

• 바르바레스코(Barbaresco)

바르바레스코는 이탈리아의 작은 동네 이름이자 와인 이름이다. 조금 가벼운 레드 와인으로 짧은 기간 동안 나무통에 저장시켜서 만든다. 이 지역의 유명한 바르바레스코 와인회사로는 가야(Gaja)가 있으며, 136에이커에서 바르바레스코를 연간 10,000상자씩 생산하고 있고, 이탈리아에서 가장 고가로 판매되고 있는 와인의 하나이다.

• 바르바레스코
  안젤르가야

• 아스티(Asti)

모스카토(Moscato)품종으로 프리잔테 스타일의 달콤한 와인과 스파클링 와인인 스푸만테(Spumante)를 만드는 지역이다. 와인에 미세한 기포가 이는 것을 프리잔테라 하는데 좀 더 산뜻한 와인이 된다. 알코올도수는 5~5.5% 정도의 달콤하면서 상큼한 매우 부드러운 와인이다. 스파클링 와인인 스푸만테는 아스티 스푸만테(Asti Spumante)라는 이름으로 세계인의 사랑을 받고 있다.

• 아스티 스푸만테

• 롬바르디아(Lombardia)

롬바르디아는 알프스의 설경과 가르다(Garda), 코모(Como) 등의 호수들과 어울려 아름다운 경관을 자랑하는 지역이다. 최대의 Spumante의 명산지이며 DOCG와인 2, DOC와인 12가 있다.

• 에밀리아 로마냐(Emilia Romagna)

에밀리아 로마냐(Emilia-Romagna) 지역은 이탈리아에서 가장 많은 와인을 생산하고 있으나 와인의 특징이 거의 없다. 볼로냐

(Bologna)는 문학과 영화가 발달한 지역이기도 하며 스파게티 볼로네이즈가 만들어진 마을로 유명하다. 팔마(Parma)는 팔마산 치즈와 프로슈토햄 등으로 유명하고 매우 부유한 마을로 알려져 있다. 모덴하(Modenha)는 와인을 발효시켜 만든 식초인 발사믹으로 유명한 마을이다.

• 리구리아(Liguria)

피에몬테 지역의 남부 해안을 따라 지중해에 접한 급경사지에 포도밭이 좁고 길게 조성되어 있다.

③ 중부 지역

각종 문화유적과 웅장한 역사가 숨 쉬고 있는 이탈리아 중부지역은 관광뿐 아니라 와인산업으로도 이탈리아 와인의 중심축 역할을 하고 있다.

토스카나, 움브리아, 마르케, 라치오, 아브루쪼, 몰리제 등 6개 와인 산지로 구성되어 있다.

• 토스카나

토스카나(Toscana)는 피렌체 부근에 있는 포도 재배지역으로 세계적으로 유명한 레드 와인인 끼안티의 생산지역이다. 끼안티는 외국에서 이탈리아 와인하면 10명 중 9명은 끼안티를 꼽을 정도로 유명하다. 이것은 모양과 포장이 특이한 피아스코 병 때문이며, 지금도 끼안티의 상당량이 이 병에 담겨 판매되고 있다.

끼안티에서는 레드 와인 포도 품종으로 산지오베제(Sangiovese) 등을 쓰고 화이트 와인은 말바지아(Malvasia) 등을 사용한다.

• 루피노 끼안티
(Ruffino Chianti)

토스카나의 유명한 와인으로는 이탈리아 최고급 등급의 DOCG 와인들인 브루넬로 디 몬탈치아노(Brunello di Montalciano), 비노 노빌레 디 몬테풀치아노(Vino Nobile di Montepulciano), 끼안티(Chianti) 등 DOCG와인 7, DOC와인 43가 있다. 이 지역의 유명한 와인회사로는 안티노리, 루뻬노, 프레스 코발디가 있다.

특이한 병에 넣어진 세계적인 이탈리아 와인, 끼안티

끼안티는 호리병 모양의 와인 병(피아스코 병이라고 함) 아랫부분이 라피아(Raffia)라 불리는 짚으로 싸여 있는데, 그 특이한 모양 때문에 전 세계는 물론이고 한국에서도 잘 알려져 있다.

끼안티 와인 병을 이렇게 짚으로 싼 데에는 그 유래가 있다.

아주 먼 옛날 이탈리아의 농부들은 밭에서 일을 할 때 갈증이 나거나 한 잔 하고 싶어지는 경우에 대비해서 와인 병을 짚으로 싼 후 새끼줄로 매어 허리춤에 차고 다니면서 일을 했다고 한다. 열심히 일하던 농부들은 갈증이 나거나 한 잔 하고 싶을 때 허리춤에 찬 와인을 한 잔씩 마시곤 하였는데, 이런 풍습이 전해 내려오면서 지금과 같은 독특한 모양의 피아스코 병이 생겨나게 되었다고 한다.

과거 인건비가 쌀 때에는 병을 짚으로 싸는 작업에 어려움이 없었으나 지금은 포장비가 술값보다 더 비싸므로 최근에는 베트남에서 갈대를 수입해 포장함으로써 원가를 맞추고 있다.

끼안티의 중심지역인 끼안티 클라시코(Chianti Classico)는 검은 수탉의 그림을 병목부분에 붙여서 판매하고 있다.

• 옛날에 끼안티를 담기 위해 수레에 담는 모습과 수레에 실린 끼안티 와인들

• 움브리아(Umbria)

이탈리아 반도 중심부의 움브리아(Umbria) 지방은 몬떼팔꼬 언덕의 특산 품종인 사그란띠노(Sagrantino)라는 레드품종이 유명한데, 이 품종은 이탈리아 포도 품종 중 폴리페놀(타닌)을 가장 많이 함유하고 있다.

- 마르케(Marche)
- 라치오(Lazio)
- 아브루쪼(Abruzzo)
- 몰리제(Molise)

④ 남부 및 섬 지역

- 캄파니아(Campania)

나폴리가 있는 캄파니아(Campania) 지방은 타닌성분이 풍부한 알리아니코(Aglianico)라는 레드품종으로 만들어지는 타우라지(Taurasi) 와인이 유명하다. 타우라지(Taurasi)는 이탈리아 남부 최초의 DOCG 와인이며 이 지방을 대표하는 와인으로 '남부의 바롤로(Barolo)'라고 불린다. 화이트 품종으로는 사과, 레몬향이 나는 토착품종 팔랑기나(Falanghina)가 유명하다.

- 풀리아(Puglia)

이탈리아를 장화모양으로 봤을 때 발뒤꿈치에 해당하는 위치에 있다. 이곳에서는 화이트, 레드, 로제가 모두 생산되는데 특히 로제가 인기가 있다.

• 타우라지

- 바실리카타(Basilicata)

알리아니코(Aglianico) 품종 100%로 만든 알리아니코 델 불투레(Aglianico del Vulture)가 유일한 DOC이다.

- 칼라브리아(Calabria)

이탈리아 장화 모양 지도에서 발끝에 해당하는 지역으로 해변에서 고원지대까지 산악지역이 많아 기후변화가 심한 곳이다. 이 지역의 많은 와인 중 과일향이 풍부한 치로(Ciro) 와인이 유명한데 이오니아해의 낮은 언덕에서 생산된다.

- 시칠리아(Sicilia)

시칠리아는 지중해에서 가장 큰 섬으로 와인 생산량은 베네또(Veneto) 다음으로 많다. 생산량의 70%를 협동조합 형태로 생산하고 있지만 최상급 품질의 와인생산에 중점을 두는 개인 소유의 포도밭도 늘어나고 있다.

시칠리아 섬에는 깔라브레제(Calabrese)라고도 불리는 네로 다볼라(Nero d'Avola) 토착품종이 있는데 대체로 맛이 가볍고 산도가 높기도 하지만, 질감이 풍부하고 거친 듯 풍부한 과일향이 나며 시라(Syrah), 메를로(Merlot) 등과 블렌딩을 하기도 한다.

시칠리아(Sicilia) 와인은 '이탈리아 와인의 뜨는 별'이라고 표현될 정도로 최근 들어 생산량이나 품질 면에서 빠른 성장을 이루고 있다.

• 시그너스   • 페도 아란치오
              샤르도네

• **샤르데냐(Sardegna)**

샤르데냐(Sardegna)는 지중해에서 2번째로 큰 섬으로 이탈리아 서쪽 지중해에 위치해 있다. 섬의 북부 갈루라 (Gallura) 반도의 산비탈 지역에서는 베르멘티노 디 갈루라(Vermentino di Gallura)라는 DOCG 와인이 생산되는데 이 와인은 베르멘티노(Vermentino) 품종으로 만든 드라이한 와인이며, 샤르데냐에서 유일하다.

W I N E   이탈리아   L A B E L

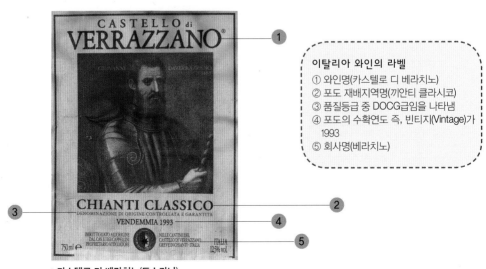

• 카스텔로 디 베라치노(토스카나)

이탈리아 와인의 라벨
① 와인명(카스텔로 디 베라치노)
② 포도 재배지역명(끼안티 클라시코)
③ 품질등급 중 DOCG급임을 나타냄
④ 포도의 수확연도 즉, 빈티지(Vintage)가 1993
⑤ 회사명(베라치노)

④ 독일 와인(German Wine)

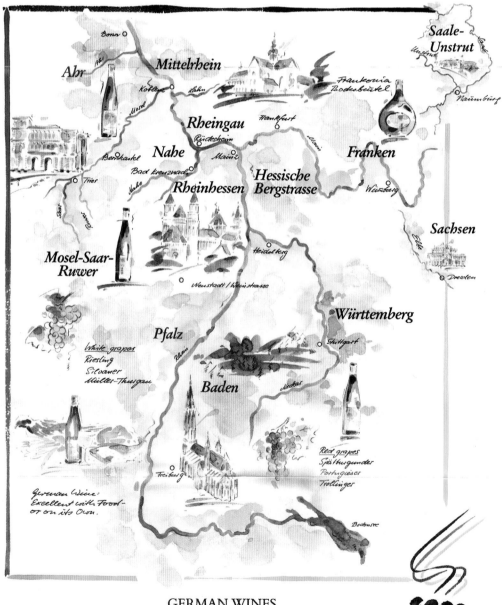

WINE COUNTRY GERMANY

Ahr
Mittelrhein
Saale-Unstrut
Bonn
Koblenz
Lahn
Frankonia
Bodesbeutel
Naumburg
Mosel
Rheingau
Frankfurt
Nahe
Rüdesheim
Mainz
Franken
Bernkastel
Bad kreuznach
Nahe
Rheinhessen
Hessische
Bergstrasse
Würzburg
Trier
Saar
Sachsen
Mosel-Saar-Ruwer
Heidelberg
Elbe
Neustadt / Weinstrasse
Dresden
Württemberg
Pfalz
Stuttgart
White grapes
Riesling
Silvaner
Müller-Thurgau
Baden
Neckar
Rhein
Red grapes
Spätburgunder
Portugieser
Trollinger
Freiburg
German Wine:
Excellent with Food
or on its own.
Bodensee

GERMAN WINES
LIGHT AND ELEGANT
naturally

독일은 프랑스에 비해 와인 생산량은 그다지 많지 않지만 품질 좋은 화이트 와인의 명산지이다. 독일에서 생산되는 와인은 약 85%가 화이트 와인이며, 알코올도수는 평균 7.5~10%로 다른 나라에서 생산되는 와인에 비해 알코올도수가 낮다.

이 지역의 신선함과 순함, 포도의 신맛과 천연의 단맛이 서로 균형을 이루면서 작용하는 조화가 독일산 와인의 큰 특징이다. 특히 천연의 단맛이 있는 관계로 독일 와인은 처음 와인 맛을 들이는 사람이나 여성에게 알맞다.

독일의 우수한 와인은 13개 지방에서 생산되고 있는데, 라인강 유역과 모젤-자르-루버(Mosel-Saar-Ruwer) 유역의 2대 산지로 유명하다.

모젤 자르 루버 지역에서 생산되는 와인은 신선하고 약간 신맛이 나며 녹색병이 사용되는 데 반해, 라인 지역에서 생산되는 와인은 부드러우며 갈색병이 사용된다. 포도의 품종은 개성이 뚜렷한 리슬링(Riesling)종과 부드러운 실바너(Silvaner)종을 많이 사용한다.

(1) 독일 와인에 관한 법률

독일의 와인 품질검사기준법은 1879년에 처음으로 제정되었으나, 수차례에 걸쳐 수정되어 왔으며, 1970년대에는 한때 유명무실하였다가 1982년에 현재의 법으로 확정되어 시행하고 있다. 독일 와인의 품질등급분류는 크게 두 가지로 타펠바인(Tafelwein; Table Wine)과 크발리태츠바인(Qualitätswein; Quality Wine, 품질이 우수한 와인)으로 분류되며, 와인은 포도의 성숙정도와 수확시기에 따라 품질이 결정되고 늦게 수확한 것이 더 좋은 와인을 만든다.

와인의 품질을 세부적으로 분류하면 다음과 같다.

• 에르드네르 트렙쉔   • 베른카스텔 닥터

Quality Wine(품질이 우수한 와인)		Table Wine	
최상급	상급	지방(지역) 와인	테이블 와인
QmP (큐엠피)	QbA (큐비에이)	Landwein (란트바인)	Tafelwein (타펠바인)
가장 품질이 좋은 와인으로 QbA급 와인과는 달리 가당을 하지 않는다.	13개 특정지역에서 생산되는 품질이 좋은 와인으로 알코올 도수를 높이기 위해 가당을 한다.	알코올도수, 산도 등 최소한의 규정으로, 17개의 특정 지역에서 생산되는 와인	유럽연합(EU) 소속 국가 내에서 재배된 포도로 자유롭게 만든 와인이며, 100%로 독일에서 재배된 포도로만 만든 경우 도이처 타펠바인이라고 표기한다.

① 타펠바인(Tafelwein)

가장 낮은 등급으로 독일 전체의 5% 정도가 해당되며 테이블급 와인이다. 타펠바인(Tafelwein)은 포도의 생산이 독일 내에서 이루어졌는지 독일 이외에서 이루어졌는지로 구분되며 독일 내에서 이루어졌으면 라벨에 '도이처(Deutscher)'라는 단어를 표기한다.

- **도이처 타펠바인(Deutscher Tafelwein)** : 독일에서 생산된 포도로 양조한 테이블급 와인
- **유럽연합 타펠바인(Euro Tafelwein)** : 'Deutscher'라는 단어를 라벨에 표기할 수 없으며 유럽 여러 나라에서 만들어진 와인으로 독일 와인회사들에 의해 유통되는 와인

② 란트바인(Landwein)

1982년에 법이 개정되면서 도입된 등급으로 프랑스의 뱅 드 뻬이에 해당하는 등급으로 타펠바인보다 약간 상위등급이다. 17개의 특정지역에서 만들어지고 라벨에 지역이 명시된다.

③ 크발리태츠바인(Qualitätswein)

품질이 우수한 양질의 와인으로 포도가 성숙한 적기에 수확하지 않고 늦게 수확하여 와인을 만들며, 크발리태츠바인 베쉬팀터 안바우게비테(Qualitätswein bestimmter Anbaugebiete; QbA)와 크발리태츠바인 미트 프래디카트(Qualitätswein mit Prädikat; QmP)의 두 가지로 분류한다.

- 크발리태츠바인 베쉬팀터 안바우게비테(Qualitätswein bestimmter Anbaugebiete; QbA)

품질이 우수한 와인으로 13개 지역에서 많은 양을 생산하며, 발효과정에서 부족한 당분을 첨가하는 것이 허용된다. 지역의 특성과 전통적인 맛을 보증하기 위하여 포도원에 토질, 품종, 재배방법, 생산과정을 검사받아 와인의 품질을 보증하게 된다.

- 크발리태츠바인 미트 프래디카트(Qualitätswein mit Prädikat; QmP)

당분이 풍부한 포도만을 원료로 만든 상급의 와인으로 포도를 적기에 수확하지 않고 당도가 많이 성숙할 때 수확시기를 조절하여 와인을 만들며, 별도로 당분을 첨가하는 것이 법으로 금지된다. 제한된 지역에서 좋은 품종의 포도만을 재배하여 현지에서 발효시켜 품질심사를 받은 와인은 생산지와 검사번호가 기재된다.

심사는 3단계의 품질관리 검사를 받는데, 1단계는 포도수확 시 성숙도의 심사를 받으며, 2단계는 알코올함량, 잔류 당도, 엑기스분 등을 검사받으며, 3단계에서는 관능검사로 전문가들로 구성된 검사관들이 엄격한 검사를 하여 판정하는데, 생산자의 이름은 기재하지 않고 비밀로 하여 와인의 색, 투명도, 향, 맛 등을 평가하여 공정하게 판정하여 합격한 와인만이 공인 검사번호가 라벨에 기재된다. 프래디카트(Prädikat)는 6단계로 세분화되며, 이에 해당되는 와인은 병에 기재한다.

• 닥터 루젠 카비네트

- 카비네트(Kabinett)

보통 수확기에 잘 익은 포도만을 선별하여 만든 라이트 드라이 화이트 와인으로 독일에서 가장 품질이 우수한 와인을 생산하는 요하니스베르그(Johannisberg) 지역에 있는 라인가우(Rheingau)에서 품질의 가치를 보존하기 위하여 카비네트(Cabinet; 밀실)에서 저장시킨 리슬링(Riesling) 종류다.

- 슈패트레제(Spätlese)

정상적인 수확기보다 7, 10일 늦게 포도의 당도가 더 성숙되었을 때 수확한 포도로 만들어진 드라이 화이트 와인으로 맛과 향이 뛰어난 리슬링(Riesling) 종류의 우수한 와인이다.

• 아우스레제(Auslese)

잘 익은 포도송이를 선별하여 만든 드라이 화이트 와인으로 맛과 향이 우수하다.

• 베렌아우스레제(Beerenauslese)

포도송이 중 과숙한(너무 익은) 포도 알만을 세심하게 손으로 골라서 수확하여 만든 최고 품질의 와인이다.

• 트로켄베렌아우스레제(Trokenbeerenauslese)

귀부병에 걸린 포도송이 중에서 마른 알갱이만을 모아 만든 와인으로 아이스바인과 더불어 쌍벽을 이루는 최고의 절정에 달한 와인이다.

• 아이스바인(Eiswein)

베렌아우스레제와 같은 등급의 와인으로 초겨울에 포도 알이 나무에서 얼어 있는 상태의 것을 수확하여 만든 와인으로 매우 독특하며, 포도에 있는 산미와 감미가 농축된 최고급와인이다.

• 슈패트레제　　• 아우스레제(Auslese)　　• 베렌아우스레제 (Beerenauslese)　　• 트로켄베렌아우스레제 (Trokenbeerenauslese)　　• 아이스바인(Eiswein)

(2) 주요 포도 품종

① 화이트 와인 포도 품종

• **뮐러투르가우**(Müller Thurgau)

독일에서 가장 많이 재배되는 품종으로 전체 와인의 24%를 차지하며 리슬링과 질바너의 교배종이다. 1882년 가이젠하임 (Geisenheim)연구소의 뮐러(H. Müller) 박사의 연구에 의해 탄생되었으며 박사의 출신지가 Thurgau여서 Müller Thurgau로 이름 붙여졌다.

• **리슬링**(Riesling)

독일 화이트 와인의 대표적인 품종으로서 화이트 와인의 21% 이상이 리슬링으로 양조되고 있다. 산도와 당도가 풍부하면서도 조화를 잘 이루어 장기숙성용 와인에도 잘 어울리는 품종이다.

• **질바너**(Silvaner)

리슬링에 비해 조생종으로 리슬링이나 뮐러투르가우보다 바디(Boddy)가 더욱 있는 편이다. 향기가 약하여 산도는 중간 정도이다. 순한 향의 생선요리, 닭고기, 송아지고기와 가벼운 소스가 있는 돼지고기요리에 잘 어울린다.

• **케르너**(Kerner)

리슬링(Riesling)과 트롤링어(Trollinger)의 교배종으로 가벼운 육류와도 잘 어울리며 연한 복숭아향과 산미의 조화가 일품이다.

• **쇼이레버**(Scheurebe)

질바너와 리슬링을 교접하여 개발한 향기로운 품종으로 과일맛이 강하면서 산뜻하고 리슬링보다는 바디가 약간 더 강(Full Body)하다.

• 룰랜더(Ruländer)

이탈리아에서 삐노 그리지오(Pinot Grigio) 또는 삐노 그리
(Pinot Gris)라고 한다. 독일에서 1711년에 요한 세가 룰랜드
(Johan Segar Ruländ)라는 상인이 팔츠(Pfalz)의 들판의 야생에서
자라는 삐노 그리(Pinot Gris)를 발견하고 와인을 만들면서 삐노
그리(Pinot Gris)를 룰랜더(Ruländer)라고 부르게 되었다.

② 레드 와인 포도 품종

• 슈패트부르군더(Spätburgunder)

프랑스 부르고뉴 지방에서 들여온 삐노 누아(Pinot Noir) 품종
으로 전체 재배면적의 5%를 차지하고 있다. 약간 건과류 향이 풍
기는 산도와 바디감이 좋은 와인으로 묵직한 육류요리나 치즈에
잘 어울린다.

• 포르투기저(Portugieser)

오스트리아 다뉴브강 유역에서 도입된 품종으로 생육기간이
짧으며 경쾌하고 가볍게 마실 수 있는 와인이다.

• 트롤링어(Trollinger)

이탈리아 남부 티롤(Tirol) 지방이 원산지로 추정되며 독일 남
부 뷔르템베르크(Württemberg) 지방에서 재배되는 품종이다.
보졸레 누보처럼 햇와인일 때 마시면 보다 상쾌한 맛을 즐길 수
있다.

(3) 각 지역별 와인

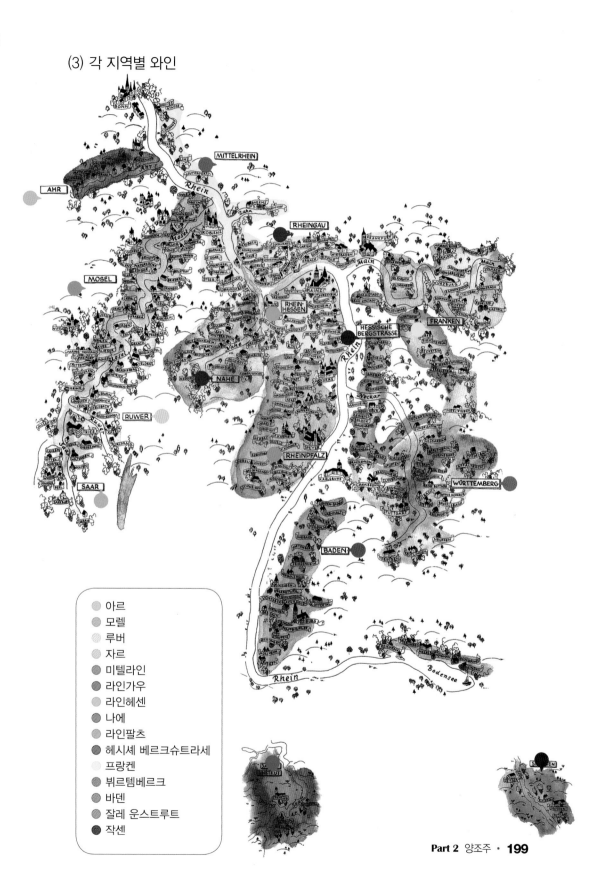

- 🔵 아르
- 🔵 모렐
- 🔵 루버
- 🔵 자르
- 🔵 미텔라인
- 🔴 라인가우
- 🔵 라인헤센
- 🔵 나에
- 🔵 라인팔츠
- 🔴 헤시셰 베르크슈트라세
- ⚪ 프랑켄
- 🔵 뷔르템베르크
- 🔵 바덴
- 🔵 잘레 운스트루트
- ⚫ 작센

① 아르(Ahr)

독일 포도주 생산지역 중 비교적 북쪽에 위치해 있고 아주 적은 지역 중의 하나이다. 아르(Ahr)는 본(Bonn) 남쪽의 라인강으로 흘러들어 가는 아르강 양쪽 험하게 경사진 곳에 위치해 있다. 재배되는 포도 품종은 슈패트부르군더(Spätburgunder)와 포르투기저(Portugieser)의 적포도로서 가볍고 독특한 과일맛이 나는 적포도주를 만들고 있다. 백포도주는 강한 리슬링과 뮐러투르가우가 재배되고 있다.

② 라인헤센(Rheinhessen)

서쪽으로는 나에(Nahe)강변과 동쪽으로는 라인강에 접해 있다. 포도주 생산지로 유명한 보름스(Worms), 알자이(Alzey), 마인츠(Mainz), 빙엔(Bingen) 등의 4개 도시를 연결하며, 길이 32㎞, 너비 48㎞ 정도의 사각지대가 되는 이 지역은 독일 포도주 생산지역으로는 최대의 것이다. 토양과 기후의 다양성으로 인해 많은 포도 품종이 심어져 있다. 대표적인 백포도주 품종으로 뮐러투르가우, 질바너, 리슬링이 있고, 적포도주용의 포도로는 포르투기저가 가장 유명하다.

• 블루 넌

③ 모젤-자르-루버(Mosel-Saar-Ruwer)

• 닥터루젠리슬링

독일 와인의 15%를 생산하며, 보통 모젤이라 부른다. 모젤 지역은 라인강의 서쪽에 위치해 있고, 다른 어느 독일 강보다도 깊게 패인 계곡과 굴곡이 있어 매혹적인 전경을 자아낸다. 모젤 와인은 라인 와인보다 더 가볍고 미네랄성분이 풍부해서 맛이 섬세하고 달콤하다. 모젤강은 사행천으로 '유(U)'자로 굽이쳐 흐르는 곳이 많기로 유명하다. 특히 이 지역은 모젤강의 좌우편에 경사가 매우 가파른 곳에 포도원을 조성해 놓고 있다. 얼마나 경사가 심한지 사람이 서서 다니기도 힘들 지경이다. 그래서 일하는 사람들

• 모젤지역의 포도 묘목 심기. 급경사면 인데다 암석이 많아 힘든 작업이다.

과 기구를 로프로 고정한 후 일을 한다. 주로 리슬링을 사용한 화이트 와인을 생산하고 있는데, 지역 특성상 산도가 좀 높고 향기가 좋으며 알코올농도는 좀 낮은 와인이나 세계적으로 유명하다. 이 지역은 베른카스텔이 중심지역이며, 이 도시는 관광지로 유명하다.

유명한 와인으로는 바인구트 다인하르트(Weingut Deinhard), 바인구트 에곤 뮐러(Weingut Egon Müller), 모젤란트 E.G.(Moseland E.G.) 등이 있다.

④ 라인팔츠(Rheinpfalz)

라인팔츠는 북쪽에 라인헤센, 남쪽과 서쪽은 프랑스 국경과 인접해 있는 독일에서 두 번째로 큰 지역이지만, 와인 생산량은 가장 많다. 우수한 포도 재배지역인 바헨하임(Wachenheim), 포르스트(Forst), 다이데스하임(Deidesheim), 루페르츠베르크(Ruppertsberg) 등의 마을은 강하고 세련된 리슬링 포도주가 유명하다.

⑤ 미텔라인(Mittelrhein)

본(Bonn)의 남쪽에서 시작하여 라인강 남쪽 강변의 약 96㎞에 걸쳐 있다. 급경사면에 계단식 포도원과 중세기 성곽들과 유적들이 잘 어울리는 아름다운 지역으로 관광지로도 잘 알려져 있다. 재배 포도 품종으로는 리슬링, 뮐러투르가우, 케르너 등이 있다.

⑥ 나에(Nahe)

라인헤센과 모젤의 양 지역 동쪽과 서쪽에 위치해 있다. 주로 재배되고 있는 포도 품종은 뮐러투르가우, 리슬링, 질바너와 같은 품종으로 고급와인을 생산한다. 나에 포도주는 풍부한 향기, 약간의 독특한 풍미와 풍부한 과일 맛이 특징이라 하겠다.

⑦ 라인가우(Rheingau)

독일 포도주 중에 가장 고급 포도주를 생산하는 지역이며, 세계의 포도주 생산지역 중, 최고봉이다. 라인가우는 전체가 하나의 긴 언덕으

• 닥터 파우스트

• 아방가르데

로 되어 있고 북쪽에는 산림으로 덮인 타우누스(Taunus) 산줄기에 가려져 있고, 남쪽으로는 라인강에 접해 있다. 따라서 유명한 수도원이나 귀족들이 최고 품질의 리슬링을 재배하여 그것을 발전시켜 나온 곳이 이 지역이다. 귀부포도균(Botrytis Cinerea)이 만들어내는 맛이라든가 늦게 따기(Spätlese) 방법을 발견한 것도 이곳 라인가우 사람들이다. 또한 특별한 품질과 가치를 차별화하기 위해 밀실인 카비네트(Kabinett)에 저장하였다. 카비네트라는 어원이 이 지방에서 발생하였다.

라인가우의 포도주는 세련된 방향, 독특한 산미, 기품이 넘치는 성숙된 맛이 특징이라 하겠다.

⑧ 프랑켄(Franken)

독일의 포도주 생산지역 중에서 가장 동쪽에 위치하고 있으며 포도밭의 대부분은 마인강과 그 지류의 양측 경사면에 위치해 있다. 중심도시인 뷔르츠부르크(Würzburg)는 유명한 포도밭 슈타인(Stein)의 중심이기도 하다. 프랑켄 와인을 총칭하는 독특한 이름인 슈타인바인(Steinwein)은 여기에서 나온 것이다. 프랑켄 포도주는 힘차며, 토양에서 오는 강한 맛과 드라이하면서 풍부한 맛이 특징이다.

⑨ 헤시셰 베르크슈트라세(Hessische Bergstrasse)

이 지역은 하이델베르크(Heidelberg)의 양측에 위치하고 서쪽은 라인강, 동쪽은 오덴숲(Odenwald)에 접하고 있다. 여기에서 만들어지는 포도주는 풍부한 풍미, 화사한 과일 맛, 그리고 강한 향기가 특징이다.

⑩ 뷔르템베르크(Württemberg)

독일 최대의 적포도주 생산지역으로 포도밭은 네카르(Neckar)강의 경사면에 위치해 있다. 뷔르템베르크 포도주는 다른 포도주에서는 볼 수 없는 독특한 맛과 향기가 있다.

⑪ 바덴(Baden)

바덴은 독일의 최남단 포도주 생산지역이며 북쪽의 하이델베르크(Heidelberg)에서 남쪽의 콘스탄츠(Konstanz) 호수까지 가늘고 길게 연결되어 있으며 독일에서 세 번째로 큰 재배면적을 가지고 있다. 백포도주는 신선한 방향성과 약초향이 있고, 적포도주는 쉽게 마실 수 있는 포도주에서 대단히 강한 포도주까지 폭넓은 와인이 생산되고 있다.

⑫ 잘레 운스트루트(Saale-Unstrut)

오랜 전통과 긴 역사를 가진 이 지역은 독일 최북단에 위치한 포도주 생산지이다. 19세기 유럽의 필록세라(Phylloxera)라는 혹뿌리진딧물에 의한 피해를 받은 후 1887년 독일에서는 가장 먼저 미국계 대목을 도입한 지역이기도 하다.

⑬ 작센(Sachsen)

독일 포도주 생산지역 중 최동단으로 대부분의 포도밭은 엘베(Elbe)강변의 구릉지에 위치해 있다. 포도주의 대부분은 이 지역에서 소비된다.

W I N E 독일 L A B E L

- 에르드네르 트렙쉔 리슬링 아우스레제(모젤-자르-루버)

독일 와인 라벨
① 와인 생산지역이 모젤-자르-루버라는 것을 뜻함
② 빈티지(Vintage : 포도수확연도)가 1990년임
③ Eeden이라는 마을이름에 -er를 붙이고 트렙쉔이라는 포도밭 이름을 합친 생산지 이름
④ Q.M.P급의 와인이라는 표시
⑤ 포도 품종은 리슬링이며 Q.M.P급 중 아우스레제임을 표시
⑥ 정부의 품질 검사번호

⑤ 스페인 와인(Spanish Wine)

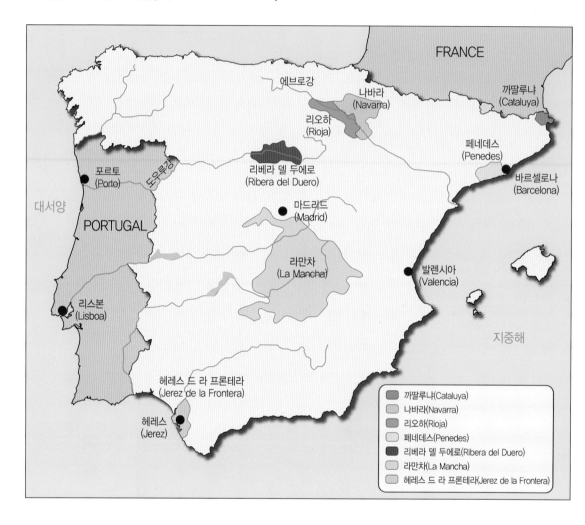

구세계 와인(Old Wine)의 숨어 있는 보석 스페인은 전 세계에서 프랑스, 이탈리아에 이어 세 번째로 와인을 많이 생산하는 나라로, 유럽에서 가장 넓은 포도밭을 가지고 있다. 그러나 와인 생산량은 이탈리아의 1/3밖에 되지 않는데, 이는 토양이 워낙 건조해서 포도나무 간격이 다른 국가에 비해 넓기 때문이다. 1헥타르당 평균 와인 생산량은 20헥토리터로서 이는 프랑스 최고급와인 생산량의 절반 정도이다. 따라서 농도가 짙고 알코올도수가 높은 것이 스페인 와인의 특징이다. 셰리로 유명한 리오하(Rioja), 페네데스(Penedes) 지역은 비교적 생산량이 많다. 스페인에서 상급 와인이 나는 지역은 헤레스(Jerez), 리오하(Rioja), 몬티야(Montilla), 까딸루냐(Cataluña) 등이다.

　스페인 와인은 여러 종류가 있지만 세계적으로 알려진 와인은 셰리, 그리고 프랑스 샴페인 다음으로 많이 소비되는 스파클링 와인인 까바(Cava) 등이 있다. 셰리의 본명은 헤레스로서 헤레스 데 라 프론테라(Jerez de la Frontera)시의 이름을 따서 불려졌는데, 이 와인이 영국으로 수출되면서부터 영국 사람들이 셰리 와인으로 고쳐 부른 것이 오늘날의 셰리가 되었다.

(1) 스페인 와인의 등급에 의한 분류

　스페인 와인법은 1970년에 처음 제정되었고, 1988년 유럽의 기준에 맞게 개정되었다가 2003년 '포도밭과 와인법령'으로 재개정되었다.

Quality Wine(품질이 우수한 와인)				Table Wine	
최상급+	최상급	상급	차상급	지방(지역) 와인	테이블 와인
Vino de Pago (비노 데 파고)	DOC	DO	VCIG	Vino de la Tierra (비노 데 라 티에라)	Vino de Mesa (비노 데 메사)

① 데노미나시온 데 오리헨 파고(Denominacion de Origen Pago)

　2003년에 신설된 스페인 최상급 품계로, 기후나 토양이 우수하고 독특한 산지에서 생산되는 와인이나 전통적으로 인지도가 높고 품질이 좋은 와인에 주어진다. 2009년까지 9개의 포도원이 선정되어 있다.

② 데노미나시온 데 오리헨 칼리피카다(Denominacion de Origen Calificada ; DOC)

　DO등급보다 한 등급 위로 스페인 와인 중 최상급의 와인으로 이탈리아의 DOCG급에 해당되는 와인이다. 현재 리오하(Rioja), 1991년/쁘리오라뜨(Priorat), 2003년/리베라 델 두에로(Ribera del Duero) 지역만이 유일하게 DOC등급을 받고 있다.

③ 데노미나시온 데 오리헨(Denominacion de Origen ; DO)

　원산지 지정 지역에서 생산된 포도 품종으로 만들어진 와인으로 프랑스의 AOC와 비슷한 등급이다.

④ 비노 데 칼리다드 콘 인디카시온 헤오그래피카(Vino de Calidad Con Indicacion Geografica)

2003년 와인법의 개정 때 새롭게 생겨난 등급으로 지역별 와인이라고 할 수 있다. DO급으로 승격되기 전 단계의 등급이라는 면에서는 프랑스의 VDQS와 흡사하다.

⑤ 비노 데 라 티에라(Vino de la Tierra)

이 포도주는 가장 보편적인 일반 와인으로 프랑스의 '뱅 드 뻬이(Vins de Pays)'와 같은 수준이다.

⑥ 비노 데 메사(Vino de Mesa)

테이블급 와인으로 규제가 거의 따르지 않는 와인등급이다. 프랑스의 '뱅 드 따블(Vins de Table)'과 같은 수준이다.

(2) 숙성에 의한 분류

스페인 와인에서 독특한 점은 와인 레이블에 해당 와인의 숙성 정도를 표기한다는 것이다. 일반적으로 스페인에서는 숙성기간이 길수록 좋은 와인이라는 인식이 강하다.

Gran Reserva (그란 레세르바)	오크통 숙성 18개월 포함, 병입 숙성까지 총 5~7년간 숙성 후 출시(화이트/로제는 오크통 숙성 6개월 포함, 총 4년 이상 숙성)
Reserva (레세르바)	오크통 숙성 12개월 포함, 병입 숙성까지 총 3년 이상을 숙성 후 출시(화이트/로제는 오크통 숙성 6개월 포함, 총 2년 이상 숙성)
Vino de Crianza (비노 데 크리안사)	1년 정도 스테인리스 탱크에서 숙성시키고 6개월 정도 병입 숙성 후 출시
Vino Joven (비노 호벤)	정제과정을 거친 후, 숙성시키지 않고 바로 병입해서 출시하는 햇와인

(3) 포도 품종

600여 종 이상의 포도 품종이 존재하고 있지만 실제 와인에 사용되는 것은 70여 종이며 이 중 20여 종이 와인 생산의 80%를 차지하고 있다.

① 레드 와인 포도 품종

• 뗌쁘라니요(Tempranillo)

빨리 익는 특성이 있으며 갈수록 재배면적이 늘고 있는 품종이다. 스페인 최고급 품종으로 인정받고 있으며 백악질 토양에서 잘 자라고 산도가 낮으며 농익은 딸기향이 감도는 매우 섬세한 와인이 만들어진다. 부드럽지만 연약하지 않고 강하지만 거칠지 않은 풍성하면서 절제가 있는 와인이다. 리오하(Rioja) 와인을 만드는 주품종이다.

• 가르나차(Garnacha)

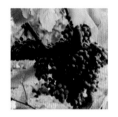

프랑스 남부지방에서 주로 재배하는 그르나슈(Grenache) 품종을 말하며 스페인에서 가장 많이 재배되고 있는 품종이다. 특히 에브로(Ebro) 지방에서 많이 재배하며 구조감과 알코올이 풍부하고 약간 스파이시한 느낌이 드는 품종이다.

• 그라시아노(Graciano)

아로마와 타닌이 강해 블렌딩용으로 많이 사용한다.

• 마쑤엘로(Mazuelo)

프랑스의 까리냥(Carignan)으로 색깔과 타닌이 풍부하다. 리오하에서는 마쑤엘로 (Mazuelo) 그 밖의 지방에서는 까리녜나(Cariñena)로 부른다. 색

상이 진하고 산도와 타닌이 높아 뗌쁘라니요(Tempranillo)와 블렌딩에 사용하기도 한다.

② 화이트 와인의 포도 품종

• 비우라(Viura)

스페인 고유의 청포도로서 고급 화이트 와인을 만들며 부드러운 과일맛, 좋은 산도를 형성하고 있다.

• 말바지아(Malvasia)

리오하, 나라바 지방에서 주로 재배되는 품종으로 질 좋은 고급 화이트 와인을 만든다.

• 아이렌(Airén)

가벼운 스타일의 와인을 만들며 스페인에서 가장 많이 재배하는 품종 중 하나이다.

• 알바리뇨(Albariño)

부드럽고 청과일향이 풍부한 품종이다.

• 팔로미노(Palomino)

헤레스 지역에서 셰리 와인을 빚는 데 사용한다.

(4) 각 지역별 와인

스페인의 유명 와인산지로는 셰리 와인으로 유명한 남부의 헤레스(Jerez)와 스페인 최대 와인 생산지인 중부의 라 만차(La Mancha), 스페인에서 가장 비싼 와인을 생산하는 리베라 델 두에로(Ribera del Duero), 보르도 스타일의 고급와인을 생산하는 북부의 리오하(Rioja), 화이트 발포성 와인, 카바 등 최신기술을 사용한 동북부의 페네데스(Penedes) 지역이다.

• 크림 셰리, 드라이 셰리

① 헤레스 데 라 프론테라(Jerez de la Frontera)

스페인 와인 중 가장 유명한 셰리 와인이 생산되는 곳으로 영국 상인들이 세계로 퍼뜨린 대표적인 식전주(Apéritif)이다. '셰리'란 명칭은 헤레스 데 라 프론테라(Jerez de la Frontera)의 헤레스(Jerez)가 변형되어 프랑스에서는 세레스(Xéréz), 영어에서는 셰리(Sherry)가 되었으며 스페인에서는 3개의 명칭인 헤레스(Jerez)-세레스(Xéréz)-셰리(Sherry)를 모두 표기하고 있다.

② 리오하(Rioja)

리오하는 프랑스 국경과 가까우며 특히 보르도(Bordeaux) 지역과 가깝게 위치한다. 1870년대 '포도뿌리진딧물(Phylloxera)'이 프랑스 포도원을 황폐화시킬 때 보르도의 양조기술자들이 스페인 리오하로 들어와 포도를 재배하였는데, 이때 이주한 양조기술자들에 의해 리오하의 포도로 지금과 같은 훌륭한 리오하 와인을 탄생시키게 되었다. 리오하의 와인 생산자들은 최소 법정 숙성기간보다 많은 기간을 숙성시킨다.

• 콜레시온 비반코
4 바리에탈레스

 셰리 와인 제조과정의 특이한 점

① 발효가 끝난 와인은 나무통에 저장할 때 꽉 채우지 않으므로 숙성과정에서 산화된다.
② 산화과정에 따라 쓴맛의 피노(Fino)가 되고 어느 것은 올로로소(Oloroso)가 된다.
③ 브랜디를 첨가하여 알코올도수(18~20도)를 높인다.
④ 솔레라(Solera) 시스템이라고 하는 일종의 블렌딩(blending)과정을 거쳐 생산되는데, 오크통에서 오래 숙성된 와인액과 숙성이 얼마 되지 않은 와인 액을 서로 섞는 방법을 말한다.

• 솔레라(Solera)

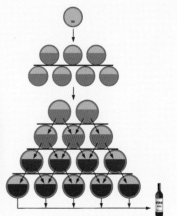

• 마리노　　　• 그란 레세르바

레드 와인이 약 70~80%를 차지하며, 사용하는 품종은 뗌쁘라니요(Tempranillo), 가르나차(Garnacha), 마쑤엘로(Mazuelo) 등이며, 화이트 와인은 비우라(Viura), 가르나차 블랑(Garnacha Blanc) 등이다.

리오하는 다시 3개의 작은 지역으로 나뉘는데 리오하 바하(Rioja Baja) 지역은 리오하에서 생산하는 영한 와인 즉 산 비노 호벤의 대부분이 이곳에서 생산되고, 리오하 알라베싸(Rioja Alavesa) 지역은 좀 더 섬세한 맛이 나고 은은한 향이 감도는 와인을 생산한다. 리오하 알따(Rioja Alta) 지역은 고급와인 생산의 중심이다.

③ 라만차(La Mancha)

돈키호테로 유명한 곳이기도 한 라만차(La Mancha)는 스페인의 중부 마드리드(Madrid)의 바로 남쪽에 위치하며, 스페인에서 가장 넓은 D.O지역으로서 스페인 와인의 30%를 생산하는 최대의 산지이다. 아이렌(Airén) 품종으로 화이트 와인이 생산되나 발데뻬냐스(Valdepeñas)는 여름에는 무덥고 겨울은 추운 지역으로 100% 뗌쁘라니요(Tempranillo) 품종을 사용하여 레세르바(Reserva), 그란 레세르바(Gran Reserva) 등급의 고급 레드 와인도 생산되고 있다.

④ 까딸루냐(Cataluña)

까딸루냐는 지중해 연안에 위치하여 기후가 매우 온화하고 포도 재배에 적합하다. 오늘날 까딸루냐에는 7개의 D.O가 있는데, 그중에서 가장 유명한 지역인 뻬네데스(Peneds)는 바르셀로나

• 까바(샴페인 방식)

• 코든 네그로

(Barcelona) 남서쪽 해안을 따라 형성된 와인산지로 스페인에서 가장 혁신적인 방법으로 와인을 만들고 있다.

이곳의 와인은 2/3가 화이트 와인이며, 그중 대부분이 발포성 와인인 까바(Cava)이다.

⑤ 리베라 델 두에로(Ribera del Duero)

리오하와 더불어 스페인의 최고급 레드 와인이 생산되는 지역으로 템쁘라니요(Tempranillo)를 주품종으로 한 레드 와인산지이다. 해발 750~800m의 고원지대에 석회암이 풍부한 지역이다.

• 몬테스카스트로
  알콘테

W I N E   스페인   L A B E L

• 비냐 란치아노

스페인와인 라벨
① 숙성기간 : 레세르바(Reserva) : 레드 와인은 총 숙성기간 36개월 이상, 그중에서 12개월은 오크통에서 숙성시킨 것
② 포도 생산지역인 리오하(Rioja), DOC 명칭
③ 브랜드 이름(비냐 란치아노)
④ 빈티지(Vintage : 포도수확연도)가 1998년임

6 포르투갈 와인(Portugal Wine)

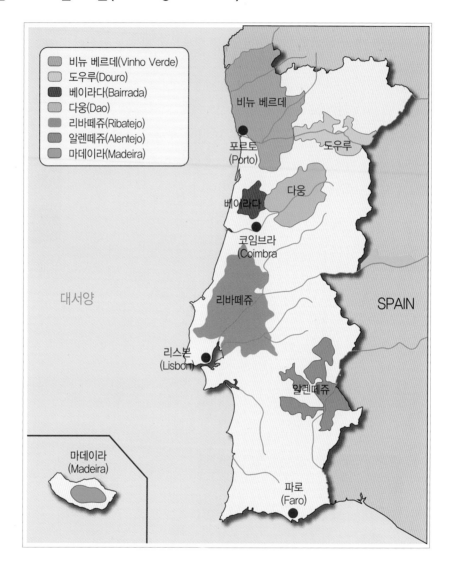

포르투갈은 스페인과 같이 이베리아 반도 서안에 자리 잡고 있는 풍광이 아름다운 나라로 작열하는 태양과 코발트빛 대서양의 물결이 한데 어우러진 곳으로 일찍이 포도주의 명산지로 알려져 왔다.

포르투갈은 전체 인구의 약 15%가 와인산업에 종사하고 있는 세계 제6위의 와인 생산국이지만, 국민 1인당 와인 소비량이 이탈리아와 프랑스 다음으로 많기 때문에 거대한 잠재력을 지닌 나라이다.

와인산지는 서북부의 미뉴(Minho)와 도우루(Douro) 지역, 북부 중앙지대의 다웅(Dao), 남부 리스본의 주변 그리고 대서양에 있는 아열대의 마데이라(Madeira)섬까지 널리 분포되어 있다.

(1) 포르투갈 와인의 등급에 의한 분류

Quality Wine(품질이 우수한 와인)		Table Wine	
최상급	상급	지방(지역) 와인	테이블 와인
DOC	IPR	Vinho Regional (비뉴 헤지오날)	Vinho de Mesa (비뉴 데 메사)

① 드노미나사웅 드 오리젱 콘트롤라다(Denominação de Origem Controlada; DOC)

원산지 명칭 통제 와인으로 프랑스의 AOC, 이탈리아의 DOC, 스페인의 DO에 해당하는 등급이다.

② 인디까싸웅 데 프로베니엔싸아 헤굴라멘따다(Indicação de Proveniencia Regulamentada; IPR)

DOC보다는 조금 아래 등급의 고급와인으로 프랑스 VDQS급에 해당하는 와인이다.

③ 비뉴 헤지오날(Vinho Regional)

이 포도주는 가장 보편적인 일반 와인으로 프랑스의 뱅 드 뻬이에 해당되는 등급이다.

④ 비뉴 드 메사(Vinho de Mesa)

일반 테이블 와인으로 프랑스 뱅 드 따블에 해당된다.

이외에 보다 더 좋은 와인에는 헤세르바(Reserva)라 표기하고, 최고급와인에 표기하는 가하페이라(Garrafeira)는 수년간 오크통에서 숙성된 후 병입하고 병입한 후에도 일정 기간 병 속에서 숙성시킨 와인이다.

(2) 각 지역별 와인

포르투갈에서 포도를 많이 재배하는 지역으로는 북부 포르투갈의 비뉴 베르데(Vinho Verde), 도우루(Douro), 다웅(Dao), 바이라다(Bairrada)와 남부 포르투갈의 리바떼쥬(Ribatejo), 알렌떼쥬(Alentejo) 등이 있으며, 중요한 지역을 몇 군데 살펴보면 다음과 같다.

• 처칠 에스테이트   • 라모스 핀토
             빈티지 포트

① 도우루(Douro) 지역

도우루는 험악한 포도 재배지역으로 60도의 급경사에 토양은 슬레이트석과 화강암으로 이루어져 있고, 기후는 지중해성으로 포도 재배에 알맞다. 도우루 지역의 와인은 색이 풍부하고 부드러운 알코올 강화 와인인 포트 와인을 생산한다.

② 비뉴 베르데(Vinho Verde) 지역

비뉴 베르데(Vinho Verde)는 도우루강의 북쪽에 있는 지역으로 포르투갈 포도의 1/4을 생산하고 있다. 비뉴 베르데(Vinho Verde)는 신선하고 라이트한 실버컬러의 세미 스파클링 와인으로 일명 그린(Green) 와인이라고도 한다.

그린 와인은 입 안

을 깨끗이 씻어주는 느낌을 주는 산도가 높은 와인으로 차갑게 하여 마시면 약간의 거품이 나는 것이 더운 여름날 밤에 어울리는 화이트 와인이다. 알바리뉴(Alvarinho) 포도로 만들며, 포르투갈에서 유명한 최고급 화이트 와인이다.

③ 다웅(Dao) 지역

다웅 지역은 포르투갈의 중심지로서 다우강 유역에 위치하고 있으며, 토양은 화강암이 많은 지역으로 사질토 사이에 바위들이 솟아 있는 모습을 흔히 볼 수 있다.

기후는 아래 해안지대보다 더 뜨겁고 건조한 기후를 이루고 있어 이곳에서는 화이트 와인과 레드 와인 모두 생산되는데, 덜 숙성되었을 때의 화이트 와인은 강건하고 향기가 좋으며, 매일 마시는 테이블 와인으로서의 매력을 지니고 있다.

그러나 화이트 와인은 이 지역 범위를 벗어나지 못하고 있는 상태이고 주로 레드 와인이 다른 지역으로 팔린다. 레드 와인은 매우 깨끗하고 부드러우며 중후한 향과 맛을 지니고 있다. 따라서 다웅은 포르투갈의 고전적인 레드 와인산지라고 할 수 있겠다. 그리고 오래 숙성한 고급 레드 와인은 다웅 레세르바스(Dao Reservas)라고 표기한다.

• 보아스 비냐스

④ 바이라다(Bairrada)

바이라다 지역은 포르투갈의 중요한 새 와인 지역으로 리스본(Lison)과 오포르토(Oporto)를 연결하는 하이웨이 사이에 위치한 전원적인 지역으로 토양은 바이라다의 낮은 언덕에 석회석과 점토로 이루어져 와인의 진한 맛을 내게 한다.

그리고 이 지역 레드 와인에 대한 명성은 적포도인 바가(Baga) 포도 품종에서 기인한다.

⑤ 리바떼쥬(Ribatejo)

포르투갈의 중부에 위치한 따뜻하고 건조한 지역으로 포르투갈에서 두 번째로 큰 포도생산지역이다. 가벼운 레드 와인과 화이트 와인을 주로 생산한다.

⑥ 알렌떼쥬(Alentejo)

포르투갈의 남동부에 위치한 알렌떼쥬는 대륙성 기후로 강우량이 적고 여름은 무더운 지역으로 포르투갈의 토착품종과 까베르네 쇼비뇽, 메를로 품종을 재배하여 무게감 있는 레드 와인을 생산하고 있다.

⑦ 마데이라(Madeira)

마데이라섬은 세계에서 가장 이국적인 디저트 와인인 마데이라 와인을 생산하는 곳

으로 유명하다. 마데이라는 푼샬(Funchal) 군도의 하나이며, 모로코 해안의 서쪽으로 약 600km 떨어진 곳에 위치해 있다.

이 섬의 발견에 대해서는 다소 과장된 이야기들이 전해 내려오고 있는데, 1418년 해양탐험가인 헨리(Henry) 왕자는 포르투갈을 위해서 섬을 탐험하도록 주앙 곤살베스 자르쿠(Jao Goncalves Zarco) 선장을 보냈다. 자르쿠 선장이 마데이라섬에 상륙했을 때에는 산림이 너무 빽빽이 들어차 있어 섬 안으로 침투할 수 없었다. 그래서 섬에 불을 질러서 장애물을 제거하였는데 이 불은 7년 동안이나 계속해서 맹렬하게 탔으며, 자르쿠 선장은 불이 진화될 때까지 오랜 세월을 기다려야만 했다.

산림이 탄 재는 이 섬의 화산토양에 거름이 되어 포도나무 재배에 아주 알맞게 되었다. 음식과 물의 원천으로 마데이라섬은 정규 항구가 되었고, 극동과 오스트레일리아에 와인을 팔기 위하여 마데이라 와인을 오크통에 실어 운송했는데, 배가 열대를 통과하게 됨으로써 와인은 최고 섭씨 45도까지 열이 가해졌다.

그리고 6개월간 항해하는 중에 다시 와인은 식어갔다. 이러한 현상이 와인에 매우 특별하고 바람직한 특성을 주게 되었다.

그러나 마데이라 와인 제조업자들은 처음에는 이러한 현상을 전혀 알지 못하였다. 이러한 현상을 알게 된 이후 에스투파(Estufa)라 불리는 특별한 오븐에 열을 가하고 식히는 에스투파젬(Estufagem) 과정을 거치게 되었다.

모든 마데이라 와인은 에스투파젬 과정에 앞서 정상적인 발효과정을 겪는다. 드라이한 와인은 에스투파젬 과정에 앞서 알코올이 강화되고, 스위트한 와인은 에스투파젬 과정 뒤에 알코올이 강화된다.

※ 에스투파젬(Estufagem)
보통 95% 브랜디를 첨가하여 와인의 알코올을 14~18%로 맞춘 다음, 에스투파라는 방이나 가열로에서 약 50℃의 온도로 3~6개월 동안 가열시킨다. 최소 3년 동안 숙성시키는데, 숙성기간에 따라 Reserva(5년 이상 숙성), Special Reserva(10년 이상 숙성), Extra Reserva(15년 이상 숙성)로 구분한다.

※ 마데이라 와인은 당분농도에 따라 다음과 같이 구분한다.
① 세르시알(Sercial) : 리슬링으로 만든 가장 가볍고 드라이한 와인(당분 4% 이하)
② 베르델료(Verdelho) : 강한 향의 미디엄 스위트 와인(당분 4.9~7.8%)
③ 보알(Boal) : 스위트한 와인(당분 7.8~9.6%)
④ 말바시아(Malvasia) : 벌꿀같이 진하고 매우 스위트한 와인(당분 9.6~13.5%)

• 세르시알 (Dry)

• 베르델료 (Medium Sweet)

• 보알 (Sweet)

• 말바시아 (Very Sweet)

포르투갈의 3대 와인

① 마테우스 로제

많은 사람들이 대중적으로 마실 수 있는 와인이며, 레드 와인용 적포도주에 화이트 와인 제조법과 같은 방법으로 이산화탄소를 주입하여 약간의 스파클링 와인 맛이 느껴지기도 하는 와인이다.

② 포트 와인

포도원에서 직접 딴 포도를 화강암으로 된 통에 넣고 발로 밟아 으깬 후 발효가 끝나면 브랜드가 1/4 정도 차 있는 오크통에 이 와인을 넣어 알코올도수 18~20도 정도에서 발효를 중단시키는 방법으로 만든다. 토니(Tawny) 포트는 오크통에서 황갈색이 날 때까지 몇 년 동안 숙성시킨 것으로 다른 포트보다 더 가볍고 부드럽다. 루비(Ruby) 포트는 비교적 짧은 기간 동안 오크통에서 숙성시킨 포트로서 색이 더 진하고 맛이 거칠다. 화이트(White) 포트는 백포도로 만들어지며 레드 와인보다 더 드라이하기 때문에 아페리티프(Aperitif)로 마신다.

③ 마데이라 와인

특이한 와인으로 마데이라가 있는데, 원래 '마데이라'는 모로코에서 약 600km 떨어진 곳에 위치한 화산섬의 이름으로 15세기 초 선원들에 의해 우연히 발견되었고, 당시 유명한 탐험가인 포르투갈의 헨리(Henry) 왕자가 마데이라를 찾아 나서게 되어 그곳에 포도원을 만들어 와인을 생산하여 마데이라라는 이름을 붙이게 되었다. 마데이라 와인은 발효 도중 와인으로 만든 알코올과 향료식물을 첨가해서 만든다. 고급 빈티지의 마데이라는 20년 정도의 오랜 저장기간 후에 병입하고 그 후에도 20~50년 동안 숙성을 시켜야 제맛이 난다는데 이 숙성과정 때문에 매우 독특한 맛을 낸다.

• 마테우스 로제

• 포트 와인

• 마데리아 와인

7 오스트레일리아 와인(Australia Wine)

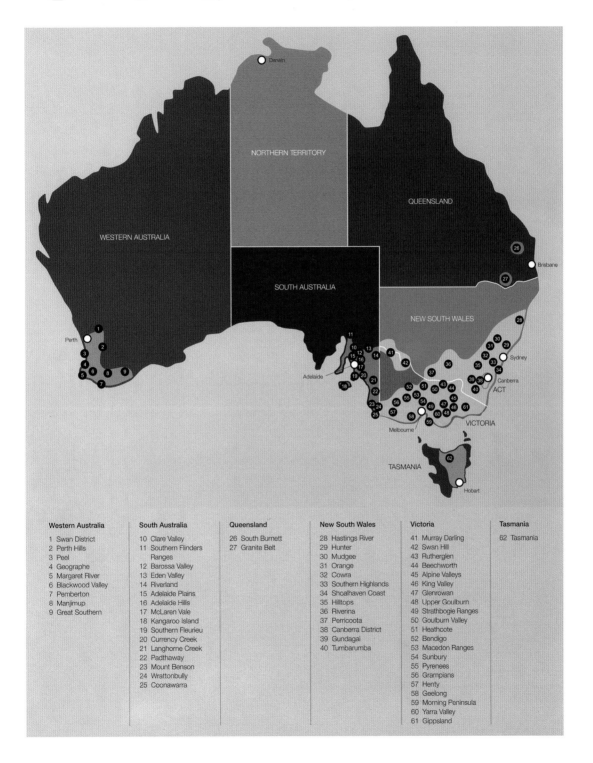

Western Australia	South Australia	Queensland	New South Wales	Victoria	Tasmania
1 Swan District	10 Clare Valley	26 South Burnett	28 Hastings River	41 Murray Darling	62 Tasmania
2 Perth Hills	11 Southern Flinders	27 Granite Belt	29 Hunter	42 Swan Hill	
3 Peel	Ranges		30 Mudgee	43 Rutherglen	
4 Geographe	12 Barossa Valley		31 Orange	44 Beechworth	
5 Margaret River	13 Eden Valley		32 Cowra	45 Alpine Valleys	
6 Blackwood Valley	14 Riverland		33 Southern Highlands	46 King Valley	
7 Pemberton	15 Adelaide Plains		34 Shoalhaven Coast	47 Glenrowan	
8 Manjimup	16 Adelaide Hills		35 Hilltops	48 Upper Goulburn	
9 Great Southern	17 McLaren Vale		36 Riverina	49 Strathbogie Ranges	
	18 Kangaroo Island		37 Perricoota	50 Goulburn Valley	
	19 Southern Fleurieu		38 Canberra District	51 Heathcote	
	20 Currency Creek		39 Gundagai	52 Bendigo	
	21 Langhorne Creek		40 Tumbarumba	53 Macedon Ranges	
	22 Padthaway			54 Sunbury	
	23 Mount Benson			55 Pyrenees	
	24 Wrattonbully			56 Grampians	
	25 Coonawarra			57 Henty	
				58 Geelong	
				59 Morning Peninsula	
				60 Yarra Valley	
				61 Gippsland	

오스트레일리아는 신흥 와인 생산국으로 빠르게 발전하고 있는 나라로 프랑스, 이탈리아와 같이 포도가 잘 자라는 지중해성 기후를 가지고 있다.

겨울철에는 섭씨 10도, 여름철에는 섭씨 30도 정도로 기후가 덥고 연중 강우량이 600mm 내외로 건조하다.

• 터키 플랫 와이너리 150년 된 묘목

그리고 유럽처럼 기후가 변덕스럽지 않고 매년 일정하기 때문에 포도의 작황에 별 영향을 주지 않으므로 오스트레일리아에서의 와인 빈티지는 단지 수확연도의 표시일 뿐 그 이상의 의미는 없다.

오스트레일리아는 1788년 초기 영국 정착자들이 타고 온 첫 번째 함대에 포도나무를 싣고 왔고, 초대 오스트레일리아 총독이 와인을 만들었다. 1803년 시드니 가제트(Sydney Gazette) 잡지의 첫 호에 "포도원을 가꾸기 위한 땅을 마련하는 법"이라는 기사가 실렸다.

오스트레일리아에서 재배되고 있는 포도 품종은 화이트 와인용으로 샤르도네(Chardonnay), 쇼비뇽 블랑(Sauvignon Blanc), 쎄미용(Semillon), 리슬링(Riesling) 등이 있고, 레드 와인용으로는 까베르네 쇼비뇽(Cabernet Sauvignon), 쉬라즈(Shiraz), 삐노 누아(Pinot Noir), 최근에 많이 재배하는 메를로(Merlot) 등이 있다.

주요 포도산지로는 남부 오스트레일리아(South Australia), 뉴사우스웨일스(New South Wales), 빅토리아(Victoria), 서부 오스트레일리아(Western Australia), 퀸즐랜드(Queensland), 태즈메이니아(Tasmania) 등이 유명하다.

(1) 각 지역별 와인

① 남부 오스트레일리아(South Australia)

전체 오스트레일리아 와인의 61%를 생산하고 있는 중요한 지역이다.

여기에서는 저급와인부터 고급와인에 이르기까지 모든 유형의 와인이 생산되고 있으며, 늦게 수확된 포도로 만든 보트리티스 와인(Botrytis Wine), 포트, 셰리 등도 포함하고 있다.

• 프레지던트 까베르네 쇼비뇽

• 바로사 밸리(Barossa Valley)

애들레이드(Adelaide)의 북쪽에 위치하고 있으며, 덥고 건조한 기후 때문에 해발 240~300m에 포도밭이 조성되어 향기로운 드라이 레드 와인, 가벼운 드라이 화이트 와인, 강화 와인 등 여러 가지가 나온다.

올랜도(Orlando)나 펜폴즈(Penfolds) 등의 거대한 와이너리의 발상지이기도 하다.

• 울프 블라스 까베르네 쇼비뇽

 호주의 와인 명가 펜폴즈 이야기

펜폴즈의 역사는 1844년 영국에서 호주로 이주한 크리스토퍼 로손 펜폴즈(Cristopher Rawson Penfold)가 와이너리를 건립하면서 시작되었다. 직업이 의사인 펜폴즈는 그의 부인 메리 펜폴즈, 딸과 함께 호주 애들레이드에 정착하면서 애들레이드에서 7km 거리에 위치한 맥길(Magill) 지역에 100 헥타르 규모의 대지를 구입하여 프랑스 남부 지방에서 가져온 포도 묘목으로 직접 포도밭을 조성하였다.

펜폴즈는 여기에 집을 지어 영국에서 살던 집의 애칭인 '더 그랜지(The Grange)'라는 이름으로 병원을 개원하였다. 병원은 매우 성황리에 운영되었으며 펜폴즈는 와인에 다양한 의학적 효능이 있다는 걸 발견하고 치료 목적의 '강화 와인'을 생산하기 시작하였다.

펜폴즈의 유명한 슬로건 '1844 to evermore(1844년부터 영원히)'는 와인을 처방 약재로 사용하던 펜폴즈의 초기 역사에서 비롯되었으며 오늘날 장수를 기원하는 의미로 사용되고 있다.

펜폴즈 와인을 처방전으로 음용했던 환자들은 이후 의료 상담보다는 와인을 문의하러 펜폴즈를 방문하는 일이 잦아졌고 머지않아 최고의 와인을 생산하는 와인하우스로서의 펜폴즈 명성이 형성되기 시작하였다.

1870년 펜폴즈 타계 이후 그의 부인인 메리 펜폴즈가 와이너리를 맡으면서 호주 내수 시장 특히 빅토리아와 뉴사우스웨일스 지역의 와인 소비가 큰 폭으로 증가하는 전성기를 맞게 된다.

메리 펜폴즈는 호주 와인 역사에 지대한 족적을 남기고 1896년 타계한 이후 사위인 Mr. Thomas Francisco Hyland에 의해 펜폴즈는 또 다른 전성기로 한 단계 도약하게 되었다. 현재까지도 펜폴즈는 남호주 지역 와인의 1/3 이상을 생산하고 있다.

• 로즈 마운트
  삐노 누아

② 뉴사우스웨일스(New South Wales)

오스트레일리아에서 가장 인기 있는 지역 중 하나로 오스트레일리아 와인의 발상지이며, 포도 재배면적은 9,000ha이고 전체 포도생산량의 27%를 생산한다.

헌터 밸리(Hunter Valley)는 가장 오래된 포도 재배지역 중 하나이며, 쎄미용(Semillon), 샤르도네(Chardonnay) 등을 화이트 와인 품종으로 많이 재배하고 쉬라즈(Shiraz)는 레드 와인 품종으로 많이 재배된다.

• 옐로우 테일 버블즈

• 헌터 밸리(Hunter Valley)

헌터 밸리 지역은 둘로 나누어지는데 와인을 생산하는 주 지역은 로 헌터 밸리(Lower Hunter Valley)이다.

• 로 헌터 밸리(Lower Hunter Valley)

가장 역사가 오래된 곳이며, 시드니가 가까워 큰 시장이 형성되는 곳이다. 비교적 덥고 습도가 높은 지역으로 쉬라즈로 만든 농후한 레드 와인과 쎄미용으로 만든 풍부한 드라이 화이트 와인이 유명하다.

③ 빅토리아(Victoria)

오스트레일리아 남동부 멜버른(Melbourne) 근처에 위치한 오랜 전통을 지닌 와인지역으로 기후와 토양이 유럽과 비슷한데, 이러한 자연조건이 유럽에서 건너온 이주자들이 정착하게 된 요인이 되었다. 오스트레일리아에서 두 번째로 많은 126개소의 양조장이 있으며, 정상급의 레드, 화이트, 발포성, 포트 와인을 생산하며, 오스트레일리아 생산량의 16%를 차지한다.

• 달타니 쉬라즈

④ 서부 오스트레일리아(Western Australia)

지금부터 20년 전까지만 해도 마가렛(Margaret)강과 와인은 별 관계가 없었다. 그러나 현재는 신흥 와인산지로 전체 생산량의 3%를 차지하고 있으며, 이곳에서 서부 오스트레일리아뿐만 아니라 오스트레일리아 전체에서 가장 우수한 와인이 생산되고 있다.

• 토마스 하디 쿠나와라

⑤ 퀸즐랜드(Queensland)

퀸즐랜드(Queensland)는 열대지방과 너무 가까워 좋은 품질의 와인을 생산하기에 적합하지 않다고 생각하여 와인 재배지역으로 잘 알려지지 않았지만 해발 700~1,000m 지대에서 기온이 서늘해지는 효과 때문에 까베르네 쇼비뇽, 쉬라즈, 샤르도네 등을 재배한다.

⑥ 태즈메이니아(Tasmania)

• 제나두 쉬라즈 까베르네 • 제나두 쎄미용 샤르도네

호주에서 가장 추운 곳으로 가을이 건조하기 때문에 수확기가 늦어진다.

• 클로버 힐

W I N E 호주 L A B E L

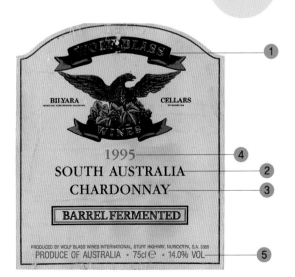
• 샤르도네 울프 브라스

호주와인 라벨
① 생산자명으로 Wolf Blass를 나타냄
② 포도 생산지역의 South Australia임을 뜻함
③ 포도 품종인 샤르도네
④ 빈티지(Vintage : 포도수확연도)가 1995년임
⑤ 알코올도수 14.0% 및 용량 750㎖
※ 호주 와인은 주로 포도 품종을 상표명으로 사용하고 있다.

⑧ 뉴질랜드 와인(New Zealand Wine)

뉴질랜드는 신세계 와인 생산국 중 가장 늦게 와인을 생산하기 시작했지만 1980년대에 수출을 시작한 이래 세계 11위의 와인 수출국이 된 주목받는 신흥 와인 생산국이다.

뉴질랜드 와인의 역사는 1838년 호주에 포도나무를 전파한 제임스 버스비(James Busby)가 포도나무를 들여와 와인을 양조한 것이 그 시초라 할 수 있겠다. 그러나 병충해, 기술부족, 금주법 때문에 와인산업

• 오스터 베이
삐노 누아

이 발달하지 못했다. 1960년대부터 레스토랑에서 와인판매가 가능하게 되었고, 1975년에는 뉴질랜드 와인협회가 구성되었다.

뉴질랜드는 호주와 더불어 천연 코르크 마개 대신 돌려서 따는 스크류 캡(Screw Cap)을 가장 많이 사용하는 나라이다.

(1) 뉴질랜드 와인의 등급 분류

뉴질랜드 와인의 공식적인 등급 분류는 없으나 라벨에 포도 품종을 표기할 때 그 포도 품종이 75% 이상 비율이어야 한다는 규제를 하고 있다. 생산지역이 표기될 때도 그 지역 포도가 75% 이상 사용되어야 한다. 빈티지 표기는 그해에 수확한 와인으로 만들었을 때만 표기한다.

(2) 뉴질랜드의 주요 와인산지

뉴질랜드는 원래 와인의 대표 산지가 북섬의 혹스베이(Hawke's Bay)였지만 1973년 남섬 북단의 말버러(Marlborough) 지역이 새로운 포도 재배지역으로 개발되면서 현재 뉴질랜드의 가장 큰 포도 재배지역이 되었으며 뉴질랜드 전체 포도 재배면적의 42%를 차지하고 있다.

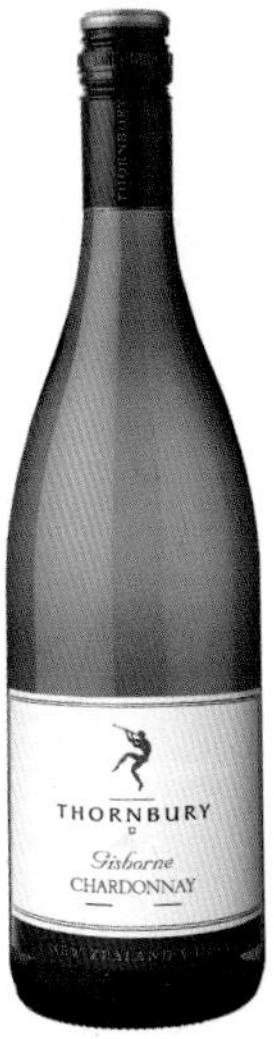

• 손버리 샤르도네

① 북섬

• 기즈번(Gisborne)

샤르도네 재배지역으로 유명하다.

• 혹스베이(Hawke's Bay)

혹스베이는 독특한 까베르네 쇼비뇽과 까베르네 프랑 등으로 보르도 스타일의 레드 와인을 만든다.

• 기타

오클랜드(Auckland), 와이카토(Waikato), 웰링턴(Wellington) 등이 있다.

② 남섬

• 말버러(Marlborough)

• 빌라 마리아
쇼비뇽 블랑

• 빌라 마리아 삐노
누아

• 클라우디 베이
쇼비뇽 블랑

1873년 말버러 최초로 포도가 재배되었으며 본격적인 와인 생산은 1970년대에 시작되었고 최근 10년 동안에 3배 이상 급성장을 하고 있다. 말버러는 뉴질랜드에서 가장 큰 와인 생산지역으로 낮에는 일조량이 풍부하고 밤에는 서늘한 기후의 영향으로 클라우디 베이(Cloudy Bay)에서 생산되는 쇼비뇽 블랑은 산미가 있기로 유명하고, 아스파라거스, 구스베리, 풀향을 가진 세계 최고 수준의 와인으로 유명하다.

• 센터럴 오타고(Central Otago)

센트럴 오타고는 내륙성 기후로 일교차가 심하기 때문에 포도 재배에 매우 적합하다. 낮에는 매우 덥지만 저녁이면 상쾌할 정도로 시원해지고, 또 긴 가을은 화창하고 산뜻하다. 센트럴 오타고의 토양은 고대 빙하에 의해 산에서 떠내려온 퇴적토가 주종을 이루는데, 그 속의 미세 황토는 최상품 와인 생산에 중요한 역할을 한다. 여기에는 다량의 광물질이 함유되어 있어 와인 하나하나마다 독특한 맛과 풍미를 낸다. 대표적인 포도 품종으로 삐노 누아(Pinot Noir)가 있다.

• 기타

넬슨(Nelson), 캔터버리(Canterbury) 등이 있다.

⑨ 미국 와인(American Wine)

와인을 맛보는 전문가인 벤저민 프랭클린은 언젠가 와인을 가리켜 "와인은 하나님이 인간을 사랑하고 인간이 즐겁게 사는 것을 보기 원하는 증거이다"라고 말한 적이 있다.

미국 와인의 역사는 현재 미국의 역사보다 오래되었을 것으로 보인다. 탐험가들이 미대륙을 발견하기 전에 이미 자생하는 야생포도가 있었기 때문이다.

유럽에서 신대륙으로 이주해 온 사람들이 유럽의 포도묘목을 미국에 심었으나 기후와 토질에 잘 적응하지 못해서 어려움을 겪었다. 그러던 중 우연히 신대륙의 야생포도와 유럽의 포도를 접붙여 재배했더니 성공적이었다. 이 포도 품종이 현재 미국 동부에서 재배되고 있다.

또한 1769년 프란체스코수도회의 수사인 주니페로 세라가 샌디에이고에 교회를 창설하면서 포도를 심어 미사주와 의약용으로 쓰라고 권

• 조단 까베르네 쇼비뇽
  (소노마 카운티)

했다.

상업적으로 와인이 생산되기 시작한 것은 조세프 채프먼이 로스앤젤레스 지역에 와인공장을 세워 1824년부터 와인을 생산한 것이 처음이다. 1830년대 프랑스에서 수백 그루의 포도묘목을 캘리포니아에 도입한 것을 시작으로 미국에 금을 캐러 몰려들었던 많은 유럽인들이 너도나도 포도원을 만들기 시작했다.

1857년 헝가리인인 아고스톤이란 사람이 소노마에 포도원을 일구었으며, 더 좋은 와인을 생산하기 위하여 캘리포니아의 총독에게 캘리포니아 북부지역에 와인산업을 육성해 줄 것을 요청했다.

그러자 총독은 담당자를 유럽에 출장 보내 유럽의 포도묘목을 10만 그루 정도 수입해서 재배하게 했다. 와인 생산이 본 궤도에 오르고 있었는데, 불행하게도(유럽에서 수입된 포도나무에 묻어온 병 때문에) 1874년 소노마 지역의 포도원으로부터 시작하여 캘리포니아의 거의 모든 포도나무가 필록세라로 인해서 황폐해졌다.

이와는 반대로 미국 동부 해안에서 자라는 미국의 야생포도는 이미 필록세라에 면역되어 있었으므로 이 토착 포도나무의 뿌리와 유럽 포도나무의 줄기를 접붙여서 포도를 재배했더니 필록세라 문제가 해결되었다.

이때부터 지구상의 대부분 지역이 이런 접붙인 포도 품종을 심고 있다. 19세기 말에 필록세라 문제가 해결되면서 미국의 와인산업은 다시 활기를 띠게 되었다.

1869년 캘리포니아 와인의 생산량이 400만 갤런에서 1900년에는 2,800만 갤런, 1911년에는 6,000만 갤런으로 급격히 늘어나게 되었다. 그러나 1919년부터 금주령이 선포되어 거의 모든 와인의 생산이 중단되고, 단지 미사나 성찬용과 의약용으로만 일부 사용되면서 미국의 와인산업은 거의 사라지게 되었다. 1933년 금주령이 해제되면서 다시 포도 재배와 와인 생산이 증가하게 되었다.

현재 미국은 와인 생산량 세계 4위, 와인 소비량 세계 3위, 포도 재배면적 세계 6위이다.

미국에서 재배되고 있는 화이트 와인용 포도로는 샤르도네, 리슬링, 슈냉 블랑, 프렌치 콜롬바드(French Colombard), 쇼비뇽 블랑, 쎄미용, 실바너 등이 있고, 레드 와인용 포도로는 까베르네 쇼비뇽, 가메, 메를로, 삐노 누아, 진판델(Zinfandel) 등이 있다.

(1) 미국 와인의 등급

① 메리터지 와인(Meritage Wine; 보르도 스타일로 만든 와인)

미국 와인은 사용한 포도 품종의 종류가 상표의 일부분이 된다. 이러한 와인을 단일 품종 와인(해당 포도 품종이 75% 이상)이라 하는데 미국의 많은 와인업자들은 이러한 와인보다는 여러 종류의 포도 품종을 섞어서 만드는 것이 자신만의 포도밭을 대표하는 최고의 와인을 만들 수 있다고 믿고 있다. 하지만 이럴 경우 현행 와인상표 규정에 따라 단일 포도 품종이 75%를 넘지 못하므로 다품종을 섞어 만든 와인은 생산업체가 만든 이름으로 표기하거나 단순히 테이블 와인으로 표기하게 된다.

이러한 이름들은 자기만의 뛰어난 품질을 제대로 나타내지 못하기 때문에 '메리티지'라는 새로운 이름을 사용하게 되었다.

이 명칭은 1988년 전 세계적으로 공모된 6,000여 개의 명칭 중에서 선택된 것으로 이들 고품질와인을 단순히 테이블 와인과 구분하기 위해 사용되고 있다.

• 오퍼스 원(나파 밸리)

그러나 이 메리티지 와인은 반드시 프랑스 보르도 지방의 전통적인 포도 품종들만을 섞어 만들어야 한다. 또한 메리티지 와인은 반드시 해당 와인업체가 생산하는 와인 중 최고의 와인이어야 하며, 개별 와인 양조장에서 매해 생산된 포도로 25,000케이스까지만 생산할 수 있다. 유명한 메리티지 와인은 오퍼스 원(Opus One), 조셉 펠프스(Joseph Phelps)의 인시그니아(Insignia) 등이 있다.

② 버라이어탈 와인(Varietal Wine; 품종기재 고급와인)

와인제조에 사용한 포도의 원산지를 표시하고 있는 경우에만 그 품종의 이름을 하나 또는 여러 개 표시할 수 있고, 그 와인을 만드는 데 사용된 포도의 75% 이상이 특정 품종의 포도여야 그 품종을 표시할 수 있다. 또한 두 개 이상의 포도 품종 이름이 표시되려면 각각의 품종이 해당 와인에서 차지하는 비율이 라벨에 함께 표시되어야만 한다.

예를 들어 '진판델', '까베르네 쇼비뇽', '샤르도네' 등으로 표기한다.

• **진판델(Zinfandel) 포도 품종**

• 끌로 두 발 진판델

캘리포니아의 특화 품종인 진판델(Zinfandel)은 이탈리아 프리미티보(Primitivo) 품종이 건너온 것으로만 알려져 있었으나, 수년간 DNA검사를 통해 이 품종이 수도승들에 의해 이탈리아로 전해진 크로아티아의 플라박 말리(Plavac Mali) 품종이라는 것이 밝혀짐으로써 진판델도 그 최초 근원이 재조정되었다.

일반적인 진판델 와인의 맛은 약간의 산도와 단맛 그리고 풍성한 과일향과 스파이시한 맛이 특징이라 하겠다. 주요 재배지역으로는 소노마, 시에라 풋힐스, 산타 크루즈 등이 있다.

③ 제너릭 와인(Generic Wine; 일반 와인)

여러 품종의 포도를 블렌딩한 와인을 일반 와인이라고 한다. 일반 와인은 라벨에 포도 품종명을 기재할 수 없고 샤블리나 버건디, 쏘테른 등으로 표기한다. 물론 프랑스의 샤블리와 버건디 와인은 아니나 비슷한 맛이 나도록 한 와인이다. 일반 와인은 가격 면에서 품종와인보다는 싸게 판매되고 있다.

④ 와인의 원산지 명칭

• **하나의 주 이름**

와인 원산지로서 주의 이름을 쓰는 경우 사용된 포도는 100% 해당되는 주(예를 들어 캘리포니아, 뉴욕 등) 내에서 생산된 것이어야 한다. 이 경우 주 내의 여러 지역에서 생산된 와인을 섞어 만드는 경우가 많다.

• **하나의 카운티(County) 이름 또는 복수의 카운티 이름**

카운티의 이름이 원산지로 표시된 경우 행정구역에 따른 구분이다(예를 들어 나파, 소노마 등). 카운티 원산지 표시의 경우 해당 카운티에서 생산된 포도가 75% 이상 사용되어야 한다.

또한 두 개 또는 그 이상의 카운티가 원산지로 표시되는 경우, 각 카운티가 차지하는 비율이 함께 표시되어야 하며, 포도는 각각의 카운티에서 100% 생산된 것이어야 한다.

- 미국 공식 인증 전문 포도 재배지역 이름(American Viticultural Area; A.V.A)

1983년부터 시행한 것으로 하나의 A.V.A는 그 지역이 주변의 지역과 지리학적으로 다른 특성, 즉 기후, 토양성분, 등고(높이), 물리적 특성, 때로는 역사적 자료 등을 가지고 있다는 것을 의미한다.

또한 A.V.A로 표시된 와인은 85% 이상의 포도가 그 지역에서 생산된 것이어야만 한다.

현재 미국에서 총 153개의 지역이 A.V.A로 공식 인증되어 있다.

American Viticultural Area(A.V.A)

A.V.A로 지정되었다고 해서 그 지역에서 생산되는 와인의 품질을 인증받은 것은 아니다. 다만 '그 지역이 다른 지역과 다르다는 것을 의미할 뿐 더 우수하다'는 것을 인증하는 것은 아니다. 또한 AVA 제도는 해당 지역에서의 와인 생산방법을 규정하지도 않는다.

이것은 다른 나라의 재배지역 인증제도와는 달리 미국의 와인 생산자는 자신이 정한 품질기준과 소비자의 요구를 반영하여 자신의 땅에 가장 적합한 품종을 선택하고, 필요에 따라 물을 주고, 최상의 시기에 수확하며, 최적의 단일면적당 생산량을 결정할 자유를 가진다는 것을 뜻한다. 궁극적으로 와인 생산업자가 모든 옳은 결정을 내리게 하는 것은 소비자인 셈이다. 다만, 캘리포니아주에 있어서는 고품질의 와인 생산을 보장하기 위해서 설탕의 첨가(와인의 발효과정에서 설탕 첨가 금지), 포도밭에서 농약의 사용, 생산공정의 위생관리 등 와인의 생산을 관리하는 엄격한 법 규정이 존재한다.

(2) 각 지역별 와인

미국에서는 50개의 주 가운데 44개의 주에서 포도 재배가
가능한데, 대표적인 와인산지로는 캘리포니아주, 오리건주,
워싱턴주, 뉴욕주 등이 있다.

① 캘리포니아 지역

• 끌로 두 발 까베 　• 로버트 몬다비
르네 쇼비뇽 　 샤르도네 리저브

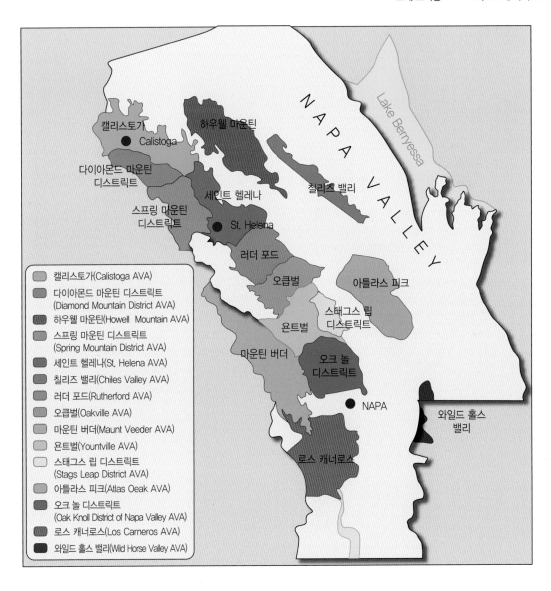

캘리스토가(Calistoga AVA)

다이아몬드 마운틴 디스트릭트
(Diamond Mountain District AVA)

하우웰 마운틴(Howell Mountain AVA)

스프링 마운틴 디스트릭트
(Spring Mountain District AVA)

세인트 헬레나(St. Helena AVA)

칠리즈 밸리(Chiles Valley AVA)

러더 포드(Rutherford AVA)

오크빌(Oakville AVA)

마운틴 버더(Maunt Veeder AVA)

욘트빌(Yountville AVA)

스태그스 립 디스트릭트
(Stags Leap District AVA)

아틀라스 피크(Atlas Oeak AVA)

오크 놀 디스트릭트
(Oak Knoll District of Napa Valley AVA)

로스 캐너로스(Los Carneros AVA)

와일드 홀스 밸리(Wild Horse Valley AVA)

• 캘리포니아 북부 해안지역(Northern California Coast)

울퉁불퉁한 해안선과 몰아치는 파도, 하늘 높이 솟은 미국 삼나무 숲(세쿼이아나무로 유명), 세찬 강 줄기, 푸르른 언덕, 그리고 아름다운 포도밭으로 가득 찬 땅이다. 샌

• 캘리포니아 와인 저장고

프란시스코 바로 위쪽에 나파 밸리, 소노마, 멘도치노, 센트럴 코스터, 산조아킨 밸리 등의 와인산지들이 세계적으로 명성을 높이고 있다.

• 나파 밸리(Napa Valley)

이 지역에 처음 거주했던 원주민인 와포(Wappo) 인디언 부족에게 나파란 '풍요의 땅'을 의미하는 말이었다.

나파계곡에서 처음 포도를 재배한 사람들은 조지 연트(George Yount)와 같은

• 퓌메 블랑　• 베린저 까베르네　• 오크 빌레 로버트
　　　　　　　쇼비뇽　　　　　몬다비

1840년경의 초기 탐험가들이었다. 1861년 이 지역에 최초의 상업적인 와인 양조장을 세운 사람은 찰스 크럭(Charles Krug)이었으며, 1889년에 이르러 140개의 와인 양조장이 운영되기에 이르렀다. 금주법과 함께 사라졌던 나파 밸리 와인업계는 1933년 금주법의 폐지와 함께 다시 부흥기를 이루게 되었다. 1960년에서 2000년 사이에 와인 양조장의 수는 25개에서 240개 이상으로 증가하였고, 이 지역에 처음 와인 붐이 발생한 지 100년 후 나파 와인의 뛰어난 품질은 세계적인 명성을 얻게 되었다.

나파 밸리(Napa Valley)는 미국에서 가장

유명한 포도 재배지역으로, 샌프란시스코에서 차량으로 금문교를 지나 약 1시간 반 정도 걸리며 16,300헥타르의 포도밭을 가지고 있다.

이 지역은 양쪽이 산맥으로 막혀 있는 지형이며, 북서방향으로 45km쯤 길게 뻗어 있다. 나파 밸리의 폭은 넓게는 남부의 나파시(City of Napa) 부근에서 8km 정도이며 가장 좁게는 북부의 칼리스토가 마을(Town of Calistoga) 부근에서 1.5km 정도이다.

나파강(Napa River)은 이 계곡지형을 따라 흐르고 있다. 관광객들이 연중 이 계곡을 지나면서 공장마다 들러서 와인을 시음해 보고 한두 병씩 사가는 미국에서 가장 유명한 와인 생산지이다.

특히 이곳에서도 가장 유명한 와인공장으로는 로버트 몬다비 포도주공장(Robert Mondavi Winery)이 있다. 1966년 로버트 몬다비는 특이한 외양의 공장을 건설한 후 적극적인 와인의 생산기술 도입과 판매활동으로 와인업계의 거물이 되었으며, 포도주공장은 국내외에서 유명하게 되었다.

1980년 프랑스 샤또 무똥 로칠드의 바롱 필립 드 로칠드와 합자회사를 만들어서 최고급 나파 밸리 와인인 오퍼스 원(Opus One)을 1984년부터 소량 생산하고 있다.

> **주요 와인 생산자**
> 베린저(Beringer)
> 끌로 뒤 발(Clos du Val)
> 도미너스(Dominus)
> 조셉 펠퍼스(Joseph Phelps)
> 로버트 몬다비(Robert Mondavi) 등

• 소노마 카운티(Sonoma County)

1812년 러시아 이주민들은 해안지역인 포트 로스(Fort Ross)에 처음 포도나무를 심었다. 그러나 소노마에 본격적인 와인산업의 기반을 구축한 것은 1823년 프란체스카수도원에 포도를 심었던 스페인계의 호세 알티메라(Jose Altimera) 신부였다. 캘리포니아 와인의 아버지로 불리는 헝가리계의 아고스톤 하라치경(Count Agoston Haraszthy)이 소노마의 한 밭을 사서 부에나 비스타(Buena Vista)로 이름 붙인 것은 1857년이었다.

• 샤또 수버랭 까베르네 쇼비뇽(알렉산더 밸리) • 샤르도네 조단

그 뒤 1861년 그는 캘리포니아 국회로부터 유럽의 포도 재배법에 대한 연구를 위임받아 유럽을 여행한 후 그 다음해 프랑스, 이탈리아, 스페인 등지에서 우수한 포도묘목 십만 그루 이상을 소노마에 들여오게 되었다. 소노마는 나파 밸리 다음으로 캘리포니아에서 유명한 와인 생산지역으로 나파 밸리의 서쪽에 있고 태평양 해안에 가까우며, 기후가 온화해서 포도 재배에 적합하다.

켄우드 와인 시리즈

• 율루파   • 샤르도네   • 진판델   • 메를로   • 잭런던 까베르네 쇼비뇽   • 아티스트 시리즈 까베르네 쇼비뇽

• 멘도치노(Mendocino)

샌프란시스코에서 북쪽으로 150km 떨어진 멘도치노는 소노마 카운티의 바로 위쪽에 위치하면서 기후는 소노마보다 약간 서늘하며, 산이 많아 울퉁불퉁하며 산림이 울창한 지역이다. 이곳의 포도밭은 약 6,000헥타르 정도이며, 대부분 러시아강(Russian River)과 나바로강(Navarro River)의 유역과 지류를 따라 형성된 능선의 햇살이 잘 비치는 윗부분에 위치하고 있다.

이 지역에 포도가 처음 심어진 것은 황금탐험기 이후인 1850년이었다. 이후 금주법으로 이 지역의 와인산업은 거의 사라지게 되었지

• 켄달 잭슨 메를로

만, 파두치가(Parducci Family)의 숨은 노력으로 와인이 계속 생산될 수 있었다. 1970년대와 80년대를 통해 파두치 와인회사(Parducci Wine Cellars)와 페처 와인회사(Fetzer Vineyards)를 선두로 멘도치노의 많은 와인업체가 세계적인 명성과 공급망을 구축하게 되었다. 멘도치노 카운티에는 37개의 와인업체가 8개의 A.V.A에 퍼져 있다.

• 탤러스 화이트 진판넬

• 캘리포니아 중부 해안지역(Central California Coast)

이곳은 샌프란시스코에서 몬터레이(Monterey)를 거쳐 산타 바바라(Santa Babara)에 이르는 길게 뻗은 지역으로 과거 프란체스카수도원의 수도승들이 '왕들의 도로(El Camino Real)'로 불렀던 101번 고속도로를 따라 자동차로 약 6시간 걸리는 거리이다. 이곳은 여러 와인산지에 매우 다양한 와인 양조장이 퍼져 있다.

• 리버모어 밸리(Livermore Valley)

샌프란시스코만 동쪽의 해안 능선 기슭에 위치한 곳으로 25km 정도 길게 뻗어 있다.

100년 이상의 역사를 자랑하는 이곳은 캘리포니아의 가장 역사적인 와인산지 중 하나이다. 1889

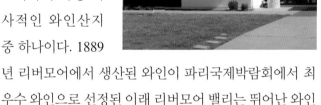

년 리버모어에서 생산된 와인이 파리국제박람회에서 최우수 와인으로 선정된 이래 리버모어 밸리는 뛰어난 와인산지로 국제적인 명성을 얻고 있다.

이곳은 샌프란시스코만과 인접하여 와인용 포도의 재배에 매우 좋은 환경을 갖추고 있다.

재배기간 내내 낮 동안 고온의 기후를 유지하다가 오후 늦게 바다로부터 매우 차가운 공기가 이 지역을 거쳐 더

• 헤리티지 화이트   • 웬티

안쪽의 센트럴 밸리까지 유입된다.

이 차가운 바람은 안개를 동반하고 있어 이른 아침까지 저온의 안개가 계곡에 머물게 한다. 이러한 밤낮의 기온 변화는 계속적으로 순환한다. 또한 이 지역은 다른 지역과는 달리 특별히 깊고 돌이 많은 토양으로 이루어져 있어 보르도 지역의 포도 품종에 최적의 환경을 제공한다. 현재 리버모어 밸리에는 12개의 양조장이 자리 잡고 있다.

● 산타 크루즈 산맥(Santa Cruz Mountain)

이 지역의 포도밭들은 1982년에 개발되었으며 현재 약 20개의 와인 양조장이 자리 잡고 있다.

이곳은 샌프란시스코에서 약 80km 떨어진 해안지역으로 유명한 실리콘 밸리의 바로 아래쪽에 위치하고 있으며, 낮은 산맥이 형성한 능선을 경계로 태평양을 바라보며 서쪽의 절반과 샌프란시스코만을 바라보는 동쪽의 절반으로 크게 나누어진다.

이러한 지형 변화를 이용하여 대양을 바라보는 쪽에는 삐노 누아만을 반대쪽에는 까베르네 쇼비뇽을 주로 재배한다.

● 몬터레이 카운티(Monterey County)

다른 대부분의 카운티에서처럼 이 지역에 처음 포도를 재배한 사람은 프란체스카수도원의 사람들이었다.

이들은 200년 전 솔레다드(Soledad)에 위치한 수도원에 포도를 심기 시작해서 현재 몬터레이는 약 17,000헥타르에 이르는 포도밭을 가지고 있으며, 이중 약 40%는 샤르도네를 재배하고 있다. 이 지역은 약 50개의 양조장이 있으며, 7개의 A.V.A가 있다.

● 블랙스톤 까베르네 쇼비뇽　● 몬터레이 샤르도네

● 산타 바바라 카운티(Santa Barbara County)

이 지역은 로스앤젤레스 위쪽에 위치하며 북에서 남으로 약 150km의 크기에 전체 포도밭 면적은 6,000헥타르이다. 이곳 또한 약 200년 전 활발한 와인산업을 일구었으나, 근대적인 와인 생산은 1960년대 데이비스 캘리포니아주립대학(U.C Davis)의 연구

• 루색 샤르도네

진이 이 지역의 기후, 토양, 지형, 수자원 등이 포도 재배에 적합하다는 사실을 밝혀낸 이후 본격적으로 시작되었다.

최초의 근대적인 포도밭이 조성된 지 35년이 지난 오늘날 이 지역에는 30개 이상의 와인 양조장이 운영 중에 있다.

• 남부 캘리포니아(Southern California)

로스앤젤레스에서 남쪽 샌디에이고까지 이어지는 지역으로 강렬한 햇살과 백사장 해안, 파도타기, 놀이공원 및 영화산업으로 유명한 곳이다. 이 지역이 와인산업을 가지고 있다는 사실을 아는 사람도 그리 많지는 않다. 그러나 로스앤젤레스에서 한 시간 거리에 있는 고온의 테메큘라(Temecula) 지역에는 1,200헥타르의 포도밭이 조성되어 있다.

• 시에라네바다(Sierra Nevada)

황금탐험의 시절로부터 전해지는 이야기에 의하면 이 지역에 있었던 1848년에 금광이 발견되어 역대 최고의 황금탐험의 시기를 야기시켰다고 한다. 이 지역에는 아마도르 카운티(Amador County), 캘러베러스 카운티(Calaveras County), 엘도라도 카운티(El Dorado County)를 중심으로 많은 숙박시설과 야외 여가시설, 그리고 세계적인 명성을 쌓은 많은 와인업체들이 위치해 있다.

• 시에라네바다 포도원 전경

• 센트럴 밸리(Central Valley)

이곳은 해안의 언덕지대와 서쪽의 시에라네바다산맥의 경사면 사이에 위치하며 캘리포니아 농업의 심장부라 할 수 있고, 미국에서 와인을 가장 많이 생산하고 있는 지역으로 캘리포니아 와인의 80%를 생산하고 있다. 동서로 150km, 남북으로 645km의

광대한 이 지역은 보르도 2배 정도의 포도 재배면적을 가지고 있으나, 1/3만이 와인용 포도 재배지이고 나머지 2/3는 건포도용 포도 재배지이다.

와인용으로는 주로 콜롬바드(Colombard) 품종이 쓰이고 건포도용으로는 톰슨 시들레스(Thompson Seedless) 품종이 주로 쓰인다.

이 지역은 와인을 대량으로 생산하기 때문에 대형 와인공장이 많고, 그 규모도 거대해서 밖에서 보면 석유화학공장을 방불케 할 정도이다. 이곳의 와인은 주로 큰 병에 담은 저그 와인(Jug Wine)이 많고, 주로 테이블 와인산지로 잘 알려져 있다.

이 지역의 주요 와인산지는 새크라멘토 남쪽에 위치한 로디(Lodi)와 산조아킨 밸리(San Joaquin Valley)가 있다.

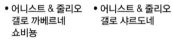

• 어니스트 & 줄리오 갤로 까베르네 쇼비뇽 • 어니스트 & 줄리오 갤로 샤르도네

② 워싱턴(Washington) 지역

워싱턴주에서는 동쪽에 있는 야키마 밸리에서 포도를 많이 재배하고 있다. 이 지역은 강우량이 극히 적으므로(연간 250mm) 인근 컬럼비아강에서 강물을 끌어다가 관개를 하여 포도를 생산하고 있다. 이곳에서 생산된 포도는 시애틀 근처의 공장으로 150마일 정도 차로 운반하고 있다.

이 지역에는 90개의 와인공장이 있으며, 상위 8개의 공장에서 워싱턴주 와인의 95%를 생산하고 있다. 이 지역의 유명한 와인공장으로는 샤또 세인트 미셸(Chateau St. Michelle), 프레스턴 와인 셀러(Preston Wine Cellars)와 야키마 리버 포도주공장(Yakima River Winery)이 있다.

• 샤또 세인트 미셸

③ 오리건(Oregon) 지역

오리건주의 포도원은 대부분 최근에 만들어졌고 또 규모가 작다. 그 면적은 워싱턴주의 절반 정도인 4,860헥타르 정도이며, 월래밋 밸리(Willamette Valley)에서 포도를 많이 재배하고 있다.

90개의 와인공장은 대부분 규모가 작으며 상위 7개의 공장에서 전체의 1/3만을 생산할 뿐이다. 오리건주는 캘리포니아와 다르게 일반 와인을 금하고 있고 품종와인도 그 품종의 와인이 90%가 넘어야 하는 엄격한 규정을 제정하여 실시하고 있다.

오리건 지역의 유명한 와인공장으로는 크누센 어스 포도주공장(Knudsen Earth Winery), 소콜 블로서 포도주공장(Sokol Blosser Winery), 투알라틴 빈야드(Tualatin Vineyard) 등이 있다.

• A to Z   • 도멘 서린 삐노 누아

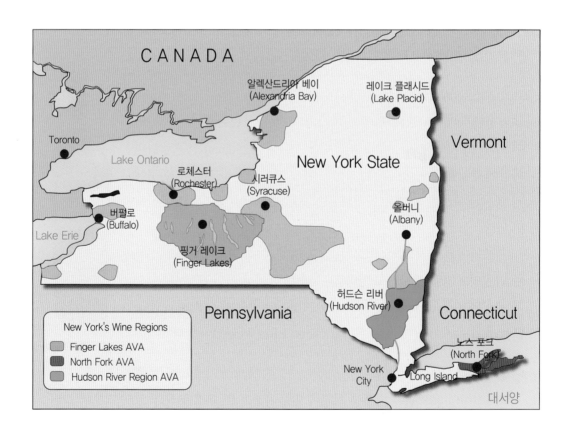

④ 뉴욕(New York) 지역

미국 동부지역 중에서 뉴욕주는 캘리포니아 다음으로 와인을 많이 생산하고 있다. 19세기 초부터 포도를 재배했으며 주로 자극적인 향이 있는 자생종인 라브루스카(Labrusca) 포도 품종을 재배했다. 이곳은 프랑스 포도 품종을 재배해서 와인을 만들고 있다. 유명한 포도 재배지역은 다음과 같다.

• 핑거 레이크 지방

핑거 레이크(Finger Lake)는 버펄로 아래쪽에 있으며 온타리오 호수 근처에 있다. 4개의 좁고 기다란 호수가 손가락같이 흩어져 있어서 핑거 레이크라 불리는 이 지역은 포도생육기간이 짧고 추운 겨울이 길기 때문에 지역 토착종이 잘 자란다.

1850~1860년 사이에 포도가 재배되기 시작하여 뉴욕주 포도 재배지역의 중심지가 되었으며, 이 지역에 많은 와인공장이 있다.

대표적인 공장으로는 샴페인을 주로 생산하는 골드 실(Gold Seal), 그레이트 웨스턴(Great Western)과 와인을 주로 생산하는 테일러 와인회사(Taylor Wine Company)가 있으며, 이 테일러 와인회사는 뉴욕주에서 가장 큰 와인공장을 가지고 있다.

• 허드슨 리버 지방

허드슨 리버(Hudson River)는 최근에 포도를 생산하기 시작한 지방으로 뉴욕시에서 북쪽으로 50마일 떨어져 있는데, 언덕이 많고 핑거 레이크 지역보다 겨울철에 덜 춥다.

이 지역에서는 특히 교잡종을 많이 심고 있다. 유명한 와인공장으로는 버멀(Bermarl), 클린턴(Clinton)과 노스 살렘(North Salem) 등이 있다.

• 노스 포크 지방

노스 포크(North Fork)는 롱아일랜드의 동쪽 끝에 있으며, 뉴욕시에서 동쪽으로 약 80마일 떨어진 곳에 있다.

기후는 대체로 온화해서 유럽 품종의 포도를 많이 심고 있다. 17세기에 이 지역에서 포도가 자랐다는 증거가 있기는 하지만 1973년 하그레이브 형제가 포도원을 처음으로 건설하여 포도를 심기 시작했다.

이러한 지역 이외에도 미국 동부지역의 아르칸사스, 코네티컷, 메릴랜드, 매사추세츠, 미시건, 미주리, 뉴저지, 오하이오, 펜실베이니아, 버지니아주 등이 있다.

W I N E 미국 L A B E L

• 샤르도네 조단(소노마)

미국 와인라벨
① 생산자(브랜드)명으로 Jordan을 나타냄
② 알코올도수
③ 포도 품종인 샤르도네(Chardonnay)임을 표시함
④ 빈티지(Vintage : 포도수확연도)가 1994년임
⑤ 포토가 재배된 산지명인 Sonoma County 지방이라는 것을 표함

⑩ 칠레 와인(Chile Wine)

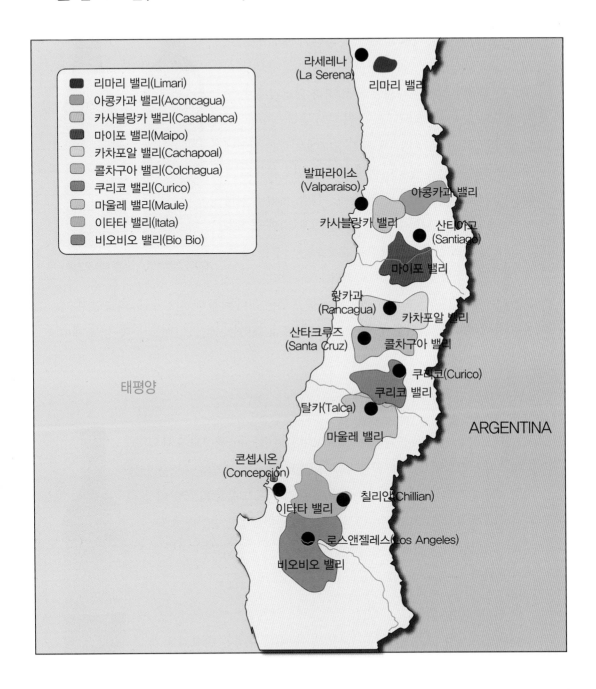

남미 최고급와인을 생산하는 나라 칠레는 지정학적으로 포도주 생산에 매우 이상적으로 온난한 지중해성 기후, 더운 일중 시간, 서늘한 야간, 분명한 계절의 구분, 이상적인 토양조건, 자연과 인력에 의한 수리의 관리 등이 포도주 생산에 크게 유리할 뿐만 아니라 피난지 같은 포도 경작지의 지형조건도 더할 나위 없이 좋다.

칠레의 포도원은 안데스에서 태평양에 이르는 지역에 펼쳐진 수많은 강과 계곡 주위에 형성돼 있다. 북쪽의 아타카마(Atacama) 사막, 동쪽의 안데스산맥, 서쪽의 태평양, 남쪽의 파타고니아(Patagonia) 빙원(氷原)이 둘러싸고 있어서 포도 질병을 막아주고 순조로운 기후를 마련해 주는 천혜의 포도원을 이루고 있다.

• 1865 까베르네   • 엘 보스끄 샤르도네

칠레에서 생산되는 화이트 와인용 품종으로는 쇼비뇽 블랑, 샤르도네, 리슬링, 슈냉 블랑 등이며, 레드 와인용 품종으로는 까베르네 쇼비뇽, 메를로, 삐노 누아 등을 재배한다.

(1) 칠레 와인의 등급에 의한 분류

① 데노미나시온 데 오리헨(Denominacion de Origen; 원산지 표시 와인)

칠레에서 병입된 것으로 원산지를 표시할 경우, 그 지역의 포도를 75% 이상 사용해야 한다. 상표에 품종을 표시할 경우도 그 품종을 75% 이상 사용해야 하며, 여러 가지 품종을 섞는 경우는 비율이 큰 순서대로 3가지만 표시한다. 수확연도를 표시하는 경우도 그해 포도가 75% 이상 들어가야 한다.

② 원산지 없는 와인

원산지 표시만 없고, 품종 및 생산연도에 대한 규정은 원산지 표시 와인과 동일하다.

• 알마비바

③ 비노 데 메사(Vino de Mesa)

식용 포도로 만드는 경우가 많고, 포도 품종, 생산연도를 표시하지 않는다.

- **레세르바 에스페시알(Reserva Especial)** : 최소 2년 이상 숙성 와인에 표기
- **레세르바(Reserva)** : 최소 4년 이상 숙성 와인에 표기
- **그란 비노(Gran Vino)** : 최소 6년 이상 숙성 와인에 표기
- **돈(Don)** : 아주 오래된 와이너리에서 생산된 고급와인에 표기
- **피나스(Finas)** : 정부에서 인정된 포도 품종으로 만든 와인에 표기

(2) 각 지역별 와인

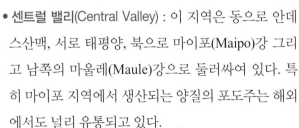

칠레의 포도 재배지역은 가장 넓은 생산지역 리전(Regions) 4개 권역, 서브리전(Subregion) 13개 지역, 존(Zone), 에어리어(Areas)로 분류된다.

- **코킴보(Coquimbo)** : 안데스산맥 기슭에 위치하고 있으며, 대부분 브랜디용을 생산한다. 알코올함량이 높고 산도가 낮다.
  - **아콩카과(Aconcagua)** : 이곳은 아콩카과강이 가로 질러가면서 아콩카과계곡에 형성된 포도원이다. 일조량과 강우량이 알맞아 감미가 풍부한 포도가 생산된다. 또한 이 지역 해안에는 잘 알려진 포도경작지인 카사블랑카 밸리(Casablanca Valley)가 있다.

• 몬테스 알파
까베르네
쇼비뇽

- **센트럴 밸리(Central Valley)** : 이 지역은 동으로 안데스산맥, 서로 태평양, 북으로 마이포(Maipo)강 그리고 남쪽의 마울레(Maule)강으로 둘러싸여 있다. 특히 마이포 지역에서 생산되는 양질의 포도주는 해외에서도 널리 유통되고 있다.

• 아라우카노 샤르도네

- **남부지역(Southern Regions)** : 남부지역은 칠레 최대의 포도경작지로 이곳에는 이타타(Itata)강과 비오비오(Bio Bio)강이 흐르고 있다.

• 에리주리즈 맥스 리제
르바 까베르네 쇼비뇽

• 카르멘 까베르네
쇼비뇽 레세르바

① 아콩카과 밸리(Aconcagua Valley)

산티아고(Santiago) 북쪽지방으로 온화한 지중해성 기후로 양질의 와인을 생산한다. 까베르네 쇼비뇽, 까베르네 프랑, 메를로, 최근에는 시라를 많이 재배하고 있다.

② 카사블랑카 밸리(Casablanca Valley)

산티아고 서부 해안가에 인접한 카사블랑카 밸리는 일조량과 강우량이 알맞아 감미가 풍부한 포도를 생산한다. 최근에 개발된 지역으로 특히 화이트 와인을 생산하기에 좋은 조건을 갖추고 있다.

③ 마이포 밸리(Maipo Valley)

산티아고 남쪽에 위치하고 있으며, 고온, 건조하여 레드 와인 최적의 생산지인 까베르네 쇼비뇽을 주로 재배하고 있다.

④ 라펠 밸리(Rapel Valley)

최근에 프리미엄 와인들을 생산하고 있으며, 주로 메를로 품종을 재배하고 있다.

• 에스쿠도 로호

• 알티플라노 까베르
쇼비뇽

⑤ 쿠리코 밸리(Curico Valley)

샤르도네가 가장 유명하며, 까베르네 쇼비뇽, 메를로, 삐노 누아도 생산한다.

⑥ 마울레 밸리(Maule Valley)

야간 습윤한 지중해성 기후로 겨울에 강우량이 많다. 이 지역 특유의 품종인 파이스(Pais)를 많이 재배하며, 요즈음은 메를로가 많이 재배되고 있다.

• 에펠타구 리저브
삐노 누아

⑦ 이타타 밸리((Itata Valley)

봄에 서리가 내리지만, 이타타강을 따라 샤르도네를 재배하며, 서쪽으로는 까베르네 쇼비뇽을 재배한다.

• 발두지 까베르네
쇼비뇽 리세르바

평가 준거

• 평가자는 학습자가 수행 준거 및 평가 내용에 제시되어 있는 내용을 성공적으로 수행 하였는지를 평가해야 한다.

• 평가자는 다음 사항을 평가해야 한다.

학습 내용	평가 항목	성취수준		
		상	중	하
생산 국가에 따른 와인 분류	– 국가별 와인의 역사를 통한 현주소를 설명할 수 있다.			
	– 국가별 와인의 주요 생산지를 파악하고 포도 품종, 와인의 특징을 설명할 수 있다.			
	– 국가별 와인 품질 분류 체계를 구분할 수 있다.			
	– 국가별 와인 레이블을 통해 와인의 정보를 설명할 수 있다.			
	– 국가별 주요 원산지 명칭을 확인하여 와인의 특징들을 구분할 수 있다.			
	– 국가별 와인 전문 용어들을 설명할 수 있다.			

평가 방법

• 구술 시험

학습 내용	평가 항목	성취수준		
		상	중	하
생산 국가에 따른 와인 분류	– 국가별 와인 역사와 현주소 설명			
	– 국가별 와인 품질 분류 체계 구분			
	– 국가별 주요 와인 생산지 파악과 원산지 명칭 확인			
	– 국가별 주요 와인 생산지의 주요 포도 품종과 와인의 특징 설명			
	– 국가별 와인 레이블의 정보 설명			
	– 국가별 전문 용어 설명			

- 서술형 시험

학습 내용	평가 항목	성취수준		
		상	중	하
생산 국가에 따른 와인 분류	– 국가별 와인 역사와 현주소 설명			
	– 국가별 와인 품질 분류 체계 구분			
	– 국가별 주요 와인 생산지 파악과 원산지 명칭 확인			
	– 국가별 주요 와인 생산지의 주요 포도 품종과 와인의 특징 설명			
	– 국가별 와인 레이블의 정보 설명			
	– 국가별 전문 용어 설명			

- 피평가자 체크리스트

학습 내용	평가 항목	성취수준		
		상	중	하
생산 국가에 따른 와인 분류	– 국가별 역사적 배경과 현주소 설명			
	– 국가별 와인의 주요 생산지 파악			
	– 국가별 와인의 주요 생산지의 포도 품종과 와인의			
특징 설명	– 국가별 와인 품질 분류 체계 구분			
	– 국가별 주요 원산지 명칭 확인			
	– 국가별 와인 레이블의 정보 설명			
	– 국가별 와인 전문용어 설명 가능 여부			

피 드 백

1. 구술 시험
– 국가별 와인 레이블에 담긴 정보로 와인의 특징과 전문 용어의 이해를 평가하고 부족한 부분에 대해서는 학습 후 재평가를 실시한다.
2. 서술형 시험
– 국가별 와인의 역사와 특징의 이해 여부를 평가하고 부족한 부분에 대해서는 학습 후 재평가를 실시한다.
3. 피평가자 체크리스트
– 학습자가 수행해야 할 학습 내용에 대해 자기 주도적으로 평가하여 학습자가 이해하고 숙지해야 할 기본지식에 대하여 점검하도록 유도한다.

PART **3**

증류주

Chapter **1**

위스키

1. 위스키의 역사 및 어원

1) 위스키의 역사

위스키(Whisky, Whiskey)는 동방의 증류기술이 중세 십자군전쟁을 통하여 서양에 전달된 후에 생겨난 술이다. 12C경 이전에 처음으로 아일랜드에서 제조되기 시작하여 15C경에는 스코틀랜드로 전파되어 오늘날의 스카치 위스키의 원조가 된 것으로 본다. 중세기 초 많은 연금술사들의 노력에 의해 금은 만들지 못하였으나 생명의 물을 발견하게 되었다.

그 후 18세기에 이르러 재증류법을 시도하게 되었고, 드디어 1826년에 영국의 로버트 스타

인(Robert Stein)에 의해 연속식 증류기가 발명되었으나 실용화되지는 못했다. 1831년에는 아일랜드의 아네스 코페이(Aeneas Coffey)가 보다 진보된 연속식 증류기를 발명하여 특허를 내서 Patent - Still로 불리게 되었다.

초기의 위스키는 증류한 직후 바로 마셨기 때문에 무색투명한 것이었으나, 1707년 대영제국이 건설된 후 부족한 재정을 마련하기 위해 주세를 심하게 부과하자 스코틀랜드의 위스키 제조업자들은 스코틀랜드 북부지방(Highland)의 산 속에 숨어들어 달빛 아래서 몰래 위스키를 밀주(Moon Shiner)하기 시작했다. 그때 위스키 증류업자들은 대맥아를 건조시킬 연료가 부족하여 산간에 묻혀 있던 피트(Peat)탄을 사용하였는데, 이로 인해 위스키 특유의 향이 발생되었고 이것이 피트탄의 훈연 때문인 것을 알게 되었다. 그 후 증류업자들은 밀주된 술이 많이 누적되자 위스키를 장기간 저장하기 위하여 스페인에서 수입해 온 셰리 와인을 마시고 난 빈 통(그 당시에는 스페인으로부터 포도주를 다량 수입했기 때문에 빈 통을 쉽게 구할 수 있었다.)에 담아 두었다. 나중에 술을 팔기 위해 술통을 열어보니 투명한 호박색의 짙은 향취를 지닌 부드러운 맛의 술이 되어 있었다.

1824년 조지 스미스가 만든 글렌리벳이 영국 정부로부터 스카치위스키 제조면허를 최초로 받았다.

2) 위스키의 어원

위스키의 어원은 켈트(Celt)어의 우스개바하(Uisge Beatha)에서 시작되었으며, 이 말은 라틴어의 'Aqua Vitae'와 같이 '생명의 물'이란 의미이다. 우스개바하는 우스개베이야(Usque baugh)로, 이후 우스키(Usky)로 불리었다. 오늘과 같이 위스키로 부르기 시작한 것은 대략 18C말부터이다.

위스키는 보리(Barley), 호밀(Rye), 밀(Wheat), 옥수수(Corn), 귀리(Oat) 등 곡류를 주원료로 곡물에 싹을 내거나 갈아서 발효하여, 증류, 숙성의 과정을 거쳐 만들어진 술이다. 이렇게 만들어진 무색 투명한 알코올을 참나무(Oak)와 같은 목재 통에 수년 동안 저장하여 숙성시키면 나무의 성분이 우러나와 짙은 호박색의 훌륭한 맛과 향기를 지닌 완숙한 위스키가 된다.

2. 스카치 위스키의 제조

• 위스키 제조공정

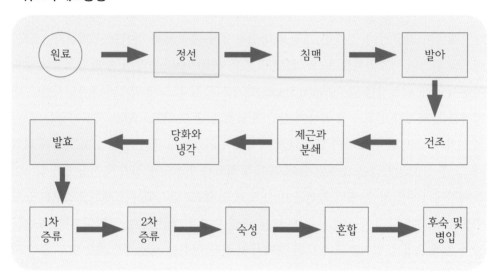

- **원료** : 원료 보리는 주로 골든 프로미즈(Golden promise)종과 옵틱(Optic)종이 많이 사용되며, 그 외에도 호밀, 밀, 귀리 등이 쓰인다.
  - 맥아 : 보리 싹을 낸 것을 말한다(엿기름).
  - 곡물 : 발아하지 않은 곡류, 즉 옥수수, 보리, 밀, 귀리 등을 말한다.
- **정선** : 보리를 정선기에 넣어 마른 알갱이, 불량한 보리를 완전히 제거한다.
- **침맥** : 보리를 깨끗이 씻고 속이 빈 보리를 제거하기 위함과 동시에 물을 주어 발아준비를 하기 위해 행한다. 약 2일 동안 침수한다.
- **발아** : 침맥한 보리를 발아실로 보내 1주일 정도 발아시킨다. 항상 온도나 습도가 발아에 적당한 상태로 유지되어 야 한다.
- **건조** : 발아한 보리는 건조상에서 상단과 하단으로 각각 1주일씩 교반되면서 피트의 열로써 건조시킨다. 옛날에는 일광에 의해 자연 건조시켰지만, 스코틀랜드에서 밀주시대에 발견된 피트의 사용이 위스키의 스모키한 향기에 중요한 역할을 했기 때문에 스카치 위스키 제조에 있어서 지금은 피트가 맥아 건조를 위하여 필요 불가결한 것으로 인식되어 중요한 공정의 하나로 되어 있다.
- **제근과 분쇄** : 건조한 맥아의 뿌리는 불필요하므로 제거하고 당화하기 쉽게 분말로 한다. 몰트 위스키의 경우는 발아한 맥아만을 분쇄시키지만 그레인 위스키의 경우는 발아하지 않은 보리, 호밀, 밀 등의 분쇄한 것을 사용한다.
- **당화와 냉각** : 분쇄된 맥아에 더운 양조수를 가하여 당화조에 넣는다. 이때 점분은 맥아 속의 당화효소인 아밀라아제(Amylase)에 의해 맥아당으로 변하고 당화액이 생기는 것이다. 당화액은 효모의 번식에

적당한 온도까지 냉각시킨다.

• 위스키 저장고

- **발효** : 냉각된 당화액은 발효조로 보내 위스키 용의 순수 효모를 가해서 발효시킨다. 여기서 당분은 알코올과 이산화탄소로 분리되는데 발효는 보통 3일 만에 끝난다. 여기서 알코올성분 약 8% 정도의 보리 발효주가 생기는 것이다.

- **증류** : 발효가 끝난 보리 발효주는 단식 증류기로 두 번 증류한다. 두 번째 증류에서 나온 액체 중 최초에 나온 부분과 최후에 나온 액체를 제외한 가운데 부분만을 위스키의 원주로서 오크통(Oak Barrel)에 넣는다. 제외된 최초, 최후의 액체는 다시 두 번째 증류기에 다시 붓고 재증류를 한다.

- **숙성** : 2차 증류를 마친 위스키 원주는 알코올성분 60~70%로 수정과 같이 맑고 무색 투명한 액체이다. 이 원주는 술통에 갇혀 저장되고 저장고에서 오랫동안 숙성을 거치게 된다. 저장용 통으로는 떡갈나무, 참나무(White Oak) 등이 사용된다. 숙성을 보다 촉진시키기 위해 한번 셰리 와인을 담았던 통을 사용하기도 한다. 최저 저장기간은 나라에 따라 다르며, 영국과 캐나다는 3년, 미국은 2년으로 법령에 따라 강제 숙성기간을 설정하고 있지만, 경우에 따라서 20~30년 동안 저장하기도 한다. 오래 숙성시킨다고 해서 반드시 좋은 것은 아니고 성질에 따라 일정기간이 지나면 오히려 퇴화하는 것도 있다.

- **혼합(Blend)** : 같은 조건으로 증류 · 저장된 위스키라도 연수가 경과함에 따라 한 통, 한 통 모두 미묘하게 다른 맛과 향기를 갖게 된다. 이것을 테스트하고 각각의 특성을 살려 이상적으로 조합하여 균일한 품질로 만들기 위해 섞는데 이것을 '혼합'이라 한다. 이 혼합과정이 위스키 제조공정 가운데서도 가장 중요한 역할이며, 감각적인 기술이 필요하고 풍부한 경험과 날카로운 감각의 코와 혀를 가지고 있지 않으면 할 수가 없다. 이러한 것을 전문으로 하는 직업을 위스키에서는 마스터 블렌더(Master Blender), 와인에서는 셀러 마스터(Celler Master)라 부르며, 이들은 최고의 전문직업으로 각광받고 있을 뿐만 아니라 자부심 또한 대단하다.

- **후숙 및 병입** : 혼합이 끝난 위스키는 다시 술통에 넣고 수년간 후숙시킨 뒤 병에 넣어 시판된다.

*** **피트(Peat)** : 헤더(Heather)라는 관목이 오랜 세월이 지나면서 탄화된 토탄의 일종으로 주로 스코틀랜드 지방의 땅에 자연적으로 널려 있다. 이것을 이탄이라 한다. 스코틀랜드 북부의 아일레이 섬에서 생산되는 위스키는 이탄의 향이 가장 강하고 자극적인 위스키로 유명하다.

• 헤더

• 피트

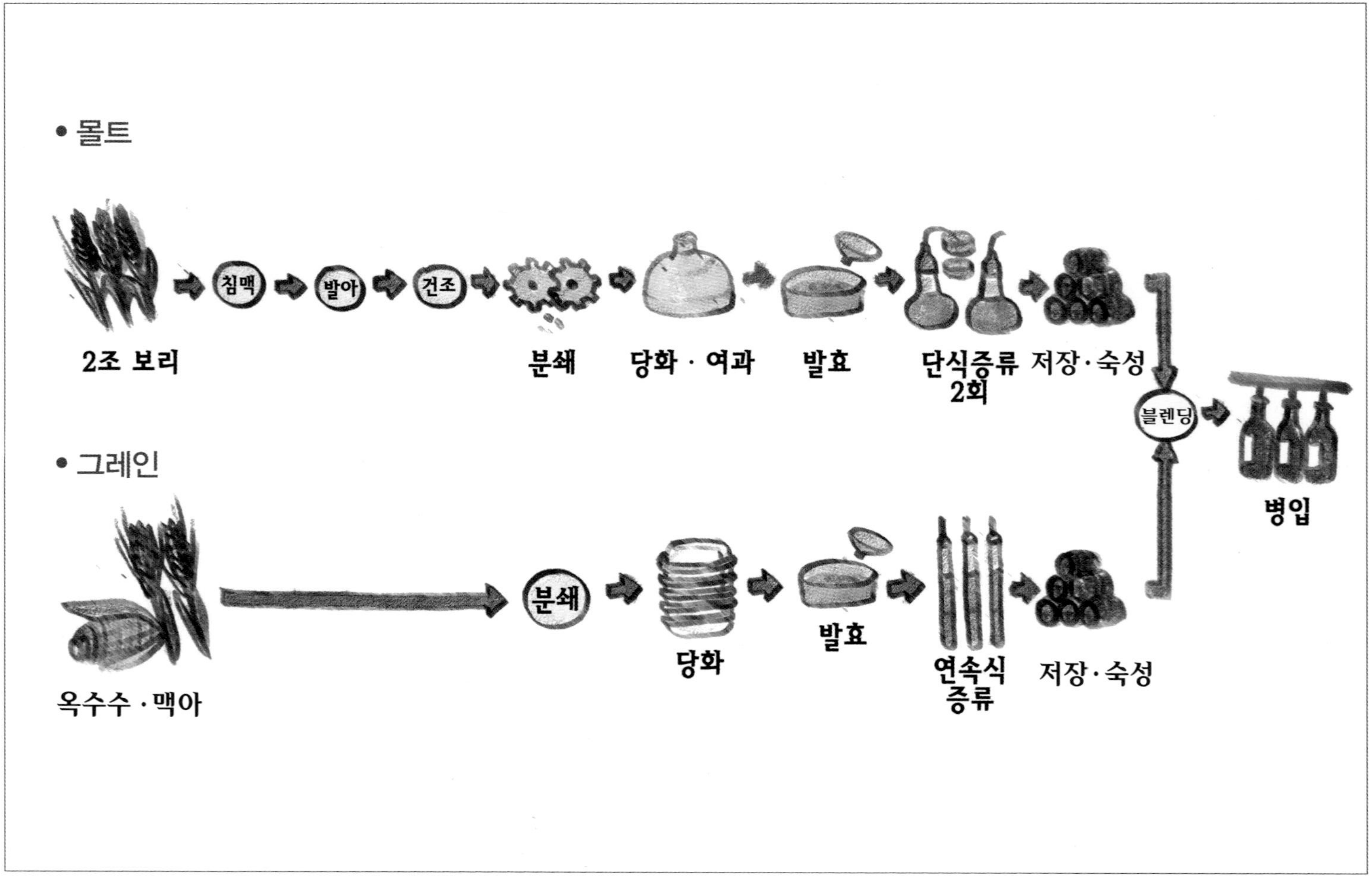

물트

2조 보리

침맥 → 발아 → 건조 → 분쇄 → 당화 · 여과 → 발효 → 단식증류 2회 → 저장 · 숙성 → 블렌딩 → 병입

그레인

옥수수 · 맥아

분쇄 → 당화 → 발효 → 연속식 증류 → 저장 · 숙성 → 블렌딩 → 병입

3. 위스키의 분류

1) 원료 및 제법에 의한 분류

(1) 몰트 위스키(Malt Whisky)

Malted Barley(발아시킨 보리, 즉 엿기름 또는 맥아)만을 원료로 해서 만든 위스키로서, 맥아를 건조시킬 때 피트탄의 훈향(Smoky Flavor)이 배도록 하여 단식 증류기로 2회 증류한 후 오크통에서 숙성시키는데, 피트향과 오크향이 잘 어우러진 독특한 맛의 위스키이다. 여러 증류소의 몰트 위스키만을 혼합하여 마시기 쉽게 한 것을 블렌디드 몰트 위스키(Blended Malt Whisky)라고 하며, 한 증류소의 몰트 위스키만을 사용한 것은 싱글 몰트 위스키(Single Malt Whisky)라 한다.

> ※ 보리(2조 보리) → 침맥 → 건조(피트) → 분쇄 → 당화 → 발효 → 증류(단식 증류 2회) → 숙성(오크통) → 병입

(2) 그레인 위스키(Grain Whisky)

발아시키지 않은 보리와 호밀, 밀, 옥수수 등의 곡류에다 보리 맥아(Malted Barley)를 15~20% 정도 혼합하여 당화, 발효하여 현대식 증류기로 증류한 고농도 알코올의 위스키이다. 비교적 향이 덜하며 부드럽고 순한 맛이 특징이고 통 속에서 3~5년 숙성시킨다.

> ※ 곡물 → 분쇄 → 당화 → 발효 → 증류(연속식 증류) → 숙성(저장)

(3) 블렌디드 위스키(Blended Whisky)

1860년대 초 에든버러에 있는 앤드류 어셔(Andrew Usher)에 의해 개발되었으며, 몰트 위스키에 그레인 위스키를 혼합한 것으로 몰트 위스키의 제조원가는 그레인 위스키에 비해 두 배 정도로 비싸고 특색이 있다. 또 몰트 위스키는 향미가 매우 강해 일부 사람들에게 거부감을 주는 경우가 있어 풍미가 순하고 부드러운 그레인 위스키와 혼합하면 대개 거부감을 주지 않는다. 몰트와 그레인의 배합 종류가 많을수록 고급품이다(프리미엄 위스키의 경우 몰트와 그레인의 혼합 비율은 4 : 6으로 한다.).

※ 몰트 위스키(40%) + 그레인 위스키(60%) = 혼합(Blending) → 병입

> ※ 스카치 위스키 협회(SWA) 새 규정에 따른 위스키 분류
> ① 싱글 몰트 스카치 위스키(Single Malt Scotch Whisky)
> ② 싱글 그레인 스카치 위스키(Single Grain Scotch Whisky)
> ③ 블렌디드 몰트 스카치 위스키(Blended Malt Scotch Whisky)
> ④ 블렌디드 그레인 스카치 위스키(Blended Grain Scotch Whisky)
> ⑤ 블렌디드 스카치 위스키(Blended Scotch Whisky)

2) 산지에 따른 분류

(1) 아이리시 위스키(Irish Whiskey)

위스키 종류로는 가장 빠른 12세기에 만들기 시작하였다. 스카치와 유사한 것 같으나 만드는 제조과정이 다르다. 스카치는 맥아를 건조시킬 때 이탄을 태운 연기에 건조시키는데, 아이리시 위스키는 바닥에 널어서 건조시키며, 스카치는 몰트와 그레인을 따로 증류하여 숙성기간을 거친 다음 혼합(Blending)하여 병입하는데 아이리시 위스키는 건조시킨 맥아에 물을 넣고 열을 가하여 맥아즙을 만들 때 밀과 호밀을 함께 넣고 즙

 Irish Whiskey의 명품

① 존 제임슨(John Jameson)
1780년 아일랜드의 수도 더블린에서 위스키 제조의 선구자인 존 제임슨이 설립한 증류소이다.
존 제임슨은 아일랜드에서 생산되는 엄선된 양질의 보리와 가장 깨끗한 물과 혼합된 맥아로 아일랜드의 전통적인 방법으로 생산하는 아주 부드러운 풍미를 지닌 대표적인 아이리시 위스키이다.

② 올드 부시밀(Old Bushmills)
영국령 북아일랜드주의 유일한 브랜드이며, 현존하는 아이리시 위스키 중 가장 역사가 오래되었다. 1743년에 밀조주로서 출발, 그 후 1784년에 정식 제조업자로서 인가를 받아 주식회사 조직으로 첫걸음을 내디뎠다. 부시밀즈는 북아일랜드주에 있는 도시 이름으로 숲 속의 물레방앗간이라는 뜻을 지니고 있으며, 위스키 맛은 아이리시의 전통적인 걸쭉한 풍미를 지니고 있다.

을 만든다. 이것은 한 번에 끝내는 것이 아니고, 4번 반복하여 끓여서 냉각시킨 다음 발효시켜 단식 증류법으로 3번 반복하여 증류한다.

아이리시 위스키는 깊고 진한 맛과 향을 지닌 몰트 위스키이다. 내수용 위스키는 대맥 맥아로 발효하여 단식 증류기로 3회 증류하여 만들어 가볍고 경쾌한 맛을 지닌 몰트 위스키이고, 해외 수출용으로 1974년부터 만드는 위스키들은 주로 옥수수로 발효하여 연속식 증류기로 증류하여 숙성한 전통적인 내수용 위스키와 블렌딩하여 가볍고 경쾌한 제품으로 만든다.

(2) 스카치 위스키(Scotch Whisky)

1909년 법에 의해 규정된 이후 1969년, 1988년 개정되었다. 정의는 물과 발아된 보리(Malted Barley)를 사용하여 스코틀랜드에서 증류된 것으로서, 증류된 알코올 강도가 94.8% 이내이고 증류액은 사용된 재료에서 나온 향과 맛이 있어야 하며, 스코틀랜드에 있는 창고에서 700리터가 넘지 않는 오크통에서 최소 3년 이상 숙성시켜야 한다. 그리고 색, 향, 맛은 사용된 재료와 제조방법, 생산과 숙성과정에서 나와야 하고, 물과 캐러멜 외에는 어떤 첨가물도 넣어서는 안 된다. 스카치 위스키의 명성은 스코틀랜드 지방의 깨끗한 물, 기온, 습도, 토양의 네 가지 조건이 뛰어난 데서 기인한다. 어디서나 떠마실 수 있는 맑은 시냇물이 있으며, 특히 습도가 아주 높아 숙성시켜 둔 위스키가 10년 후에도 80% 이상 남아 있을 정도이고, 이렇게 높은 습도를 가진 공기가 오크통을 통과하여 위스키와 어울리면 스카치 위스키의 신비한 맛을 만들어낸다.

스카치 위스키의 맑고 깨끗한 맛의 비밀은 물. 하이랜드 상류로부터 흐르는 리벳강의 물은 양조용수로서 최상급의 수질로 꼽힌다.

스페이사이드
글렌리벳

하이랜드

글래스고우   에든버러

잉글랜드

로우랜드

캠벨타운

아일레이

ISLAY & JURA

THE GREAT SEAL OF ISLAY

PUBLISHED BY: MID ARGYLL, KINTYRE AND ISLAY TOURIST BOARD/
ISLAY AND JURA MARKETING GROUP
ILLUSTRATED BY: DUNCAN LAMONT ©

스카치 위스키의 종류는 만들어지는 지리적 위치에 따라 다음과 같이 5지역으로 분류된다.

✽ 하이랜드

스코틀랜드 북부지방으로 물이 좋고 피트가 풍부하여 우수한 몰트 위스키 생산지역이다. 가장 유명하고 우리나라에 수입하는 대부분의 스카치 위스키는 이 지역에서 생산한다. 단맛이 나는 듯하면서 잘 익은 과일에서 나는 향과 싱그러운 꽃밭에서 나는 향이 좋아 최고로 인정받고 있다.

하이랜드 파크(Highland Park)
· ·

● 생산자 : 에드링턴 그룹(The Edrington Group)
● 제품

Highland Park 12년
- 🍸 호박색
- 🫐 달콤하고 스모키한 피트향과 부드러운 벌꿀향
- 🍰 부드럽고 매끄러우면서 달콤한 맛
- 🥃 43vol

Highland Park 18년
- 🍸 옅은 골드
- 🫐 타다 남은 피트의 향과 꿀, 버터, 소금의 짠 향이 난다.
- 🍰 코코아와 크림의 복합적인 맛, 오크와 피트의 느낌이 계속 남는다.
- 🥃 43vol

Highland Park 25년

 살구색

🍇 초콜릿 케이크와 달콤한 셰리 멜론과 레
몬향이 복합적이다.

 누가와 파스타치오의 맛이 나며 아주 달
콤하다.

🥃 48.1vol

Highland Park 30년

🍸 옅은 적갈색

🍇 스파이시하고 육두구와 다크 초콜릿향

🍰 피트와 잘 말린 오렌지 맛이 느껴진다.

🥃 48.1vol

● Distillery Story

　스코틀랜드 최북단 오크니 섬에 증류소가 위치해 있으며 1798년부터 위스키 생산을
시작하여 현재까지 오랜 전통과 장인 정신을 이어오고 있다.

　하이랜드 파크는 싱글몰트 위스키를 특별하게 만드는 5가지 중요한 요소가 있다.

① 플루어몰팅으로 맥아를 온돌 바닥에 널어 수작업으로 뒤집어 가며 말려 수분함량
　 이 높게 하여 향을 더욱 배가시키는 방법이다.

② 아로마틱한 오크니 피트로 하이랜드 파크 특유의 스모키하면서도 달콤한 피트향
　 을 발하게 만든다.

③ 오크니 지방의 시원한 날씨는 하이랜드 파크의 숙성과정에 부드러움을 더해 최상
　 의 조화를 이루어낸다.

④ 스페인산 올로로소 셰리 와인을 숙성시켰던 최고의 오크통을 사용해 특유의 풍부
　 하고 오묘한 과일향을 만들어낸다.

⑤ 위스키 생산의 마지막 단계에서 서로 다른 오크통의 원액을 조화롭게 결합시키는
　 "메링" 과정을 거쳐 하이랜드 파크 고유의 일관된 맛과 향을 유지시킨다.

달모어(Dalmore)

- 생산자 : 화이트 앤 맥케이(Whyte and Mackay Ltd.)
- 제품

Dalmore 12년
- 붉은빛 갈색
- 달콤하고 스모키향
- 셰리 오크통의 달콤한 맛과 토탄의 쓴맛이 느껴진다.
- 40vol

Dalmore Cigar Malt
- 다크 오렌지색
- 연한 스모키향, 블랙 초콜릿, 오렌지 크림향
- 스파이시한 다크 초콜릿의 풍미와 스모키한 느낌이 입 안을 꽉 채운다.
- 40vol

- Distillery Story

1839년 Alexander Matheson에 의해 설립된 역사가 오래된 증류소로 달모어라는 이름은 원래 노르웨이 북유럽어로 넓은 목초지라는 의미를 지니고 있다. 1891년 Matheson 집안에서 Mackenzie 가문으로 소유권이 넘어가는데 그 덕분에 달모어 상징인 사슴머리가 술병에 장식하게 된다.

전설에 따르면 스코틀랜드의 왕이었던 알렉산더 3세가 사슴사냥을 나갔다가 상처 입은 성난 수사슴으로부터 공격을 당하기 일보 직전 맥캔지에 의해 목숨을 구하게 되었고, 이에 알렉산더 3세가 감사의 의미로 사슴머리를 선물로 선사하였다고 한다. 그때부터 이 사슴머리는 맥캔지 집안의 상징이 되었고 그 이후로 달모어 술병의 한 중앙에는 수사슴이 당당하게 새겨져 있다.

글렌모렌지(Glenmorangie)

- 생산자 : 글렌모렌지(Glenmorangie Co. (moet hennessy))
- 제품

Glenmorangie Lasanta

- 짙은 황금색
- 초콜릿을 입힌 건포도, 벌집, 부드러운 캐러멜 토피 아로마가 감각적이다.
- 향긋한 오렌지와 초콜릿을 입힌 헤이즐넛의 풍미가 입 안에서 만족스럽게 지속된다.
- 46vol

Glenmorangie 18년

- 자주색
- 바닐라, 민트, 호두, 살구와 대추야자의 복합적인 과일향
- 실크처럼 부드러운 질감, 매력적인 여운을 남기는 긴 피니시가 특징적이며 잘 숙성된 올로로소 셰리 와인의 풍미가 살아 있다.
- 43vol

Glenmorangie Original

- 연한 황금색
- 감귤, 레몬, 바닐라 아이스크림, 페퍼민트
- 달콤하고 부드러운 느낌으로, 모든 과일과 향신료, 견과류 맛이 어우러진 맛있는 주스 맛이 혀끝에 오래도록 남아 있다.
- 40vol

- Distillery Story

글렌모렌지 증류소는 1843년에 창업한 증류소로 스코틀랜드 북부 로스셔 주의 북쪽 태인 시가를 벗어나 도노크 만에 위치해 있다. 글렌모렌지는 게일어로 "조용한 계곡"이라는 의미이다. 글렌모렌지의 특징은 스코틀랜드 증류소 중 가장 많은 미네랄이 함유된 지하 천연 암반수를 사용하며, 몰팅 과정에서 피트향을 배제하여 맥아에서 오는 다양한 풍미들을 함유하는 것이다. 또한 다른 증류소와 달리 스틸의 모양이 특이하게 긴 백조목 형태로 길이가 5.14미터로 가장 목이 긴 높은 단식 증류기를 가지고 있어 섬세하고 순수한 스피리츠를 생산한다.

글렌고인(Glengoyne)

● 생산자 : 이안 맥클라우드(Ian Macleod Distillers Ltd.)

● 제품

Glengoyne 10년

🍸 황금색

🍒 약간의 오크향과 사과, 셰리 와인향

🥃 매끄럽고 우아한 질감이 있으며, 과일 맛의 여운이 깊게 나타난다.

🥤 40vol

Glengoyne 17년

🍸 주황색이 가미된 황금색

🍒 깨끗하고 신선한 삼나무 향

🥃 견과류와 사과에서 나는 달콤한 맛이 살짝 느껴지며, 마지막에는 크림 맛, 레몬 껍질의 드라이한 느낌, 셰리 와인의 은은한 맛이 남는다.

🥤 43vol

Glengoyne 21년

🍸 어두운 오렌지색이 가미된 황금색

🍒 잘 익은 사과향과 토피(Toffee), 셰리 와인의 향

🥃 시나몬의 스파이시한 맛이 길게 여운을 남기면서 입 안을 따뜻하고 드라이하게 만든다.

🥤 43vol

● Distillery Story

글렌고인 증류소는 1833년 합법적으로 면허를 취득한 증류소로 글래스고에서 12마일 떨어진 하이랜드와 로랜드의 경계선에 위치해 있다. 글렌고인은 게일어로 '대장간의 계곡'이란 의미이며 의적 로브 로이 맥그리거(Rob Roy Mac-Gregor)가 훔친 물건을 숨겨놓았던 장소로 유명하다. 글렌고인을 잔에 따르면 사과향과 풍부한 오크향이 풍기면서 부드러운 맛이 느껴진다. 강렬함은 없으나 섬세하고 화려하다. 이는 피트를 사용하지 않고 맥아 자체의 향과 맛이 숙성을 통하여 깊이를 더하기 때문이다.

클라인리쉬(Clynelish)

● 생산자 : 디아지오(Diageo)

● 제품

Clynelish 14년

🍸 맑은 갈색

🫐 진한 바닐라, 우디, 살짝 민트

🍮 풀바디, 실키한 질감, 입 안이 점점 따뜻해지는 느낌

🥃 46vol

● Distillery Story

클라인리쉬 증류소는 1819년 서덜랜드 공작에 의해 설립되었는데, 가장 큰 목적은 곡물 농가를 위하여 시장을 확보하려는 것으로, 위법 증류소로 들어가는 곡물 공급을 차단하기 위함이었다고 한다. 처음에는 버번 오크통에 숙성시키다, 두 번째 재사용한 올로로소 셰리 오크통에서 숙성시킨다. 라벨에 그려져 있는 고양이는 하이랜드 산중에 서식하는 산고양이다. 블렌디드 위스키인 죠니워커 골드라벨의 키몰트이다.

오반(Oban)

● 생산자 : 디아지오(Diageo)

● 제품

Oban 14년

🍸 황금색

🫐 피트향과 갯내, 맥아, 잘 익은 청사과

🍮 스모키한 몰트의 쌉쌀한 느낌이 오랜 여운을 남긴다.

🥃 43vol

● Distillery Story

오반은 게일어로 '작은 만'이라는 뜻으로 1794년에 스티븐슨 형제에 의해 증류소가 설립되었다. 오반 증류소는 아담한 어촌 마을에 있는 작은 증류소이지만 마을을 한눈에 볼 수 있는 지점에 위치해 있다. 오반의 대표 상품은 14년으로 라벨에는 석기시대의 동굴 거주자들부터 시작하여 켈트족과 픽트족 그리고 바이킹까지 이 마을의 역사를 요약한 내용이 담겨 있다.

싱글톤(Singleton)

- **생산자 : 디아지오(Diageo)**
- **제품**

Singleton 12년

- 깊고 빛나는 호박색
- 잘 익은 과일향과 꽃향기가 나면서 희미한 스모키향이 느껴진다.
- 톡 쏘는 생강과 부드럽고 달콤한 밀크 초콜릿, 건포도 맛이 많이 난다. 여러 가지 견과류 맛이 입 안을 채우며, 마시고 나도 여운이 오래 지속된다.
- 40vol

Singleton 18년

- 짙은 호박색
- 아몬드와 말린 과일향이 그윽하고 풍부하다.
- 드라이하면서도 풍부한 초콜릿의 달콤함이 기분을 유쾌하게 만들며, 오래 지속되는 뒷맛에서 시나몬과 장미의 맛이 느껴진다.
- 40vol

- **Distillery Story**

　글렌 오드 증류소는 머리(Moray)만의 블랙 아일(Black Isle) 반도에 위치한 유일한 증류소로 블랙 아일이라는 이름은 최상품의 보리를 재배하기에 최적화된 검고 풍요로운 토지의 색에서 따온 이름이다. 싱글톤은 병 라벨에 'Ord Ordiie, Glen Ordiie, Muir of Ord' 등으로 표기하는데 글자는 '언덕 옆에 습지' 라는 뜻으로 바로 인접한 마을의 이름이다.

　싱글톤은 유럽의 셰리 오크통과 미국의 버번 오크통에 숙성한 증류액을 50 : 50 비율로 병입하여 셰리의 풍부한 과일향과 버번의 부드러운 향이 어우러진 완벽한 밸런스를 가진 최상의 위스키로 태어난다.

탈리스커(Talisker)

- 생산자 : 디아지오(Diageo)
- 제품

Talisker 10년

🍸 빨간색이 도는 자주색

🍇 강한 피트향과 소금기 있는 바닷물, 신선한 굴향과 더불어 달콤한 감귤향이 녹아있다.

📖 목 넘김 뒤에도 개운하고 따뜻하며, 강렬한 후추향이 지속적으로 머리를 상쾌하게 한다.

🥃 45.8vol

Talisker 25년

🍸 살구색

🍇 해초, 묵은 오렌지향과 함께 아련하게 그을린 향이 난다.

📖 으깬 흰 후추와 칠리 맛이 입 안을 가득 채운다. 천천히 따뜻한 느낌이 드는 기름지면서도 드라이한 뒷맛이 이어진다.

🥃 57.8vol

- Distillery Story

'경사진 암벽' 또는 '돌의 땅'을 뜻하는 탈리스커 증류소는 1830년에 스카이(skye) 섬에 설립되었다. 1928년 3회 증류 방식에서 2회 증류방식으로 바뀌었다. 나선형 쿨링 코일인 웜 튜브를 사용하고 있는데, 이 방식은 현대적인 응축기 방식보다 더 풍부한 풍미를 가진 위스키를 생산하게 한다.

❋ 아일레이, 아이라(Islay)

　서남해안에 있는 아일레이섬으로 세계에서 피트향이 가장 강한 독특한 싱글 몰트 위스키 성지로 잘 알려져 있다. 싱글 몰트 위스키는 피트향이 코와 혀를 자극하며, 중후한 맛을 자아낸다. 개성이 독특한 8개의 증류소가 현재 운영 중에 있다.

쿨일라(Caol Ila)

● 생산자 : 디아지오(Diageo)

● 제품

Caol Ila 12년

🍸 엷은 레몬색

🍇 훈연 칩, 요오드, 서양배, 브리치즈

🍫 혀를 쏘는 자극, 바다 냄새와 요오드 냄새 속에 감추어진 토피의 단맛

🥃 43vol

● Distillery Story

　쿨일라는 게일어로 아일레이 해협(Sound of Islay)이라는 의미로 아일레이 해협과 주라섬이 한눈에 보이는 곳에 위치해 있다. 쿨일라는 1846년 로우랜드 지역 리틀밀(littlemill) 증류소에 사업파트너로 참여하고 있던 핵터 핸더슨(Hector Henderson)에 의해 설립되었다. 블렌디드 위스키 bell's의 키몰트이다.

라가불린(Lagavulin)

● 생산자 : 디아지오(Diageo)

● 제품

Lagavulin 16년

🍸 호박색

🍇 피트에서 나오는 강력한 스모크가 풍부하며, 요오드와 해초의 향이 지배적으로 난다.

🍫 말린 과일의 달콤함과 맥아의 풍미가 따뜻하게 밀려 나오며 강렬한 느낌을 전한다.

🥃 43vol

● Distillery Story

　라가불린은 증류소가 있는 마을 이름인데 게일어로 '방앗간이 있는 분지'라는 뜻이다. 1816년에 설립되었으며 라가불린에 사용되는 물은 솔란(Solan)호에서 솟아지는 물로, 피트층을 통과하면서 차색으로 물들어, 그 자체만으로도 강렬한 라가불린의 개성을 반영하고 있다. 라가불린은 블렌디드 위스키인 화이트 호스의 핵심이 되는 원주로 사용된다. 본래 화이트 호스라는 이름은 에든버러에 있는 스코틀랜드 독립군의 숙소였던 화이트호스에서 유래된 것이다.

라프로익(Laphroaig)

● 생산자 : 빔 글로벌 스피리츠 앤 와인(beam global Spirits & Wine)

● 제품

Laphroaig 10년

- 진한금색
- 달콤한 멜론의 에스더와 해초, 페놀향이 강하게 코팅되었다.
- 기름지면서도 바다의 짠맛이 느껴지며 요오드 같은 드라이한 피트가 길게 뿜어져 나온다.
- 43vol

Laphroaig Quarter Cask

- 진한 금색
- 희미한 꽃향기와 함께 풍부한 화이트 초콜릿향이 난다.
- 강하지만 부드럽고 스모키하면서도 크림 같다. 매운 여운이 짜릿하면서도 케이크처럼 부드럽다.
- 48vol

Laphroaig 15년

- 연한 호박색
- 페놀과 레몬, 라임의 신선한 향이 난다.
- 박하의 단맛과 견과류 맛이 나며 아일레이의 특징인 피트가 폭발하는 느낌이 난다.
- 43vol

Laphroaig 25년

- 오렌지색
- 헤더 꽃향기, 배향과 함께 잘 익은 과일향이 깊게 지속된다.
- 셰리와 사과 맛이 피트를 중화시켜 드라이하면서 멋진 피트의 여운을 길게 나타낸다.
- 51.2vol

● Distillery Story

라프로익은 1815년 알렉스 존스턴과 도날드 존스턴(Donald Johnston) 형제에 의해 설립되었으며, 아일레이 위스키 중에서 최고의 위스키로 알려져 있다. 진한 맛과 입 안에 머무는 스모키한 피트향, 그리고 목 넘김 이후 계속해서 남아 있는 강렬한 향이 멋진 조화를 이룬다. 라프로익 고유의 맛과 향을 만드는 데에는 아일레이 섬 기후의 특성인 세찬 바람, 바다공기, 맥아의 질 등이 중요한 영향을 끼친다.

플루어몰팅 공정을 지키고 있으며, 퍼스트필 아메리칸 오크통만을 사용한다.

보모어(Bowmore)

● 생산자 : 모리슨 보모어(Morrison Bowmore Distillers, suntory)

● 제품

Bowmore 12년

🍸 금갈색

🍇 독특한 보모어만의 스모크향과 함께 레몬, 꿀의 미묘한 향이 난다.

🍫 다크 초콜릿 맛과 피트향의 긴 여운이 섬세하고 따뜻하게 느껴진다.

🥃 40vol

Bowmore 18년

🍸 짙은 호박색

🍇 크리미한 느낌의 캐러멜 토피, 잘 익은 과일과 스모크향이 풍부하게 난다.

🍫 과일의 우아하고 부드러운 맛과 초콜릿이 어우러져 놀랄 만큼 복합적인 풍미를 지니고 있다.

🥃 43vol

● Distillery Story

아일레이 섬에서 가장 오래된 보모어 증류소는 1779년 헤브리디스 아일레이 섬의 호수 기슭에 세워졌으며, '거대한 암초'라는 뜻을 지닌다. 위스키의 마지막 특징을 결정하는 요인인 바닷가에 근접해 있고 1963년 이전에 마련된 전통적인 생산방법을 엄격하게 고수해 오고 있다. 플루어 몰팅공정을 지키고 있다.

아드벡(Ardbeg)

● 생산자 : 글렌모렌지(Glenmorangie Co. (moet hennessy))

● 제품

Ardbeg 10년

🍸 옅은 황금색

🍇 갯내, 강한 훈연향 속에 담긴 토피(Toffee)의 단맛과 쌉쌀한 초콜릿 맛

🍫 훈연향을 지닌 쓴맛 속에 토피의 단맛과 버터의 부드러운 맛

🥃 46vol

● Distillery Story

아드벡(Ardbeg)은 게일어로 '작은 산골짜기'란 뜻이다. 창업자는 아일레이 주민인 존 맥도걸(Jone MacDougall)로, 1970년 중반까지 150년 이상 그의 가족들에 의해서 생산하다가 1997년 글렌모렌지사가 인수하여 지금까지 생산해 오고 있다.

✱ 캠벨타운(Campbeltown)

서남해안의 아일레이 섬 아래 있는 반도이며, 피트향이 강하고 아일레이 위스키와 비슷하다. 향은 강하나 혀끝을 자극하는 맛이 별로 없다. 현재 3곳의 증류소가 운영 중이다.

글렌 스코티아(Glen Scotia)

● 생산자 : 로크 로몬드(Loch Lomond Distillery Co.)

● 제품

Glen Scotia 12년

🍸 황금색

🍇 향신료, 꽃, 허브

🍫 솔티한 짠맛이 가미된 스모키향과 피트향이 우러난다.

🥃 40vol

● Distillery Story

1832년에 세워진 글렌 스코티아 증류소는 여러 가지 이유로 소유주가 자주 바뀌었다. 2000년에 로크 로몬드(Loch Lomond Distillery Co. Ltd.)에서 인수하였다. 이 증류소의 특징은 발효조인 워시백이 스테인리스로 만들어졌다는 점이다. 스테인리스 발효조를 사용하면 청소하기 쉽고, 발효과정에 잡균의 침입을 막아 변질의 위험이 낮다는 장점이 있다.

스프링뱅크(Springbank)

● 생산자 : 스프링뱅크(Springbank Distillers Ltd.)

● 제품

Springbank 10년

🍸 옅은 레몬색

🍇 바닐라, 캐러멜의 달콤한 향과 희미한 피트향

🍫 소금, 캐러멜, 혀 끝에 버터를 연상시키는 맛, 패션프루트의 달고 신맛

🥤 46vol

● Distillery Story

   스프링뱅크 증류소는 1828년 레이드가가 창업하였으나 바로 미첼가에서 매입하여 지금까지 스코틀랜드에서는 드물게 일가족에 의해 독립경영을 하고 있다.

   다른 증류소와 차이점은 3가지 제품군을 출시하는 것이다.

• 스프링뱅크는 2.5회 증류방식을 채택하고 있으며 약한 피트향을 갖고 있다.

• 롱로우는 2회 증류방식을 채택하고 강한 피트향을 갖고 있다.

• 헤이즐번은 3회 증류방식을 채택하고 있으며 피트처리를 하지 않은 몰트만을 사용한다.

✱ 로우랜드(Lowland)

   스코틀랜드 남부 지역으로 글래스고를 중심으로 생산되고, 그레인위스키의 주산지이며 이 지역의 몰트 위스키는 향이 적다. 또 바디가 약하고 약간 가벼운 느낌을 준다.

글렌킨치(Glen Kinchie)

● 생산자 : 디아지오(Diageo)

● 제품

Glen Kinchie 12년

- 밝은 황금색
- 잔디, 사과, 레몬필, 희미한 스파이스
- 바닐라의 단맛, 혀의 감촉이 부드러움, 약한 민트 맛
- 43vol

- Distillery Story

에든버러에서 남동쪽으로 40분 정도 달려가면 만날 수 있는 글렌킨치 증류소의 '킨치(kinchie)'라는 이름은 원래 이 지역의 농장을 소유했던 퀸시(Quince) 가문의 이름에서 유래되었다. 이 증류소는 매년 4만여 명의 관광객이 다녀갈 정도로 매우 인기 있는 증류소이다. 국내 블렌디드 스카치 위스키의 대명사인 윈저의 핵심 블렌딩용 몰트 위스키 증류소이기도 하다.

오크토션(Auchentoshan)

- 생산자 : 모리슨 보모어(Morrison Bowmore Distillers, suntory)
- 제품

Auchentoshan 10년

- 엷은 호박색
- 바닐라, 은은한 빵 냄새, 로열 밀크티
- 가볍고 고급스러운 단맛, 휘핑크림을 살짝 핥는 듯한 느낌
- 40vol

- Distillery Story

오크토션증류소는 1823년 글래스고 위쪽에 위치한 달뮈어(Dalmuir) 지역에 설립되었다. 오크토션이라는 이름은 게일어로 '들판의 가장자리(corner of field)'라는 의미를 지니고 있는데 실제 이 증류소 주변은 넓은 목초지와 초원으로 이루어져 있다. 3회 증류방식을 채택하고 있다.

✱ 스페이사이드(Speyside)

스페이사이드는 가장 대표적인 몰트 위스키 생산지역으로 스코틀랜드에서 가동 중인 증류소 중 절반에 가까운 증류소가 밀집되어 있는 지역이다. 위치로는 하일랜드에 속하나 스페이사이드로 따로 분류한다. 이곳의 몰트 위스키는 과일향, 꽃향, 셰리향 등 다양한 향과 맛을 가진 풀바디한 위스키부터 미디엄바디의 위스키까지 다양한 위스키를 선보이고 있다.

더 글렌리벳(The Glenlivet)

- **생산자 : 시바스 브라더스(Chivas Brothers)**
- **제품**

The Glenlivet 12년

- 🍸 엷은 황금색
- 🍇 달콤한 몰트와 신선한 꽃향기가 나며, 사과 파이와 버터향이 물씬 풍긴다.
- 🍫 민트와 함께 적당한 향신료가 열대 과일 맛과 조화를 이룬다. 부드럽고 깔끔한 여운을 남긴다.
- 🥃 40vol

The Glenlivet 15년

- 🍸 황금색
- 🍇 오렌지 껍질과 자몽향이 바닐라 크림에 녹아 있고, 전반적으로 우드의 느낌이 강하게 난다.
- 🍫 달콤하고 부드러운 초콜릿과 시나몬이 벨벳 느낌을 낸다.
- 🥃 43vol

The Glenlivet 18년

- 🍸 짙은 황금색
- 🍇 잘 익은 배향이 진하고 풍부하며, 꽃향기와 함께 셰리와 벌꿀이 부드러운 맛과 질감을 더한다.
- 🍫 오크와 민트 초콜릿의 은은한 맛의 조화를 이룬다. 바닐라와 견과류의 고소한 맛이 균형감을 주며 섬세하고 오랜 여운을 남긴다.
- 🥃 43vol

- **Distillery Story**

스코틀랜드 스페이사이드 지역 대표 싱글 몰트인 글렌리벳은 게일어로 '조용한 계곡'이란 의미로 스페이강의 지류인 리벳강과 에이번강이 합류하는 표고 270m의 리벳 계곡에 위치한 마을의 이름이다. 18세기 초 스코틀랜드에서 불법 증류가 성행하던 시절에 뛰어난 통찰력과 장인 정신으로 최고의 위스키를 꿈꾸던 조지 스미스는 1824년에 글렌리벳 지역에서 최초의 합법적인 증류 면허를 취득하였다.

글렌리벳은 고품질의 대명사로 타 증류업자들과의 차별을 위해 1884년 글렌리벳이란 이름 앞에 '단 하나의'라는 뜻으로 정관사 'The'를 붙여 법원으로부터 상표 등록 인증을 받게 된다. 그리하여 유일하게 '더 글렌리벳'으로 불리는 영광을 얻게 되었다.

글렌피딕(Glenfiddich)

● **생산자 : 윌리암 그랜트(William Grant & Sons Ltd.)**

● **제품**

Glenfiddich 12년

🍸 녹색을 띤 황금색

🍇 레몬, 서양배, 약간 달콤한 셰리

🥂 경쾌함, 껍질 벗긴 배를 베어 먹을 때의 싱그러움, 희미하게 숨어 있는 훈연의 맛

🥃 40vol

Glenfiddich 18년

🍸 황금색

🍇 셰리 오크통에서 장기간 숙성을 통해 만들어진 달콤한 향이 전통적인 오크향과 완벽하게 조화를 이룬다.

🥂 약간의 짠맛과 셰리의 우아하면서 복합적인 느낌을 준다.

🥃 40vol

Glenfiddich 30년

🍸 짙은 황금색

🍇 풍부한 과일향과 감미로운 셰리향이 조화롭게 어우러져 완벽한 균형을 이룬다.

🥂 풍부하고 달콤한 꽃향기가 입 안에 가득 머문다.

🥃 43vol

● **Distillery Story**

　글렌피딕 증류소는 1886년 윌리암 그랜트가 카듀 증류소에서 중고 장비들을 120파운드에 구매해서 스코틀랜드 스페이사이드 지역의 위스키 수도라고 부를 수 있는 더프타운(Dufftown) 지역에 설립했다. 위스키를 만들 때 사용하는 물은 로비듀(Robbie dhu)에서 끌어와 사용하는데 이 물은 현재 인근 증류소인 발베니에서도 사용되고 있다.

　독특한 삼각형 병도 처음에는 '이상한 디자인'이란 비판을 받았지만 지금은 매력의 하나가 되었다. 삼각의 각 면은 '화(火)'·'수(水)'·'토(土)'를 의미하는데, '화'는 피트탄에 의한 직화 방식을, '수'는 양질의 연수를, '토'는 보리와 피트를 제공해 주는 대지를 뜻한다.

더 발베니(The Balvenie)

- 생산자 : 윌리엄 그랜트(William Grant & Sons Ltd.)
- 제품

The Balvenie 12년

- 붉은색을 띤 호박색
- 사과, 서양배, 거칠게 간 페퍼, 건초향
- 과일의 단맛과 약간 떫은맛, 스파이스의 상쾌함
- 40vol

The Balvenie 15년

- 엷은 금빛
- 잘 건조된 오크향, 풍부하고 부드러운 바닐라향
- 달콤한 꿀맛을 바탕으로 각각의 오크통마다 미묘하고 달라지는 독특한 개성을 느낄 수 있다.
- 47.8vol

- Distillery Story

  세계에서 가장 많이 팔리는 싱글 몰트 위스키인 글렌피딕증류소와 한 울타리를 사용하고 있는 발베니는 1892년 첫 증류 이래 지금까지 전통적 방식에 따라 만든 '수제품(手製品)'이다. 보리 경작에서 플로어 몰팅(floor malting, 발아된 보리를 바닥에 깔아 놓고 훈증을 통해 건조하는 작업), 병입, 라벨링까지 위스키를 만드는 전 과정이 45년 이상 경력을 가진 장인의 손에 의해 이뤄진다.

아벨라워(Aberlour)

● 생산자 : 시바스 브라더스(Chivas Brothers)
● 제품

Aberlour 12년

🍸 붉은 루비색을 띤 호
　박색

🍊 사과, 바닐라, 럼레즌,
　습한 나무향

🍫 과일 맛, 초콜릿과 몰
　트의 단맛에 계피의
　스파이시

🥃 43vol

● Distillery Story

　재잘거리는 '개천의 입구(Mouth of the chattering burn)'라는 의미를 지니고 있는 아벨라워증류소는 고대의 유적과 아름다운 자연환경으로 유명한 아벨라워에 위치해 있다. 아벨라워 병은 약병을 형상화한 것으로 지난날 증류소에 약병 등 갖가지 병들을 들고 와 위스키통에서 직접 술을 받아가던 시절을 회상하게 되는 몰트 위스키이다.

크래건모어(Cragganmore)

● 생산자 : 디아지오(Diageo)
● 제품

Cragganmore 12년

🍸 황금색

🍊 부케와 같이 복합적
　인 꽃향기, 넉넉하고
　부드러운 바디감

🍫 섬세한 꽃향기 속에
　산뜻한 맛, 훈연향, 몰
　티한 여운

🥃 40vol

● Distillery Story

　크래건모어증류소는 '큰 바위'라는 뜻의 게일어로 글렌리벳 조지 스미스의 막내아들인 존 스미스(John Smith)가 1869년에 설립하였다. 덕분에 존 스미스는 글렌리벳증류소는 물론 글렌파클라스증류소와 맥켈란 증류소에서 경험을 쌓을 수 있었다. 증류소가 위치한 곳은 스코틀랜드 심장부인 스페이사이드의 발린달로크(Ballindalloch) 지역으로 예로부터 물이 풍부하고 보리가 많이 재배되던 지역이었다. 올드 파(Old Par)의 키몰트이다.

더 맥켈란(The Macallan)

- 생산자 : 더 에드링턴 그룹(The Edrington Group)
- 제품

Macallan 12년
- 호박색
- 말린 과일향과 셰리향이 달콤한 바닐라, 스모키한 우디 향과 완벽한 조화를 이룬다.
- 오래 지속되는 스모크와 따뜻한 스파이시가 느껴진다.
- 43vol

Macallan 18년
- 붉은 호박색
- 말린 과일과 시트러스한 매운 향과 풍부한 바닐라와 시나몬향이 특징적이다.
- 셰리의 달콤함이 입 안을 가득 채우며, 은은한 스모크와 달콤한 토피, 생강향이 조화롭게 느껴진다.
- 43 vol

Macallan 30년
- 짙은 오렌지색
- 풍부한 바닐라와 과일향이 어우러진 달콤한 향이 나면서 강렬한 오렌지맛과 이탄의 풍부한 맛이 더해졌다.
- 오크에서 오는 풍부한 맛과 이탄향의 여운이 길게 남는다.
- 43vol

- Distillery Story

맥켈란증류소는 1824년 지역 농부였던 알렉산더 라이더(Alexander Reid)가 글렌리벳에 이어 두 번째로 라이센스를 획득, 설립하면서 합법적인 위스키 증류를 시작했다. 맥켈란의 이름은 비옥한 땅의 일부라는 게일어 'Magh'과 8세기에 아일랜드 태생인 수도사 필란(St Fillan)의 Fillan의 두 단어가 합쳐서 Macallan 이 만들어졌으며, 1996에 애드링턴 그룹에 편입되면서 지금까지 명성을 이어오고 있다.

글렌파클라스(Glenfarclas)

● 생산자 : 제이 앤 지 그랜트(J & G Grant)

● 제품

Glenfarclas 12년

🍸 호박색

🍇 건조과일, 셰리의 달콤한 향에 너트류의 방향

🥃 달콤하고 긴 여운, 약간의 바디감 이후에 차츰 단맛과 훈연한 맛

🥤 43vol

● Distillery Story

　1836년에 창업된 글렌파클라스 증류소는 게일어로 '푸른 초원의 계곡'이라는 뜻으로 현재도 창업자 일가에 의해 운영되고 있으며, 창업 당시와 변함없이 집안 대대로 전해 내려오는 직화증류와 셰리통 숙성을 고집하고 있다.

Scotch Whisky의 명품 제조회사

① George Ballantine's & Sons Ltd.

• 발렌타인(Ballantine's)

'영원한 사랑의 속삭임'이라는 제품의 이미지를 가지고 있는 발렌타인사의 역사는 1827년 일개 농부였던 조지 발렌타인이 에든버러로 나가 식품점을 창업한 것이 시초이며, 그 후 1937년 캐나다의 대주류 회사인 하이램 워커(Hiram Walker)사가 인수하였다가 현재는 페르노리카(시바스브라더스)가 인수하여 현재까지 이르고 있다.

발렌타인에는 재미있는 일화가 있는데 그 당시 위스키 숙성 창고에 도둑이 자주 들어 위스키를 훔쳐가자 거위 100여 마리를 키워 창고 주위에 낯선 사람이 나타나면 거위들이 짖어대며 공격을 가하여 좀도둑들의 침입을 막아냈다 한다.

발렌타인의 숙성기간이 6년은 화이니스트(Finest), 12년, 17년, 21년, 30년으로 병입된다.

19세기 발렌타인 가문에서는 좀도둑으로부터 위스키 숙성창고를 지키기 위해 청각이 예민한 100여 마리의 거위를 문지기로 이용, 밤낮으로 수상한 사람의 접근을 막았다.

② Chivas Brothers Ltd.

• 시바스 리갈(Chivas Regal)

1801년 창립한 시바스 브라더스사의 제품 시바스 리갈은 하이랜드에서 가장 오래된 증류소로 알려진 스트라스아일라에서 가장 오래된 증류소중 하나인 스트라스아일라 증류소의 원액을 주로 사용한다. 시바스 리갈이란 '시바스가문의 왕자'라는 뜻이며 상표에는 두 개의 칼과 방패가 그려져 있는데 이는 위스키의 왕자라는 위엄과 자부심을 나타내주며, 상자 전면에는 스코틀랜드 최고의 영웅이며 해방자인 로버트 왕이 거미줄이 쳐진 동굴에서 시름에 잠겨 국가의 운명을 걱정하는 모습이 새겨져 있다. 13세기경 스코틀랜드가 독립국이었을 당시 잉글랜드가 침공해 오자 모두가 포기한 어려운 상황에서도 스코틀랜드 독립을 지켜낸 그는 지금도 스코틀랜드 사람들의 마음속 깊이 영원한 영웅으로 남아 있다고 한다.

- 로얄 살루트(Royal Salute)

로얄살루트는 1953년 엘리자베스 2세의 대관식에 헌정되면서 탄생하였다. 왕의 예포를 뜻하는 로얄살루트라는 이름과 21년이라는 숙성 년수 모두 영국해군이 국왕 주관의 공식행사에서 왕실과 군주에 대한 존경의 표시로 발포한 21발의 예포에서 영감을 얻어 만들어졌다.

둥근 도자기와 같은 병 모양은 16세기 에든버러성을 지키는 데 위력을 발휘한 '메그'라는 거대한 대포 탄알을 모방하여 만들어진 것이다. 도자기병은 여왕의 왕관에 세팅된 루비, 사파이어, 에메랄드를 상징하는 3가지 컬러(자수정, 청색, 초록색)로 디자인되었다.

③ Diageo Ltd.

- Johnnie Walker Black - Johnnie Walker Blue

조니 워커 레드라벨은 6년, 블랙라벨은 12년 동안 숙성시키며, 스윙과 골드의 숙성기간은 각각 15년, 18년이다. 블루는 최고급품이다.

- 조니 워커(Johnnie Walker)

1820년 스코틀랜드 남서부에 위치한 샤이어(Ayrshire)의 중심지 킬마녹(Kilmarmok)에서 존워커(John Walker)가 위스키를 판매하기 시작하였다. 조니워커라는 브랜드가 태어난 것은 1908년의 일로 이때 경영자는 존의 손자인 알렉산더였었는데 그는 조부의 위업을 기리기 위해 신발매의 상품에 조부의 애칭을 붙이고 심벌은 상업미술가인 톰 브라운에게 의뢰하여 외눈 안경을 쓰고 장화를 신은 신사가 지팡이를 들고 걸어가는 모습의 현재 상표를 사용하기 시작하였다.

(1910년 톰 브라운 작)   (1910년 버나드 패트리지 작)   (1920년 레오 체니 작)   (1923년 레오 체니 작)

(1927년 디 진케이젠 작)   (1948년 클라이브 업턴 작)   (1930년 클라이브 업턴 작)

- Striding Man의 변천사

④ Berry Bros & Rudd

• 커티 샥(Cutty Sark)

커티 샥이란 게일어로 '짧은 셔츠'라는 뜻이다. 1869년 이 이름을 붙인 신예 범선이 런던에서 진수, 홍차 등을 수입하는 동양 항로에 취항하였는데, 발이 빠르기로 이름을 날렸다. 커티 샥 위스키는 그 이름을 따서 1923년에 탄생하였다. 이 범선은 은퇴 후 현재 런던 교외 그리니치 박물관에 기념물로 보존되어 있다. 커티 샥 위스키는 특이하게도 다시 나무통에 옮겨져 'Marrying'단계를 거친 후 혼합되어 숙성시키며, 색이 매우 엷고 맛이 라이트해서 라이트 스카치의 대표라 할 수 있다.

❶ Cutty Sark 18, Discovery
❷ Cutty Sark 12, Emeraled
❸ Cutty Sark Standard

⑤ Macdonald Greenlees, Distillers

• 올드 파(Old Parr)

올드 파라는 이름은 스코틀랜드에 살았던 쉴로프셔의 농부 토마스 파의 이름을 딴 것이다. 토마스 파는 1438년에서 1589년까지 살았는데, 죽을 때 그의 나이는 152세 9개월이었다.

그는 한평생 농부로 살았고, 130세 때까지 보리 탈곡 등을 하면서 몸을 움직였다. 그는 살아가는 동안에 여러 가지 에피소드를 남긴 것으로 유명한데, 80세에 처음 결혼을 하였고, 100세 때 3번째 부인과 사별하였으며, 그 후 '부녀 폭행죄'로 18년간 교도소에서 복역하였다. 출소한 후 120세 때에는 45세의 젊은 여인과 4번째 결혼을 하였다.

그의 노익장이 영국 전역에 소문나자 당시 찰스 1세가 그를 왕실로 초청하였는데 그때가 1589년, 그의 나이 152세였다. 왕궁에서는 그 당시 유명한 화가 루벤스에게 그의 초상화를 그리게 하였고, 그 초상화가 올드 파의 유명한 상표가 되어 세계적으로 알려지게 되었다.

토마스 파는 프랑스 요리에 포도주를 마시며 런던 생활을 즐겼으나 갑작스런 생활변화로 몇 달 후에 급사하고 말았다. 토마스 파의 시체는 영국 역대 국왕과 유명인사의 묘소인 웨스트민스터 성당의 지하 묘소에 묻혀 있다.

올드 파의 네모난 병의 뒷면 라벨에는 루벤스가 당시에 그린 파 노인의 초상화가 그려져 있다. 올드 파의 맛은 부드럽고, 달콤한 맛을 느끼게 하는 것이 특징이다.

⑥ Justerini & Brooks

• 제이앤비(J&B)

제이앤비라는 술 이름은 제조원인 저스테리니 & 브룩스사의 이니셜인데, 저스테리니 브룩스사는 1749년 이탈리아 출신의 청년 자코모 저스테리니에 의해서 설립되었다. 그는 모국에서 오페라 가수 마르그리타 베르노를 연모하여 그녀의 런던 공연 때 뒤따라서 영국으로 건너갔다. 그때 우연한 계기로 리큐어 제조에 손을 대게 되어 존슨 & 저스테리니사를 설립하였고, 1831년에 알프레드 브룩스가 이 회사를 인수하여 사명을 저스테리니 & 브룩스사라 개칭했다. 1760년 영국왕은 제이앤비를 국왕의 위스키로 지정하였고, 그 후 엘리자베스 여왕에 이르기까지 2백여 년 동안 영국 왕실의 품격과 맛을 지켜온 공로를 인정받아 왕실의 문장을 사용할 수 있는 특권을 부여받았다. 그래서 제이앤비의 병 라벨에 위스키로는 유일하게 영국 왕실의 문장이 있다.

(3) 아메리칸 위스키(American Whiskey)

아메리칸 위스키는 미국에서 생산되는 위스키를 말하는 것으로 그 역사는 1600년대 초 미국의 뉴잉글랜드를 중심으로 한 동부지방에서 과일, 호밀 등을 원료로 해서 제조 하기 시작하였는데 주로 영국과 버뮤다 제도와의 삼각무역의 주체로서 사탕수수를 원료로 한 럼(Rum)을 위주로 거래가 성행하였다. 그러던 것이 1807년에 노예무역이 폐지 되자 당밀의 수입이 금지되었고, 또한 곡물의 과잉생산과 잉여곡물 처리 등의 사정으로 원료를 곡물로 사용하게 되었으며, 펜실베이니아주가 중심이 되어 다른 주로 전파 하게 되었다.

독립전쟁 후 정부는 경제사정상 과중한 과세를 해서 위스키의 반란이 일어나면서 증류업자는 스코틀랜드에서와 마찬가지로 다른 곳, 즉 켄터키주, 인디애나주, 테네시주 등 서부로 도망가서 정부 몰래 밀주를 만들기 시작했다. 특히, 이때 켄터키주에서는 옥수수를 사용하고 나무통 속에서 숙성한 새로운 위스키를 제조하게 되었다. 이것이 버번(Bourbon) 위스키의 시초이다.

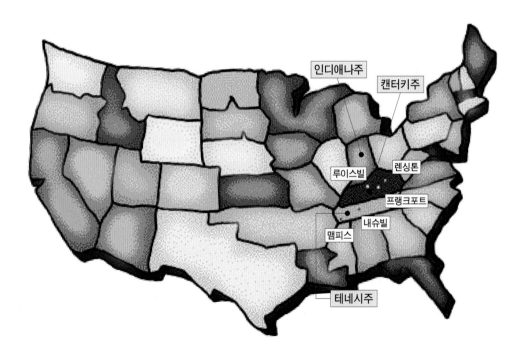

그러나 1920년 1월 1일부터 1933년 12월 31일까지 14년 동안의 금주법의 시행으로 증류업자는 또다시 밀주, 밀매하고 또 많은 제조업자들이 캐나다로 흘러들어가 캐나다 위스키의 본격적인 발전을 이룩하게 되었는데, 금주법이 폐지되면서 이때까지의 단식 증류기는 서서히 자취를 감추고 연속식 증류기를 사용하여 대량생산하여 미국의 독자적인 아메리칸 위스키가 스카치 위스키 다음의 자리를 확실히 굳혀가면서 세계적인 명성을 얻기 시작하였다.

또한 1934년에 만든 후 1948년 개정한 법률은 무질서한 위스키 제조업에 질적 향상을 위하여 Bottled-in-Bond제를 실시하기에 이르렀다.

American Whiskey의 분류

미국 위스키는 스트레이트 위스키(Straight Whiskey)와 블렌디드 위스키(Blended Whiskey)로 크게 나누고 또 그것은 세부적으로 지역이나 원료 등에 의해 나누어진다.

① 스트레이트 위스키(Straight Whiskey)

옥수수, 호밀, 대맥, 밀 등의 원료를 사용하여 만든 것으로, 주정을 다른 중성곡물주정(Neutral Grain Spirits)이나 다른 위스키와 섞지 않고 그을린 참나무통에 최소한 190Proof 이하로 저장해야 하며, 저장이 완료되면 증류수로 희석하여 40% 정도로 만들어 시판하게 된다. 스트레이트 위스키(Straight Whiskey)는 다음과 같이 5가지 형태로 구분된다.

스트레이트 버번(Straight Bourbon)은 Corn이 51% 이상이며, 호밀이 51% 이상이면 스트레이트 라이(Straight Rye)라 하고, 밀이 51% 이상이면 스트레이트 휘트(Straight Wheat), Corn이 80% 이상이면 스트레이트 콘 위스키(Straight Corn Whisky)라 부른다.

• 버번 위스키(Bourbon Whiskey)

버번의 어원은 켄터키주 버번군(Bourbon County)에서 찾을 수 있는데, 프랑스의 부르봉(Bourbon) 왕가가 이 지역으로 이주해 오면서 그 명칭이 버번으로 바뀌게 되었다 한다.

버번 위스키는 51% 이상의 옥수수가 포함되어 있는 곡물로 만들어진 알코올을 그을린 새 참나무통에 넣어 4년 동안 숙성시키는 것이 보통이나, 법적 의무기간은 2년이다. 단일 원액만을 사용해야 하며 알코올 함유량은 40% 이상 80% 이하로 증류하여야 한다.

색깔은 호박색을 띠며 향기가 짙은 것이 특징이다. 버번의 원산지인 켄터키주에서 증류되는 것을 켄터키 스트레이트 버번 위스키(Kentucky Straight Bourbon Whiskey)라고 하며, 그 외에 일리노이주, 오하이오주, 펜실베이니아주, 테네시주, 미주리주 등지에서도 생산된다. 전체 생산량의 80%가 켄터키주에서 생산된다.

Jim Beam, I.W. Happer's, Old Grand Dad, Wild Turkey, Seagram's Black, Fleischmann's 등이 있다.

- 테네시 위스키(Tennessee Whiskey)

버번과 거의 유사한 것같이 보이나 제조과정에서 테네시 위스키는 특이한 여과방법을 사용하고 독특한 향과 매끄러운 풍미를 지니고 있어 별도로 구분된다.

이 특별한 방법은 참숯 여과과정에 있는데, 이는 알코올이 증류기에서 나오면 이를 숯이 채워져 있는 통 속으로 유도하여 천천히 거르게 된다. 여기에 사용되는 숯은 테네시 고산지대에서 생산되는 사탕단풍나무로부터 만들어지는 특수한 것이다. 이 여과과정은 숙성과정을 제외한 어떠한 과정보다 오래 걸리며 이로 인하여 대단히 부드러운 위스키가 만들어지게 된다.

Jack Daniel's, George Dickel 등이 있다.

- 라이 위스키(Rye Whiskey)

51% 이상의 호밀이 포함되어 있는 곡물로 만들어지며, 80% 이하로 증류하고 참나무통에 2년 이상 숙성시킨 것이다. 색상은 버번과 매우 흡사하나 맛이 약간 다르고 더 짙은 편이다.

- 콘 위스키(Corn Whiskey)

콘 위스키는 80% 이상의 옥수수가 포함되어 있는 곡물로 만들어지며, 보통 재사용되는 그을린 참나무통에 저장·숙성시킨다. 그 결과 Bourbon Whiskey보다 Corn의 성질을 많이 남겨 풍미가 부드러운 위스키가 된다.

- 보틀 인 본드 위스키(Bottled in Bond Whiskey)

보통 미합중국 정부의 감독하에 생산된 버번이나 라이 위스키를 말하는 것으로 스트레이트 위스키이다. 이 술은 정부에서 품질을 보증하는 것은 아니지만, 정부의 감독하에 보세 창고에서 분류하고 병에 담아 수출된다. 이 종류의 위스키는 적어도 4년 이상 저장해야 하며, 100proof로 병에 넣는다. 대표적인 술에는 올드 그랜 데드(Old Grand Dad)가 있다.

② 블렌디드 위스키(Blended Whiskey)

한 가지 이상의 스트레이트 위스키와 중성 곡류주정을 섞은 것을 뜻하며, 최소한 20% 이상의 스트레이트 위스키를 함유하여야 한다. 일반적으로 80 proof 이상으로 병에 담아 시판된다. Seagram's 7 Crown이 이 타입의 대표적인 위스키이다.

American Whiskey의 명품

① 아이 더블유 하퍼(I.W. Harper)

대규모 버번 메이커인 센레이사의 주력 브랜드로서 이 브랜드가 탄생한 것은 1877년이라고 한다. 술 이름은 두 사람의 공동창업자 아이작(I) 울프(W) 번하임과 버나드 하퍼라는 이름의 머리글자(Initial)를 합친 것으로 번하임은 증류전문가이고 하퍼는 수완 있는 세일즈맨이었다고 한다.

아이 더블유 하퍼는 출발 이래 높은 품질로 인정받고 있는데, 현재 대맥, 라이의 사용비율이 높아 그 감칠맛과 품격 있는 맛으로 인해 많은 애음가를 확보하고 있다.

② 짐빔(Jim Beam)

제임즈 B. 빔 디스틸링사 제품으로 이 회사의 역사는 1795년 제이콤 빔이 버번군에 위스키 증류소를 세웠을 때부터 비롯된다. 현존하는 미국의 증류회사 중에서는 가장 오랜 역사를 가지고 있는 회사이다. 그리고 버번 위스키가 탄생한 것은 일반적으로 1789년의 일로 되어 있으므로 이 회사는 버번의 역사와 함께 걸어왔다고 해도 과언이 아닐 것이다. 창업 이래 약 190년이 되는 현재도 빔 집안사람들에 의해 경영되고 있다.

블랙 라벨은 고급품으로 라벨에 101개월(8년 5개월)이라 적혀 있듯이 장기 숙성된 마일드한 고급품이다.

③ 올드 그랜 데드(Old Grand Dad)

올드 그랜 데드란 이 회사의 창업자 R.B. 하이든 대령의 애칭이며, 창업연도는 1769년인데, 버번은 1882년부터 만들었다. 처음에는 50°로 만들었으나 1958년에 43°의 버번을 발매하고부터 급속히 시장을 확대하여 톱 클래스의 유명 브랜드가 되었다.

스탠다드 풍의 주질은 매우 마일드하다. 스페셜 셀렉션은 통에서 그대로 병에 담은 순수한 버번이고 도수는 57°로 버번으로서는 가장 독하며, 마일드한 풍미와 향기가 아주 은근한 느낌을 준다.

④ 와일드 터키(Wild Turkey)

켄터키주에 있는 오스틴 니콜라스사의 제품으로 회사명이 라벨 위쪽에 크게 적혀 있으므로, 팬들은 이 위스키를 '오스틴 니콜즈'라 부른다. 미국에서는 7년짜리 버번(43.4°)과 8년짜리 라이(50.5°)를 내놓고 있는데, 와일드 터키의 도수도 101프루프라고 라벨에 적혀 있듯이 50.5°이다.

이 버번은 매년 사우스캐롤라이나주에서 열리는 야생의 칠면조(Wild Turkey) 사냥에 모이는 사람들용으로 1855년에 발매된 것으로 술 이름도 그에 유래한다.

• Wild Turkey

⑤ 씨그램 7 크라운(Seagram's 7 Crown)

캐나다의 종합주류 제조회사인 조셉 E. Seagram & Sons Ltd.사에서 미국의 금주법이 해제되고 난 1934년에 미국에 진출하여 생산하기 시작한 Mild Type 위스키로 발매 전에 사내에서 10여 종의 브랜드를 시음한바, 7번째가 채용되었기 때문에 7과 왕의 상징인 크라운을 붙여서 주명으로 삼았다.

• Seagram's 7 Crown

⑥ 잭 다니엘(Jack Daniel)

미국을 대표하는 고급 위스키로, 베스트 브랜드이기도 하다. 창업자 잭 다니엘은 소년시절부터 위스키 증류 일을 돕다가 1846년에 테네시주 링컨군 린치버그 마을에서 창업하였다. 처음에는 '벨 오브 링컨', '링컨군의 미녀'라는 이름으로 발매하였다. 자신의 이름을 붙이게 된 것은 1887년부터이고 이 위스키는 창업 이래로 테네시 고지에서 산출되는 사탕단풍나무 탄으로 여과 후 숙성되고 있다. 현존하는 술 중에서 이 방법이 사용된 것은 잭 다니엘이 가장 오랜 역사를 지닌다. 그 여과 때문에 마일드한 맛이 생기고 멜로우한 위스키로 정평이 있다. 블랙이 널리 팔리고 있는데, 그린은 저장기간이 약간 짧다. 그러나 풍미는 거의 차이가 없다.

• Jack Daniel's(Single Barrel)

(4) 캐나디안 위스키(Canadian Whisky)

미국 독립전쟁이 일어나자 캐나다로 이주하는 사람들이 늘어나게 되었다. 이때에는 주로 보리로 물물교환을 하면서 제분업이 번창하였다. 그러던 것이 보리가 잉여되어 차츰 증류소가 발전하게 되었고, 1950년대에 씨그램사와 하이럼 워커사가 등장하면서 위스키의 산업화가 시작되었다. 1920년 미국의 금주법 시행으로 증류업자 및 이민자들이 캐나다로 오면서 본격적인 활기를 띠게 되었다.

캐나다에서 생산되는 위스키로서 호밀, 옥수수, 대맥 등을 원료로 사용하여 만들어지는 블렌디드 위스키(Blended Whisky)이며, 정부의 감독하에 캐나다에서만 생산된다. 캐나디안 위스키는 최소한 3년을 숙성시켜야 하며, 수출품은 대개 6년을 숙성한다. 스카치 위스키는 대맥을 주원료로 사용하나 캐나디안 위스키는 호밀을 주로 많이 사용하기 때문에 간혹 라이 위스키(Rye Whisky)라고도 불린다. 상품으로는 Crown Royal, Canadian Club, Seagram's V.O., Canadian Mist 등이 있다.

 Canadian Whisky의 명품

① 크라운 로얄(Crown Royal)

1939년 영국왕 조지 6세 내외가 엘리자베스 공주를 대동하여 캐나다를 방문하였을 때 씨그램(Seagram's)사에서 심혈을 기울여 최고급 위스키로 만들어 진상하였으며, 국왕이 캐나다 대륙을 횡단하여 밴쿠버로 가는 왕실 열차 안에서 처음 개봉하였다. 이외에도 엘리자베스 공주와 에든버러 공의 결혼식과 엘리자베스 2세의 대관식에 진상된 것으로도 유명하다. 이 당시 크라운 로얄은 귀빈 접대용으로 소량으로만 생산하다가 후에 대량판매하게 되었다.

왕관 모양의 크라운 로얄은 많이 마셔도 다른 위스키보다 갈증을 덜 느끼는 특성이 있는 Premium급 위스키이다.

• Seagram's V.O.

② 씨그램 V. O(Seagram's V.O.)

세계 최대규모를 자랑하는 씨그램종합주류제조회사는 1924년에 몬트리올에서 창업하여 정부의 엄격한 통제하에 옥수수와 호밀을 원료로 하여 만든 V.O.를 주력 품종으로 생산하기 시작하였으며 많은 판매 실적을 올리게 되었다. 법으로는 4년을 숙성시키게 되었으나 V.O.는 6년간 숙성시킨 Mild Type 위스키로 우리나라에는 1950년 6 · 25전쟁 때 들어와 나이 많은 애주가들에게 정감이 가는 위스키이다.

③ 캐나디안 클럽(Canadian Club)

1858년 하이렘 워커(Hiram Walker)사가 창업한 이래 계속 주력상품으로 생산되고 있으며, C.C.라는 애칭으로 온 세계에 알려져 있다.

영국의 빅토리아 여왕 시대인 1898년 이래로 영국 왕실에 납품되었고 영국 왕실의 문장을 표시하고 있으며, 맛은 라이트 타입이다.

• Canadian Club

(5) Japanese Whisky

위스키의 원액생산에서 제품생산까지 일괄적으로 이루어지고 있는 일본 위스키는 일본의 음식문화와 연계시킨 새로운 위스키 소비문화와 독주를 좋아하지 않는 일본식 음주문화에 착안한 '미즈와리(물에 희석한 위스키)'의 개발 등 일본인의 입맛에 맞고 소비자가 원하는 제품의 생산으로 일본 위스키만의 독특한 맛을 창출하며, 세계 5대 위스키 산지로 잘 알려져 있다.

일본 위스키의 대표적인 회사로는 산토리와 니카가 있다.

Japanese Whisky의 명품

① 산토리(Suntory)

• Suntory Whisky

산토리사는 1899년 오사카에서 도리이상점으로 합성주 판매업을 창업한 것이 시초이며, 그 후 1906년에 고토부키야 양주점으로 상호를 변경하였고, 1963년에는 현재의 사명인 산토리로 변경하여 지금에 이르고 있다. 일본 위스키 시장의 60%를 차지하고 있는 산토리는 1984년 '술 절제 캠페인'과 함께 위스키를 물에 타 마시는 '미즈와리'를 개발하여 보급하고 있으며, 일본의 양주 소비문화를 창조해 나가고 있다.

② 니카(Nikka)

일본인으로서는 최초로 스코틀랜드에 유학하여 양조기술을 배우고 귀국한 다케스루가 1934년 스코틀랜드와 기후가 유사한 북해도의 요이치시에 공장을 세우고 창업을 하였다. 니카는 스코틀랜드의 위스키 제조법을 완벽하게 모방함으로써 최고의 품질로 일본의 위스키 시장을 구축해 나가고 있다.

4. 위스키의 보관 및 시음

1) 위스키의 보관

위스키는 일단 병입되면서는 숙성이 진행되지 않는다. 그러나 오랫동안 보관하기 위해서는 술이 병마개에 닿지 않도록 해야 한다. 따라서 항상 병을 세워서 보관하고 마개가 건조해지지 않게 하기 위해서는 열 접촉이 전혀 없어야 한다. 마개가 건조해지면 공기가 들어가기 때문이다.

2) 위스키의 글라스

스코틀랜드의 싱글몰트를 마시기 위해서는 입구가 약간 모아진 튤립 모양의 잔에 향기를 모아서 마신다.

3) 시음

위스키의 맛은 생산국의 전통과 브랜드, 그 나라의 법령 등과 관련이 있다.

(1) 스카치 위스키

입 안 가득히 퍼지며 오래 지속되는 깊고 풍부한 과일향과 은은한 피트향이 조화를 잘 이루어낸 정통 위스키 맛이다.

(2) 아이리시 위스키

깊은 맛과 붉은 과일을 연상시키는 과일향이 난다.

(3) 아메리칸 위스키

풍부하게 정제된 맛에 부드러운 과일 맛이 혼합되어 있다. 짙은 나무향과 가죽 맛은 안쪽의 오크통을 그을려서 우려낸 향이다.

(4) 캐나디언 위스키

과일맛과 섬세하면서 부드럽고 순한 맛이 나며 호밀이 많이 함유되어 있어 떫은맛이 난다.

4) 위스키 제대로 맛보는 방법

♣ **시음 전 준비사항** ♣

위스키, 글라스, 물, 빵이나 달지 않은 비스킷 등

① 20mL 정도의 위스키를 잔에 담는다.

② 잔에 담긴 위스키의 색깔을 우선 확인한다. 색은 위스키의 맛과

성격에 대하여 많은 것을 얘기해 준다. 위스키의 색깔은 꿀 같은 금색, 루비 같은 빨간색 또는 진한 갈색을 띠기도 하는데, 이는 위스키가 어떤 통에 담겨 숙성되었느냐에 따라서 색깔이 달라지기 때문이다. 위스키의 색을 제대로 구별하는 좋은 방법은 맑은 물에 대어 색깔을 확인하는 것이다.

③ 위스키의 냄새나 향을 맡아본다. 실제로 80%의 맛은 코로 이루어진다. 따라서 풍미가 단 냄새가 나는지 또는 스모키한 향, 꿀향, 과일향이 나는지를 확인한다.

④ 똑같은 양의 물을 위스키가 담긴 잔에 부어라.

⑤ 또다시 위스키의 냄새를 맡아본다. 물을 더함으로써 색다른 향과 위스키의 맛이 약간 짙은 느낌을 가질 수 있다.

⑥ 위스키를 약간 입 안에 머금고 다음 사항을 체크한다.

- 입 안에 있을 적에 어떤 느낌이 드는가?
- 기름진가?
- 실크같이 부드러운가?
- 벨벳 같은 느낌인가?
- 혹은 딱딱한가?
- 위스키의 맛은 어떤가?(매운지, 오크 맛이 나는지, 피트석 맛이 나는지)

⑦ 위스키를 삼킨 뒤 뒷맛을 체크한다.

- 입 안에 강하게 남아 있는가?
- 따뜻하게 남는가?
- 가볍게 남는가? 또는 드라이하게 남는가?

⑧ 다른 위스키를 맛보기 전에 물을 마시고 빵이나 달지 않은 비스킷을 먹어서 입 안에 남아 있는 위스키의 맛을 없애준다.

Chapter **2**

브랜디

1. 브랜디의 어원 및 정의

브랜디의 어원은 프랑스에서 뱅 브루레(Vin Brûlle)라고 불리던 술을 네덜란드어인 브란데 웨인(Brande-wijn ; Burnt Wine ; 불에 구운 포도주)이라고 부르며 유럽 각지에 소개되었고 영국에서 영어화되어 브랜디(Brandy)라 부르게 되었다.

넓은 의미의 브랜디란 과일류의 발효액을 증류한 알코올 성분이 강한 술을 총칭하지만, 우리가 흔히 브랜디라고 부르는 것은 포도를 발효, 증류, 저장, 숙성시켜 만든 것이므로 브랜디의 원료는 포도가 되는 것이다.

포도 이외의 다른 과일을 원료로 할 경우는 브랜디 앞에 그 과일의 이름을 붙인다. 예를 들어 사과를 원료로 하여 만든 것은 애플 브랜디(Apple Brandy), 애플 잭(Apple Jack) 등으로 부르고, 체리를 원료로 하여 만든 것을 체리 브랜디(Cherry Brandy)라고 하며 독일에서는 키르슈바서(Kirsch Wasser)로 부른다. 그중에서도 프랑스 노르망디 지방의 사과를 발효, 증류시켜서 만든 칼바도스가 가장 유명하다.

2. 브랜디의 유래

브랜디가 정확하게 언제부터 만들어지게 되었는지는 알 수 없지만 13세기경 스페인 태생의 의사이며 연금술사인 아르노 드 빌뇌브(Arnaude de Villeneuve, 1235~1312)가 와인을 증류한 것을 뱅 브루레(Vin Brûlle)라 하고 이것을 '불사의 영주'라 하며 판매를 하였다.

이것은 '태운 와인'이란 뜻을 가진 술로서 브랜디의 시초라고 볼 수 있다. 이 당시에는 흑사병이 유행하였으며 사람들은 이것을 마시면 흑사병에 걸리지 않는다고 믿게 되어 '생명의 물(Aqua Vitae)'이라고 부르며 널리 퍼지게 되었다.

프랑스에서 브랜디의 시작은 1411년, 피레네 지방으로부터 멀지 않은 아르마냑 지방에서 볼 수 있으며 이것은 스페인 연금술사들의 기술이 피레네 산맥을 지나 프랑스에 전래되지 않았나 생각된다.

이후 15세기 말경에는 몇몇 지방으로 퍼지고 16세기 들면서 프랑스 전국 각지로 폭넓게 퍼졌다. 이 당시 불렀던 생명의 물은 지금의 프랑스어로 하면 오 드 비(Eau-de-vie)가 되고 코냑 브랜디나 아르마냑 브랜디도 법률상으로는 오 드 비로 분류하고 있다. 그러나 세계의 브랜디 중에서 최고로 알려져 있는 코냑 브랜디는 이것보다 훨씬 늦은 17세기부터 시작되었다. 이 당시 샤랑뜨 지역의 와인을 네덜란드 상인들이 대량 구입하게 됨으로써 생산과잉이 되고 판매하고 남은 와인을 처리하기 위한 고심 끝에 이것을 증류한 것이 다른 지방의 브랜디보다 품질이 더 좋은 것을 알고 좀더 적극적으로 생산하기 시작한 것이 바로 오늘날 코냑이다.

이렇게 본다면 초기 형태의 브랜디가 기업화되어 증류주로 마시기 시작한 것은 17세기 코냑 지방에서 생산된 것이 시초라 할 수 있겠다.

3. 브랜디의 제조방법(Cognac의 예)

1) 양조작업(와인제조)

브랜디의 원료로 사용되는 포도 품종은 생산지에 따라 다르나 프랑스에서는 쌩떼밀

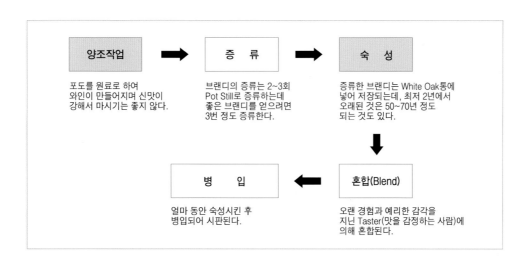

양조작업	→	증 류	→	숙 성

포도를 원료로 하여
와인이 만들어지며 신맛이
강해서 마시기는 좋지 않다.

브랜디의 증류는 2~3회
Pot Still로 증류하는데
좋은 브랜디를 얻으려면
3번 정도 증류한다.

증류한 브랜디는 White Oak통에
넣어 저장되는데, 최저 2년에서
오래된 것은 50~70년 정도
되는 것도 있다.

병 입	←	혼합(Blend)

얼마 동안 숙성시킨 후
병입되어 시판된다.

오랜 경험과 예리한 감각을
지닌 Taster(맛을 감정하는 사람)에
의해 혼합된다.

리웅(Saint Émilion 또는 유니블랑(Ugni Blanc)이라고도 함), 폴 브랑슈(Folle Blanche), 꼴롱바르(Colombard)종을 주로 사용한다.

9월에서 10월 하순에 걸쳐 수확하여 곧바로 브랜디의 원료가 되는 화이트 와인(알코올도수 약 7~8%)이 만들어지는데 신맛이 강하고 당도가 낮아서 와인으로서의 맛은 아주 나쁘다. 그러나 이 신맛이 고급 브랜디에는 필수불가결의 요소로 되어 있다.

2) 증류

브랜디의 증류는 와인을 2~3회 단식 증류기(Pot Still)로 증류하는데 위스키의 것과는 조금 다르다. 첫 번째 증류에서 알코올성분 25% 정도의 초류액이 얻어지는데 이것을 부루이이(Brouillis)라 한다. 이것을 다시 증류하여 알코올성분 68~70%의 재류액이 얻어지는데 이것을 라본느 쇼프(La Bonne Chauffe)라 한다.

이렇게 2단계로 나누어 증류하면 평균 8통의 와인에서 1통의 브랜디가 얻어진다. 여기서 더 좋은 브랜디를 얻으려면 다시 한번 주의 깊게 10~15시간에 걸쳐 세 번째의 증류를 하게 되는 것이다. 증류작업은 3월 31일까지 마친다.

3) 저장

증류한 브랜디는 White Oak Barrel(새로운 오크통)에 넣어 저장한다. 술통은 새것보다 오래된 것이 더 좋다. 새 술통을 사용할 때에는 반드시 열탕으로 소독하고 다시 화이트 와인을 채워 유해한 색소나 이취물질을 제거한 후 화이트 와인을 쏟아내고 브랜디를 넣어 저장한다. 저장기간은 최저 2년에서 20년이나, 오래된 것은 50~70년 정도 되는 것도 있다. 저장 중 브랜디의 양은 증발에 의해 줄어드는데 이는 술통의 나뭇결에서 발산하므로 2~3년마다 다른 술통의 것을 채워 넣는다.

4) 혼합

브랜디도 위스키처럼 블렌딩(Blending / Le mariage)하여 만드는 데 쎌러마스터(Cellarmaster)라 일컬어지는 블렌더(Blender)는 자사(自社)의 브랜드별로 고객의 입맛에 고착된 독특한 맛과 이미지를 지속적으로 유지시켜 나가야 하기 때문에 아주 중요한 공정이다. 이처럼 오랜 경험과 예리한 감각을 지닌 쎌러마스터에 의해 혼합된 브랜디는 다시 어느 정도 숙성시킨 후 병입되어 시판된다.

 코냑과 아르마냑

브랜디란 본래 포도로 만든 증류주를 가리키는 말이다. 그러나 오늘날에는 과일을 원료로 한 증류주 모두를 가리키는 명칭으로 확대 해석해서 쓰이는 경우가 많다. 즉 포도를 원료로 하여 증류한 증류주를 통틀어 브랜디라 하고, 넓게는 과일을 증류시켜 만든 것을 브랜디라고 한다.

이러한 브랜디 중에서 특별히 프랑스의 코냑 지방에서만 만든 브랜디를 코냑이라 하고, 프랑스의 코냑 조금 아래의 지방인 아르마냑 지방에서 제조한 브랜디를 아르마냑이라 칭한다. 세계에서 가장 유명한 브랜디 제조 지역이 프랑스의 코냑과 아르마냑 지방이다. 즉 모든 코냑은 브랜디이지만 브랜디는 코냑이 아니다.

프랑스의 코냑 지방에서는 코냑 한 병을 만드는 데 약 7kg의 포도가 소요되며, 와인은 법에 의해 규정된 백포도로만 만들어진다.

4. 브랜디의 등급

브랜디는 숙성기간이 길수록 품질도 향상된다. 그러므로 브랜디는 품질을 구별하기 위해서 여러 가지 문자나 부호로써 표시하는 관습이 있다.

코냑 브랜디에 처음으로 별표의 기호를 도입한 것은 1865년 헤네시(Hennessy)사에 의해서이다. 이러한 브랜디의 등급표시는 각 제조회사마다 공통된 문자나 부호를 사용하는 것은 아니다.

1) 머리글자(Initial)

(1) V → Very   (2) S → Superior   (3) O → Old

(4) P → Pale   (5) X → Extra

2) 브랜디의 등급과 숙성연수

와인을 갓 증류한 오더비를 꽁트Compte 00이라고 하고 4월1일이 되면 공식적으로 증류가 끝나는데 이때를 꽁트 0이라고 하며 그 다음해 4월1일이 되면 꽁트 1이 되며 V.S.O.P.는 꽁트 4 이상이면 붙일 수 있고 더 오래 숙성한 것은 꽁트 6이상이면 붙일 수 있다. 하지만 회사들마다 더 좋은 코냑을 만들기 위해서는 보통은 아래와 같이 오래 숙성시킨다.(BNIC(the BureauNational Interprofessionnel du Cognac) 기준.)

V.S. Very Special or ★★★ three stars 2년
V.S.O.P. Very Superior Old Pale or Reserve 4년
Napoléon 6년
XO Extra Old 10년
XXO Extra Extra Old 14년
Hors d'âge Beyond Age 10년

이외에도 여러 가지의 다른 등급 표기가 있다. 각 회사별로 등급을 달리 표시하기도 해 같은 등급이라도 저장연수가 다를 수 있다. 코냑의 경우 별 셋Three Star만이 법적으

로 보증되는 연수5년이고, 그 외는 법적구속력이 전혀 없다.

코냑 메이커인 헤네시사에서는 별셋급을 브라 자르(Bras Arme)라 표시하고 있으며, 레미 마틴사에서는 Extra 대신에 Age Unknown이라 표시하고 있다.

또한, 마텔사에서는 V.S.O.P.에 해당하는 것을 메다이옹(Medaillion)이라 표시하고 있듯이 각 회사별로 등급을 달리 표시하기도 해 같은 등급이라도 저장연수가 다를 수 있다. 코냑의 경우 별셋(Three Star)만이 법적으로 보증되는 연수(5년)이고, 그 외는 법적 구속력이 전혀 없다.

★★★ 나폴레옹 코냑(Napoleon Cognac) ★★★

코냑의 등급 중에 나폴레옹이 최고라는 잘못된 생각을 가진 사람들이 아직도 많이 있다. 그러나 이 표시는 대단히 질서없이 사용된 시기가 있으므로 저장연수와는 거의 관계가 없다고 해도 좋다. 어떤 회사는 저장 15년 정도의 상품에 나폴레옹을 표시하고 어떤 회사는 50년 이상의 것이 아니면 나폴레옹이라는 표현을 쓰지 않는다.

나폴레옹이라는 이름은 나폴레옹 I세의 이름을 딴 명칭이다. 1811년 황제는 대망의 아들을 얻는다. 같은 해 유럽의 하늘에 혜성(Comet)이 나타나 사람들은 불길한 예감을 느끼고 있었으나 프랑스의 포도원에서는 사상 유례 없는 풍작을 기록했다. 이 해의 와인은 Comet Wine(혜성이 나타난 해의 와인을 칭함)으로서 진귀하게 여겨졌고, 이것을 증류한 코냑은 특히 우수한 브랜디가 되었다. 아들의 탄생과 포도의 풍작이라는 이중의 기쁨을 기념하여 이해의 브랜디를 나폴레옹이라 불렀다.

• 최고급품 중 하나인 코냑 루이 13세

그 후에도 풍작을 이루는 해마다 나폴레옹의 이름을 쓰는 브랜디가 출현하여 점차 명성이 높아졌던 것이다. 그러나 코냑의 품질을 구분하기 위해 등급표시를 시작하면서부터 풍작한 해의 브랜디에 나폴레옹이라는 명칭을 붙이는 일이 사라졌다.

5. 코냑(Cognac)

1) 코냑의 역사

아르누드 빌누브가 브랜디를 발견하고, 그 후 여러 지방에서 브랜디가 만들어졌고, 코냑 지방에서도 만들어졌는데 처음에는 지방주(地方酒)에 지나지 않았으나 오늘날에는 불후의 명성을 얻고 있다.

코냑의 거리는 로마제국시대에 이미 존재했고, 와인의 산지로서 번영하고 있었다. 16~17C에는 네덜란드가 프랑스의 남서부에 있는 비스케만 일대의 해상권을 지배하고 있었다.

샤랑뜨(Charente)강 유역의 라 로쉘(La Rochelle) 항구에서는 영국과 네덜란드를 왕래하는 와인 상인들이 많이 드나들면서 코냑 지방의 와인산업은 크게 번영했다. 그러나 다른 지방의 와인에 비해 산도가 높고 당도가 낮으며, 장기간의 해상수송 중에 품질의 저하 등으로 차츰 인기가 떨어지자 잉여생산물이 과잉상태로 되었다. 이때 네덜란드의 와인 상인들이 배에 적재하는 와인의 양을 늘리려고 증류를 하기 시작했다. 이에 코냑의 와인업자들도 재고처리를 위해 와인을 증류했는데 뜻하지 않게 좋은 맛을 내게 된 것이다.

코냑 브랜디의 맛을 안 영국으로부터 교역의 양이 자꾸 늘어났고, 네덜란드인이 이 새로운 술에 붙인 Brandewijn이란 호칭을 영국식으로 브랜디라 불러 그 이름은 순식간에 알려지게 되었다.

18C에 들어서자 당시의 태양왕 루이 14세(1638~1715)한테도 인정을 받았다. 과잉 와인의 처리로 시작된 코냑 지방의 브랜디산업은 여기서 빛나는 첫 장을 열었던 것이다.

그 후 나폴레옹 I세(1804~1815) 시대에는 비할 데 없는 방향을 자랑하는 왕후의 술로 유명하였다. 나폴레옹 궁전은 물론 유럽의 각 궁전이나 귀족 사회에서 애음하게 되어 코냑 브랜디는 절정기에 달했던 것이다. 그런데 1875년 보르도 지방에 침입한 필록세라 병이 코냑 지방에도 휩쓸어 브랜디산업은 큰 타격을 받았다.

이것을 계기로 1919년에 아뻴라시옹 도리진 꽁트롤레(Appellation d'Orgine Controlée(원산지통제명칭)에 의해 코냑의 이름은 이 지방산의 브랜디에만 허용하게 되었다.

2) 코냑의 생산지역

코냑 지방은 샤랑뜨(Charente)지구와 샤랑뜨 인페류트(Charente Inferieute)지구에 속한 프랑스 법률에 따라 6개 지역으로 나눈다. 품질의 우열 순위별로 살펴보면 다음과 같다.

(1) 그랑드 샹빠뉴(Grande Champagne)

프랑스어로 샹빠뉴는 백악질과 석회질이 많은 땅이라는 뜻인데, 이 지역은 가장 석회질이 풍부한 지역으로 코냑시의 바로 남쪽에 위치하고 있으며, 약 13,000ha의 포도밭에 매우 섬세하고 가벼우며 꽃향기가 주된 브랜디가 생산된다. 이곳의 브랜디는 완전히 숙성되기까지 오크통에서 오랜 저장기간을 거쳐야 한다.

(2) 보르드리(Borderies)

코냑시 북동쪽에 위치한 포도밭이 4,000ha 정도의 좁은 지구로 코냑 전체 생산량의 5% 정도를 차지한다. 이 지구의 브랜디는 향이 풍부하고 맛이 발랄하지만 숙성이 샹빠뉴 지역의 코냑들보다 더 빨리 숙성된다.

(3) 쁘띠뜨 샹빠뉴(Petite Champagne)

그랑드 샹빠뉴를 둘러싼 남쪽지역으로 포도밭은 16,000ha 정도이다. 프랑스어로 쁘띠뜨(Petite)는 작은 것을 의미한다. 이곳의 브랜디는 가볍고 은은해서 숙성도 그랑드 샹빠뉴보다 조금 빨리된다. 그래서 그랑드 샹빠뉴와 쁘띠뜨 샹빠뉴의 브랜디를 섞으면 상호보완작용으로 환상적인 조화를 이룬다. 이렇게 그랑드 샹빠뉴 50% 이상에 쁘띠뜨 샹빠뉴를 혼합한 것을 피느 샹빠뉴(Fine Champagne)라고 한다.

(4) 팽부아(Fins Bois)

위의 3개 지구를 둘러싸고 있는 팽부아에는 40,000ha의 포도밭이 있으며 전체 코냑 생산량의 40% 이상을 차지한다. 맛이 가볍고 풍미가 약해 블렌디용으로 주로 사용된다.

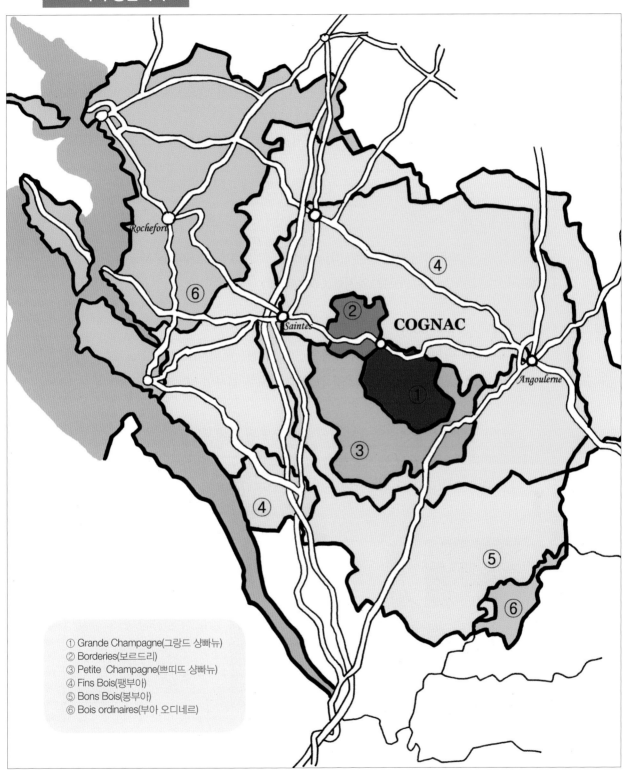

① Grande Champagne(그랑드 샹빠뉴)
② Borderies(보르드리)
③ Petite Champagne(쁘띠뜨 샹빠뉴)
④ Fins Bois(팽부아)
⑤ Bons Bois(봉부아)
⑥ Bois ordinaires(부아 오디네르)

(5) 봉부아(Bons Bois)

위의 4개 지구를 둘러싸고 있는 봉부아의 브랜디는 가볍고 거칠며, 풍미가 약해 블렌디드용으로 사용된다.

(6) 부아 오디네르(Ordinaires)

대서양 연안을 따라 위치한 이 테루아에서 생산되는 브랜디는 고급 브랜디로서 품격이 떨어져 대중용으로만 쓰인다.

3) 세계 5대 코냑 회사

세계 5대 코냑 회사로는 헤네시(Hennessy), 레미 마르땡(Remy Martin), 마르텔(Martell), 까뮈(Camus), 쿠르브와지에(Courvoisier)가 있다.

(1) 헤네시(Hennessy)

헤네시사는 아일랜드 콜크시의 귀족출신인 리챠드 헤네시(Richard Hennessy) 대위가 1765년 설립한 코냑업계에서 가장 큰 회사이다. 창업자인 리챠드 헤네시는 루이 14세의 근위대에 근무한 군인이었다.

1765년 뜻밖의 부상으로 군에서 명예 제대하게 된 헤네시는 근위대 시절 코냑 지방에 주둔했을 때 알게 된 당시 지방 토속주였던 코냑의 장래성이 매우 좋다고 판단했다. 그리고 제대 후 그대로 코냑 지방에 눌러 앉아 브랜디 사업을 시작했고 코냑을 영국과

• 헤네시 제품

아일랜드의 귀족들에게 선적하여 큰 호평을 받았다.

이런 연유로 헤네시사는 지금도 생산량의 98%를 해외에 수출하고 극소수의 프랑스인들만이 헤네시를 애음한다.

헤네시는 오늘날 코냑 병에 등급을 표시하는 기호를 처음 사용하기 시작한 회사로 유명하다. 1817년 영국의 리젠트(Regent) 왕자로부터 'Very Superior Old Pail' 즉 매우 오래 숙성시킨 색깔이 엷은 코냑을 보내달라는 주문을 받은 것이 연유가 되어 V.S.O.P로 줄여 표기하기 시작했다. Pale은 색깔이 엷다는 뜻이지만 코냑에서는 맑다는 뜻으로 해석해야 한다. 가짜 코냑이 유행하면서 가짜 코냑을 만드는 업자들이 오래된 술처럼 보이기 위해 증류한 새 술에 캐러멜 등 색소를 넣기도 했다. 그러나 캐러멜이 첨가될 경우 색깔이 흐려지므로, 순수한 코냑을 만드는 업자가 이 차이점을 강조하기 위해 Pale이라는 표시를 하여 진짜 코냑을 증명하려고 했다. 등급에 영어를 사용하는 것은 그 당시 코냑의 주 고객이 영국의 상류 사회층이었기 때문이다.

얼마 후 헤네시는 등급표시에 별(Star)과 XO(Extra Old)를 처음 사용하였고 이 등급은 프랑스 법에 의해 오늘날까지 지켜지고 있다. 헤네시의 자가 포도원은 500ha 정도가 되는데 여기서 만들어지는 술은 출하량의 10%정도밖에 안되므로 나머지 90%는 2,600여 농가와 계약재배로 공급받고 있다. 따라서 헤네시사는 증류업자라기보다는 블렌딩 업자라고 하는 편이 적절하다. 그리고 이 블렌딩 기술에 독특한 개성을 가지고 있는데 이것이 헤네시 팬을 확보하고 있는 원천이 되고 있다.

헤네시사 코냑의 특징은 원주의 숙성에 새로 만든 리무진산 오크나무통만을 쓰기 때문에 통에서 용출되는 성분이 많아 다른 코냑에 비해 주질이 풍부하다. Three Star는 한때 '브리 자메르(무장한 팔)'라고 불리었으며, 스탠다드 제품치고는 마일드하고 안정된 바디(Body)를 지녔다.

V.S.O.P는 그랑드 샹빠뉴부터 팽부아까지 네 곳의 우수 포도를 원료로 사용하여 부드러우면서도 경쾌함을 주며, Napoleon은 헤네시 제품으로는 완전히 엘레강스한 스타일이다.

X.O는 통숙성의 중후함을 충분히 살린 고급품으로 오래된 원액 100여 가지를 블렌딩하여 긴장감 있고, 안정적이며, 온화한 향과 부드러운 맛이 특징이다. 그리고 Richard는 50년 이상 원액만을 블렌딩하여 우아한 경지에 도달한 술이다. Richard는 창업자의

이름을 사용한 만큼 이 회사의 상징적인 코냑이며, 세계 최고급품 중의 하나이다.

(2) 레미 마르땡(Remy Martin)

레미 마르땡(영어로는 레미 마틴)사는 Three star급은 만들지 않고 전 제품을 V.S.O.P.급 이상과 아뺄라시옹을 '삐느샹빠뉴 코냑'이라 하여 그랑드 샹빠뉴와 쁘띠뜨 샹빠뉴산의 오드비만을 사용하는 것이 특징이다.

이 회사도 오크통을 자체에서 만들고 있으며, 특히 1724년 창업, 1731년에는 이미 '코냑의 정통을 보존할 책임이 있는 존재'로서 프랑스 정부로부터 특별 허가증을 받았다.

레미 마르땡은 코냑 지구 전체의 9% 정도를 생산하는데 그랑드 샹빠뉴와 쁘띠뜨 샹빠뉴에서 각 50%씩 약 1,200개소의 포도원에서 포도와 와인을 수집한다. 그것을 '알렘빅(alambics)'이라 불리는 소형증류기로 증류, 숙성용 통도 리무진의 화이트 오크의 심재만을 써서 만든 것을 사용하고 있다.

증류소의 오드비는 10개월에서 1년가량 새 통에서 숙성하기 때문에 통의 향기와 타닌의 풍미가 생긴다. 그 다음에 1년마다 블렌딩을 되풀이하여 5년 이상에 걸쳐서 숙성시킨다. 그리고 최종 블렌딩을 한 다음 묵은 통으로 옮겨서 2

• 레미 마르땡 제품

년 이상을 두면 V.S.O.P.가 탄생한다. 제품화할 때에는 20년 이상의 원액도 적당히 블렌딩한다고 한다.

V.S.O.P.는 통이 주는 영향을 균형 있게 살린 마일드한 제품이며 Napoleon은 안정적이고 풍부한 향, 완벽한 균형의 X.O., Extra 제품이 있다.

레미 마르땡에서 심혈을 기울여 만든 작품 중 루이 13세가 생산되며, 특히 수제품인 크리스털 병으로 유명하다. 진한 골드색으로 포도, 호두, 재스민, 열대과일, 시가 박스의 복합적인 향과 부케, 불꽃같이 강렬하면서도 창출한 맛을 느끼게 하는 이 제품은 세계 최고품 중 하나이다.

(3) 마르텔(Martell)

마르텔(영어로는 마텔)은 그 역사나 생산규모의 크기로 보나 미식가들로부터 얻고 있는 신뢰도의 깊이로 보더라도 코냑을 대표하는 브랜드이다. 헤네시가 해외에 중점을 두는 반면 마르텔은 국내에 치중해 프랑스 판매량에서는 단연 톱이다. 이 회사의 역사는 영·불 해협에 있는 조그만 섬인 저지 출신의 쟝 마르텔(Jean Martell)이 1751년에 코냑으로 이주하여 정착하면서 설립하였다.

그는 사업 시작 후 5년 만에 연간 40,000배럴 이상을 함부르크, 런던, 리버풀 등지에 수출하여 사업기반을 마련했다. 그가 죽은 후, 두 아들 쟝(Jean)과 프레드릭(Fredric)이 사업을 이어받아 회사명을 J&F Martell사로 하였다. 현재의 사명은 마르텔이지만 J&F Martell이라는 이름은 상표, 캡 실(Cap Seal) 등에 새겨져 있다. 마르텔사는 창업 이래 270년간 마르

• 마르텔 제품

텔가의 자손에 의해 운영되어 오다가 1988년 세계적인 양주 메이커인 씨그램사의 자회사로 편입된 후 해외시장 개척에 적극적이다.

마르텔사는 그랑드 샹빠뉴, 보르드리, 팽부아 지구에 자가 포도원이 12개소 있고, 지난 200여 년간 거래를 가져온 인근의 2,500여 농가와 계약재배를 하고 있으며, 대메이커 중에서 최대규모를 자랑한다. 마르텔사의 코냑은 과일향이 나고 섬세하다. 이것은 이 회사가 자랑하는 보르드리 지구의 와인을 많이 사용하기 때문이다. 실제로 보르드리 지구 와인 생산량의 60%가 마르텔 회사의 것이다.

아무리 조직이 단단한 나무통을 쓰더라도 숙성하는 동안에 증발되는 술의 양은 엄청나다. 마르텔사만 1년에 약 2,500,000병의 코냑이 공중으로 휘발된다. 서양 사람들은 이것을 좋은 술을 만들기 위한 천사의 몫(Angel's Share)이라고 재치 있게 부르고 있다.

마르텔의 심벌마크는 황금제비이다. 지금으로부터 300여 년 전 고대하던 브랜디가 오랜 숙성을 거쳐 처음으로 저장고로부터 나오던 날 어디선가 황금빛 제비가 코냑의 탄생을 축하하는 듯 날아다녔다고 한다. 이후 마르텔의 탄생을 축하했다는 황금제비가 지금도 마르텔의 병에 그려져 있다.

마르텔은 런던에 수출하는 최상품의 코냑에 처음으로 XO 표기를 사용했고 그 후 품질 등급에 따라 별을 붙이는 제도를 도입해서 사용하고 있다. 마르텔 '쓰리스타'는 과일향의 부드러운 맛을 갖춘 베스트셀러 제품이고 코르동 느와르 나폴레옹(Cordon Noir Napoleon)은 장기간 비장의 원주 중에서 정선하여 블렌딩한 것으로 세계의 국제공항에서 한정 판매품이다.

푸른 리본이라는 이름을 지닌 코르동 블루(Cordon Bleu)는 30년 이상 된 원주를 사용해 중후한 풍미와 기품을 갖추고 있는 마르텔사의 특징을 유감없이 나타낸다. 특히 동남아시아 시장에서 인기가 매우 높다. 바카라사 특제의 디캔터들도 있다.

엑스트라(Extra)는 60년 이상 숙성시킨 최고급품으로 연간 1,400병만 한정 판매하고 있는데 풍요로운 향기는 숙성의 극치를 보여준다.

(4) 까뮈(Camus)

까뮈사는 현재 코냑 메이커로서는 세계 5위이나 그 제품의 85% 이상은 세계 각지의 면세판매점에서 팔리고 있어, 여행 선물용품의 왕자로 자리하고 있다.

까뮈사는 전에는 사명을 '까뮈라 그랜드 마이크 주식회사'라고 하였다. 처음에는 바스티스트 까뮈가 주도하여 협동조합 조직으로 설립되었다. 그리고 1930년대까지는 '라 그랜드 마르크(위대한 상표)'라는 명칭으로 유통판매하는 것을 전문으로 하는 업자였다.

1934년, 까뮈가의 후계자인 미셀 까뮈(3대째)가 사장으로 취임한 이래, 제품은 까뮈라는 브랜드명으로 블렌딩해서 판매해 오고 있다. 동시에 적극적으로 수출에 역점을 두어 그때까지의 영국, 소련 외에 미국, 캐나다, 중동까지 판매망을 확대하였다.

까뮈사가 제품에 전력을 다하게 된 것은 제2차 세계대전 후의 일이다. 그리고 1969년 나폴레옹의 탄신 200년이 되는 해에 숙성 원주로부터 최고의 브랜드를 생산해 까뮈 나폴레옹이라는 이름으로 고급 코냑을 세상에 선보였다. 이에 의하여, 코냑 가운데에서도 까뮈의 명성은 확고부동한 자리를 굳히게 되었다.

(5) 쿠르브와지에(Courvoisier)

• 까뮈 제품

쿠르브와지에는 마르텔, 헤네시와 함께 현재의 코냑 업계의 3대 메이커의 하나로 꼽힌다. 그리고 마르텔 제품이 약간 쌉쌀한 맛의 산뜻한 감칠맛을 추구하고, 헤네시 제품이 통숙성을 충분히 한, 약간 중후한 풍미로 마무리되어 있는 데 대하여 쿠르브와지에 제품은 그 중간 타입이라 할 수 있다.

쿠르브와지에사는 코냑시에 이웃하고 있는 자냑(Jarnac)시의 샤랑뜨 강가에 본사를 두고 자가 포도원도, 자가 증류소도 가지지 않은 순전한 브랜드업자이다.

• 쿠르브와지에 제품

　　그러나 구입한 원주의 막대한 저장량과 그것을 자사의 셀러에서 통숙성한 다음 블렌
딩하여 상품화하기까지의 높은 기술수준은 정평이 있다. 통의 재료로는 리무진의 오크
를 사용하고 있다.

　　쿠르브와지에사는 1790년에 파리의 와인 상인인 에마뉴엘 쿠르리에 의하여 설립되
었다. 그는 나폴레옹의 친구로 자가 증류의 코냑을 나폴레옹에게 헌상한 적이 있다. 그
이후로부터 나폴레옹의 입상이 이 코냑의 심벌마크가 되었다. 그리고 이 회사는 현재
캐나다의 거대 주류기업 빔글로벌의 산하에 들어가 있으며, 세계 수십 개국에 수출되
고 있다.

(6) 그 외의 유명 상품

- •Bisquit(비스뀌)
- •Polignac(뽈리냑)
- •Croizet(끄르와제)
- •Hine(하인)
- •Larsen(라센)
- •Otard(오따르)
- •Château Paulet(샤또 뽈레)

• 뽈리냑　　• 라센

• 하인

6. 아르마냑(Armagnac)

코냑 지방에서 남쪽으로 약 80km 떨어진 보르도의 남쪽 남서부 지방의 아르마냑 지역에서 AOC법에 준하여 생산되는 브랜디이다. 포도 품종은 코냑과 마찬가지로 쌩떼 밀리옹종을 주로 사용하고 그 외 몇 개의 품종이 허가되어 있다. 이곳은 주로 반연속식 증류기로 1회 증류한다. 저장·숙성은 Black Oak Cask에 코냑 지방에 준하여 사용하고 있다.

코냑보다 더 파워가 있고, 훌륭한 향과 맛으로 개성이 뚜렷한 제품을 주로 생산하고 있다.

※주요 상품은 다음과 같다.

• 샤보(Chabot; XO, Napoleon, VSOP, 3 Star)
• 쟈노 (Janneau)
• 마리약(Malliac)
• 마르뀌 드 비브락(Marquis de Vibrac)

7. 오드비(Eau de Vie)

'생명의 물'이라는 뜻이다. 일종의 증류주로 독일 보스게(Vosges) 산맥의 동쪽과 서쪽 지역, Black Forest 지역, 스위스의 북쪽 알프스(Alps) 산기슭, 프랑스의 알자스(Alsace) 지역 등에서 생산된다. 오드비는 과일과 작은 열매를 증류해서 만든다. 가장 훌륭한 오드비는 배로 만들어진다.

영 어	프 랑 스 어	독 일 어
Pear(배)	Poire(쁘와르)	Birne(비르네)
Raspberries(나무딸기)	Framboise(후람브와즈)	Himbeere(힘베르)
Cherries(체리)	Kirsch(키르쉬)	Kirsche(키르슈)
Apricots(살구)	Abricot(아브리꼬)	Aprikose(아프리코제)
Blue Plums(푸른 서양 자두)	Quetsch(꺼쉬)	Zwetschgen(쯔베취겐)
Gentian(용담)	Gentiane(젠티안)	Enzian(엔찌안)
Yellow Plums(노란 서양 자두)	Mirabelle(미라벨)	
Wild Strawberry(산딸기)	Faise des Bois(프레즈데브와)	
Blueberry(월귤나무열매)	Myrtille(미르티유)	

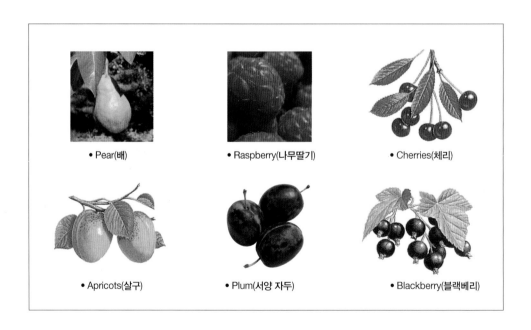

• Pear(배)   • Raspberry(나무딸기)   • Cherries(체리)

• Apricots(살구)   • Plum(서양 자두)   • Blackberry(블랙베리)

8. 칼바도스(Calvados)

노르망디(Normandy)의 칼바도스는 세계에서 가장 뛰어난 사과 브랜디의 본 고장이다. 시드르(Cidre)는 포도가 없는 이 지방의 사과를 발효시켜 만든 애플 와인이다. 노르망디에서 애플 시드르(Apple Cidre)는 칼바도스를 만들기 위해 증류되고 A.O.C법에 의해 통제 관리하에 생산된 것에 한하여 칼바도스라고 표기할 수 있다. 잘 숙성된 사과로 만든 이 브랜디는 맛이 좋으며 세계에서 가장 품질 좋은 애플 브랜디이다. 최고품질은 발레도즈(Vallee d'Auge)에서 생산된다. 스위트한 맛이 없으며, 매우 드라이하다.

제조과정은 사과를 1개월 동안 발효시켜 단식 증류기로 2번 증류하여 1년 이상 숙성을 시킨다. 프랑스 내의 칼바도스를 제외한 사과로 발효, 증류한 술을 오드비 드 시드르(Eau-de-Vie de Cidre)라 하고, 미국에서는 애플 잭(Apple Jack)이라고 한다.

• 노르망디 사과나무

9. 그라빠(Grappa)

그라빠는 포도주를 만들고 난 포도의 찌꺼기를 원료로 만드는 것으로 법률에 의해 이탈리아에서 제조된 것만을 그라빠(Grappa)라고 칭할 수 있다. 따라서 그라빠는 이탈리아의 브랜디로 불리어진다.

몇 세기에 걸쳐 그라빠는 연금술과 같은 복잡한 제조기술과 북부 이탈리아의 추운 날씨를 견디기 위해 만든 가난한 농민들의 지혜가 결합된 결정체라 하겠다. 그라빠의 적당한 서빙온도는 숙성이 짧은 그라빠는 13~19℃, 오랜 숙성을 거친 그라빠는 17℃에서 마시는 것이 적당하다.

그라빠를 마시는 글라스는 보통 '하프 튤립'이라 불리는 전통적인 글라스를 사용한다. 그라빠를 마시는 방법은 먼저 외부의 공기와 접촉을 시키고 시간을 조금 두고 호흡하도록 기다린다. 그리고 나서 15~20분에 걸쳐 향의 변화를 천천히 즐기고 조금씩 입에 넣어 입 안에서 굴리듯이 맛을 느낀다. 그라빠는 식후주로 세계인들에게 많은 사랑을 받고 있다.

Chapter 3

아쿠아비트

　북유럽 스칸디나비아(노르웨이, 덴마크, 스웨덴) 지방의 특산주로 어원은 '생명의 물(Aqua Vitae)'이라는 라틴어에서 온 말이다. 15세기부터 만들어졌으며 초기에는 와인을 증류시켜 의약품으로 쓰였고, 16세기부터는 곡물을 원료로 사용하였으며, 18세기에는 감자가 유럽으로 들어오면서부터 감자로 아쿠아비트를 만들기 시작했다. 아쿠아비트의 제조과정은 먼저 감자를 익혀서 으깬 감자와 맥아를 당화, 발효시켜 연속식 증류기로 95%의 고농도 알코올을 얻은 다음 물로 희석하고 회향초 씨(Caraway Seed)나, 박하, 오렌지 껍질 등 여러 가지 종류의 허브로 향기를 착향시킨 술이다. 캐러웨이 씨의 향 때문에 달면서도 매운 맛이 나서 음식 맛을 돋우는 데 좋은 역할을 하기 때문에 식전 반주용으로 애음되고 있다. 아쿠아비트는 주로 무색, 투명한 색을 띤 것과, 옅은 노란색을 띤 것이 있다. 마시기 전에 냉동실에 두고 얼지 않을 정도로 차갑게 해서 스트레이트로 마신다. 국가별 표기방법으로 덴마크(Akvavit), 노르웨이(Aquavit), 스웨덴은 양쪽을 혼용하여 사용하고 있다. 유명상표로는 덴마크에서는 라이트한 맛의 스킵퍼(Skipper), 올버그(Alborg)가 있고, 노르웨이에서는 헤비(Heavy)한 타입의 보멀룬더(Bommerlunder), O.P. 앤더슨(O.P. Anderson), 스웨덴에서는 중간 타입의 맛을 가진 스바르트 빈바르스(Svart-Vinbars), 스카네(Skane) 등이 있다.

Chapter **4**

진

1. 진의 역사

 진(Gin)의 창시자는 네덜란드의 명문대학인 라이덴(Leiden)대학 교수 프란시스 큐스드라보에(Francicus de Le Boe;1614~1672)로 일명 실비우스라 한다. 1640년경 실비우스 박사는 의약품(열대성 열병 치료약)으로 쓸 생각으로 순수 알코올에 이뇨효과가 있다는 주니퍼 베리(Juniper Berry; 노간주나무 열매)의 정유 외에 코리앤더(Coriander; 미나리과의 초본식물), 안젤리카(Angerica) 등을 침출시켜 증류해 보니 의약품 같은 술이 생겼다. 이것을 쥐니에브르(Geniever)로 부르면서, 처음에는 약용으로 약국에서 판매하였다. 이것이 널리 퍼지면서 네덜란드 선원들에 의해 제네바(Geneva)로 불리면서 치료제보다는 애주가들에게 술로서 더 많은 호평을 받게 되었다.

• 주니퍼 베리

    1689년 윌리엄 III세(Orange공; 재위 1689~1702)가 영국왕의 지위를 계승하면서 프랑스로부터 수입하는 와인이나 브랜디의 관세를 대폭 인상하자 노동자들은 값싼 술을 찾던 중 네덜란드에서 종교전쟁에 참전하였던 영국 병사들이 귀향하면서 제네바를 가지고 와 급속도로 영국에 전파되어 획기적인 발전을 하고, Dry Gin으로 이름도 바뀌게 되었다. 값싸고 강렬한 이 술을 많이 마셔 중독사하는 이가 생겨날 정도로 폭발적인 인기를 누렸던 것이다. 이것은 앤 여왕(재위 1702~1714)이 누구라도 자유로이 진을 제조할 수 있게 법률을 고쳐서 보급에 노력한 결과이다.

1736년 진의 판매를 저지할 목적으로 '진 법령'이 의회를 통과하여 많은 역경이 있었으나 시민의 폭동으로 진 법령의 효력이 정지되고 드디어 1831년 연속 증류기가 발명되면서 진은 대량생산이 이루어졌으며, 품질이 좋아지고 가격은 저렴하게 판매되자, 영국의 가난한 노동자들이 스트레스를 풀며 용기를 내기 위해 많이 마시게 되었다. 그후 진은 미국에 전파되어 칵테일용으로 가장 많이 쓰이게 되었다. 따라서 진은 '네덜란드 사람이 만들었고, 영국인이 꽃을 피웠으며, 미국인이 영광을 주었다'라는 말이 있다. 대부분의 진은 숙성하지 않아 무색이며 솔잎향이 난다.

2. 진의 제조법

1) 영국 진(England Gin)의 제법

원료인 곡류(대맥, 옥수수, 호밀 등)를 혼합하여 당화, 발효시킨 뒤 먼저 연속식 증류기로 증류하여 알코올 90~95%의 순수한 곡물주정을 얻는다. 이 증류액에 다시 노간주 열매, 고수풀, 안젤리카, 캐러웨이, 레몬 껍질 등의 향료식물을 섞어 단식 증류기로 두 번째 증류를 한다. 여기에 증류수로 알코올을 37~47.5%까지 낮추어 병입, 시판한다.

2) 네덜란드 진(Netherlands Gin)의 제법

곡류의 발효액 속에 노간주 열매나 향료식물을 넣어 단식 증류기로만 2~3회 증류하여 55% 정도의 주정을 만든다. 이것을 술통에 단기간 저장하고 45% 정도까지 증류수를 묽게 하여 병입, 시판한다.

이때 사용하는 노간주 열매는 독일, 스페인 등지에서 수입하며 네덜란드 진은 노간주 열매를 생으로 사용하지만, 영국 진은 2~3년 정도 건조시켜 사용한다.

3. 진의 종류

1) Dry Gin

(1) London Dry Gin

영국에서 생산되는 진을 뜻하였으나 현재는 일반적인 용어로 사용된다. 영국의 증류기술로 매우 깨끗하고 부드러운 진으로 바뀌게 되었는데 네덜란드 진과 구분하기 위하여 드라이 진으로 불러왔다. 드라이 진으로서는 품질이 가장 우수하다.

 유명상표

① 비피이터(Beefeater)

비피이터의 이름은 영국왕을 호위하는 근위병에서 유래되었는데, 그들은 특별히 소고기를 배식받아 '소고기를 먹는 사람'이라는 뜻의 별칭이 붙었는데, 이것이 바로 Beef-Eater 진의 유래가 되었다. 1829년에 런던에서 설립된 제임스 버로사의 제품이며, 상쾌한 향기와 매끄러운 풍미가 특징이다 .

② 고든스 드라이 진(Gordons Dry Gin)

고든스 드라이는 진으로 세계의 톱 브랜드이다.

고든스사는 1769년 런던의 템스강 남안에서 창업, 후에 런던시 북부의 고즈웰가로 옮겼다.

1898년에는 당시 역시 진 메이커로서 유명했던 차알즈 탱커레이사와 합병 2대 브랜드를 가진 제1급의 진 메이커로서 현재에 이르고 있다.

③ 길비 진(Gilbeys Gin)

런던 길비사의 진을 일본의 니까사에서 기술제휴하여 만들고 있다.

길비사는 1857에 길비 집안의 월터, 알프레스 형제에 의하여 창업, 사명 앞의 W&A는 두 사람의 이니셜을 딴 것이다.

현재 길비의 진은 네모난 병 모양으로 유명한데, 그 이유는 과거 주요 수출국인 미국에서 금주법 시대에 가짜가 많이 나돌았으므로 위조하지 못하도록 궁리한 것이다.

레드 라벨은 37%, 그린 라벨은 47.5%

④ 탱거레이(Tanqueray)

현재까지 나와 있는 드라이 진으로는 가장 품질이 우수한 것으로 알려져 있으며 런던 진 제조회사인 찰스 탱거레이사는 1830년부터 런던 사핀즈베리구의 맑은 자연수를 이용하여 생산을 시작하였으며, 1898년에 고든사와 합병하여 판매와 수출을 상호 협력하고 있다. 탱거레이는 스페셜 드라이 타입으로 미국 사람들이 제일 좋아하는 드라이 진이다.

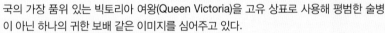

⑤ 봄베이 사파이어(Bombay Sapphire)

봄베이 사파이어는 독특한 디자인의 술병으로 귀족적인 이미지를 가진 것으로 유명하다. 병에 새겨진 보석은 '인도의 별'이라는 이름을 가진 현재 세계에서 가장 크고 값비싼 사파이어 원석으로 미국 자연사박물관에 소장되어 있으며, 옛날 인도를 통치했던 대영제국의 가장 품위 있는 빅토리아 여왕(Queen Victoria)을 고유 상표로 사용해 평범한 술병이 아닌 하나의 귀한 보배 같은 이미지를 심어주고 있다.

은은하게 감도는 푸른 빛과 청결함은 사각형 병과 잘 조화되어 마시는 사람들로 하여금 이국적인 신비함을 느낄 수 있게 해준다.

진 브랜드 중 최고급 브랜드로 평가받고 있는 봄베이 사파이어는 1761년부터 사용된 제조법을 바탕으로 독특한 재료선택과 증류에 이르는 모든 과정에서 완벽을 기하여 다른 진들과는 차별화된 제품이라 하겠다. 대부분의 진은 주니퍼 열매와 4~6가지의 향료식물을 이용하지만 봄베이 사파이어는 안젤리카(Angelica), 고수풀(Coriander), 계수나무(Cassia Bark), 후추열매(Cubeb Berries), 서아프리카 생강(Grains of Paradise), 아몬드(Almonds), 레몬껍질(Lemon Peel), 감초(Liquorice), 노간주열매(Juniper Berries), 흰붓꽃(Orris) 등 세계 희귀 재료 10가지를 사용한다. 그리고 다른 진들은 식물을 넣고 끓여서 만들어지는 것과 달리, 봄베이 사파이어는 주정을 증류하면서 수증기가 10가지의 희귀 재료가 담긴 바구니를 통과시켜 은은하면서 독특한 향기가 스며들도록 제조하였다.

2) 플레이버드 진(Flavored Gin)

두송열매(Juniper Berry) 대신 여러 가지 과일(Fruits), 씨(Seeds), 뿌리(Roots), Herbs 등으로 향을 낸 것이다. 이것은 술의 개념으로 말하면 리큐어(Liqueur)이나 유럽에서는 진의 일종으로 취급되고 있다.

Flavored Gin으로는 슬로 진(자두의 일종인 야생 오얏), Damson Gin (서양자두), Orange Gin, Lemon Gin, Ginger Gin, Mint Gin 등이 있다.

3) 제네바(Geneva)

네덜란드의 암스테르담(Amsterdam)과 쉬담(Schiedam) 지방에서 많이 생산한다. 짙은 향내와 감미가 나며 칵테일용보다 스트레이트로 마시기에 더 좋다.

4) 올드 톰 진(Old Tom Gin)

드라이 진에 약간의 당분(약 2% 정도)을 더하여 감미를 붙인 것이다.

5) 플리머스 진(Plymouth Gin)

1830년 영국의 남서부에 있는 영국 최대의 군항인 플리머스(Plymouth)시의 도미니크파의 수도원에서 만들어진 것이 시초이다. 런던 드라이 진보다 강한 향미가 있다.

6) 골든 진(Golden Gin)

일종의 드라이 진으로서 짧은 기간 술통에서 저장되는 동안 엷은 황색을 낸다.

Chapter 5

보드카

1. 보드카의 역사

보드카(Vodka)는 혹한의 나라 러시아인들에게 몸을 따뜻하게 하는 수단으로 마셔져 왔다. 노동자나 귀족계급 할 것 없이 누구나 즐겨 마시는 술이었다. 실로 빈부의 차이를 느끼지 않는 술이다. 러시아 마지막 3대에 걸친 황제들도 즐겨 마셨던 전설의 술로서 제조법은 비밀에 부쳐졌었다.

그런데 최후의 황제인 니꼴라이 2세(Nicolai Ⅱ ; 1868~1918)는 알코올농도가 높은 보드카는 건강에 좋지 않다는 이유로 알코올도수를 40%까지로 제한하기도 했다. 또, 1917년 러시아혁명 후 볼셰비키 정부는 한때 보드카의 제조 판매를 금지하였으나 국민들의 강력한 요구에 금지를 해제시켰다. 혁명 후 제조기술이 백인계 러시아인들에 의해 남부 유럽으로 전해지고, 1933년 미국의 금주법이 폐지되자 제조기술이 미국으로 전해져 대단한 인기를 끌었다. 1958년 미국에서 보드카의 생산량은 원조인 러시아를 능가하여 세계 1위가 되었다.

2. 보드카의 정의 및 어원

보드카는 슬라브 민족의 국민주라고 할 수 있을 정도로 애음되는 술이다. 무색 (Colorless), 무미(Tasteless), 무취(Odorless)의 술로서 칵테일의 기본주로 많이 사용하지만 러시아인들은 아주 차게 해서 작은 잔으로 우리의 소주와 같이 스트레이트로 단숨에 들이켠다.

러시아를 여행하는 외국인이 기대하는 것의 하나로 캐비어(Caviar ; 철갑상어의 알젓)에 보드카를 곁들여 마시는 것을 꼽을 수 있다. 이러한 보드카의 어원은 12C경의 러시아 문헌에서 지제니스 뷔타(Zhiezenniz Voda ; Water of Life)란 말로 기록된 데서 유래한다. 15C경에는 뷔타(Voda ; Water)라는 이름으로 불리었고, 18C경부터 Vodka라 불리었다.

3. 보드카의 제조법

원료는 주로 감자(50% 이상), 고구마 등과 보리(Barley ; 대맥), 밀(Wheat ; 소맥), 호밀(Rye), 옥수수(Maize ; Corn)에 Malted Barley를 가해서 당화 발효시켜 '세바라식'이라는 연속 증류기로 95% 정도의 주정을 증류한다. 이것을 자작나무의 활성탄이 들어 있는 여과조를 20~30번 반복해서 여과한다. 그러면 퓨젤 오일(Fusel Oil) 등의 부성분이 제거되어 순도 높은 알코올이 생긴다. 끝으로 모래를 여러 번 통과시켜 목탄의 냄새를 제거한 후 증류수로 40~50%로 묽게 하여 병입한다.

보드카가 무색, 무미, 무취로 되는 중요 요인은 자작나무의 활성탄과 모래를 통과시켜 여과하기 때문이다.

증류 시 생성되는 성분의 순서
- **초류** : 알데히드가 조금 나오는데 이 성분은 주로 머리를 아프게 한다.
- **중류** : 에틸알코올이 본격적으로 생성되는데 이것은 증류주의 주원료가 된다.
- **말류** : 퓨젤 오일이 마지막으로 생성되는데 이것은 주로 화장품의 원료로 많이 사용한다.

---

4. 보드카의 유명상표

1) 스미노프(Smirnoff)

위스키가 '블렌딩'이라는 혼합과정을 중시한다면 보드카는 여과과
정을 통해 나타나는 순수함을 강조한다. 스미노프는 3번의 증류과정
과 자작나무 숯을 사용한 여과를 거쳐 순수하고 깨끗한 맛을 만들어
낸다. 세계적인 보드카 브랜드 스미노프(Smirnoff)는 무색, 무취, 무향
의 순수한 정통 보드카 오리지널 스미노프 레드(NO. 21), 각종 과일향
을 첨가한 스미노프 그린애플(Smirnoff Green Apple), 스미노프 오렌지
(Smirnoff Orange), 스미노프 라즈베리(Smirnoff Raspberry), 스미노프 피
치(Smirnoff Peach)가 있다.

• 스미노프

• 그레이 구스

2) 그레이 구스(Grey Goose)

프랑스의 슈퍼프리미엄 보드카 그레이 구스는 라 보스 지방에서 재
배되는 100% 프랑스산 밀과 샹빠뉴 지역의 석회암에 자연스럽게 여과
된 알프스 지역의 청정수를 사용하여 만들어진다. 이외에 그레이 구스
의 맛을 완벽하게 하는 것은 세심하고 엄격한 5번의 증
류과정인데 이 과정을 거친 그레이 구스는 깔끔하면서
도 부드러운 맛을 자랑한다. 오리지널 보드카 외에 레
몬의 맛을 살린 시트론, 배 특유의 상쾌한 맛이 일품인
포아, 오렌지의 향미가 살아 있는 오렌지 플레이버가
있다. 그레이 구스의 병은 눈이 쌓인 산맥을 배경으로
유유히 날아가는 거위를 표현하고 있다.

3) 스톨리치나야(Stolichnaya)

스톨리치나야는 러시아 탐보프(Tambov) 지방에서 생산하기 시작

• 스톨리치나야

하였으며, 스톨리치나야 소유의 밀 농장과 초현대식 증류소인 탈비스(Talvis)가 위치해 있다. 최상의 맛을 생산하기 위해 3번 증류하여 최고 품질의 알파 스피리츠(Alpha Spirit)을 생산하며 4번의 여과과정을 거친다. 처음에는 석영 모래를 사용하고 자작나무 숯으로 여과한다.

4) 앱솔루트(Absolut)

앱솔루트는 세계 2위 프리미엄 보드카이자 세계 유명 증류주 가운데 3번째로 많이 판매되고 있는 브랜드이다. 유명 제품으로는 앱솔루트 보드카를 비롯해, 감귤류의 일종인 '시트러스(Citrus)', 열매가 주원료인 '앱솔루트시트론(Citron)', 천연 바닐라 열매가 원료인 '앱솔루트 바닐라(Vanilla)', 감귤과 오렌지는 물론 다양한 시트러스 계열의 과일을 혼합한 '앱솔루트 맨드린(Mandrin)', 복숭아 맛의 '앱솔루트 어피치(Apeach)' 등이 있다.

• 앱솔루트

5) 핀란디아(Finlandia)

핀란디아는 1971년 핀란드에서 생산하기 시작하여 지금은 140여 개국에서 판매되고 있는 프리미엄 보드카다. 핀란드에서 1만 년 전에 형성된 자연 그대로의 순수한 빙하 샘물을 사용하기 때문에 별도의 인공 여과 처리과정을 필요로 하지 않는다. 핀란드산 6줄 보리만을 사용하여 깨끗한 맛을 잘 표현하고 있다.

• 핀란디아

6) 벨베디어(Belvedere)

벨베디어 보드카는 100% 폴란드산 호밀과 4차례의 증류과정을 거쳐 생산된다. 병에는 폴란드 대통령 관저인 벨베디어 하우스의 모습이 그려져 있다.

• 벨베디어

7) 쇼팽(Chopin)

쇼팽보드카는 유기농으로 재배한 고품질의 감자, 호밀 또는 밀, 효모 그리고 정수된 물을 이용해서 만든다. 쇼팽보드카는 폴란드의 낭만파 작곡가 프레데릭 쇼팽(Frederic Chopin)의 이름을 사용하였다. 그가 음악으로 전 세계에 조국 폴란드를 알린 것처럼 보드카에 대한 세계인의 생각을 바꿀 수 있는 보드카의 예술을 만들고자 한 것이다.

• 쇼팽

8) 시락(Cîroc)

• 시락

'보드카의 샴페인'으로 불리는 시락은 포도로 증류된 첫 번째 보드카다. 상쾌하고 신선한 알코올향, 풍부한 부드러움과 숨겨진 깊은 맛은 8℃의 차가운 상태에서 침용 및 발효를 하기 때문이다. 수탉 로고는 포도나무 가지 위에 서 있는 수탉을 형상화했다.

9) 케틀원(Ketel One)

케틀원 보드카는 네덜란드 쉬담의 놀렛(Nolet) 증류소에서 수작업으로 만들어진다. 네덜란드에서 가장 오래된 가족경영 기업 중 하나인 놀렛 패밀리는 대대로 내려오는 비밀제조법을 여전히 사용하며 케틀원을 최고의 보드카로 자리 잡게 했다. 케틀원은 100% 밀로 만들어지며, 원조 구리 단식 증류기인 디스틸러 케틀 1호기의 이름을 따서 명명하였다.

10) 스카이(Skyy)

스카이는 1992년 미국 샌프란시스코에서 만들었다. 기업가이자 유명한 발명가 모리스 캔버(Maurice Kanbar)는 숙취, 특히 두통이 없는 맑고 깨끗

• 스카이

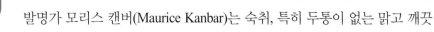

한 보드카를 만들어보겠다는 신념으로 여러 증류소를 찾아다니며 연구를 거듭해 독창적인 공법을 개발했고 숙취 유발 물질인 컨지너스(Congeners)를 최대한 줄이는 데 성공했다. 그는 샌프란시스코의 구름 한 점 없는 높고 파란 하늘을 보고 영감을 얻어 샌프란시스코의 하늘을 상징하는 'SKY'에 Y를 하나 더 붙여 'SKYY'라고 명명하였다.

11) 벨루가(Beluga)

벨루가는 2002년 12월 13일 마린스크 공장에서 38병의 벨루가 보드카를 처음으로 생산하기 시작하여 2009년에는 유럽, 2010년에는 미국과 아시아로 진출하면서 러시아 프리미엄 보드카의 대명사로 불리고 있다. 마린스크 공장은 1900년에 시베리아의 외딴 지역에서 설립되어 지난 112년 동안 이 공장에서 자신의 생산품에 자부심을 가진 기술자들이 5대째 내려오고 있다.

벨루가 노블은 합성 첨가물이 아닌 자연 발효로 만든 몰트 증류주를 30일간 숙성시키고, 골드는 90일간 숙성시킨다. 가장 깨끗한 시베리아 청정수를 사용한다.

12) 아르키(Arkhi)

아르키는 몽골 마지막 황제의 황궁 안에 있는 오리지널 증류소에서 생산되는 보드카이다. 몽골 태고의 청정 평원인 셀렝게 지역 최상급의 유기농 밀만을 사용하며, 신성한 보드그칸 산의 80만년설이 흘러내려 만들어지는 순수한 샘물을 사용한다.

13) 주브루프카(Zubrowka)

폴란드 비아워비에자(Białowieża) 숲에서 서식하는 들소 주브르Żubr의 먹이인 풀이 들어있다. 황녹색이고 병 속에 이 풀잎이 떠 있어 유명하다

Chapter **6**

럼

1. 럼의 정의 및 어원

서인도제도가 원산지인 럼(Rum)은 사탕수수의 생성물을 발효, 증류, 저장시킨 술로 독특하고 강렬한 방향이 있고, 남국 적인 야성미를 갖추고 있으며, '해적의 술' 또는 '해군들의 술' 이라고도 한다.

럼이란 단어가 나오기 시작한 문헌은 영국의 식민지 바베이도즈(Barbados)섬에 관한 고문서에서 '1651년에 증류주(Spirits)가 생산되었다. 그것을 서인도제도의 토착민들은 럼불리온(Rumbullion)이라 부르면서 흥분과 소동이란 의미로 알고 있다'라고 기술되어 있다. 이것이 현재의 럼으로 불려졌다는 설이 있다. 다른 한편으로는 럼의 원료로 쓰이는 사탕수수의 라틴어인 사카룸(Saccharum)의 어미인 'rum'으로부터 생겨난 말이라는 것이 가장 유력하다.

2. 럼의 역사

럼의 역사는 서인도제도의 역사를 보는 데서 시작된다. 1492년 서인도제도가 콜럼버스에 의해 발견된 이후 사탕수수를 심어 재배하였다. 이후 유럽과 미국을 연결하는 중요지점으로서 유럽 여러 나라의 식민지가 되고, 사탕의 공급지로 번영했다.

17C가 되어 바베이도즈섬에서 사탕의 제당공정에서 생기는 폐액에서 럼이 만들어진 것이 시작이다. 이러한 럼은 18C로 접어들자 카리브해를 무대로 빈번하게 활약했던 대영제국의 해적들에 의해 점점 보급되었다.

또, 서인도제도를 통치하는 유럽의 열강들은 식민정책을 전개하기 위한 노동력을 아프리카의 흑인에 의존했다. 노예 수송선은 카리브해에 도착하면 빈 배가 되는데 여기에 당밀을 싣고 미국으로 가서 증류하여 럼으로 만든다. 그 배는 아프리카로 돌아가서 노예의 몸값을 럼으로 준다.

이와 같은 식민정책(삼각무역)에 의해 럼 산업은 성장해 온 것이다.

1740년경 괴혈병을 예방하기 위해 에드워드 바논이라는 영국해군의 제독은 럼에 물을 탄 것을 군함 안에서 지급했다는 기록이 있다. 럼하면 빼놓을 수 없는 사람이 있는데 넬슨 제독(1758~1805)이다. 1805년 트라팔가 해전에서 제독은 나폴레옹 I세의 함대를 대파하여 승리로 이끌었으나, 결국 전사하였다. 육체의 부패를 막기 위해 럼주 술통 속에 넣어 런던으로 옮겨졌다. 이에 기인하여 영국 사람들은 넬슨의 충성심을 찬양하기 위해 Dark Rum을 '넬슨의 피(Nelson's Blood)'라고 불렀다 한다.

3. 럼의 제조법

럼의 원료는 사탕수수줄기를 롤러로 눌러 즙을 짠 뒤 (Molasses) 여과한 당액을 그대로 쓰는 경우와 제당공정의 부산물인 당밀을 쓰는 두 가지 방법이 있는데, 후자의 경우가 많이 사용된다.

원료가 이미 당분이므로 당화의 공정은 불필요하다. 당액을 발효시키는데, 라이트 럼(Light Rum)의 발효는 2~4일 정도이고, 헤비 럼(Heavy Rum)의 발효는 5~20일 정도에 걸쳐 서서히 이루어진다. 산 발효를 조장하기 위해 발효용의 천연 이스트인 버개스를 첨가하는 경우도 있다. 이 발효과정에서 이스트균의 영양분으로서 발효를 돕는 작용을 하는 던더를 첨가하는데, 이것이 럼 특유의 독특한 방향을 내게 한다. 향기를 한층 강하게 하기 위해 아카시아 수액이나 파인애플의 즙을 첨가 발효시키는 경우도 있다.

다음은 증류인데 헤비 타입의 럼은 단식 증류기로 하나 산지에 따라 라이트 럼은 연속식 증류기로 증류하는 경우도 있다. 저장은 셰리 와인의 빈 통이나 White Oak Barrel의 안쪽을 그을려 사용한다. 자메이카 럼(Jamaica Rum)과 같이 헤비 럼의 경우일수록 숙성시간이 더 필요하다. 양질의 것은 10년 이상 숙성시킨다.

4. 럼의 종류와 산지

럼은 고장마다 증류법, 숙성법, 블렌드법에 차이가 있어서 만들어지는 풍미가 가벼운 라이트 럼에서부터 가볍지도 무겁지도 않은 미디엄 럼, 풍미가 중후한 헤비 럼까지 갖가지가 있다.

색깔도 무색투명한 것에서부터 짙은 갈색의 것까지 있어 증류주로서는 가장 다양성이 풍부한 술이다.

1) Heavy Rum(Dark Rum)

감미가 강하고 짙은 갈색으로 특히 자메이카산이 유명하다.

주요 산지로는 Jamaica, Martinique, Trinidad Tobago, Barbados Demerara, New England 등이 있다.

2) Medium Rum(Gold Rum)

헤비 럼과 라이트 럼의 중간색으로 서양인들의 위스키나 브랜디의 색을 좋아하는 기호에 맞추어 캐러멜로 착색한다.

주요 산지로는 도미니카, 남미의 기아나, Martinique 등이 있다.

3) Light Rum(White Rum)

담색 또는 무색으로 칵테일의 기본주로 사용된다. 쿠바산이 제일 유명하다. 주요 산지로는 Cuba, Puerto Rico, Mexico, Haiti, Bahamas, Hawaii 등이 있다.

5. 럼의 유명상표

1) Ronrico Rum Company ; Ronrico

푸에르토리코산으로 이 섬은 현재 미국의 자치령으로 되어 있지만 주민의 태반은 스페인계의 혼혈아이다. 섬에는 럼 메이커가 수십 개사가 있는데, 그중 미국의 금주법 이전부터 조업해 온 것은 1860년 창업된 이 회사뿐이다. 라벨에 "창업 이래 100여 년…"이라고 자랑스럽게 그 역사가 적혀 있다.

론리코는 럼의 스페인어인 '론(Ron)'과 '리치'라는 뜻의 리코(Rico)를 합친 것으로 화이트는 부드럽고 산뜻한 풍미로 라이트 타입이고, 151은 알코올 강도 151프루프(75.5℃)의 강렬한 럼으로 헤비 타입이다.

2) Bacardi & Co. Ltd. ; Bacadi

럼 중에서 세계적으로 가장 지명도가 높으며, 모든 증류주 중에서도 뛰어난 제품의 하나로 꼽히고 있는 브랜드이

다. 미국에서는 보드카나 위스키를 앞지르고, 바카디가 증류주 중 가장 많이 팔리고 있다.

바카디사의 창업자는 1830년에 스페인에서 쿠바로 건너온 돈파쿤드 바카디로 1862년에 중고 증류소를 매수하여 럼 제조를 개시하였다. 그는 당시의 럼이 조잡한 제법에 의한 자극이 너무 강한 풍미를 지닌 것에 만족하지 않고, 불순물을 제거한 소프트하고 무색의 럼을 만들어내는 데 성공, 럼의 세계에 처음으로 라이트 럼을 출현시켰다.

현재 본사를 영령 버뮤다의 해밀턴시에 두고, 푸에르토리코, 바하마, 멕시코, 브라질에 주력 공장을 가지고 있다.

바카디 화이트는 샤프한 풍미 속에 마일드한 맛을 감추고 있다. 골드는 마일드파이고 아네호(Anejo)는 6년 저장의 디럭스품이다. 아네호란 스페인어로 'old'를 뜻하며 감칠맛 있는 풍미가 있다.

3) A. Racke Company ; RACKE POTT

서인도제도 세인트 마르틴섬산의 럼으로 독일산 위스키(라케)로 지명도가 높은 라케사의 제품이며, 고상한 향기를 지닌 라이트 타입의 고급 럼이다. 라케사는 라인강변 빙겐시에 있으며 독일 내에서 칵테일 베이스로서 인기가 높다.

4) Fred L. Myers & Sons ; MYERS'S

자메이카산이며 자메이카의 마이어즈사에서 제조된 다음, 오크통에 담아서 영국의 리버풀로 보내어, 그곳에서 8년 숙성 후 보틀링된다. 이것은 온난한 영국의 기후가 럼의 숙성에 좋은 영향을 주기 때문이다. 헤비 럼이다.

Chapter **7**

테킬라

1. 테킬라의 역사

최초의 원산지는 멕시코(Maxico)로서 이 나라의 특산주이다. 멕시코에 살던 토착민에 의해 용설란의 일종인 여섯 가지 이상의 아가베(Agave)로서 발효주(Pulque)를 만들어 마시다가 16세기경 스페인으로부터 증류기술이 도입되어 풀케를 증류하여 메즈칼(Mezcal)을 만들게 되었다. 이것에서 한 단계 발전하여 멕시코의 중앙 고원지대에 위치한 제2의 도시인 과달라하라 교외에 테킬라라는 마을이 있는데 여기서 멕시코 인디언들에 의해 테킬라(Tequila)를 생산하기 시작했다.

멕시코의 여러 곳에서 유사한 증류주를 생산하는데 이를 메즈칼이라고 부른다. 메즈칼 중에서 테킬라 마을에서 생산되는 것만을 테킬라라고 부르며, 어원도 마을 이름에서 유래되었다. 그 후 1968년 멕시코에서 올림픽이 개최된 이후 세계적으로 널리 알려

※ 멕시코 사람들은 적어도 넉 잔의 술을 마시는데,
  첫 잔을 마실 때는 살루드(Salud; 건강을 위하여)
  두 번째 잔은 디네로(dinero; 재복을 빌며)
  세 번째 잔은 아모르(amor; 사랑을 위하여)
  네 번째 잔은 티엠포(tiempo; 이제는 즐길 시간)를 외치며
  그들의 정열을 나타낸다.

지게 되었다.

　멕시코 원주민들은 테킬라를 마실 때 레몬이나 라임을 반 잘라서 왼쪽 손가락 사이에 끼고 손등을 적셔서 소금을 묻힌 다음 찬 테킬라를 스트레이트로 마신 후, 레몬이나 라임의 즙을 빨고 손등의 소금을 핥으면서 즐긴다. 이것은 멕시코가 열대지방이므로 건조하여 염분을 보충하고 신맛의 과즙을 섭취하기 위한 것이라고 한다.

2. 테킬라의 제조법

　　　　　　　원료는 백합과의 아가베(Agave ; 난초과의 식물로서 술에 사용되는 것은 세 가지 종류를 사용한다.)인데 이 나무에는 '이눌린'이라는 전분과 비슷한 물질이 함유되어 있다. 8~10년 정도 자란 용설란의 잎을 잘라내고 지름 50cm 정도의 줄기를 반으로 쪼개 증기솥에 넣어 열을 가하면 줄기 속의 다당류가 쉽게 당화되고, 이 당화액을 발효하면 멕시코 원주민들이 즐겨 마시는 발효주인 풀케(Pulque)가 만들어진다.

　이 풀케를 단식 증류기로 두 번 증류(55% 이내)하여 숙성시키지 않고 활성탄으로 정제하여 오크통에서 약 3개월~2년 정도 숙성시켰다가 바로 시판하는 것이 화이트(또는 Silver) 테킬라(Tequila Joven : 테킬라 호벤), 오크통에서 3년 이상 숙성시킨 테킬라 아네호(Tequila Anejo), 오크통에서 7년 이상 숙성시켜 맛이 매우 부드럽고 향이 좋은 레알레스 테킬라(Reales Tequila) 등이 있다. 테킬라의 주정도는 40~55%이다.

　※풀케(Pulque)

　여섯 종 이상 Agave Plant를 사용하여 수액을 발효시킨 양조주, 스페인의 멕시코 정복 이전부터 애용되어 온 멕시코의 국민주이다.

3. 테킬라의 종류

원료는 아가베 아메리카나(Agave Americana), 아가베 아트로비렌스(Agave Atrovirens), 아가베 아즐 테킬라나(Agave Azul Tequilana) 등 세 가지 품종으로 한정되어 있다. 아가베 아즐 테킬라나를 사용한 것을 반드시 51% 이상 함유해야 테킬라라는 이름을 붙일 수 있다. 프리미엄 테킬라는 반드시 아가베 아즐 테킬라나를 100% 사용해야 한다.

1) 테킬라 블랑코 (blanco, white, plata, silver)

숙성시키지 않은 테킬라 또는 스테인레스 스틸통에서 2개월미만 숙성한 것

2) 테킬라 호벤 (joven, young, oro, gold)

숙성시키지 않은 테킬라이나 카라멜로 착색한 것

3) 테킬라 레포사도 (reposado)

오크통에서 최소 2달 이상 1년 미만 숙성한 것. 숙성시킬때 오크통은 어떠한 것을 사용해도 무방하나 20,000리터 미만일 것.

4) 테킬라 아네호 (anejo, aged, vintage)

최소 1년이상 3년 미만을 숙성한 것. 오크통은 주로 미국위스키를 사용한 통을 사용한다.

5) 엑스트라 아네호 (extra anejo, extra aged, ultra aged)

최소 3년이상을 오크통에서 숙성시켜야 하며 그 이후에는 스테인레스 스틸통에 옮겨서 보관한다. 2006년 3월에 새로이 생긴 등급이다.

4. 테킬라의 유명상표

1) 판초 빌라사(Pancho Villa Co.)

멕시코와 미국의 테킬라 팬의 일부에서 높이 평가되고 있는 테킬라. 테킬라 최대의 산지 하리스코주에서 생산되고, 알코올도수 55°로 증류한다.

스테인리스 탱크에서 저장 후, 증류수를 40°로 희석하여 병입한다. 테킬라 본래의 샤프한 향미를 느낄 수 있다.

2) 올레 프로덕츠사(Ole Products Co.)

미국의 거대 주류기업 센레이사가 멕시코에 공장을 설립한 제품으로 멕시코에서 제조되고 미국에서 병입하고 있다.

수정처럼 투명한 것이 이 테킬라의 특징이며, 칵테일 베이스로 흔히 쓰인다. 올레란 투우 때의 구령 소리를 나타낸 것이다.

3) 멕시코 씨그램사(Seagrams de Mexico S.A.de C.V)

거대 주류기업 씨그램사가 제2차 세계대전 후 현지법인을 멕시코와 합작으로 설립하여 현지에서 제조하고 있다.

(1) 마리아치(Mariachi)

마리아치란 스페인어로 거리의 음악사를 말한다. 트럼펫, 기타, 기타론, 가수 등으로 편성된다. 멕시코의 민족 색이 넘치는 밴드이며, 술은 2년 이상 통숙성을 하고 마일드한 풍미가 일품이다.

(2) 올메카(Olmeca)

올메카는 통숙성 3년 이상의 상급품으로, 멕시코의 고대 문명 중에서도 가장 오랜 올메카 문명을 딴 이름이다. 라벨에 그려져 있는 사람 머리의 그림은 그 올메카 문명의 유물에서 묘사한 것이다.

4) 테킬라 예라두라사(Tequila herradura.S.A.)

예라두라란 '말의 발에 박는, 또는 말발굽'의 뜻. 라벨에 말발굽이 디자인되어 있는데, 그 속에 원료인 아가베의 수확풍경이 그려져 있다. 이 회사는 테킬라의 본고장 하리스코주의 아마티탄에 있는데, 고품질 테킬라로서 미국에서 아주 인기가 높다.

5) 아메리칸 디스틸드 스피리츠사
(American Distilled Spirits Co.)

미국의 증류회사 아메리칸 디스틸드 스피리츠사가 멕시코에 진출해서 제조하고 있다. 엘 토로란 '투우(鬪牛)'의 뜻. 라벨에도 투우 풍경이 그려져 있고, 풍미는 비교적 마일드한 편이다.

6) 쿠에르보사(Cuervo)

쿠에르보사는 사우자사와 함께 멕시코의 양대 테킬라 메이커이다.

현재 두 회사는 친적 관계로 업계의 리더 역할을 하고 있지만, 옛날에는 서로가 상대방 사업의 발전을 저지하기 위하여 사력을 다하고, 폭력사태도 비일비재하였으며, 인명의 희생을 본 적도 있다고 한다. 성미 급한 민족 멕시코인이 만드는 술에 어울리는 에피소드로 얼룩진 역사였다.

쿠에르보사에서는 오랫동안 동사의 창업을 1800년으로 하고 있었다. 그래서 1974년에 이 회사가 소장하고 있던 오래 숙성된 원액으로 고급품을 발매할 때도 1800이라 명명했는데, 최근 고기록에서 1795년 창업으로 판명되어, 창업연도를 정정했다.

화이트는 통숙성을 하지 않은 클린 테킬라(Clean ; White ; Silver), 골드는 1년 이상 통숙성한 감칠맛이 있는 술이다. 센테나리오는 그 고급품이고, 1800은 장기 숙성의 디럭스 테킬라를 말한다.

7) 테킬라 사우자사(Tequila Sauza S.A)

　1875년 창업된 사우자사는 쿠에르보사와 더불어 테킬라 메이커로는 최대 규모를 자랑한다. 유명상표로는 사우자 실버, 사우자 엑스트라, 사우자 큰메모라티브가 있다.

Chapter 8

소주

1. 소주의 역사

소주(燒酒)는 기원전 3000년경 서아시아의 수메르 지방에서 처음 제조되었다 한다. 바로 수메르인들이 증류주를 처음으로 만들어냈다는 것이다. 그 술이 지중해 쪽으로 뻗어나가 이집트를 거쳐 맥주와 와인과 같은 술 문화를 이룩했고, 다시 십자군 전쟁을 통하여 알프스 산맥을 넘어서는 위스키와 브랜디를 빚게 되었다. 그러나 동쪽으로 전파되기까지는 오랜 세월이 흘러야만 했다.

중국에서 증류주가 처음 만들어진 것은 원나라 때에 이르러서이고, 우리나라로 건너온 것은 고려 말이나 되어서이니 소주가 동방으로 오기까지는 무려 4000년이 걸린 셈이다. 그 이유는 종교적으로 술을 마실 수 없는 모슬렘들이 동방으로의 무역 통로였던 실크로드를 차지하고 있었기 때문이다.

우리나라에 소주가 들어온 경로는 고려 후기, 원나라로부터인 것으로 추정된다. 증류주가 먼저 개발되었던 몽골에서는 소주를 '아라키'라 하였으며, 1335년 칭기즈칸의 손자인 쿠빌라이가 일본 원정을 목적으로 한반도에 진출한 후 몽골이 개성과 안동, 제주도에 군사주둔지를 두었는데 이 세 곳을 통해서 소주가 일반에 전파되었다. 개성 지방에서는 이 소주를 '아락주'라 하였으며, 평북 지방에서는 산삼을 캐는 사람들의 은어로 '술' 또는 '아랑주'라 하였다. 또, 지방에 따라 소주의 이름을 각기 달리 불렀는데 강원도는 '깡소주', 경

북, 전남, 충북 일대 지방에서는 '세주', 진주는 '쇠주', 목포, 서귀포 등지에서는 '아랑주', 순천, 해남 지역에서는 '효주'라 불리기도 했다.

소주가 우리나라에 처음 들어오고 조선시대에 이르러서는 상당히 고급주로 인식되었었다. 1490년(조선 성종 21년) 사간인 조효동은 "세종 때에는 사대부집에서 소주를 사용하는 일이 매우 드물었는데, 요즈음은 보통의 연회 때에도 일반 민가에서 소주를 만들어 음용하는 것은 극히 사치스러운 일이므로 소주 제조를 금지하도록 하는 것이 좋겠다"고 진언한 사실이 있다.

그 당시 소주는 사치스러운 술로 권력가와 부유층이 즐기던 술이었으며, 일반 서민들은 어쩌다 약용(혈액순환 촉진, 소화촉진, 원기보강 등)으로 쓰는 게 고작이어서 '약소주'라고도 불렸다. 급기야는 조선시대에 접어들면서 소주를 애용하는 인구가 늘어 식량의 소비가 늘고 독한 소주를 과음하는 데 따른 폐해가 늘어 금주령이 내려지기도 했다.

그러다가 조선조 말 소주는 서민들의 술로 자리를 잡는다. 당시 소주는 지금의 공덕동 자리에서 주로 만들어졌는데, 다량으로 생산되어 값이 저렴했다. 그 덕에 마시면 배가 부른 막걸리를 마시던 서민들도 소주를 즐기게 되었다.

1960년대 식량난이 닥치자 양곡관리법을 제정하여 쌀을 원료로 한 비싼 술은 아예

개발하지도 못하도록 막았다.

그 결과 지금의 25% 짜리 희석식 소주는 30년이 넘도록 같은 맛을 유지하고 있고, 애주가들의 입맛도 그 균일한 맛에 길들여졌다. 원료는 주정으로 값싼 타피오카와 잘라 말린 고구마를 썼고, 얼마 전까지만 해도 사카린을 첨가물로 사용했다.

요즘 들어서는 국민의 술 소주도 술꾼들의 취향이 고급화하면서 변신하고 있다. 이른바 프리미엄 소주의 등장과 소비자의 각양각색의 기호에 맞춘 여러 종류의 다양한 소주의 생산이 그것이다. 소주의 소는 세 번 고아 내린다는 뜻이다.

2. 소주의 종류

1) 증류식 소주(재래식 소주)

증류식은 예로부터 전해오는 재래식 소주와 마찬가지로 단식 증류기를 사용해 만든다. 증류식 제조는 1965년 이래 양곡정책으로 30여 년 동안 중단됐다가 최근 다시 부활했다.

재료로는 쌀, 보리, 옥수수 등의 곡류와 감자, 고구마 등을 사용하고, 누룩과 물 외에 사용되는 주원료에 따라 찹쌀

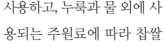

소주, 멥쌀소주, 보리소주, 좁쌀소주 등으로 분류하며, 여기에 가향재나 약용, 약재 등 사용되는 부재료에 따라 홍주, 이강주, 구기자주로 구분한다.

증류식은 원료를 삶거나 쪄서 소화시킨 후 누룩 등의 곰팡이 효소를 이용, 당분으로 만든 다음 밑술을 첨가해 발효시킨다. 이렇게 만든 술덧을 단식 증류기에 넣고 한두 번 증류해 받아낸 것이 증류식 소주이다.

증류식 소주는 증류 시 술덧의 주원료와 부재료로 첨가된 가향, 약재의 고유한 성분이 함께 추출되어 고

유한 맛과 향을 간직한 소주가 만들어진다. 이러한 맛과 향기성분은 원료로 사용되는 술덧에서 자연적으로 혼입되는 것으로 희석식 소주에서와 같이 인위적으로 첨가하여 생성된 맛이나 향과는 근본적으로 다르다고 할 것이다.

2) 희석식 소주

희석은 알코올농도가 높은 주정에 증류수를 타서 농도를 낮춘다는 뜻이다. 위스키, 브랜디, 보드카 등 모든 증류주는 정해진 농도를 맞추기 위해 증류수로 희석하는 과정을 거친다.

희석식과 증류식의 차이점은 증류방법인데 희석식 소주는 원료인 주정을 만들 때 연속식 증류기가 쓰이는데, 단식 증류기로 증류를 하면 알코올농도가 60%를 넘지 못하지만 연속식 증류기는 95% 이상의 고농도 알코올을 얻을 수 있다. 더욱이 증류과정에서 알데히드, 퓨젤 오일 등의 술에 나쁜 영향을 주는 불순물을 거의 대부분 제거할 수 있어 주정의 생산비를 낮출 수 있다.

발효 원료는 백미를 제외한 잡곡류나 서류, 당밀 또는 사탕수수, 고구마, 타피오카 등의 전분질 원료가 쓰인다. 주정공장에서 만들어진 원료 주정은 소주공장으로 옮겨져 25% 안팎의 농도로 희석되어 소주가 된다. 이때 사용하는 중성주정은 완전히 정제되어 불순물이 없는 대신 원료나 발효산물의 풍미도 없고 매우 강한 쓴맛과 함께 역겨움을 준다. 그러므로 이러한 무미건조한 맛에 첨가물을 써서 조미를 하는데 설탕, 올리고당, 아스파라긴산, 포도당 등의 당류와 구연산, 아미노산, 솔비톨, 무기염류 등을 섞어 제조업체의 특성에 따라 각각 맛과 향을 달리한다. 이때의 혼합기술의 차이로 맛의 차이가 생기는 것이다.

최근에 개발되는 고급 소주에는 원료곡물의 풍미를 살린 곡물 주정이 사용되며, 자화수 처리 등 새로운 기술이 적용되기도 한다.

PART 4

혼성주

1. 리큐어

Chapter **1**

리큐어

1. 리큐어의 정의

리큐어(Liqueur, Compounded Liquor)는 중세의 연금술사들이 증류주를 만드는 기법을 터득하는 과정에서 우연히 생성되어 탄생되었다. 그것은 과일이나 곡류를 발효시킨 술을 기초로 하여 증류한 증류주(Brandy, Whisky, Rum, Gin 등)에 당분을 더하고 과일이나 과즙, 꽃, 약초, 향료 등 초근목피의 침출물로 향미를 더한 혼성주이다.

이 혼성주는 화려한 색채와 더불어 특이한 향을 지녀 이 술을 일명 '액체의 보석'이라 말하고 있다. 특히 색채, 향기, 감미, 알코올의 조화가 균형을 이룬 것이 특징이다. 주로 식후주로 즐겨 마시며, 간장, 위장, 소화불량 등에 효력이 좋다.

프랑스에서는 알코올 15% 이상, 당분 20% 이상을 함유하고 향신료가 첨가된 술을 리큐어라 정의하고, 미국에서는 Spirits에 당분 2.5% 이상을 함유하며, 여기에 천연향(과일, 과즙, 약초, 향료 등)을 첨가한 술을 리큐어라고 한다. 영국과 미국에서는 코디알

(Cordial), 독일에서는 리코르라고 부른다.

이러한 리큐어들을 영국에서는 오후 5시 티 타임에 홍차를 마실 때 향기가 높은 리큐어를 타서 마신다. 프랑스에서는 간식 시간인 '구우테' 시간에 케이크나 비스킷 외에 반드시 리큐어와 차가운 물을 내놓는다. 물론 식후의 디저트 코스 또는 마지막의 Demi Tasse 전에 즐겨 리큐어를 마신다. 그런데 미국에서는 칵테일의 왕국답게 리큐어의 대부분은 칵테일의 부재료에 지나지 않아, 감미료로 계절감을 내는 착색료로 사용하고 있다. 『식탁의 심리학』 저자인 오스틴드 크로바는 "리큐어는 눈, 입술, 혀로 조용히 애무하는 것이다"라고 말하였다.

2. 리큐어의 역사

고대 그리스의 의사인 히포크라테스(B.C. 460~377년) 때에도 약용으로 사용되어 오던 것을 증류에 의한 리큐어를 최초로 만든 것은 아르누드 빌누브(Arnaude de Villeneuve ; 1235~1312)와 그의 제자 레이몽 류르(Raymond Lulle ; 1235~1315)에 의해서였다. 당시에는 증류주에 레몬, 장미나 오렌지의 꽃 등과 향료류를 가하여 만들어져서 이뇨, 강장에 효과가 있는 의약품으로 사용되었다.

200년 후인 1553년 이탈리아의 피렌체의 까뜨리네 드 메디치(Catherine de Medicis ; 1519~1589)가 프랑스 오를레앙 공작인 앙리 2세(Henry II)의 왕비가 되었을 때 수행한 요리사가 포플로(Populo)라는 리큐어를 파리에 소개했다는 기록이 있다. 이후 각양각색의 리큐어가 제조되기 시작하였다.

중세기에는 각 지방 수도원의 수도사들에 의해 약용 목적으로 여러 가지 약초를 넣어 자기 고유의 비법으로 전수되어 특색 있는 리큐어들을 생산해 오다가, 18C부터 서구의 식생활이 눈부시게 향상되어 미식학의 싹이 트자 입에 부드러운 과일향미를 주체로 한 단맛의 리큐어가 많이 출연하게 된 것이다. 19C에 이르러 고차원의 미각에 부합되는 근대적인 리큐어가 개발되었는데, 특히 19세기 후반에 개발된 연속식 증류기로 인하여 고농도의 알코올을 원료로 한 더욱 세련된 고품질의 리큐어가 생산되었다. 그 예가 커피, 카카오 등과 바닐라향을 배합한 리큐어들이다.

현재 리큐어는 칵테일을 만드는 데 빼놓을 수 없는 아주 중요한 주재료 및 부재료임에 틀림없다.

이 술은 식물의 유효성분이 녹아들어 있다 하여 라틴어의 '리퀘파세르(Liquefacere : 녹는다, 녹아 있다)'가 변하여 프랑스어의 리큐어로 부르게 되었다.

3. 리큐어의 제조법

1) Infusion Process(침출법)

증류하면 변질될 수 있는 과일이나 약초, 향료 따위에 증류주를 가해 향미성분을 용해시키는 방법이다. 열을 가하지 않으므로 콜드 방식(Cold Method)이라고 한다. 이것을 특히 코디알(Cordial)이라 한다.

2) Distilled Process(증류법)

방향성의 물질인 식물의 씨, 잎, 뿌리, 껍질 등을 강한 주정에 담아서 부드럽게 한 후에 그 고형물질이 있는 채 침출물을 증류하는 것이다. 이렇게 얻은 향이 좋은 주정성 음료에 설탕 또는 시럽의 용액과 야채 농축이나 태운 설탕의 형태로 된 염료를 첨가하여 감미와 색을 낸다. 증류주에 원료를 배합하여 단식 증류법으로 만드는 방법으로서 증류과정에서 없어진 맛과 향을 보충하여 준다.

3) Essence Process(에센스법)

주정에 천연 또는 합성향료를 배합하여 여과한 후 당분을 첨가하여 만드는데 이런 제품은 품질이 그다지 좋지 않고 값은 저렴한 편이다.

4) Percolation Process(여과법)

커피 만드는 방법과 비슷하다. 허브 등의 재료를 커피 여과시키는 것처럼 기계의 맨

윗부분에 놓고 증류주는 밑부분에 놓는다. 열을 가하여 알코올이 함유된 증기가 윗부분의 향료를 통하여 지나가면서 액화시키거나 액체 증류주 자체가 위로 펌프되어 향료에 접히게 된다. 이렇게 향취를 얻은 증류주에 당분을 가미하고 색깔도 첨가시키는데 첨가 후 다시 여과시킨다.

4. 리큐어의 종류

1) 약초, 향초류

가장 초기의 리큐어 형태로서 증류주에 약초, 향초류를 첨가하여 치료제를 목적으로 생산하기 시작했다. 처음 만들어졌을 때의 약초, 향초류의 리큐어는 단맛이 전혀 없는 약냄새가 나는 술이었다. 그 당시의 설탕은 매우 귀중한 것이었으므로 거의 사용할 수 없었기 때문이다.

프랑스와 이탈리아에서 생산하는 약초, 향초류의 리큐어는 맛을 추구하는 것이 대부분이고, 독일에서는 약용효과를 추구해 오늘날 최상급의 리큐어를 만들었다.

이와 같은 식물의 성분에서 추출하는 약초, 향초류의 리큐어는 강장건위, 소화불량에 효능이 있는 것으로 알려져 있다.

(1) 압생트(Absente, Absinthe)

오팔색으로 감초 비슷한 맛이 나는 리큐어로서 향쑥의 라틴명 압신티움(영어로 worm wood ; 향쑥)에서 어원을 찾을 수 있고, '녹색의 마주'라고도 한다. 물을 가하면 오팔 모양이 되고, 태양광선을 쏘이면 7가지 색으로 빛난다. 원료로는 국화, 향쑥, 안젤리카, 육계, 회향풀, 정향나무, 파슬리, 레몬 등의 향료나 향초류이다. 강정의 효과가 있다고 하나 상습적으로 마시면 향쑥에 마취성의 화학성분이 함유되어 있어 신경을 범하게 되어 두뇌의 활동을 저하시키고, 결국은 폐인처럼 되므로 제조판매를 금지하는 나라도 많이 있다. 주산지는 프랑스이나 스위스에서도 제조한다. 원래 이 술은 프랑스인 오디나레 박사가 프랑스혁명을 피하여 스위스에서 발명한 것으로 1797년 그 제조법을 앙리루이 페르노에게 팔아 페르노가 제조법을 인계받아 술 이름을 'Pernod'로 지었다. 주정도는 보통 68%이나 대용품으로 사용하는 페르노는 45%로서 보통 약 4~5배의 물을 타서 마신다. 'Knock-Out' Cocktail에 사용하며, 열탕에 씻지 않으면 그 향내는 쉽게 없어지지 않는다.

고흐를 광기에 빠뜨린 술 '압생트'

에밀 졸라와 빈센트 반 고흐, 파블로 피카소가 압생트를 사랑한 대표적 인물들이다. 고흐가 이 술 때문에 자신의 귀를 잘랐는가 하면 천재시인 아르튀르 랭보는 압생트의 취기를 "가장 우아하고 하늘하늘 옷"이라고 예찬했었다. 스위스가 압생트에 판매금지 조치를 내린 것은 1908년 한 공장 노동자가 압생트에 취해 처자를 살해한 사건에서 비롯되었다. 그러나 해마다 1만 5,000L 정도가 은밀히 제조되고 있는 것으로 추정되고 있다.

(2) 아니세트(Anisette)

아니스(Anise ; 미나리과, 1년초)의 향이 나며, 증류주에 아니스 열매(Aniseed), 레몬 껍질(Lemon Peels), 육계, 코리앤더(Coriander) 등의 향미를 첨가하고 시럽으로 단맛을 낸 리큐어이다.

아니스는 지중해 연안의 특산 식물로서 소화촉진, 진통작용, 기침진정, 구취방지에 효과가 있는 것으로 알려져 있다.

• 아니스

(3) 페르노 45(Pernod 45)

압생트 메이커였던 페르노사가 압생트 금지령 이후 압생트의 유해성분을 아니스의 농축액(아니스 종자의 즙)으로 바꾸어 만든 것으로 노란색을 띤다. 주로 5배의 얼음물에 희석하여 마시거나 오렌지 주스에 타서 마신다.

(4) 리까르(Ricard)

페르노에 가까운 리큐어로 아니스의 종자와 감초, 프랑스 프로방스 지방의 식물을 배합해서 만든 것이다.

(5) 베네딕틴 디오엠(Benedictine D.O.M.)

프랑스에서 가장 오래된 리큐어 중 하나로 호박색을 띠고, 안젤리카를 주향료로 하여 박하, 약초, 주니퍼 베리, 시나몬, 너트메그, 바닐라, 레몬 껍질, 벌꿀 등 약 27종의 약초를 사용한다. 이 술은 16C 초(1510년경) 노르망디의 페칸에 있는 베네딕트파의 사원에서 수도사인 돈 베르날드 빈시리가 창제하였다. 현재도 만들고 있으나 경영은 하지 않고 그 원료나 제법은 비밀로 되어 있다.

D.O.M.은 라틴어로 '데오 옵티모 맥시모(Deo Optimo Maximo)'로서 '최대 최선의 신에게'라는 뜻이다. 기본주는 코냑이며, After dinner drink 또는 Night cap cocktail(취침 전)로서 최상의 리큐어이다. 당시 수도승들의 아주 훌륭한 강장제이며, 하루 노동의 피로를 푸는 데 안성맞춤이었다.

(6) 베네딕틴 비앤비(Benedictine B&B)

베네딕틴과 브랜디를 60 : 40으로 혼합하여 병입한 것으로 베네딕틴보다 드라이하다. 베네딕틴이나 B&B 모두 보통 스트레이트로 마시나 프라페(Frappe)나 온더락스(On the Rocks)로 마시기도 한다.

(7) 캄파리(Campari)

이탈리아의 국민주로 제조법은 각종 식물의 뿌리, 씨, 향초, 껍질 등 70여 가지의 재료로 만들어지며 제조기간은 45일이 걸린다. 캄파리의 빨간색은 페루의 캐어리서에서 수입한 색소를 첨가한 것이다. 쓴맛이 나는 Bitter Campari (24~30%, 식전주)와 단맛의 Cordial Campari(36%, 연한 노란색)도 제조되고 있지만 전혀 특색 없는 무색의 리큐어이다. 모두 이탈리아의 밀라노 산이다.

Campari & Soda 또는 Orange juice, On the Rocks, Americano, Negroni 등에 사용하여 즐긴다.

(8) 시나(Cynar)

포도주에 아티초크를 배합한 리큐어로서 약간 진한 커피색이다.

식전주로서 On the Rocks로 많이 즐긴다.

(9) 샤르뜨뢰즈(Chartreuse)

프랑스어로 '수도원, 승원'이란 뜻이며, 리큐어의 여왕이라 불린다. 프랑스 남동부 지방 이젤현 그르노불시의 북동부 산중에 있는 '라 그 랑 샤르뜨뢰즈(La Grand Chartreuse)' 수도원에서 교단 승려들의 손에 의해 만들어졌다. 그 원료와 제법은 아직도 공개되어 있지 않지만 11C경부터 레몬 껍질, 이소프화, 박하초, 제네가초 등의 130여 가지나

되는 알프스 약초를 포도주에 침지하여 5회에 걸친 약초의 침전, 4회에 걸친 증류를 거쳐 약주를 만들어 수도 승들의 활력증진을 위하여 애용되었으며, 그 후 18C 중엽(1735)에 수도원의 약제사이며 신부였던 '세로움 모베크'가 증류법을 도입하여 증류시킨 옐로 샤르뜨뢰즈(Yellow Chartreuse)가 완성되었다. 최초의 그린 샤르뜨뢰즈(Green Chartreuse)가 창제되어 상류사회에서 애음되어 오다가, 드디어 옐로가 만들어지면서 리큐어의 여왕으로 추대받기에 이르렀다.

- White : 무색투명하며, 현재는 제조하지 않는다. 알코올도수 72%
- Green : 단맛을 약간 억제한 맛이며, 알코올도수 55%
- Yellow : 벌꿀 함량이 많아서 진한 감미가 나며, 알코올도수 40%

(10) 듀보네(Dubonnet)

프랑스산으로 레드 와인에 키니네를 원료로 첨가하여 만든 강화주로서 옅은 갈색을 띠고 있다. 현재는 미국에서도 생산하며, 식전주로 애음되고 있다.

Straight, On the Rocks, Dubonnet with Soda, Tonic or bitter Lemon, Dubonnet with Gin or Vodka 등의 방법으로 즐겨 마신다.

(11) 갈리아노(Galliano)

갈리아노는 알프스와 지중해의 열대지방에서 생산되는 오렌지와 기타 아니스, 바닐라 등 각종 약초 40여 종을 95% 정도의 순수 알코올에 담그고 일부는 증류하여 브랜딩하고 설탕, 착색료, 물을 섞어서 단기간 숙성한 후 병에 넣는다. 색깔은 연한 황금색을 띤다.

(12) 퀴멜(Kümmel)

회향풀(Caraway seeds, 독어로 Kümmel)로 만든 무색 투명한 리큐어로 소화불량에 특효가 있다. 1575년 네덜란드에서 처음 생산하였고, '화장품의 분 냄새가 난다.'라고 할 만큼 옛날에는 향이 강했었다.

(13) 파르페 아무르(Parfait Amour)

Lemon, Orange, Vanilla, Rose, Herbs, Brandy로 만든 스위트한 프랑스산 리큐어로서 '완전한 사랑'이란 뜻을 가진 핑크빛 리큐어이다.

(14) 예거마이스터(Jägermeister)

예거마이스터는 56가지 허브를 주원료로 하는 허브 리큐어로 1935년 맥주의 나라 독일에서 탄생되었다. 인공감미료나 향료를 전혀 사용하지 않은 이 술은 영하 18도에서도 얼지 않으며 특히 마시는 음용법이 세계적으로 유명한데, 영하 11도 상태에서 예거마이스터만의 짜릿하고 유쾌한 향과 맛을 느낄 수 있다. 독일어로 '헌팅 마스터(hunting master)'라는 의미가 있다.

> **＊로고 스토리(수사슴머리와 십자가)** : 독일에 후베르투스(Hubertus)라는 사람이 부인을 잃고 실의에 빠져 자포자기적인 삶을 살던 어느 날, 사냥을 하던 중에 뿔 사이에서 십자가가 빛나는 수사슴을 발견하고 큰 감명을 얻어 자신의 재산을 불쌍한 사람들에게 나누어주고 평생을 남을 돕는 일에 몸 바친 St. Hubertus라는 성인의 전설이 있다. 이에 아이디어를 얻어 헌팅 마스터란 의미를 가진 예거마이스터의 로고 이미지를 사용하게 되었다.

(15) 삼부카(Sambuca)

이탈리아에서 생산되며, 말오줌나무 열매에 감초를 배합한 Anisette와 비슷한 술이지만 향이 약간 연하다.

(16) 운더베르크(Underberg)

주로 식사 후에 마시지만 찬 맥주를 마시기 전 위를 따뜻하게 하거나 술 마시기 전 숙취를 예방하기 위해, 장거리 여행, 일이 끝난 후, 피로를 풀기 위해 마신다.

(17) 크렘 드 망뜨(Créme de Menthe)

일명 Peppermint라고도 하며, 민트를 주원료로 계피, 세이지, 이리스(iris) 뿌리, 생강 뿌리 등의 각종 향초, 약초류를 주정에 담근다. 침출액을 얻고 당분이나 착색료를 가해 만든다. 민트는 소화기관의 경련, 구토 등의 대증제나, 신경

통, 두통 등에 특효제로 써도 효용이 있다. Green, White, Pink(Red) 의 세 종류가 있고, 스트레이트로 마실 때에는 차갑게 해서 마시는 것이 더욱 산뜻한 맛을 느끼게 하고, 잘게 부순 얼음에 부어 마시면 더욱 좋다(Frappe 방식).

2) 과일, 과일류(Fruits)

주로 After Dinner Drink로 디저트와 함께 제공되는 술로서 근대 미식학적 요청에 의하여 탄생된 것이라 할 수 있다. 최초의 과일류는 17C 말 베네수엘라 앞바다에 있는 네덜란드령 퀴라소(Curação)섬에서 오렌지 과피를 알코올에 배합하여 탄생되었는데, 이곳 지명의 이름을 따서 퀴라소라고 명명되었다. 그 후 다양한 종류의 리큐어가 생산되었고, 이것은 단일의 과일만으로 만들어지는 것이 아니고 식물의 성분과 배합하여 단조로운 맛을 피하고 균형과 조화를 이루고 있다.

주정분은 25~35% 정도이고, 당분 함유량은 약 22~29%이다.

■ 오렌지

(1) 퀴라소(Curação)

남미 베네수엘라에서 북방으로 약 20km 떨어진 카리브 해에 있는 네덜란드령 퀴라

• Blue Curacao   • Orange Curacao

소섬에서 재배되는 오렌지를 원료로 하여 만든 것이 원조로서 이에 연유하여 퀴라소라 부르게 되었다. 현재는 이 섬의 오렌지만 사용한다고 볼 수는 없다.

오렌지 껍질을 건조시킨 것과 스파이스류를 브랜디나 그 밖의 증류주(Rum)에 담가 감미를 첨가하여 만든다. 프랑스나 네덜란드에 유명 메이커가 많고, 특히 Holland Amsterdam산의 퀴라소를 일품으로 친다.

종류로는 White, Orange, Blue, Green, Red 등 다섯 가지가 있다.

(2) 꼬엥뜨로(Cointreau)

France Loire Angers시의 Cointreau Pére & Fils사에서 만든 화이트 퀴라소의 불후의

걸작으로서 오렌지 껍질의 추출물로 제조되는 꼬엥뜨로는 1875년 에드워드 꼬엥뜨로 (Edouard Cointreau)에 의해 탄생되어 오늘날까지 그 제조 비법이 비밀로 전해오는 신비의 리큐어이다.

다른 제품과 비교될 수 없는 부드러운 맛과 향으로 감식가들의 탄복을 자아내는 꼬엥뜨로는 가벼운 칵테일이나 디저트용으로 남녀 누구에게나 어울리는 리큐어로서 애호가들에게는 그 독특한 병 모양으로 더 잘 알려져 있다.

(3) 트리플 섹(Triple Sec)

프랑스 꼬엥뜨로사 제품으로 오렌지 껍질을 브랜디에 담가 감미를 첨가하여 만든 것으로 꼬엥뜨로보다 품질이 조금 떨어진다.

(4) 그랑 마니에(Grand Marnier)

1827년 프랑스의 'J.B. Lapostolle Fondateur'사에 의해 탄생한 오렌지 퀴라소 타입의 최고급 리큐어이다. 3~4년 정도 숙성시킨 자가제 코냑에 Haiti산 Bitter Orange Peel을 배합해서 오크통에서 숙성시키기 때문에 통의 향기가 균형 있게 스며들어 있다. Cordon rouge(Red Velvet 40%)와 Cordon Jaune(Yellow Velvet 40%)의 두 가지 타입이 있으며, 제품이 우수하여 디저트 요리에 가장 많이 사용되고 있다.

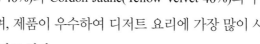

■ 복숭아

(1) 피치 트리(Peach Tree)

중성 알코올에 복숭아를 담가서 숙성시킨 다음 시럽을 첨가하여 여과한 리큐어이다.

■ 사과

(1) 사워 애플 퍼커(Sour Apple Pucker)

달콤하고 신맛이 나는 사과 맛 리큐어이다. 보드카와

사워 애플 퍼커를 넣고 1 : 1로 셰이킹해서 칵테일 잔에 따르고 얇게 썬 사과로 장식하면 애플티니(Appletini)라는 칵테일이 된다.

■ 살구

(1) 애프리콧 브랜디(Apricot Brandy)

살구를 씨와 함께 으깨서 발효시키고 발효액을 증류한 것에 당분과 Bitters, Almond유 등을 첨가한 것으로 프랑스에서는 리큐어 다브리코 (d'Apricot), 헝가리에서는 바라크 리켈이라 하여 국민주로 애용하고 있다.

• 애프리콧 브랜디

■ 체리

(1) 체리 브랜디(Cherry Brandy)

보통은 체리를 통에 절반쯤 넣고 브랜디를 채워 계피 (Cinnamon), 정향(Clove) 등의 향료와 더불어 40일 정도 담가 만드나 체리 그 자체를 씨와 함께 으깨어 발효시킨 것을 증류 해서 만드는 것도 있다.

암적색으로 네덜란드나 덴마크산이 좋다.

덴마크의 Cherry Heering(or Peter Heering)

(2) 마라스퀸(Marasquin)

유고슬라비아 서부에서 재배되고 있는 마라스카종(Marasca)이라 하는 체 리를 사용해서 만듦으로써 이 이름이 생겼다. 체리의 과육과 씨 안에 들어 있는 인을 함께 으깨어 발효해서 그 발효액을 다시 증류한다. 거기에 각종 스파이스(Spice), 슈가 시럽을 첨가해서 만드는 감미가 있는 일종의 체리 브랜디이나 색깔은 무색투명하다. 주로 차갑게 해서 마시거나 프라페로 마시기도 한다.

■ 오얏

(1) 슬로 진(Sloe Gin)

Sloe Berry(미국산 야생오얏)를 진에 첨가해서 만든 빨간색 리큐어
이다.

보통 Straight, On the Rocks, Long Drinks의 방법으로 즐겨 마시고, 특
히 소다나 토닉을 섞으면 글라스 표면에 매혹적인 핑크색 거품이 인다.

■ 기타 과일, 과일류

리큐어의 라벨(Label)에 크렘(Créme)이라는 문자가 있는데 이는 프랑스의 리큐어업
자 단체가 자국산의 리큐어를 세계적인 신뢰도를 유지하기 위하여 붙인 급별 표시에
서 온 것이다. 영어로는 크림(Cream)에 해당되는데 그 뜻은 유제품이란 뜻이 아니라
극상, 정수, 가장 좋은 부분 등의 뜻을 나타낸다. 그리고 '크렘 드(Créme de-)'라는 이름
이 있으면 거의가 브랜디가 기본주로 쓰인다.

프랑스의 제조가들은 리큐어를 다음의 4등급으로 분류하고 있다.

• Sur Fines(슈르 피느) : 현재 이 용어는 잘 사용하지 않고 있지만 최상품을 의미한다.

• Fines(피느) : 최상품으로 당분이 법적 함유량을 가지고 있어야 하며,
  이것을 Créme이라고 한다.

• Deme Fines(드미 피느) : 중급 정도의 상품이다.

• Ordinaires(오디네르) : 보통의 상품이다.

(1) 크렘 드 바나나(Créme de Bananas)

증류주에 바나나를 원료로 배합한 술로 바나나 맛이 나며, 주로
미국에서 생산한다.

(2) 크렘 드 카시스(Créme de Cassis)

영어로는 Black Currant Brandy(구스베리, 포도의 일종)라고도 한
다. 약간 산미가 있고 훌륭한 소화촉진 효과가 있는 After Dinner Drink로 암적색
이며 프랑스 부르고뉴 지방의 디종시가 본고장이다. Dry White Wine, Champagne,
Dry Vermouth 등의 음료와 혼합하여 마신다.

유명한 칵테일로는 Kir, Kir Royal, Kir Imperial 등에 사용한다.

(3) 멜론(Melon)

에메랄드 그린색의 멜론 리큐어는 풍부한 멜론즙과 양질의 천연 주정이 혼합되어 만든 싱그러운 맛의 과일 리큐어이다.

> *미도리(Midori) : 일본 산토리사에서 제조한 멜론 리큐어로 미도리의 아름다운 녹색과 훌륭한 향기를 간직하고 있다.

(4) 워터 멜론(Water Melon)

워터 멜론은 잘 익고, 즙이 풍부한 워터 멜론의 상큼하고 풍부한 맛을 느낄 수 있는 과일 리큐어이다.

(5) 스트로베리 크림(Strawberry Cream)

연분홍색의 스트로베리 크림은 상큼하고 잘 익은 산딸기 추출물과, 부드럽고 달콤한 크림이 조화된 딸기 맛 크림 리큐어이다.

(6) 라즈베리 퍼커(Raspberry Pucker)

라즈베리 퍼커는 달콤하고 신맛이 나는 잘 익은 라즈베리 맛의 리큐어이다. 첫 맛은 풍부하고 잘 익은 산딸기향으로 시작해 야생과일의 상큼한 뒷맛을 느낄 수 있다.

(7) 크랜베리(Cranberry)

크랜베리 생과일 주스와 추출물로 만들어져, 상큼한 맛과 향이 특징이다.

3) 종자류(Beans & Nuts)

과일의 씨(Seeds)에 함유되어 있는 방향성분이나 커피, 카카오, 바닐라, 콩 등의 성분을 추출하여 향미와 감미를 첨가한 식후주로 이용되고 있다.

■ 커피

(1) 깔루아(Kahlûa)

멕시코산 커피를 주원료로 하여 Cocoa, Vanilla향을 첨가해서 만든 리큐어이다.

(2) 크렘 드 모카(Créme de Mocha)

Arabian Mocha Coffee를 주원료로 사용한 커피 리큐어이다.

• 깔루아

(3) 크렘 드 카페(Créme de Café)

프랑스에서 만든 커피 리큐어이다.

(4) 티아 마리아(Tia Maria)

자메이카산 커피를 원료로 만든 커피 리큐어이다.

Straight, Tia Maria with ice or cream으로 식후에 즐겨 마신다.

• 크렘 드 카페

(5) 아이리시 벨벳(Irish Velvet)

아이리시 위스키에 커피와 감미를 배합한 것이다.

■ 기타 종자류

(1) 아마레토(Amaretto)

원료는 살구의 씨를 물과 함께 증류하여 몇 종류의 향초 추출액을 중성 알코올과 혼합하여 탱크 숙성시킨 후 시럽을 첨가하여 만든 리큐어이다.

(2) 아산티 골드(Ashanti Gold)

가나의 카카오콩을 사용한 리큐어이다.

(3) 크렘 드 카카오(Créme de Cacao)

남미 베네수엘라의 Caracas 또는 에콰도르의 Guayquil의
특산물인 Cocoa Seeds(Cacao Beans)를 주원료로 하여 카라
다몬(Caradamon)이나 계피, 바닐라콩(Vanilla Beans)을 사용해서 만든 리
큐어이다.

화이트와 브라운색의 두 종류가 있다.

(4) 사브라(Sabra)

오렌지와 초콜릿을 혼합하여 만든 이스라엘의 리큐어이다.

(5) 쇼콜라 스위스(Chocolat Suisse)

병 속에 초콜릿 조각을 띄운 초콜릿향이 나는 스위스 리큐어.

4) 기타(Others)

■ 꿀

(1) 드람뷔이(Drambuie)

스코틀랜드산의 유명한 리큐어로 향료 농축 배합물에 15년 이상 숙
성된 몰트 위스키에 Honey, Herbs를 첨가하여 만든 암갈색의 술이다.
어원은 고대 게릭어인 'Dram Buid Heach(사람을 만족시키는 음료)'라
는 뜻이다. 드람뷔이 리큐어에는 유명한 일화가 있는데, 1745년
프랑스에서 오랜 생활을 하다 영국 왕위 계승을 위해 귀국한 찰
스 에드워드 왕자는 왕위계승 전에서 패배하여 스코틀랜드의 스
카이섬에 도망가 있을 때 그곳의 호족인 매키논(Mackinnon) 일
가가 목숨을 걸고 왕자를 지켜주었다고 한다. 후에 왕자는 프랑
스로 다시 망명을 하면서 그때의 은공을 잊지 못하여 왕가에만

대대로 전해 내려오던 드람뷔이 제조법을 전수했다. 그러던 것이 1906년 매키논 일가의 마르컴 매키논에 의해 세상에 알려지게 되었다.

이 술은 'Prince Charles Edwards Liqueur'라는 별명을 가지고 있다.

(2) 아이리시 미스트(Irish Mist)

아일랜드에서 생산되는 대표적인 담갈색 리큐어로서 아이리시 위스키에 10여 종의 향초와 히스(Heath)의 꽃에서 얻은 벌꿀을 배합하여 숙성시킨 술이다.

아일랜드의 안개란 뜻처럼 매혹적이고 아늑한 풍미가 그 특징이다.

■ 계란

(1) 아드보카트(Advocaat)

네덜란드의 계란술로 브랜디에 계란노른자, 설탕을 섞어 바닐라향을 곁들인 몹시 진득한, 일명 애그 브랜디이다. 마시기 전에는 병을 잘 흔들어 마시고, 한번 개봉 후에는 빨리 마시는 것이 좋다. 영어로는 변호사(Advocate)이다.

■ 크림

(1) 베일리스 아이리시 크림(Baileys Original Irish Cream)

아이리시 위스키에 크림과 카카오의 맛을 곁들인 것으로 스트레이트 또는 On the Rocks로 즐겨 마신다.

주재료로는 아이리시 위스키, 신선한 크림, 벨리움 초콜릿을 혼합하여 만든 아일랜드산 리큐어이다.

■ 비터(Bitters)

쓴맛이라는 영어이름으로 프랑스에서는 아메르(Amer)라고 한다. 보통 알코올성분은 20~30% 정도이나 45% 정도의 것도 있다. 강한 주정에 약초, 향초, 스파이스 등을 침출시킨 강장제로써 건위 해열에 효과가 좋다. 이는 불필요한 향을 제거하기도 하고 원하는 향을 만들기도 하여 칵테일에는 소량을 첨가하여 향료, 또는 고미료로써 사용한다. 쓴맛 때문에 주로 식전주(Aperitif)로 사용한다.

(1) 아메르 피콘(Amer Picon)

Orange Bitters의 일종으로 파리의 Champs - Elysee's 거리에 있는 피콘사 제품으로 오렌지 향이 가미된 Bitters이다. 원래 이 술은 1837년 아프리카의 알제리에 주둔하던 프랑스의 한 병사인 가에탄 피콘(G. Picon)이 알제리산의 Quinine(퀴닌, 말라리아 특효약)을 배합하여 만든 쌉쌀한 술이다. 때문에 별명으로 "Amer African"이라고도 한다. 현재 이 술은 오렌지 껍질, 퀴닌, 스파이스 등을 배합하고 캐러멜로 착색하여 진한 커피색이 난다. 열병의 예방이나 강장에 효과가 있다.

(2) 앙고스투라 비터(Angostura Bitter)

1824년 남미 베네수엘라의 앙고스투라시(Angostura ; 현재는 보리바시)의 당시 영국 육군 병원장이었던 Siegert 박사는 럼을 기본주로 하여 용담에서 채취한 고미제를 주체로 하여 많은 약초 향료를 배합한 술을 만들어냈다. 현재는 서인도제도 트리니다드토바고의 포트 오브 스페인(Port of Spain)시에서 앙고스투라 비터 회사에 의해 제조되고 있다.

• 앙고스투라 비터

Martini Bitter, Campary Bitter 등에 사용된다.

(3) 오렌지 비터(Orange Bitters)

오렌지 껍질이나 향초류를 주정에 담가 만든 것이다. English Gin의 메이커가 최초이나 이탈리아 캄파리사의 것이 유명하다. Dry Martini에 1 dash Orange Bitters를 넣는 경우도 있다.

청량음료(Soft Drinks)는 칵테일 조주 시 보조음료로서 칵테일에 청량감을 주는 비알코올성 음료이다. 청량음료는 탄산음료(Carbonated Drink)와, 무탄산음료(Non-Carbonated Drink)로 구분하는데, 탄산음료에는 콜라(Cola), 사이다(Cider; Seven-Up), 소다수(Soda Water), 토닉워터(Tonic Water), 콜린스 믹스(Collins Mix), 진저엘(Ginger Ale) 등이 있고, 무탄산음료에는 물, 광천수(Mineral Water), 비시수(Vichy Water), 에비앙수(Evian Water) 등이 있다.

PART 5

비알코올성 음료

1. 청량음료
2. 영양음료
3. 기호음료

Chapter **1**

청량음료

1. 탄산음료

1) 탄산음료의 정의

탄산음료(Carbonated Drink)는 청량감을 주는 탄산가스가 함유된 음료로서, 미생물의 발효를 저지하고 향기의 변화를 막아준다. 이러한 탄산음료는 여러 가지 방법으로 제조되고 있다.

첫째, 탄산가스가 함유된 천연 광천수로 만들어지고, 둘째, 순수한 물에 탄산가스를 함유시키는 것이 있고, 셋째, 음료수에 천연 또는 인공의 감미료를 함유시키는 것과, 천연과즙에 탄산가스를 함유시키는 것들이 있다.

2) 탄산음료의 작용

탄산음료는 탄산가스가 함유되어 있어 음료에 청량감을 주고, 미생물의 발육을 억제하며, 향기의 변화를 막아준다.

3) 탄산음료의 종류

(1) 콜라(Cola)

콜라는 1886년 미국 조지아주 애틀랜타의 존스타인 펨버튼 (Johnstein Pemberton : 약사) 박사에 의해 제조되었다. 서아프리카가 원산지이며, 열대지방에서 많이 재배하는 콜라 나무열매(Cola Nuts)에서 추출한 농축액의 쓴맛과 떫은맛을 제거, 가공 처리한 즙에 당분과 캐러멜 색소, 산미료, 향료 등을 혼합한 후 탄산수를 주입한 것이다. 콜라나무 종자에는 커피에 들어 있는 양의 2~3배에 달하는 카페인 (Caffeine)과 콜라닌(Kolanin)이 들어 있어 아프리카 일부 지역의 원주민들은 피로를 푸는 데 효과가 있다며 이것을 많이 이용한다고 한다.

 코카콜라 병의 비밀

코카콜라, 세계 어디에서나 볼 수 있는 코카콜라의 병. 이 병에 관한 이야기는 다음과 같다.

루드는 1905년 미국 조지아 근교의 가난한 농군의 아들로 태어났다. 그는 7살 때 토끼 한 마리를 잡으려고 15시간이나 쫓아다닐 정도의 놀라운 집념의 사람이었다. 하지만 루드는 어려운 가정 형편으로 중학교에도 진학하지 못하고 도시로 상경하여 신문배달, 심부름꾼 등을 거쳐 병공장의 정식 공원으로 일하게 되었다. 그에게는 주디라는 여자친구가 있었다.

어느 날 주디가 오려 온 신문광고에는 새로운 음료인 코카콜라의 병 모양을 현상 공모한다는 내용이 실려 있었다. '코카콜라 병 현상모집. 상금 최저 1백만 달러에서 최고 1천만 달러'

루드는 주디의 만류에도 불구하고 6개월간 공장을 휴직하고 친구와의 만남도 뒤로 하고 오로지 병의 모양을 고안하는 데 총력을 기울였다. 병 모양의 조건은 '모양이 예쁘고, 물에 젖어도 미끄러지지 않으며, 보기보다는 콜라의 양이 적게 들어가는 병을 만들어야 함'이었다. 그러나 6개월이 다 되었는데도 루드의 작업상태는 아직 시작단계에 불과하였다. 6개월째 되던 날 약속대로 주디가 찾아왔지만 그는 주디를 볼 면목이 없었다.

"루드! 나야, 주디."

루드는 못 들은 척하다가 하는 수 없이 용기를 내어 주디를 보았다. 순간 그의 얼굴이 햇살처럼 빛났다.

• 2002 FIFA월드컵 한국/일본TM 코카콜라 한정판매제품

"잠깐! 주디 그대로 서 있어!"

"왜 그래, 루드?"

영문을 몰라 하는 주디의 모습을 빠른 속도로 스케치해 가는 루드, 그날 주디가 입고 있었던 옷은 그 당시 유행하던 통이 좁고 엉덩이의 선이 아름답게 나타나는 긴 주름치마였다. 루드는 바로 그 주름치마의 주름을 강조한 새로운 병을 고안해 낸 것이다.

다음 날 루드는 이 병을 미국 특허청에 출원하였다. 그리고 병공장에서 일한 경험을 살려 직접 견본을 만들었다. 마침내 루드는 완성된 병을 가지고 코카콜라 회사의 사장을 찾아갔다.

"사장님! 이 병은 모양도 예쁘고 물에 젖어도 미끄러지지 않습니다. 이 병의 권리를 채택해 주십시오." 하지만 사장은 "참 좋은 병입니다. 그러나 가운데 볼록한 부분이 있어 콜라의 양이 많이 들어갈 것이 틀림없소. 유감스럽지만 이 병은 안되겠습니다." 그러나 여기서 물러설 루드가 아니었다. 그는 사장 앞으로 바싹 다가갔다. "사장님! 제발 한 가지만 더 보아주십시오." 사장은 "그럼 빨리 용건만 설명하시오." 루드는 사장님의 물컵을 들고 말했다. "제 병과 사장님의 물컵 중 어느 것에 더 많은 물이 들어갈까요?" 사장님이 "아니, 그걸 말이라고 하나! 당연히 당신의 병에 물이 많이 들어가지 않겠소?"

루드는 아무 말 없이 병에 물을 가득 채운 뒤 이를 사장님의 물컵에 따랐다. 그런데 물컵은 겨우 80% 정도만 채워졌을 뿐이 아닌가. 사장님은 "루드, 내가 너무 경솔했구려. 당장 당신의 권리를 채택하겠소."

계약은 즉석에서 이루어졌다. 그리고 루드가 받은 돈은 무려 600만 달러라는 거금이었다. 하루아침에 600만 달러의 사나이가 된 루드는 훗날 주디와 결혼하여 고향에서 유리제품 공장을 운영하면서 일생을 행복하게 보내게 되었다.

 ## 코카콜라와 산타클로스

1931년 '코카콜라' 광고를 위해 최초로 개발! '코카콜라'의 광고 및 패키지를 통해 '코카콜라'의 산타에서 '세계인의 산타'로! 빨갛게 상기된 볼에 드리운 인자한 미소, 부드럽게 곱슬거리는 흰 턱수염과 빨간 모자에 까만 부츠를 신고 어깨에는 커다란 선물 보따리를 둘러멘 산타클로스 할아버지가 굴뚝을 드나드는 한 장의 그림 같은 환상은 이제 너무나도 친숙해진 나머지 상상이 아닌 현실처럼 여겨질 정도. 어린이들은 물론, 실제로 존재하지 않는 전설 속의 인물이라는 것을 잘 알고 있는 어른들조차 쉽사리 깨고 싶어하지 않는 꿈과 환상의 주인공인 산타클로스. 이 산타클로스 할아버지의 이미지가 1931년, 코카콜라 광고에 사용되기 위해 개발되었다는 사실을 알고 있는 사람은 많지 않다.

당시만 해도 산타클로스의 전설은 나라마다 다양했고, 기념방식과 기념일도 달랐으며, 이름조차 생트 해르(Sanct Herr), 페레 노엘(Pere Noel), 크리스 크링글(Kris Kringle), 크리스마스의 아버지 등과 같이 제각기 다르게 알려져 있었다. 또, 산타클로스의 이미지 역시 꼬마요정의 모습에서부터 장난꾸러기 요정, 싸움꾼 난쟁이 등으로 다양했는데, '코카콜라' 광고를 담당했던 미국의 화가 해든 선드블롬(Haddon Sundblom)은 산타클로스를 작고 어린 요정의 모습이 아닌 현재 우리에게 알려진 이미지로 창조해 냈는데, 산타클로스의 트레이드 마크인 빨간 옷과 흰 수염은 바로 '코카콜라'의 로고색과 신선한 거품을 상징화한 것이다.

1931년 Saterday Evening 포스트지의 잡지 광고를 통해 처음 선보인 해든 선드블롬의 산타클로스 모델은 은퇴한 세일즈맨이자 선드블롬의 친구인 로우 프렌티스(Lou Prentice)란 사람으로, 온화하고 인자한 할아버지의 이미지, 웃을 때마다 행복하게 보이는 주름살 등, 선드블롬의 상상 속에 구현된 산타클로스의 모습을 그대로 간직하고 있었다. 이렇게 탄생된 산타클로스의 모델인 로우 프렌티스가 작고한 후, 선드블롬은 새로운 모델 찾기를 시도하던 중 한 친구가 선드블롬 자신을 거울에 비춰보라고 제안했다. 친구의 제안대로 거울을 들여다 본 선드블롬은 자신이 친구 로우 프렌티스와 많이 닮았다는 사실을 발견하고 그 후 자신 스스로 산타클로스의 모델이 되기에 이른다.

선드블롬의 산타클로스는 전설 속의 인물처럼 종교적인 진지함과 엄숙함에 깃든 인자한 이미지보다는 아이들에게 선물을 주러 왔다가 냉장고 문을 열어 콜라를 벌컥벌컥 들이켜는 장난스러운 모습, 아이들의 우유와 과자를 빼앗아 먹는 익살스러운 아이들의 친구로 그려졌다. 우리들에게 익숙한 산타클로스의 모습을 떠올려 보면 이러한 선드블롬의 의도가 얼마나 성공적이었는가를 쉽게 알 수 있다. 이렇게 선드블롬에 의해 창조된 산타클로스는 '코카콜라'가 수십 년에 걸쳐, 범세계적으로 전개한 성공적인 마케팅 활동에 힘입어 '코카콜라'만의 산타에서 '세계인의 산타'로 자리 잡게 되었고, 오늘날까지도 전 세계인의 가슴에 간직된 꿈과 환상을 채워주는 크리스마스의 상징으로 전해지게 된 것이다. 이후 수십 년 동안, 매년 크리스마스마다 산타클로스가 전 세계인들에게 힘과 용기를 불어넣기 위해 찾아오는 것과 같이, '코카콜라'사도 당사가 창조해 낸 산타클로스의 이미지와 '코카콜라' 제품을 통해 전 세계 소비자들에게 더 많은 기쁨과 즐거움을 선사하기 위해 노력하고 있다.

(2) 소다수(Soda Water)

천연광천수 가운데 이산화탄소를 함유한 것을 마시면 혀에 닿는 특유한 자극이 청량감을 주는 데서 인공적으로 이산화탄소를 함유하는 물을 고안해 낸 것이 소다수의 시초이다. 이때 이산화탄소를 만드는 데 소다를 쓰기 때문에 소다수라고 한다. 여기에 다시 제2차 가공을 가하여 설탕, 향료, 산(酸), 색소 등을 첨가한 것이 레몬에이드, 사이다, 시트론 등이다.

소다수의 성분은 수분과 이산화탄소만으로 이루어졌으므로 영양가는 없으나, 이산화탄소의 자극이 청량감을 주고, 동시에 위장을 자극하여 식욕을 돋우는 효과가 있다. 8~10℃ 정도로 냉각하는 것이 이산화탄소도 잘 용해되고 입에 가장 잘 어울리지만, 시럽이나 과즙 또는 칵테일 조주 시 주정을 혼합해서 마시기도 한다.

(3) 진저엘(Ginger ale)

진저(Ginger)는 생강이란 뜻이고 엘(Ale)은 알코올을 뜻하며, 진저엘(Ginger ale)은 생강주를 의미한다. 그러나 우리나라의 진저엘(Ginger ale)은 알코올분이 전혀 없는 순수한 청량음료이다. 생강의 향을 함유한 탄산음료로서 일종의 자극을 주는 풍미는 식욕

증진의 효과가 있으며, 소화를 돕고 정신을 맑게 한다. 특히 일본 사람들이 좋아하는 탄산음료이다. 맥주나 브랜디와 조주하여 마시기도 한다.

(4) 토닉 워터(Tonic Water)

영국에서 처음으로 개발한 무색투명의 음료이다. 레몬, 라임, 오렌지, 키니네 껍질 등으로 농축액을 만들어 당분을 배합한 것이다. 열대지방 사람들의 식욕증진과 원기를 회복시키는 강장제 음료이다.

＊퀴닌(Quinine) : 키니네(Kinine)라고도 한다. 남아메리카 원산으로 인도네시아의 자바 섬 등에서 재배되는 키니나무의 껍질에서 얻은 '생약'으로 해열, 진통, 강장, 말라리아 등에 효과가 있다. 특히 말라리아의 특효약으로 잘 알려져 있다.

(5) 콜린스 믹스(Collins Mix)

레몬과 설탕이 주원료이며, 첨가물로는 액상과당, 탄산가스, 구연산, 구연산삼나트륨, 향료 등이 들어 있다. 콜린스 믹스가 없을 경우 레몬 주스 1/2oz, 슈가 시럽 1tsp, 소다워터를 사용하여 만든다.

(6) 사이다(Cider)/시드르(Cidre)

구미에서의 사이다는 사과를 발효해서 제조한 일종의 과일주로서 알코올분이 1~6% 정도 함유되어 있는 사과주를 말한다. 그러나 우리나라의 사이다는 주로

• 진저엘   • 토닉워터   • 콜린스 믹스   • 사이다

구연산, 주석산 그리고 레몬과 라임에서 추출한 과일 에센스를 혼합한 시럽을 만들어
병에 소량 넣어 위에서 증류수를 채우고 끝으로 액화탄산가스를 주입하여 만든다.

2. 무탄산음료(Non-Carbonated Drink)

일반적으로 자연식수(H_2O)는 무색, 무미, 무취의 액체로서의 음료와
고체로서의 얼음으로 제조된다. 물 이외에도 다음과 같은 무탄산음료가
있다.

1) 순수물(Pure Water)

우리가 흔히 마시는 물을 말한다.

2) 광천수(Mineral Water)

광천수는 칼슘, 마그네슘, 칼륨 등의 광물질이 미량 함유되어 있는
물을 말한다.

• 비시 생수

(1) 비시 생수(Vichy Water)
프랑스의 광천도시 비시에서 나는 탄산소다수이다.

(2) 에비앙 생수(Evian Water)
프랑스 남동부 론알프주 오트사부아현에 있는 에비앙시에서 나는 천
연 광천수로 다량의 광물질을 함유하고 있으나 탄산가스가 없는 양질
의 음료로 세계적으로 유명하다.

• 에비앙 생수

(3) 셀처 생수(Seltzer Water)

독일의 온천도시로 유명한 비스바덴(Wiesbaden)에서 생산되는
천연 광천수이다.

(4) 페리에 생수(Perrier Water)

세계 탄산생수의 대명사격으로 아주 유명한 프랑스산이다.

(5) 마토니(Mattoni)

마토니(Mattoni)는 세계 3대 온천지역인 체코 카를로비바리
(Karlovy Vary)의 온천수로 만들어진 탄산수이다.

• 페리에 생수

• 마토니

Chapter 2
영양음료

1. 우유

1) 우유의 정의

우유(Milk)는 유백색의 불투명한 액체이다. 이는 우유의 여러 성분 중 특히 카세인 (Casein) 입자와 지방구가 분산되어 있기 때문이다.

2) 우유의 종류

(1) 초유(Colostrum) : 분만 후 7일 이내

(2) 정상유(Normal)

① 원유(Raw milk)

② 살균유(Pasteurized milk)

　・저온살균법(Low temperature long
　　time pasteurization) : 63℃에서 30분

- 고온단시간살균법(High temperature short time pasteurization) :
  72℃에서 15초

- 초고온 살균법(Ultra high temperature heating pasteurization) :
  135~150℃에서 0.5~5초

③ 멸균유(Sterilized milk)

원유를 약 150℃에서 2.5~3초 동안 가열 처리하여 무균상태로 만든 우유이다. 장기간 저장할 수 있어 산간벽지, 여행, 전쟁 시 편리하게 이용할 수 있다.

3) 우유의 구성성분

- 물(Water) : 87.1%
- 지방(Fat) : 3.9%
- 단백질(Protein) : 3.3%
- 락토스(Lactose) : 5.0%
- 기타 : 0.7%

※칵테일에서 사용되는 Light Cream은 지방함량이 36% 이하인 가벼운 우유로 우리가 일반적으로 마시는 우유를 사용하고, Heavy Cream은 지방함량이 36% 이상인 무거운 우유로 생크림 종류를 사용하고 있다.

2. 주스류

과일의 액즙을 짜서 만든 과즙에 과당을 첨가·가공하여 만든 음료로 칵테일에서 가장 많이 사용하는 주스는 레몬, 라임 주스인데 이들 주스는 향미가 상큼하여 칵테일에 상쾌한 풍미를 내기 때문이다.

칵테일 조주 시 많이 사용하는 주스류는 다음과 같다.

| 레몬 주스 (Lemon Juice) | 라임 주스 (Lime Juice) | 오렌지 주스 (Orange Juice) | 파인애플 주스 (Pineapple Juice) | 그레이프프루트 주스 (Grapefruit Juice) | 토마토 주스 (Tomato Juice) | 크랜베리 주스 (Cranberry Juice) |

Chapter **3**

기호음료

1. 커피

1) 커피란 무엇인가?

커피는 커피나무에 열리는 커피 열매(Cherry/Berry)의 씨 부분이다. 이 씨를 우리는 원두(Coffee Bean)라 부르며, 원두는 다시 생두(Green Bean)와 볶은 원두(Roasted Bean)로 구분한다. 다시 말해 이 두 가지를 통틀어 커피 원두라 한다.

(1) 체리의 구성

① 껍질(Outer Skin)　　② 과육(Pulp/Mucilage)

③ 깍지(Parchment)　　④ 실버스킨(Silver Skin)

⑤ 원두(Coffee Bean/Endosperm)

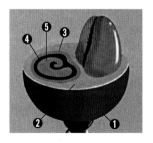

(2) 피 베리(Pea Berry)

일반적으로 한 개의 열매에는 두 개의 씨가 들어 있는데 간혹 한 개의 씨만 들어 있는 경우가 있다.

두 개의 씨가 들어 있는 경우 가운데가 반씩 나누어져 있기 때문에 마주보는 한 면이 반듯하게 깎인 면이 없어 배가 볼록한 둥그런 모양이 된다. 이런 한 개짜리 원두는 완두콩이나 진주 모양과 비슷하다고 해서 피 베리(Pea Berry), 또는 펄 베리(Pearl Berry)라고도 한다. 흔히 피 베리는 원두 두 개가 가진 좋은 성분을 하나가 가지고 있어 더 좋은 맛의 원두로 평가되고 있다.

• 커피 꽃　　　　• 커피 열매　　　　• 열매 안의 씨　　　　• 피 베리

2) 커피의 역사

커피(Coffee)라는 말이 어디에서 온 것인지는 분명하지 않다. 아랍어에 뿌리를 두었다고도 하며, 커피의 원산지로 통하는 에티오피아의 지명에서 나왔다고도 한다. 즉 에티오피아에는 지금도 야생으로 자라는 커피나무가 많이 있는데, 그곳의 지명이 '카파(Kaffa)'인 것으로 보아 상당한 신빙성을 지니고 있다. 다른 일련의 학자들은 커피의 어원이 아랍어로 힘을 뜻하는 카후아(Cahuha)라 부르기 시작하고 또한 아라비아의 와인이라는 뜻으로 콰와(Qahwah)에서 유래했다고도 한다.

이처럼 그 어원이 분명하지 않은 만큼 커피는 전래된 내력도 분명하지 않다. 전설 비슷한 내력만도 여러 가지가 있는데, 양치기 목동 칼디(Kaldi)의 이야기로부터 오마르의 전설, 그리고 아라비아의 주술사에 관련된 이야기 등이 있다.

3) 우리나라의 커피문화

우리나라에 커피가 처음으로 들어온 시기는 대략 1890년 전후로 추정된다. 이는 에티오피아의 양치기가 커피를 처음 발견한 때로부터 1000년쯤 지난 뒤의 일이며, 네덜

칼디와 춤추는 염소

커피의 유래에 대해 가장 널리 알려진 전설은 아비시니아(Abyssinia: 에티오피아의 옛이름)의 목동 칼디(Kaldi)의 전설이다. 이 전설은 커피에 관한 서적마다 조금씩 다르게 기술되고 있는데, 공통적인 한 가지의 줄거리는 다음과 같다.

염소를 치는 칼디가 하루는 염소를 불러 모아 들어갈 시간이 되었는데 평소 그의 신호를 들으면 모여들던 염소들이 그날따라 몇 마리가 나타나지 않는 것이었다. 칼디는 염소들을 찾아 언덕을 올라가 높은 평지에 이르자 이상하게 흥분한 듯 뛰어노는 염소들의 모습을 볼 수 있었다. 그리고 언덕의 한쪽에는 가지가 많고 키가 작은 관목이 있었는데 그 나무에는 빨간 열매가 달려 있는 것을 볼 수 있었다.

그날 겨우 염소를 몰아 우리에 가두었는데 몇 마리의 염소들이 밤늦게까지 잠을 안 자고 뛰어다니며 이상한 행동을 한다는 것을 알게 되었다. 다음날 칼디는 염소들을 관찰한 후, 가지가 많은 관목의 빨간 열매를 따먹은 염소들이 흥분하여 뛰어논다는 것을 알게 되었다. 며칠 관찰한 결과 빨간 열매를 먹고 흥분했던 염소들이 아침에는 다시 멀쩡해지곤 하는 것을 확인하고 자신도 한 번 먹어보았다. 그리고 그것을 먹자 칼디역시 곧 정신이 맑아지고 힘이 솟는 듯한 기분을 느껴 염소들과 같이 춤추며 뛰어놀게 되었다. 그는 근처 수도원 원장에게 이 사실을 고백하기로 결심하고 빨간 열매가 달린 나뭇가지를 가지고 가서 수도원 원장에게 그의 체험을 알렸다. 원장은 "그것은 필시 악마의 장난이다!" 하며 나무와 열매를 태울 것을 명하였다. 태우기 시작한 지 얼마 지나지 않아 나무와 열매로부터 향긋한 커피의 냄새가 퍼져 그 냄새에 반한 수도원 원장이 불에 태우는 것을 중지시키고 불에 탄 열매를 모아 두었다가 남모르게 직접 먹어본 후 스스로도 엄청난 커피의 위력을 발견하게 되었다고 한다.

란드인들에 의해 이웃 일본에 커피가 상륙한 지 170년쯤 지난 후의 일이다.

커피가 우리나라에 들어온 경로에 대해서는 몇 가지 이야기가 전해오고 있다. 그중에서 가장 믿을 만한 얘기로는 1895년에 을미사변이 일어나 고종황제가 러시아 공사관으로 피신했던, 이른바 아관파천 때 러시아 공사 베베르가 고종과 담소하기 위한 방편으로 커피를 권했다는 것이다. 이렇게 하여 러시아 공사관에서 커피 맛을 들인 고종은 환궁 후에도 덕수궁에 정관헌이라는 서양식 집을 짓고 그곳에서 커피를 마시곤 했다. 그 무렵 베베르의 미인계 전략에 따라 고종의 커피 시중을 들던 독일 여

아관파천 때 고종이 최초로 커피를 마셨던 러시아 공사관

인 손탁(Sontag)은 옛 이화여고 본관이 들어서 있던 서울 중구 정동 29번지의 왕실 소유 땅 184평을 하사받아 이곳에 2층 양옥을 세우고 '손탁호텔'이라고 이름을 붙였다. 이 '손탁호텔'에 다방이 있었는데, 다방을 꾸미며 커피를 판 곳으로 이곳이 최초로 꼽힌다.

러시아를 통해 커피가 들어온 것과 함께 일본을 통해 들어온 경로도 중요한 한 갈래이다. 한일병합 이후로 이 땅에 몰려오기 시작한 일본인들은 그들의 찻집 양식인 '깃사뗀'을 서울의 명동 언저리인 진고개에다 옮겨 놓고 선을 보이면서 커피장사를 시작했다. 그러나 다방문화의 대중화는 그때까지 시기 상조였을 뿐만 아니라, 새로운 문화의 접목이 그리 쉽사리 이루어질 일도 아니었다.

• 정관헌

개화기 당시의 서울 시내 다방은 명동과 충무로, 소공동 일대를 중심으로 몰려 있었고, 그 수는 얼마 되지 않았다. 그러던 중 1950년 6·25전쟁으로 커피의 대중화가 본격적으로 시작되었는데, 미군부대에서 흘러나온 불법 외제품이 그 주역을 맡는 아이러니가 연출됐다. 결국 시중의 커피는 암거래로 인해 막대한 외화가 유출되는 결과를 초래하였으며, 정부는 1960년대 말 연간 780만 달러 규모의 외화 손실방지 및 세수결함을 방지하기 위해 국내 커피메이커의 설립을 승인, 1970년 9월 동서식품이 국내 최초로 인스턴트커피를 생산하기에 이르렀다.

1970년대 말까지 평범한 도시인들의 사업장이나 휴식공간으로 자리 잡았던 다방 중심의 커피문화는 1980년대에 들어서면서 새로운 모습으로 변모되었다. 80년대 중반부터 시작된 외식산업의 성장은 커피에 관한 소비자의 인식을 바꾸는 계기가 되었다. 이전까지의 인스턴트 커피(Soluble coffee) 시장이 전부였던 커피 시장에 원두커피(Regular Coffee)가 처음으로 시장에 론칭(launching)한 시기이기도 하다.

90년대 후반부터 론칭한 스타벅스(Starbucks), 시에틀베스트(Seattlebest coffee), 커피빈(Coffeebean) 등 다국적 외국 브랜드의 국내 시장 진입과 성공은 한국 커피 시장의 가능성을 열어주는 계기가 되었다. 다국적 커피 기업의 성공은 소비자의 라이프 스타일 변화에 따른 욕구를 인지하고 전개된 스페셜러티 커피시장은 외식의 형태에서도 테이크 아웃 시장을 더욱 성장시켰다.

기존의 길거리 음식에 대한 문화적 보수주의를 타파한 독특한 시장을 개척한 것도 커피산업에서 비롯된 테이크 아웃 시장이었다. 이러한 커피산업의 양적인 성장은 커피를 전문적으로 추출하고 서비스하는 바리스타(Barista)라는 직업으로 나타나고 있으며, 산지별 커피콩에 대한 다양한 지식을 가진 전문가가 탄생하게 되었다.

4) 커피의 재배조건과 현황

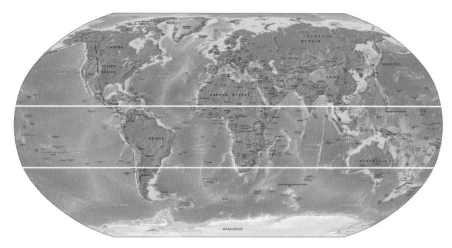

• 커피콩의 주요 생산지 분포도

주로 커피를 재배하고 있는 적도를 낀 남북의 양회귀선(북위 25도, 남위 25도) 안에 있는 열대와 아열대 지역은 커피를 재배하기에 매우 적합한 기후와 토양을 가지고 있기 때문에 '커피벨트(일명 커피존)'라고 부른다. 커피체리는 주로 이 지대의 약 60여 개국에서 생산되고 있는데, 생산지별로는 남미, 중미 및 서인도제도, 아시아, 아프리카, 아라비아, 남태평양, 오세아니아 등으로 크게 분포되어 있다.

생산량은 브라질이 전체 생산량의 약 30%로 1위이고, 2위는 콜롬비아로 10%인데, 이와 같이 중남미에서 전 세계 생산량의 약 60%를 차지하고 있다. 그 다음으로 아프리카와 아라비아가 약 30%이고, 나머지 약 10%를 아시아의 여러 나라가 점유하고 있다.

커피재배 조건으로는 연 강우량이 1,500~2,000㎜이고, 평균기온은 20℃ 전후이면서 온난기후여야 하는 등 품질이 우수한 커피콩을 재배하는 데에는 여러 가지 조건이 필요하다.

5) 커피의 3대 원종

커피의 나무는 꼭두서니과(Rubiaceae)의 커피속(Coffea)에 속하는 열대산 상록관목으로 그 가운데는 200종 이상의 품종이 있다. 그중에 아라비카종, 로부스타종, 리베리카종이 '3대 원종'이라 불린다.

(1) 아라비카종(Coffea Arabica)

로부스타종, 리베리카종과 함께 커피의 3대 원종을 이루는데, 품질은 3종류 중 가장 좋다. 원산지는 에티오피아로 전 세계 생산량의 약 70%를 차지한다. 나무의 높이는 5~6m이고, 기온 20~24℃, 표고 800~1,500m의 고지에서까지 재배되고 있다. 기후와 토양의 선택성이 강하고 내병성은 약하다.

브라질과 콜롬비아 외에 중남미 여러 나라, 아프리카 여러 나라, 아라비아, 인도, 인도네시아, 하와이 등 재배 지역은 커피존 전역에 걸쳐 있다.

(2) 로부스타종(Coffea Robusta)

원산지는 아프리카의 콩고로 세계 전 생산량의 20~30% 정도 생산되고 있다. 기온 24~30℃, 표고 800m 이하에서 재배 가능하며, 병에 대한 저항력이 강하고 재배하기 쉬운 저지대형 커피로 잎과 나무 모두 아라비카종보다 크지만, 열매는 리베리카보다 작으며, 아라비카와 같거나 약간 작다.

품질은 아라비카에 미치지 못하며 특히 향기가 그다지 우수하지 않기 때문에 스트레이트 커피로는 부적당하다. 우간다, 코트디부아르, 앙골라 등의 아프리카 여러 나라와 트리니다드토바고, 인도, 인도네시아 등지에서 재배된다.

(3) 리베리카종(Coffea Liberica)

아프리카의 라이베리아가 원산지인 품종으로 재
배역사는 아라비카종보다 짧다. 기온 15~30℃, 표
고 200m 이하에서도 생산이 가능하며 꽃, 잎, 열매
는 아라비카나 로부스타보다 크며, 저지형으로 내
병성과 적응성이 강하다. 라이베리아, 수리남, 가이
아나 등지에서 재배되며, 향미는 아라비카종에 비해 떨어지며 쓴맛이 강하다. 자국 소
비 외에 주로 유럽으로 수출된다.

참고로 무게 1파운드당 원두의 평균 수를 보면 아라비카는 1,200개, 로부스타는
1,600개, 그리고 리베리카는 800개 정도로 아주 큰 것을 알 수 있다.

3대 원종 비교		
종 류	아라비카종	로부스타종	리베리카종
원 산 지	에티오피아	콩고	라이베리아
생산비율	세계 총생산량의 70%	세계 총생산량의 20~30%	매우 소량
재배조건 및 특징	기온 15~24℃ 표고 800~1,500m 기후와 토양의 선택성이 강하고, 내병성에 약하다	기온 24~30℃ 표고 800m 이하에서 재배가능. 나무의 성장이 빠르며 관리하기 쉽다. 단위면적당 수확량이 아라 비카보다 많다.	기온 15~30℃ 표고 200m 이하에서도 생산 이 가능하다. 수확량이 적고 병에 강하다. 재배기간이 매우 길다.
나무높이	5~6m	10m	15m
생두의 형태	납작한 타원형	둥글둥글하고 길이가 짧은 타원형	양끝이 뾰족한 곡물 모양
생 산 국	브라질, 콜롬비아, 페루 자메이카, 베네수엘라 코스타리카, 엘살바도르 인도네이사, 에티오피아 케냐, 인도 등	콩고, 우간다, 카메룬, 베트남 마다가스카르, 인도, 타이, 코트디부아르 등	수리남, 라이베리아 코트디부아르 등

6) 에스프레소 이야기

(1) 에스프레소의 정의

'에스프레소(Espresso)=익스프레스(Express)'라는 말처럼 에스프레소는 이탈리아어로 빠르다는 의미인데 힘차고 빠르게 커피를 걸러낼 수 있는 커피 추출방법을 말한다.

미세하게 분쇄된 커피 6~7g을 92~95℃로 가열된 물 1oz에 9~10bar의 압력을 인위적으로 가해 25~30초 이내에 추출하면 된다.

(2) 에스프레소의 생명 크레마(Crema)

에스프레소를 추출하는 데 가장 중요한 요소는 크레마(Crema)이며 크레마는 영어로 크림(Cream)이라는 뜻이다. 크레마는 붉은빛 감도는 부드러운 갈색 거품형태로 두툼하게 잔 위에 담기게 된다. 얇은 막에 갇혀 있는 작은 공기방울로 이루어진 에스프레소의 독특한 맛(Flavor)과 향(Aroma)을 품고 있다. 크레마는 에스프레소의 향이 날아가는 것을 막고 커피가 잘 식지 않도록 해준다.

7) 에스프레소 베이스 커피 만들기

(1) 카푸치노(Cappuccino)

● **재료**

에스프레소 20~30mL, 스팀 밀크와 밀크 후라프(Forth) 120mL, 계핏가루 약간

● **만드는 방법**

① 카푸치노 잔에 에스프레소 커피를 추출한다.

② 차가운 우유를 피처에 넣고 스팀 밀크를 만든다.

③ 커피 위에 스팀밀크를 붓고, 계핏가루를 뿌려서 완성한다.

(2) 카페라떼(Caffé Latte)

● **재료**

에스프레소 20~30mL, 스팀 밀크 120mL

● **만드는 방법**

① 에스프레소 커피를 추출한다.

② 찬 우유를 피처에 넣고 고운 거품 우유를 만든다.

③ 커피 위에 거품 우유를 올려준다.

(3) 카페 모카(Caffé Mocha)

● **재료**

에스프레소 20~30mL, 모카믹스 180mL

휘핑크림, 장식용 초코 시럽 10mL

● **만드는 방법**

① 에스프레소 커피를 추출한다.

② 스팀기를 이용하여 모카믹스를 데운다.

③ 휘핑기를 이용하여 휘핑크림을 올린다.

④ 초코 시럽을 이용하여 장식한다.

(4) 카페 캐러멜라 모카(Caffé Caramélla Mocha)

● **재료**

에스프레소 20~30mL, 캐러멜 시럽 30mL,

스팀 밀크 150mL,

휘핑크림, 장식용 캐러멜 시럽

● **만드는 방법**

① 캐러멜 시럽 30mL를 넣는다.

② 에스프레소 커피를 추출한다.

③ 차가운 우유를 피처에 넣고 고운 거품 우유를 만든다.

④ 생크림을 예쁘게 올린다.

⑤ 캐러멜 시럽으로 장식한다.

(5) 카페 라즈베리 모카(Caffé Raspberry Mocha)

● 재료

에스프레소 20~30mL, 화이트 초코 시럽 20mL

스팀 밀크 150mL, 휘핑크림

장식용 라즈베리 파우더 적당량

● 만드는 방법

① 아이리시 커피잔에 화이트 초코 시럽 20mL를 넣는다.

② 추출한 에스프레소 커피를 따른다.

③ 차가운 우유를 피처에 넣고 고운 거품 우유를 낸다.

④ 휘핑크림을 예쁘게 올린다.

⑤ 라즈베리 파우더로 장식한다.

(6) 카페 비엔나(Caffé Vienna)

● 재료

에스프레소 20~30mL, 뜨거운 물 150mL

설탕 1.5tea spoon, 휘핑크림

● 만드는 방법

① 글라스의 가장자리에 레몬즙을 바른다.

② 글라스를 천천히 돌리면서 Brown Sugar를 가장자리에

골고루 묻힌다.

③ Brown Sugar를 1.5tsp 넣고 에스프레소 커피와 물을 따르고 잘 저어준다.

④ 휘핑크림을 올려준다.

(7) 카페 프레도(Caffé Freddo)

● 재료

에스프레소 40~60mL, 물 90mL, 얼음 적당량

크림 및 설탕 적당량

● 만드는 방법

① 셰이커에 얼음과 에스프레소, 물을 넣고 차가워질 때까지 셰이킹한다.

② 아이스커피 글라스에 얼음을 적당량 넣고 따른다.

③ 취향에 따라 크림과 설탕을 적당량 넣어서 마셔도 좋다.

(8) 카페 아마레토 프레도(Caffé Amaretto Freddo)

● 재료

에스프레소 20~30mL, 얼음 적당량

아마레토 시럽 20mL

● 만드는 방법

① 각 얼음 3~4개를 셰이커에 넣는다.

② 셰이커에 추출한 에스프레소와 아마레토 시럽을 붓는다.

③ 10~15회 정도 잘 셰이킹하여 글라스에 따른다.

(9) 카푸치노 프레도(Cappuccino Freddo)

● 재료(한 잔분 기준)

에스프레소 40~60mL, 각얼음, 우유 150mL

● 만드는 방법

① 칵테일 셰이커에 각얼음 5~6개를 넣는다.

② 셰이커에 우유와 에스프레소를 넣고 잘 흔든다.

③ 글라스에 적당량의 얼음을 넣고 셰이킹한 것을 따른다.

④ 기호에 따라 시나몬이나 초콜릿가루를 첨가해 마시면 더욱 좋다.

(10) 카페라떼 프레도 콘 캐러멜라(Caffé Latte Freddo Con Caramélla)

- **재료**

에스프레소 40~60mL, 얼음 적당량

캐러멜 시럽 20mL, 우유 적당량

- **만드는 방법**

① 각 얼음 6~7개를 글라스에 넣고 우유를 따른다.

② 그 위에 추출한 에스프레소를 따른다.

③ 캐러멜 시럽 20mL를 넣고 잘 저어 마신다.

〈사진제공 : 월간커피〉

2. 차

1) 차의 유래

차(茶; Tea)는 고대 중국 설화 중 농사의 신인 신농씨로부터 시작된다. 신농씨가 온 세상의 모든 식물을 맛보다 독초에 중독되었는데, 어느 날 문득 찻잎을 먹은 후 독이 제거된 것을 확인하고 이를 인간에게 널리 마시게 한 때부터이다.

- **곡우 때 찻잎을 따는 모습**

2) 차의 역사

차 마시기는 전한시대인 B.C. 59년에 만들어진 노예매매 계약서인 동약에 남자 종의 할 일 중에 차를 사오고 대접하는 일이 포함되어 있는 것으로 보아 이때를 기원으로 보고 있다.

3) 차란 무엇인가

차는 차나무에서 딴 잎으로 만들어 뜨거운 물에 우린 것이다. 차나무는 동백과에 속하는 사철 푸른나무이다. 우리나라에서는 경상남도, 전라남도, 제주도 등 따뜻한 곳에서 자라며, 안개가 많고 습도가 높은 곳을 좋아한다.

차나무 잎으로 만든 차는 크게 네 종류로 분류한다.

만드는 방법에 따라 불발효차(녹차), 반발효차(중국의 오룡차, 재스민차), 완전발효차(홍차), 후발효차(보이차)로 나눈다.

(1) 불발효차(不醱酵茶 ; 綠茶)

녹차는 4월 20일 곡우 때부터 차의 여린 잎을 따서 무쇠나 돌솥에 덖거나 쪄서 산화효소 활동을 중지시킨 것을 말한다. 덖음차는 부차(釜茶)라 하고 찐차를 증제차(蒸製茶)라 한다. 덖음차는 숭늉처럼 구수한 맛을 내고 차색은 녹황색이 되며 찻잎은 둥글게 말려 있다.

차호
차를 낼 때 차통의 차를 넣어두는 작은 항아리

차시
차통의 차를 떠서 다관에 옮기는 다구

차반
찻잔을 나르기 위한 쟁반

증제차는 찻잎을 100℃ 정도의 수증기로 30~40초 정도 쪄내기 때문에 푸른 녹색을 그대로 지니고 있으며 찻잎의 모양은 침상형으로 되어 있다. 우리나라에서 생산되는 차는 녹차가 주종을 이룬다.

(2) 반발효차(半醱酵茶)

중국차의 대명사라 할 수 있는 오룡(烏龍), 철관음(鐵觀音), 청차(靑茶), 재스민차 등은 10~70% 발효시킨 것이다. 우려진 차 색은 황록색과 적황색이 된다. 차 향을 돋우기 위해 마른 꽃잎을 섞은 향편차가 있는데, 중국음식 식당에서 흔히 맛볼 수 있는 재스민이 여기에 속한다.

(3) 발효차(醱酵茶 ; 紅茶)

홍차는 찻잎을 85% 이상 발효시킨 것이다. 홍차는 차소비량의 75%를 차지한다. 인도, 스리랑카, 중국, 케냐, 인도네시아가 주생산국이며 영국인들이 즐겨 마신다. 인도 히말라야 산맥 고지대인 다즐링 지역에서 생산되는 다즐링(dizeeling), 중국 안휘성(安徽省)의 기문(祁門)에서 생산되는 기문, 스리랑카의 중부 산악지대인 우바에서 생산되는 우바(uva) 홍차가 세계 3대 명차로 꼽히고 있다.

차색은 잎차의 크기에 따라 붉은 오렌지색을 띠기도 하고, 흑색을 띤 홍갈색도 있다. 오렌지색을 띠는 것을 고급차로 볼 수 있다.

또한, 서양에서는 전통차(Classic Tea)로 잉글리시 브렉퍼스트, 얼그레이와 다즐링을, 그리고 향미차(Hurbal infussion Tea), 과일향차(Fruit infussion Tea)로 분류한다.

(4) 후발효차(後醱酵茶)

몽골이나 티베트 같은 고산지대에서는 차에 우유를 타서 주식으로 마신다. 흑차(黑茶), 보이차(普耳茶), 육보차(育普茶) 등이 대표적이다. 중국의 운남성, 사천성, 광서성 등지에서 생산된다. 차를 만들어 완전히 건조되기 전에 곰팡이가 일어나도록 만든 차이다. 잎차로 보관하는 것보다 덩어리로 만든 고형차는 저장기간이 오래될수록 고급차로 쳐준다.

보이차는 기름기 제거에 특이한 효과가 있고, 위병이 났을 때 마시면 속이 편하다. 차색은 등황색과 흑갈색을 띤다.

• 우리나라 차의 대명사라 할 수 있는 작설차(雀舌茶)
(어린 찻잎이 참새 혀를 닮았다고 하여 붙여진 이름이다)

차, 제대로 우리는 방법

[녹차]

너무 뜨거운 물로 차를 우리면 떫은맛 성분이 빨리 우러나 차의 맛이 떨어지므로 50~60℃ 온도의 물로 천천히 우려 감칠맛이 나는 차가 되도록 한다.

1 식힘그릇에 뜨거운 물을 붓고 다관과 찻잔에도 뜨거운 물을 부어 따뜻하게 한다.

2 주전자의 물을 버리고 3g/1인분의 차를 넣고 50~60℃로 식은 식힘그릇의 물을 다관에 붓는다.

3 2분 정도 우린 뒤 찻잔에 차를 따라 마신다. 둘째 탕은 약간 물 온도를 높이고 추출시간은 약간 줄인다.

[말차]

90℃ 이상의 뜨거운 물을 부은 후 차선을 이용해서 갈짓자를 그리듯이 앞뒤로 30초 정도 저어주어 연녹색 거품이 가득 생기면 마신다.

1 다완에 뜨거운 물을 부어 따뜻하게 데운 다음 물을 쏟아낸다.

2 대나무 '차시'로 말차를 소복이 담아 2번 정도 다완에 넣고 끓인 물을 천천히 붓는다.

3 대나무 '차시'를 이용해 앞뒤로 저어서 가는 거품이 많이 나도록 하여 마신다.

[우롱차]

우롱차는 잎이 둥글게 말려 있고 가열처리에 의해 향기성분이 잎 속에 배어 있기 때문에 끓는 물을 부어 바로 우려낸다.

1 보온력이 강한 사기류 다관에 끓는 물을 부어 따뜻하게 데운다.

2 2~3분 후 열탕을 쏟아내고 다관에 2~3g/1인분의 차를 넣은 후 뜨거운 물을 부어 1~3분 정도 우려낸다.

3 찻잔에 차를 따른 후 다 마시면 다시 2~5회 반복하여 우려 마신다.

칵테일 조주 학습모듈의 개요

학습모듈의 목표

칵테일 기본 지식을 습득하고 조주 기법을 익혀서 음료를 만들고 관능 평가를 수행할 수 있다.

선수학습

바(bar) 위생관리, 개인위생관리, 음료의 분류, 음료의 특성 파악, 음료 활용

학습모듈의 내용 체계

학습	학습 내용	NCS 능력단위 요소		
		코드 번호	요소 명칭	수준
1. 칵테일 특성 파악하기	1-1. 칵테일의 역사와 유래	1301020403_13v1.1	칵테일 특성 파악하기	2
	1-2. 칵테일 기구			
	1-3. 칵테일 분류			
2. 칵테일 기법 수행하기	2-1. 빌딩(Building)	1301020403_13v1.2	칵테일 기법 수행하기	2
	2-2. 스터링(Stirring)			
	2-3. 셰이킹(Shaking)			
	2-4. 플로팅(Floating)			
	2-5. 블렌딩(Blending)			
	2-6. 머들링(Muddling)			
3. 칵테일 조주 하기	3-1. 칵테일의 표준 레시피	1301020403_13v1.3	칵테일 조주하기	3
	3-2. 얼음의 종류			
4. 칵테일 관능 평가하기	4-1. 칵테일 관능평가	1301020403_13v1.4	칵테일 관능평가하기	3

핵심 용어

칵테일(cocktail), 레시피(recipe), 빌딩(building), 스터링(stirring), 셰이킹(shaking), 플로팅(floating), 블렌딩(blending), 머들링(muddling)

PART
6

칵테일 조주

1. 칵테일 특성 파악하기
2. 칵테일 기법 수행하기
3. 칵테일 조주하기

칵테일 특성 파악하기

1-1 칵테일의 역사와 유래

| 학습 목표 |
- 고객에게 양질의 서비스를 제공하기 위하여 칵테일의 역사를 설명할 수 있다.
- 클래식 칵테일을 통하여 칵테일의 유래를 설명할 수 있다.

① 칵테일의 정의

술을 제조된 그대로 마시는 것을 Straight Drink라고 하며, 섞어서 마시는 것을 Mixed Drink라고 한다. 따라서 칵테일(Cocktail)은 Mixed Drink에 속한다.

칵테일은 여러 가지 양주류에 부재료인 Syrup, Fruit Juice, Milk, Egg, Carbonated Water 등을 적당량 혼합하여 색(Color), 향(Flavor), 맛(Taste)을 조화있게 만드는 것으로서, 서로 다른 주정분을 혼합하여 만드는 방법과 주정분에 기타 부재료를 섞어 만드는 방법 등이 있다. 이들 재료가 Shake나 Stir 등의 방법에 의해 혼합되고 냉각되어 맛의 하모니가 이루어지는 것이다.

술의 권위자인 미국의 David A. Embury는 'The Fine Art of Mixing Drinks'라는 저서에서 칵테일을 다음과 같이 정의하고 있다.

"칵테일은 식욕을 증진시키는 윤활유이다. 따라서 칵테일은 식욕을 감퇴시키는 것이 되어서는 안 된다.

칵테일은 식욕과 동시에 마음도 자극하고 무드를 만들어내는 것이 아니면 의미가 없다. 즉 칵테일은 가격을 마시는 것이 아니라 분위기와 예술적 가치를 마시는 것이다.

칵테일은 아주 맛이 있지 않으면 가치가 없다. 그러기 위해서는 혀의 맛, 감각을 자극할 만한 샤프함이 있어야 한다. 너무 달거나, 시거나, 쓰거나, 향이 너무 강한 것은 실격이다.

칵테일은 얼음에 잘 냉각되어 있어야만 가치가 있다. 손에서 체온이 전해지는 것조차 두려워 일부러 스템이 달린 칵테일 글라스를 이용하고 있다."

② 칵테일의 역사

술을 마실 때 여러 가지 재료를 섞어서 마신다고 하는 생각은 아주 오래전부터 있어왔다. 기원전부터 이집트에서는 맥주에 꿀이나 대추, 야자열매를 넣어 마시는 습관이 있었고, 고대 로마시대에는 포도주에 해수나 수지를 섞어 마시기도 하였다.

AD 640년경 중국의 당나라에서는 포도주에 마유를 혼합한 유산균 음료를 즐겨 마셨다고 전해지고 있으며, 1180년대에는 이슬람교도들 사이에 꽃과 식물을 물과 약한 알코올에 섞어 마시는 음료를 제조하였다.

1658년 인도주재 영국 사람이 Punch를 고안해 냈는데 이 Punch는 인도어로 다섯을 의미하며, 재료로는 술, 설탕, 과일(Lime), 주스(Spice), 물 등 다섯 가지를 사용하였으며, 이렇게 혼합한 음료를 칵테일이라고 부르게 된 것은 18세기 중엽이다. 1748년 영국에서 발행한 'The Squire Recipes'에 칵테일이라는 단어가 나온다. 그리고 1870년대에 독일의 칼 폰 린데(Carl Von Linde; 1842~1934)에 의해 암모니아 압축법에 의한 인공 냉동기가 발명되면서 인조얼음을 사용한 칵테일이 만들어지기 시작하였다.

전 세계의 애주가들로부터 칵테일의 걸작이라는 찬사를 받게 된 마티니(Martini)나 맨해튼(Manhattan)도 이 시대에

만들어진 칵테일이며, 그 후 제1차 세계대전 때 미군부대에 의해 유럽에 전파되었다. 1933년 미국에서 금주법이 해제되자 칵테일의 전성기를 맞이하게 되었으며, 제2차 세계대전을 계기로 세계적인 음료가 되었다.

③ 칵테일의 어원

칵테일에 관한 어원은 전 세계에 걸쳐 수많은 설이 있으나 어느 것이 칵테일 어원의 정설인지는 정확하게 알려져 있지 않다. 그중에 몇 가지를 소개하면 다음과 같다.

첫 번째 설은 미국 독립전쟁 당시 버지니아 기병대의 '패트릭 후라나간'이라는 한 아일랜드인이 기병대에 입대하였다. 그러나 그 사람은 입대한 지 얼마 되지 않아 뜻밖의 전사를 하고 말았다. 신혼의 '베시'라는 여인은 남편을 잊지 못하고 죽은 남편의 부대에 종군할 것을 희망하였다. 부대에서는 하는 수 없이 그녀에게 부대의 주보를 운영하게 하였다. 그녀는 특히 브레이서(Bracer)라고 부르는 혼합주를 만드는 데 소질이 있어 군인들의 호평을 받았다. 그러던 어느 날 그녀는 반미 영국인 지주의 정원에 들어가 아름다운 꼬리를 지닌 수탉을 훔쳐와서 장교들을 위로하였는데 장교들은 닭의 꼬리로 장식된 혼합주를 밤새 마시며 춤을 추고 즐겼다고 한다.

그런데 만취되어 있던 어느 한 장교가 병에 꽂힌 칵테일을 보고 "야! 그 칵테일 멋있군!" 하고 말하자 역시 술에 취한 다른 장교가 자기들이 마신 혼합주의 이름이 칵테일인 줄 알고 "응 정말 멋있는 술이야"라고 응수하였다. 그 후부터 이 혼합주 브레이서를 칵테일이라고 부르게 되었다.

두 번째 설은 IBA(International Bartender Association)의 Official Text Book에 소개되어 있는 설로서 옛날 멕시코 유카탄(Yucatan) 반도의 캄페체란 항구에 영국 상선이 입항했을 때의 일이다. 상륙한 선원들이 어느 술집에 들어갔는데 카운터 안에서 소년이 깨끗이 벗긴 예쁜 나뭇가지 껍질을 사용하여 맛있어 보이는 드락스(Drace)라고 하는 원주민의 혼합음료를 만들고 있었다.

당시 영국 사람들은 스트레이트로만 마셨기 때문에 이 광경이 신기하게 보였다. 한 선원이 "그게 뭐지?" 하고 물었다. 선원은 술을 물었는데 소년은 나뭇가지가 닭꼬리처럼 생겼으므로 "꼴라 데 가죠(Cola De Gallo)"라고 대답하였다. 이 말은 스페인어로 수탉꼬리를 의미한다. 이것을 영어로 바꿔서 칵테일이라 부르게 되었다.

이외에도 칵테일의 어원에 대한 유래는 여러 가지가 있으나 어느 것 하나 그 사실성을 확인할 수는 없다. 그러나 칵테일이라는 말이 18C 중엽부터 사용되었다는 것은 당시의 신문이나 소설을 통해서 알 수 있다.

④ 우리나라 칵테일의 역사

우리나라에 칵테일이 들어온 연대는 정확히 알 수 없으나 근대 호텔의 등장과 함께였을 것으로 추정된다. 19세기 개항과 더불어 서구문물이 들어오면서 외국인을 위한 시설이 필요하였는데, 1888년 우리나라 최초로 세워진 '대불호텔'은 유럽인, 미국인, 외교관, 상인들이 많이 이용하던 호텔이었다. 그리고 우리나라 호텔의 원조인 '손탁(Sontag)' 호텔은 1900년 현재의 서울 정동 이화여중 자리에 객실, 식당, 연회장을 갖춘 호텔로 건립되었는데 여기서 '정동 구락부'라는 외교 모임이 있었다. 아마도 이 시기부터 우리나라 칵테일의 역사가 시작되었을 것으로 보인다.

그 후 1914년 3월에 건립한 구 조선호텔과 1939년에 건축한 구미식 호텔인 구 반도호텔 등 상용호텔의 등장, 1950년 6 · 25전쟁이 발발하여 미8군이 용산에 주둔하면서 칵테일은 외국인과 특정인들만이 음용해 오다가 1960년대에 이르러서 관광사업진흥법이 공시, 발효되면서부터 메트로 호텔(Metro Hotel), 사보이 호텔(Savoy Hotel), 아스토리아 호텔(Astoria Hotel) 등 중소 민영호텔의 등장과 1963년에는 리조트 호텔인 워커힐(Walker Hill)에 칵테일 바를 운영하면서 내국인들에게 칵테일 문화가 조금씩 알려지기 시작하였다. 1980년대 신라, 하얏트, 롯데 호텔의 개관으로 새로운 칵테일 문화의 정착과, 1990년대부터는 외식산업의 발달로 Western Bar가 등장하면서 칵테일의 대중화 바람이 불어 현재에 이르고 있다.

1-2 칵테일 기구

| 학습 목표 | • 칵테일 조주를 위해서 칵테일 기구의 사용법을 습득할 수 있다.

1 글라스의 종류

글라스는 그 사용용도에 따라 모양과 크기가 다양하다. 따라서 음료를 서비스할 때 각각의 음료에 알맞은 글라스를 선택하는 것은 아주 중요한 일이라 하겠다.

• 리큐어 글라스

1) 리큐어 글라스(Liqueur Glass or Codial Glass)

리큐어, 스피리츠 등을 마실 때 사용되는 1온스 정도의 아래 손잡이가 있는 글라스이다. 미국에서는 Cordial 글라스라고도 한다.

• 샷 글라스

2) 샷 글라스(Shot Glass)

브랜디 이외의 증류주를 스트레이트로 마실 때 사용하는 글라스로 용량은 1~2온스이다.

3) 올드 패션드 글라스(Old Fashioned Glass)

• 올드 패션드 글라스

증류주를 얼음과 함께 차갑게 마실 때 주로 사용하는 글라스이며, 특히 위스키 언 더 락스로 많이 마신다. 올드 패션드, 네그로니 칵테일 등에 사용된다.

4) 칵테일 글라스(Cocktail Glass) or 마티니 글라스(Martini Glass)

칵테일 글라스 중에서 가장 많이 사용되고 있으며, 역삼각형으로 발레리나를 연상케 하는 모양을 하고 있다.

• 칵테일 글라스 or 마티니 글라스

5) 샴페인 글라스(Champagne Glass)

샴페인 글라스는 소서(Saucer)형과 튤립(Tulip)형의 두 종류가 있다. 입구가 넓은 소서형은 축하주로서 건배용으로 사용되며, 영국 어느 백작부인의 아름다운 가슴을 연상하며 만들었다고 한다. 튤립형은 식사용으로 천천히 마시며 향기가 나가지 못하도록 글라스의 입구가 약간 오므라져 있다.

• 샴페인 글라스

6) 와인 글라스(Wine Glass)

와인 글라스는 레드 와인과 화이트 와인 글라스로 나누며, 튤립 모양의 잔이 포도주향을 즐기는 데 가장 적합하다. 디자인이나 크기는 와인 타입과 지역에 따라 차이가 있다.

• 와인 글라스

7) 셰리 와인 글라스(Sherry Wine Glass)

셰리 와인이나 포트 와인을 마실 때 주로 사용되는 글라스이다.

• 셰리 와인 글라스

8) 사워 글라스(Sour Glass)

위스키 사워, 브랜디 사워 등의 사워 칵테일에 주로 사용되는 글라스이다.

• 사워 글라스

• 브랜디 스니프터

9) 브랜디 스니프터(Brandy Snifter)

브랜디는 시각, 청각, 후각을 이용해서 식후에 마시는 술로서 몸통부분이 넓고 입구가 좁은 튤립형의 글라스이다. 이 모양은 향기가 글라스 안에 괴어 있도록 배려한 것으로서 언제나 30mL 정도 따르는 것이 정통이다.

• 고블렛

10) 고블렛(Goblet)

주로 고객에게 물을 제공할 때 사용하는 글라스로 튤립형으로 되어 있다.

• 필스너

11) 필스너(Pilsner)

주로 맥주잔으로 체코의 '필슨'이라는 맥주 회사에서 개발했다고 하여 '필스너'라 한다. 다른 잔과 달리 맥주를 따른 후 잔 아랫부분 가운데서 계속 기포가 올라와 거품이 유지된다.

• 머그 글라스

12) 머그 글라스(Mug Glass)

주로 생맥주를 제공할 때 사용하는 글라스로 손잡이가 있는 것이 특징이다. Cafe Mug 글라스는 Bailey's Coffee, French Coffee, Royal Coffee 등과 같은 스페셜 커피를 제공할 때 사용한다.

13) 하이볼 글라스(Highball Glass)

8~10oz의 텀블러(Tumbler) 글라스로 주로 Gin&Tonic, Fizz 종류의 칵테일 글라스로 사용하고 있다.

• 하이볼 글라스

14) 콜린스 글라스(Collins Glass)

12oz의 텀블러(Tumbler) 글라스로 주로 싱가포르 슬링(Singapore Sling), 브랜디 에그낙(Brandy Eggnog) 등의 칵테일 글라스로 사용하고 있다. 일명 톨 하이볼(Tall Highball)이라고도 한다.

• 콜린스 글라스

15) 아이리시 커피 글라스(Irish Coffee Glass)

아이리시 커피 글라스는 용량이 8~10oz로 여러 형태의 다양한 글라스가 있다.

• 아이리시 커피 글라스

16) 칵테일 디캔터(Cocktail Decanter)

고객께서 위스키 스트레이트를 주문하시고 얼음과 함께 콜라나 소다수, 물 등을 원할 때 제공하는 글라스이다.

• 칵테일 디캔터

17) 와인 디캔터(Wine Decanter)

레드 와인의 경우 고객이 와인을 드시기 30분 전에 Open하는 것이 가장 이상적이다. 그러나 이런 시간적 여유가 없거나 좀 더 부드러운 와인을 음용하기 위해서 공기와 접촉하면서 이물질을 제거하는 방법으로 다른 용기의 디캔터 글라스에 옮겨 제공할 때 사용되는 글라스이다.

• 와인 디캔터

② 칵테일 기구

1) 스탠다드 셰이커(Standard Shaker)

바텐더를 떠올리는 가장 대표적인 기구 중 하나이다. 혼합하기 힘든 재료를 잘 섞는 동시에 냉각시키는 도구로서, 셰이커 안에 얼음을 넣고 여러 가지 술이나 음료를 넣고 강하 게 셰이킹하는 것이다. 구성요소는 캡(Cap), 스트레이너(Strainer), 바디(Body)의 3단계로 나누어진다. 셰이킹하는 방법은 바디에 얼음과 셰이킹할 술이나 음료를 넣고 스트레이너와 캡을 덮고 셰이킹을 한 후 뚜껑을 열고 글라스에 따라준다. 재질은 양은, 크롬도금, 스테인리스, 유리 등이 있으나, 다루기 쉽고 관리하기 쉬운 점에서는 스테인리스가 가장 좋다. 크기는 대, 중, 소가 있는데 1인용은 얼음이 별로 들어가지 않으므로 3~4인용인 중간 것이 좋다.

2) 믹싱 글라스(Mixing Glass)

비중이 가벼운 것 등 비교적 혼합하기 쉬운 재료를 섞거나, 칵테일을 투명하게 만들 때 사용한다. 바 글라스라고도 한다. 두꺼운 유리로 만들며, 종류는 한 종류뿐이다. 큼직한 텀블러 글라스나 맥주 조끼로 대용할 수도 있다.

3) 바 스푼(Bar Spoon)

빌딩기법을 사용할 때나 재료를 혼합시키기 위해 글라스에 직접 넣고 저을 때 사용한다. 보통의 스푼보다 손잡이 부분이 길고 그 부분이 나선형으로 되어 있어 내용물을 휘저을 때 편하게 되어 있다. 끝부분은 보통 포크가 달려 있어 가니시용으로 쓰이는 체리나 레몬을 넣을 때 사용하게 되어 있다. 믹싱 스푼이라고도 하며, 재질은 양은, 크롬도금, 스테인리스 등이 있는데 스테인리스가 사용하기 가장 좋다.

4) 스트레이너(Strainer)

믹싱 글라스로 만든 칵테일을 글라스에 옮길 때 믹싱 글라스 가장자리에 대고 안에 든 얼음을 막는 역할을 한다. 동그랗게 된 원형철판에 용수철이 달려 있고, 손잡이가 달려 있다. 부채의 모양과 비슷하다.

5) 전기 블렌더(Electric Blender)

주로 혼합하기 어려운 재료를 섞거나 트로피컬 칵테일(Tropical cocktail), 프로즌 스타일(Frozen style)의 칵테일을 만들 때 사용한다. 스테인리스통 안에 주로 부순 얼음을 넣고 셰이킹으로는 잘 섞이지 않는 재료를 믹싱할 때 사용된다. 믹싱하는 시간은 보통 10~15초 사이로 재료에 따라 차이가 난다. 미국에서는 블렌더(Blender)라 부르며, 믹서라고 하면 전동식 셰이커, 스핀들 믹서(Spindle Mixer)를 지칭한다.

• 스핀들 믹서　　　　• 블렌더

6) 아이스 크러셔(Ice Crusher)

주로 Tropical Cocktail 조주 시 잔 얼음을 만드는 기계이다. 얼음을 잘게 부수거나 가는 기구로 주로 셰이브드 아이스 혹은 트로피컬 음료를 만들 때 사용한다.

7) 지거(Jigger)

45mL(1 1/2oz)
22.5mL 1/2
15mL 1/3

15mL 1/2
30mL (1oz)

칵테일 조주 시 술의 용량을 측정할 때 사용된다. 보통 양쪽으로 담을 수 있으며, 작은 쪽은 1oz(약 30mL)이고 큰 쪽은 1.5~2.0oz(45~60mL)이다. 정확한 양은 손님에게 신용을 줄 수 있다. 항상 지거를 사용하는 습관을 들이는 것이 바텐더

30mL (1oz)

22.5mL

의 기본이다.

8) 코르크 스크류(Cork Screw)

와인 등의 코르크 마개를 따는 도구로서 와인 오프너
(Wine Opener)라고도 한다. 여러 가지 형식이 있으나
접었다 폈다 할 수 있는 바 나이프(Bar Knife)와 버틀
및 와인 오프너가 세트로 되어 있는 웨이터스 코르
크 스크류(Waiter's Corkscrew) 또는 소믈리에 코르크
스크류(Sommelier Corkscrew)라 불리는 것이 사용하기에
가장 좋다.

9) 스퀴저(Squeezer)

레몬이나 오렌지 등의 즙을 짜기 위한 용기로서 가운데가 돌출되
어 있다. 소재는 유리, 도기, 플라스틱, 스테인리스 등이 있으나, 스
테인리스나 고급스러운 유리제품을 가장 많이 사용한다.

10) 병따개(Opener)

병마개를 따는 도구로서 캔 오프너와 같이 붙어 있는 것도 있
으나, 병마개를 딸 때 통조림 따개의 칼날에 손을 다치는 경우가
있으므로 따로 있는 것이 좋다.

11) 아이스 픽(Ice Pick)

큰 얼음덩어리를 잘게 부술 때 사용한다. 손잡이 부분이 동
그랗게 되어 있고 밑부분이 송곳으로 되어 있다. 그러나 요즈
음은 전기로 얼음을 잘게 부수는 아이스 크러셔(Ice Crusher)
라는 기계를 주로 사용한다.

12) 아이스 페일(Ice Pail)

얼음을 넣어두는 용기로서 일명 '얼음통' 또는 아이스 버킷(Ice Bucket)이라고도 한다. 모양, 재질에는 여러 가지가 있으나, 고급스러운 것은 실버, 저렴하면서도 실용적인 것은 스테인리스나 플라스틱 재질이 있으며, 기호와 용도에 따라 선택하면 된다. 바스켓(Basket)이라고 잘못 사용하는 경우도 있다.

13) 아이스 텅(Ice Tong)

칵테일 제조에 사용되는 얼음을 위생적으로 사용하기 위한 얼음집게이다.

14) 아이스 스쿠퍼(Ice Scooper)

글라스나 셰이커 또는 믹싱 글라스에 얼음을 담을 때 사용한다. 손잡이가 달려 있고, 끝부분은 다양한 형태의 얼음을 담기 편하게 되어 있다. 스테인리스나 플라스틱으로 되어 있다.

15) 스터로드 또는 스터러(Stir rod or Stirer)

주로 음료를 저을 때 사용하며, 플라스틱으로 되어 있다.

16) 목재 머들러(Wood Muddler)

레몬이나 과일 등의 가니시를 으깰 때 쓰는 목재로 된 막대이다.

17) 빨대(Straw)

장식으로는 드링킹 스트로(Drinking Straw)라고 하며, 짧고 가느다란 것은 칵테일을 혼합시키기 위한 것으로서 스터링 스트로(Stirring Straw)라고도 부른다. 크러쉬드 아이스를 사용한 칵테일이나 열대산의 드링크 등 마시기 힘든 칵테일에 곁들이는데, 색깔이나 모양 및 길이 등은 칵테일의 분위기에 맞게 선택하면 된다.

18) 칵테일 픽(Cocktail Pick)

장식으로 쓰는 올리브나 체리 등을 꽂는 핀으로 검(劍) 모양으로 생겼다고 해서 스워드 픽(Sword Pick)이라고도 한다. 칵테일의 분위기에 맞는 모양이나 색깔, 재질 등을 고려해서 선택하면 된다.

19) 칵테일 파라솔(Cocktail Parasol)

칵테일을 보다 아름답게 장식하기 위해 우산같이 만든 작은 장식용품이다. 이외에 여러 가지 칵테일에 모양을 내기 위한 도구들이 많이 제품화되어 있다.

20) 글라스 홀더(Glass Holder)

뜨거운 종류의 칵테일을 고객에게 제공할 때 사용하는 것으로 뜨거운 글라스를 넣을 수 있는 손잡이가 달려 있다.

21) 푸어러(Pourer)

술을 글라스나 지거에 따를 때 힘 조절을 잘못하면 원하는 양보다 더 흘러나올 수 있다. 이것을 보완하기 위해 푸어러를 병 입구에 끼우고 따르면 수월하게 양을 맞출 수 있다. 그러나 당분이 함유된 술이나 밀크가 함유된 술에 푸어러를 끼우면 당분이 굳거나 입구를 막을 수 있으므로 청소를 매일 해주어야 한다.

22) 소금과 후추(Salt & Pepper)

칵테일의 부재료로서 주로 블러디 메리 칵테일을 만들 때 사용한다.

23) 와인 쿨러와 받침(Wine Cooler & Stand)

주로 화이트 와인이나 샴페인 등을 서비스할 때 얼음을 넣고 와인을 차게 하기 위해 사용한다.

24) 글라스 리머(Glass Rimmers)

마가리타, 키스 오브 화이어 칵테일과 같이 소금, 설탕을 글라스 가장자리에 뒤집어서 묻히는 간편한 칵테일 기구이다.

• 와인쿨러와 받침

1-3 칵테일 분류

┆학습 목표┆ • 칵테일의 분류를 통해서 칵테일 기본 지식을 습득할 수 있다.

칵테일의 분류는 용량, 맛, 용도, 형태에 따라 다음과 같이 분류한다.

① 용량에 따른 분류

(1) 롱 드링크 칵테일(Long Drink Cocktail)
롱 드링크 칵테일은 180mL(6oz) 이상의 용량 글라스로 만든 칵테일로 대표적인 칵테일은 Sloe Gin Fizz, Tom Collins 등이 있다.

(2) 쇼트 드링크 칵테일(Short Drink Cocktail)
쇼트 드링크 칵테일은 180mL(6oz) 미만의 용량 글라스로 만든 칵테일로 대표적인 칵테일은 Manhattan, Martini 등이 있다.

② 맛에 따른 분류

(1) 스위트 칵테일(Sweet Cocktail)
단맛이 강한 칵테일

(2) 사워 칵테일(Sour Cocktail)
신맛이 강한 칵테일

(3) 드라이 칵테일(Dry Cocktail)
달지 않고 담백한 맛이 강한 칵테일

③ 용도에 따른 분류

(1) Aperitif Cocktail

식욕증진을 위한 식전 칵테일로 알코올의 자극으로 타액의 분비를 촉진시켜 식욕을 증진시키는 것이다. Campari, Dubonnet, Cinzano 등의 쓴맛 종류가 들어가는 칵테일이 여기에 속한다.

(2) Before Dinner Cocktail

Aperitif는 식욕증진을 목적으로 하고 있는 데 비해 Before Dinner Cocktail은 식전에 마시는 칵테일로 Manhattan과 같은 드라이 칵테일이 여기에 속한다.

(3) All Day Type Cocktail

식사와 상관없이 마시는 칵테일로 주스류가 들어가는 Tropical Cocktail이나 Pink Lady, Million Dollar 등이 여기에 속한다.

(4) After Dinner(Dessert) Cocktail

식후에 서서히 향기를 즐기며 미각, 후각, 청각으로 감상할 수 있는 것으로 단맛을 지닌 리큐어, 은은한 향과 기품이 넘치는 브랜디 등이 여기에 속한다. 칵테일로는 Pousse Café, Angel's Kiss, Side Car 등이 있다.

④ 형태에 따른 분류

(1) 하이볼(Highball)

하이볼 칵테일은 1800년대 후반 세인트 루이스(St. Louis)의 철로에 사용되었던 장치에서 유래된 말로 기관사에게 속도를 내라는 신호를 보내기 위해 철로변의 높은 전주 위에 큰 볼을 올려놓았는데 이 신호를 하이볼이라 불렀다. 이때 기관사들 사이에서 Whisky and Water를 주문하면서 바쁠 때에는 속도를 내라는 신호로 'Highball'이라는 신호를 사용해서 그 후 Whisky Water나 Whisky Soda 같은 음료를 하이볼로 통용하게 되었으며, 요즈음에는 증류주나 각종 양주를 탄산음료와 섞어 하이볼 글라스에 담아내는 일반적인 Long Drink 칵테일을 일컫는 의미로 사용되고 있다.

(2) 피즈(Fizz)

피즈라는 이름은 탄산음료를 개봉할 때, 또는 따를 때 피-하는 소리가 난 데서 붙여진 이름이다. 진, 리큐어 등을 베이스로 설탕, 진 또는 레몬 주스, 소다수 등을 넣고 과일로 장식한다. Gin Fizz, Sloe Gin Fizz, Cacao Fizz 등이 여기에 속한다.

(3) 콜린스(Collins)

콜린스는 콜린스 가족에 의해 만들어졌기 때문에 콜린스라는 이름이 붙었다. 술에 레몬이나 라임즙과 설탕을 넣고 소다수로 채우는 칵테일로 John Collins, Tom Collins 등이 있다.

(4) 사워(Sour)

사워는 증류주에 레몬주스를 넣어 조주한 시큼한 맛의 칵테일로 셰이크해서 사워 글라스에 따르고 8부는 소다수로 채운 다음 레몬체리로 장식한다. Whisky Sour, Gin Sour 등이 여기에 속한다.

(5) 슬링(Sling)

슬링은 피즈와 비슷하나 피즈보다는 용량이 약간 많고 리큐어를 첨가하여 레몬체리로 장식한 칵테일이다. 대표적인 칵테일로 Singapore Sling이 있다.

(6) 코블러(Cobbler)

코블러는 '구두 수선공'이란 뜻으로 여름철 더위를 식히는 음료이다. 알코올도수가 낮고 프루티(Fruity)한 과일주를 토대로 하는데 Wine Cobbler, Coffee Cobbler 등이 있다.

(7) 쿨러(Cooler)

쿨러는 술, 설탕, 레몬 또는 라임 주스를 넣

고 소다수로 채운다. Gin Cooler, Apricot Cooler 등이 있다.

(8) 펀치(Punch)

펀치는 펀치 볼에 과일, 주스, 술, 설탕, 물 등을 혼합하여 큰 얼음을 띄워 여러 사람이 떠서 먹는 음료인데 Champagne Punch 등이 여기에 속한다.

(9) 프라페(Frappé)

프라페는 프랑스어로 '잘 냉각된'이란 뜻인데 가루얼음을 칵테일 글라스에 가득 채운 다음 술을 붓고 빨대를 꽂는다. Menthe Frappé가 있다.

(10) 타디(Toddy)

타디는 뜨거운 물 또는 차가운 물에 설탕과 술을 넣어서 만든 칵테일로 Brandy Toddy, Whisky Toddy Hot, Whisky Toddy Cold 등이 있다.

(11) 에그녹(Egg Nog)

에그녹은 미국 남부지방의 전설에서 유래된 크리스마스나 연말에 마시는 칵테일로 Brandy Egg Nog, Breakfast Egg Nog 등이 있다.

(12) 플립(Flip)

플립은 대개 와인을 사용하며 달걀, 설탕을 넣은 것으로 에그녹과 비슷한 칵테일인데 Port Wine Flip, Sloe Gin Flip 등이 있다.

(13) 플로트(Float)

플로트는 술이나 재료의 비중을 이용하여 섞이지 않게 띄운 것으로 Pousse Café, Angel's Tip 등이 여기에 속한다.

(14) 스노우 스타일(Snow Style)

스노우 스타일은 눈송이 같은 분위기를 연출하며, 경우에 따라 설탕 또는 소금을 사용하고 Sugar Rimming, Salt Rimming 등이 있다.

(15) 미스트(Mist)

미스트는 Frappé와 비슷한데 분쇄얼음을 사용하며 용량이 약간 많다.

(16) 픽스(Fix)

픽스는 약간 달고, 맛이 강한 것으로 Cobbler와 비슷하다. Rum Fix, Gin Fix 등이 있다.

(17) 데이지(Daisy)

데이지는 증류주에 레몬 주스, 라임 주스, Grenadine Syrup 또는 리큐어 등을 혼합한 뒤 소다수로 채운다. Brandy Daisy, Gin Daisy 등이 있다.

(18) 크러스타(Crusta)

크러스타는 술에 레몬 주스와 약간의 리큐어 또는 쓴맛을 넣은 것으로 레몬 껍질이나 오렌지 껍질을 넣은 칵테일이다.

(19) 쥴립(Julep)

쥴립은 민트 줄기를 넣은 칵테일인데 Mint Julep, Brandy Julep 등이 있다.

(20) 릭키(Rickey)

릭키는 라임을 짜서 즙을 내어 그 자체를 글라스에 넣어 소다수 또는 물로 채운 달지 않은 칵테일로서 Gin Rickey, Rum Rickey 등이 있다.

(21) 생거리(Sangaree)

생거리는 와인 또는 증류주에 설탕, 레몬 주스 등을 넣어 만든 칵테일로 Gin Sangaree, Port Wine Sangaree 등이 여기에 속한다.

(22) 스매쉬(Smash)

스매쉬는 쥴립과 비슷하나 Shaved Ice를 사용하며 설탕, 물을 넣고 민트 줄기로 장식한 것으로 Brandy Smash, Whisky Smash 등이 있다.

(23) 스위즐(Swizzle)

스위즐은 술에 라임 주스 등을 혼합하여 Shaved Ice 와 함께 글라스에 서리가 맺히도록 젓는다. 스매쉬와 비슷하지만 알코올도수가 훨씬 낮은 시원한 칵테일로서 Brandy Swizzle, Rum Swizzle 등이 있다.

(24) 트로피컬 칵테일(Tropical Cocktail)

트로피컬 칵테일은 열대성 칵테일을 의미하며 과일주스, 시럽 등을 이용하여 달고 시원하다. 과일을 장식한 양이 많은 칵테일로서 Mai Tai, Pina Colada 등이 있다.

(25) 스쿼시(Squash)

스쿼시는 과일즙을 짜서 설탕과 소다수를 넣은 것으로 Lemon Squash 등이 있다.

(26) 에이드(Ade)

에이드는 과일즙에 설탕과 물을 넣어 만든 것으로 Lemonade, Limeade 등이 있다.

(27) 스트레이트 업(Straight up)

스트레이트 업은 술에 아무것도 넣지 않은 상태로 마시는 것으로 Whisky Straight up 등이 있다.

(28) 온 더 락스(On the rocks)

온 더 락스는 글라스에 얼음만 넣고 그 위에 술을 따른 상태로 마시는 것으로 Whisky on the rocks 등이 있다.

(29) 핫 드링크 칵테일(Hot Drinks Cocktail)

핫 드링크 칵테일은 일반 칵테일과는 다르게 얼음을 이용하지 않는 칵테일로 뜨거운 커피나 뜨거운 물을 이용한 따뜻한 칵테일로서 Irish Coffee, Jamaican Coffee, Tom and Jerry 등이 있다.

평가 준거

- 평가자는 학습자가 수행 준거 및 평가 항목에 제시한 내용을 성공적으로 수행하였는지를 평가해야 한다.
- 평가자는 다음 사항에 대하여 평가한다.

학습 내용	평가 항목	성취수준		
		상	중	하
칵테일의 역사와 유래	– 칵테일의 역사에 대한 올바른 이해			
칵테일 기구	– 칵테일 기구에 대한 활용도, 사용 방법의 이해			
	– 조주 기법에 대한 이해			
	– 조주 기법의 활용 능력			
칵테일 분류	– 클래식 칵테일에 대한 이해			

평가 방법

- 평가자 질문

학습내용	평가항목	성취수준		
		상	중	하
칵테일의 역사와 유래	– 칵테일의 역사에 대한 올바른 이해			
칵테일 기구	– 칵테일 기구에 대한 활용도, 사용 방법의 이해			
	– 조주 기법에 대한 이해			
	– 조주 기법의 활용 능력			
칵테일 분류	– 클래식 칵테일에 대한 이해			

피 드 백

1. 평가자 질문
 – 칵테일의 역사 및 분류에 대한 지식은 재학습 이후 역할 연기를 통한 이해도 향상
 – 칵테일 조주 및 기구의 지식과 사용 능력은 기구의 사용 방법을 재실습함
 – 클래식 칵테일 관련 추가 자료를 이용하여 학습 효과 향상

2-1 빌딩(Building)

> | 학습 목표 | 　• 빌딩(Building) 기법을 수행할 수 있다.

칵테일을 만드는 기본적인 기법은 크게 다섯 가지가 있다.

① 빌딩(Building)

칵테일을 조주할 때 셰이커나 믹싱글라스 등의 조주 기구를 이용하지 않고 재료를 글라스에 직접 부어 넣는 기법이다. 글라스에 큐브아이스로 ⅔ 정도 채운 다음 재료를 지거로 정확하게 계량하여 글라스에 직접 넣는다. 마지막으로 바스푼을 이용하여 글라스의 아래부터 위로 글라스의 벽면을 긁어 주듯이 2~3회 저어 준다. 재료의 비중이 가볍고 잘 섞이는 두 가지 이상의 술이나 음료수를 혼합할 때 사용하는 기법이다. 부재료로 탄산음료가 들어갈 경우에는 저어 주는 횟수를 좀 더 줄여서 제공해야 청량감을 살릴 수 있다. 예를 들면 Whisky Soda, Screw Driver, Old Fashioned 등은 이러한 기법으로 만든 칵테일에 속한다.

빌딩(Building)에 대한 학습하기

❋ 재료 · 자료

- 기주(진, 보드카, 럼, 테킬라, 위스키, 브랜디 등)
- 부재료(리큐르, 비터, 시럽 등)
- 소프트류(주스, 소다수, 진저에일, 콜라, 스프라이트, 우유 등)
- 얼음(큐브아이스)
- 가니시류(레몬, 오렌지, 사과, 파인애플, 체리, 올리브 등)

❋ 기기(장비 · 공구)

- 글라스류(하이볼, 올드패션, 콜린스, 필스너 등)
- 지거, 바스푼
- 아이스패일, 아이스텅, 칵테일 픽 등

45mL (1 1/2oz)
22.5mL 1/2
15mL 1/3
15mL 1/2
30mL (1oz)

지거

바스푼

❋ 안전 · 유의 사항

- 글라스와 주류 파지에 유의하여 깨질 위험에 미리 대비하도록 한다.

❋ 수행 순서

1 글라스에 큐브아이스를 담는다.

　하이볼(4~5개), 올드패션(3~4개), 콜린스(6~7개), 필스너(5~6개)

2 지거를 이용하여 칵테일의 재료를 정확하게 개량한 후 글라스에 넣는다.

　1. 이때 지거의 위치는 글라스 바로 위에 놓고 음료를 계량한다.

　2. 혹시라도 발생할 수 있는 음료의 과다 계량 시에도 글라스로 음료가 떨어져서 손실을 방지하기
　　위함이다.

3 재료를 다 넣은 후에는 바스푼을 이용하여 저어 준다.

   1. 바스푼의 스푼 부분을 글라스에 넣고 저어 준다.

   2. 아래에서 위로 2~3회 저어 준다. 이때 음료가 넘치지 않게 주의한다.

4 글라스의 아랫부분(텀블러는 맨아래 부분, 스템글라스는 스템)을 파지하고 고객에게 칵테일명을 알려 주면서 제공한다. (예: 올드패션입니다, 블랙러시안 나왔습니다).

[그림 2-1] **빌딩 기법**

- 빌딩 기법에서 가장 중요한 점은 재료를 넣은 후에 저어 주는 것이다. 간혹 재료만 넣고 젓지 않고 제공하는 경우가 있으니 주의해야 한다.

2-2 스터링(Stirring)

| 학습 목표 | • 스터링(Stirring) 기법을 수행할 수 있다.

① 스터링(Stirring)

스터(stir)는 '휘젓다'라는 뜻으로, 믹싱글라스에 얼음과 재료를 넣은 다음, 바스푼을 이용하여 휘저어 혼합과 냉각을 시키는 조주 방법으로 원래의 맛과 향을 유지하며, 가볍게 섞거나 차게 할 때 이용하는 방법이다. 올바른 스터링은 바스푼의 볼록한 부분(스푼 뒷면)이 계속해서 믹싱글라스의 벽면을 향하도록 저어 준다. 이때 바스푼 자체를 회전시키면서 저어야만 얼음끼리 부딪히는 현상을 방지할 수 있으며, 얼음이 믹싱글라스 내부 벽면을 부딪히지 않고 회전하면서 냉각이 된다. 스터링 횟수는 시계 반대 방향(오른손 기준, 왼손 사용 시 시계 방향)으로 10~15회 정도 저어 주는 것이 좋으나 칵테일의 용량에 따라 달라질 수 있다. 스터링을 하지 않는 손으로는 믹싱글라스의 하단 부분을 파지하고, 믹싱글라스에 성에가 생겨 차가우면 완료되었다고 판단한다. 소다와 같은 발포성음료를 함께 넣고 저을 때는 조심스럽게 짧게 해야 한다. 글라스에 따를 때는 스트레이너를 이용해서 얼음이 떨어지지 않도록 한다.

예를 들면 Manhattan, Martini, Gibson 등은 이러한 기법으로 만든 칵테일에 속한다.

스터링(Stirring)에 대한 학습하기

✳ 재료 · 자료

- 기주(진, 보드카, 럼, 테킬라, 위스키, 브랜디 등)
- 부재료(리큐르, 비터, 시럽 등)
- 소프트류(주스, 소다수, 진저에일, 콜라, 스프라이트, 우유 등)
- 얼음(큐브 아이스)
- 가니시류(레몬, 오렌지, 사과, 파인애플, 체리, 올리브 등)

✳ 기기(장비 · 공구)

- 칵테일 글라스
- 지거, 바스푼, 믹싱글라스, 스트레이너
- 아이스패일, 아이스텅, 칵테일 픽 등

스트레이너

믹싱글라스

✳ 안전 · 유의 사항

- 글라스와 주류 파지에 유의하여 깨질 위험에 미리 대비하도록 한다.

✳ 수행 순서

1 글라스에 큐브아이스를 담아 냉각시킨다.
  1. 큐브아이스 2~3개가 칵테일 글라스를 냉각시키기에 적당하다.
  2. 믹싱글라스에 큐브아이스를 5~6개 넣는다.

2 지거를 이용하여 칵테일의 재료를 정확하게 개량한 후 믹싱글라스에 넣는다.
  1. 이때 지거의 위치는 믹싱글라스 바로 위에 놓고 음료를 계량한다.
  2. 혹시라도 발생할 수 있는 음료의 과다 계량 시에도 믹싱글라스로 음료가 떨어져 손실을 방지하기 위함이다.

3 재료를 다 넣은 후에는 바스푼을 이용하여 저어 준다.
  1. 바스푼의 볼록한(스푼 뒷면)부분이 믹싱글라스의 내부 벽면을 향하게 하여 저어 준다.
  2. 시계 반대 방향(오른손 사용 시, 왼손 사용 시 시계 방향)으로 10~15회 정도 저어 준다(칵테일의 용량에 따라 젓는 횟수가 달라질 수 있다).
  3. 스터링을 하지 않는 손은 믹싱글라스의 하단 부분을 파지하고 믹싱글라스에 성에가 끼어 차가우

면 스터링을 멈춘다.

4 믹싱글라스 위에 스트레이너로 덮은 후에 집게손가락으로 스트레이너를 고정하고 글라스에 따라 준다.

   1. 스트레이너는 얼음을 걸러 주는 역할을 한다.

   2. 해당하는 가니시로 장식한다.

5 글라스의 아랫부분(텀블러는 맨아래 부분, 스템글라스는 스템)을 파지하고 고객에게 칵테일명을 알려 주면서 제공한다. (예: 드라이마티니입니다, 맨해튼 나왔습니다 등)

[그림 2-2] 스터링 기법

2-3 셰이킹(Shaking)

| 학습 목표 | • 셰이킹(Shaking) 기법을 수행할 수 있다.

① 셰이킹(Shaking)

셰이킹은 리큐르, 시럽, 설탕, 크림, 계란 등 잘 섞이지 않는 재료를 혼합할 때 사용하는 조주 기법이고, 기주의 강한 맛을 부드럽게 하기 위한 전형적인 방법이다. 셰이커의 구조는 바디, 스트레이너, 캡의 세 부분으로 되어 있다. 바디에 얼음과 재료를 넣은 후 스트레이너와 캡을 각각 정확하게 닫는다. 셰이킹을 하는 방법은 양손 파지법과 한 손 파지법이 있다. 예를 들면 Whisky Sour, Brandy Alexander, Pink Lady, Side Car 등은 이러한 기법으로 만든 칵테일에 속한다.

1) 양손 파지법

양손 파지법은 왼손 엄지손가락으로 스트레이너, 나머지 손가락으로는 바디를 감싸 쥐고, 오른손 엄지손가락은 캡을, 나머지 손가락으로는 스트레이너와 바디를 파지한다. 캡이 가슴을 향하게 하여 가슴 안에서 밖으로 10~15초 흔든다.

2) 한 손 파지법

한 손 파지법은 오른손 검지손가락으로 캡을, 나머지 손가락으로 스트레이너와 바디를 파지한다. 손목을 이용하여 좌우로 흔들면서 팔을 위아래로 움직이면서 10~15초 흔든다. 셰이커에 성에가 껴서 손이 시릴 정도가 되면 멈춘다. 글라스에 부을 때에는 캡을 열고 오른손 검지손가락으로 스트레이너를 잡고 따라야 스트레이너가 빠지는 것을 방지할 수 있다.

※ 재료 · 자료

- 기주(진, 보드카, 럼, 테킬라, 위스키, 브랜디 등)
- 부재료(리큐르, 비터, 시럽 등)
- 소프트류(주스, 소다수, 진저에일, 콜라, 스프라이트, 우유 등)
- 얼음(큐브아이스)
- 가니시류(레몬, 오렌지, 사과, 파인애플, 체리, 올리브 등)

※ 기기(장비 · 공구)

- 칵테일 글라스, 하이볼글라스, 칼린스글라스, 필스너글라스 등
- 지거, 바스푼, 셰이커
- 아이스패일, 아이스텅, 칵테일 픽 등

셰이커

※ 안전 · 유의 사항

- 글라스와 주류 파지에 유의하여 깨질 위험에 미리 대비하도록 한다.

※ 수행 순서

1 글라스에 큐브아이스를 담아 냉각시킨다.
　1. 큐브아이스 2~3개가 칵테일 글라스를 냉각시키기에 적당하다.
　2. 셰이커의 바디에 큐브아이스를 3~4개 넣는다.

2 지거를 이용하여 칵테일의 재료를 정확하게 개량한 후 셰이커에 넣는다.
　1. 이때 지거의 위치는 셰이커 바로 위에 놓고 음료를 계량한다.
　2. 혹시라도 발생할 수 있는 음료의 과다 계량 시에도 셰이커로 음료가 떨어져서 손실을 방지하기 위함이다.

3 재료를 다 넣은 후에는 스트레이너와 캡을 닫아 준다.
　1. 스트레이너, 캡순으로 닫아 준다.
　2. 스트레이너와 캡을 닫을 때 수직으로 반듯하게 닫아야 열 때 용이하다.

4 셰이킹을 10~15초 실시한다.

1. 셰이커의 파지 방법은 한 손 파지법과 양손 파지법이 있다.
2. 한 손 파지법은 집게손가락으로 캡을, 나머지 손가락으로 스트레이너와 바디를 감싸 쥔다. 손목을 이용하여 좌우로 흔들고, 팔을 위아래로 움직여 준다.
3. 양손 파지법은 왼손 엄지손가락으로 스트레이너 나머지 네 손가락으로 바디를 감싸고, 오른손 엄지손가락으로 캡을 눌러 주고 나머지 네 손가락으로 스트레이너와 바디를 자연스럽게 감싸 쥔다. 캡이 가슴을 향하게 하고 양손을 가슴 안쪽과 바깥쪽으로 흔들어 준다.

5 셰이커의 캡을 열어서 글라스에 따라 준다.

1. 이때 셰이커의 파지 방법은 검지손가락으로 스트레이너를 고정하고 나머지 네 손가락으로 바디를 감싸쥐고 따라 준다.
2. 해당하는 가니시로 장식한다.

6 글라스의 아랫부분(텀블러는 맨아래 부분, 스템글라스는 스템)을 파지하고 고객에게 칵테일명을 알려주면서 제공한다. (예: 쥰벽입니다, 허니문 나왔습니다 등)

[그림 2-3] 양손 파지법을 이용한 셰이킹 기법

• 셰이킹 기법에서 가장 중요한 점은 재료를 넣은 후 에 스트레이너와 캡을 닫는 방법이다. 정확하게 수직으로 덮어야 셰이킹할 때 틈새로 새는 것을 방지하고 분리할 때 용이하다.

2-4 플로팅(Floating)

| 학습 목표 | • 플로팅(Floating) 기법을 수행할 수 있다.

① 띄우기(Floating & Layer)

띄우기는 술이나 재료의 비중을 이용하여 내용물을 위에 띄우거나 차례로 쌓이도록 하는 방법이다. Floating하는 방법은 바 스푼을 뒤집어 글라스 림 안쪽의 끝부분에서 약간 밑으로 대고 글라스 안의 다른 재료와 섞이지 않게 조심스럽게 따른다. 예를 들면 Pousse Café, Angel's Kiss 등은 이러한 기법으로 만든 칵테일에 속한다.

수행 내용 **플로팅(Floating)에 대한 학습하기**

❋ **재료 · 자료**

- 기주(진, 보드카, 럼, 테킬라, 위스키, 브랜디 등)
- 부재료(리큐르, 비터, 시럽 등)
- 소프트류(주스, 소다수, 진저에일, 콜라, 스프라이트, 우유 등)

❋ **기기(장비 · 공구)**

- 리큐르글라스, 셰리글라스
- 지거, 바스푼

❋ **안전 · 유의 사항**

- 글라스와 주류 파지에 유의하여 깨질 위험에 미리 대비하도록 한다.

❋ 수행 순서

1 글라스를 준비한다.

플로팅 기법에 주로 이용하는 글라스는 리큐르글라스와 셰리글라스이다.

2 지거를 이용하여 칵테일의 재료를 정확하게 개량한다.

1. 글라스의 용량을 파악하고 재료의 수량만큼 용량에서 나누어 준다.

2. 예로써 리큐르글라스 용량 1oz이고 재료의 수량이 3개라면 각 재료의 용량은 ⅓oz이다.

3 바스푼의 볼록 나온 부분을 위로해서 글라스 안쪽 벽면에 댄 다음, 볼록 나온 부분에 재료를 부어 준다.

1. 첫 번째 재료를 넣을 때는 바스푼을 이용하지 않고 그냥 부어 준다. 이때 눈높이를 글라스의 높 이와 동일하게 하여 부으면서 비율을 맞춰 준다.

2. 바스푼의 볼록한 부분에 조심스럽게 붓게 되면 스푼에서 글라스의 안쪽 벽면을 타고 내려가 먼 저 부었던 재료 위에 띄우게 된다.

4 글라스의 스템 부분을 파지하고 고객에게 칵테일명을 알려 주면서 제공한다.(예: 푸스카페입니다, B-52 나왔습니다 등)

층이 섞일 수 있으므로 매우 주의해서 제공한다.

[그림 2-4] 플로팅 기법

• 플로팅 기법에서 처음에 띄울 때는 천천히 조심스럽게 부어 주고 약간의 층을 이루게 되면 처음보다는 약간 속도를 내어서 부어도 된다.

2-5 블렌딩(Blending)

> | 학습 목표 | • 블렌딩(Blending) 기법을 수행할 수 있다.

① 블렌딩(Blending)

블렌더에 필요한 재료와 잘게 깬 얼음을 함께 넣고 전동으로 돌려서 만드는 방법으로 Tropical Cocktail 종류를 주로 만들며 Frozen 종류의 일부도 이러한 방법으로 만든다. 예를 들면 Mai-Tai, Chi Chi, Frozen Magarita 등은 이러한 기법으로 만든 칵테일에 속한다.

수행 내용 블렌딩(Blending)에 대한 학습하기

※ 재료 · 자료

- 기주(진, 보드카, 럼, 테킬라, 위스키, 브랜디 등)
- 부재료(리큐르, 비터, 시럽 등)
- 소프트류(주스, 소다수, 진저에일, 콜라, 스프라이트, 우유 등)
- 가니시류(레몬, 오렌지, 사과, 파인애플, 체리 등)
- 얼음류(큐브아이스, 크러쉬아이스)

※ 기기(장비 · 공구)

- 필스너글라스, 칼린스글라스
- 지거, 바스푼, 블렌더, 아이스패일, 아이스텅
- 블렌더

※ 안전 · 유의 사항

- 글라스와 주류 파지에 유의하여 깨질 위험에 미리 대비하도록 한다.

✳ 수행 순서

1 블렌더를 준비한다.

블렌더는 믹서 내부의 톱날을 회전하여 재료를 분쇄하는 믹서형과 외부에 돌출되어 있는 봉을 회전시켜 재료를 분쇄하는 스핀들형이 있다.(교재에서는 믹서형으로 수행한다.)

2 필스너글라스에 큐브아이스를 4~5개 넣어 냉각시킨다.

블렌더 기법에 주로 이용하는 글라스는 롱드링크에 주로 사용되는 필스너글라스와 칼린스글라스(큐브아이스 6~7개)이다.

3 지거를 이용하여 칵테일의 재료를 정확하게 개량한 후 블렌더 용기에 넣는다.

1. 이때 지거의 위치는 블렌더 용기 바로 위에 놓고 음료를 계량한다.
2. 혹시라도 발생할 수 있는 음료의 과다 계량 시에도 블렌더 용기로 음료가 떨어져서 손실을 방지하기 위함이다.
3. 얼음은 큐브아이스를 대신해 아이스크러셔로 분쇄된 크러쉬아이스를 넣는다. 큐브아이스는 블렌더의 톱날로 균일하게 분쇄하기가 어렵기 때문이다.

4 블렌더 용기를 본체에 장착하고 10~15초가량 블렌딩한다.

5 블렌딩된 칵테일을 필스너글라스의 얼음 제거 후 따라 준다.

1. 거품이 많이 생길 수 있으니 천천히 주의해서 따라 준다.
2. 준비된 가니시로 장식한다.

6 글라스의 스템 부분을 파지하고 고객에게 칵테일명을 알려 주면서 제공한다.(예: 마이타이입니다, 피나콜라다 나왔습니다 등)

[그림 2-5] 블렌딩 기법

- 블렌딩하는 동안 가니시를 만들어 놓으면 신속히 칵테일을 제공하는 데 도움이 된다.

2-6 머들링(Muddling)

| 학습 목표 | • 머들링(Muddling) 기법을 수행할 수 있다.

① 머들링(Muddling)

칵테일을 조주할 때 허브나 생과일의 맛과 향이 더욱 강해지도록 으깨는 방법으로 럼을 베이스로 한 모히토(Mojito), 브라질의 국민 칵테일인 까이삐리냐(Caipirinha) 등을 만들 때 이 방법을 사용한다. 글라스에 허브나 라임이나 레몬과 같은 생과일을 넣고 머들러로 으깨 준다. 이때 너무 강하게 두드리기보다는 즙이 나올 정도로 눌러 주는 것이 좋다. 그런 다음 나머지 재료를 넣고 혼합해 준다.

수행 내용 ## 머들링(Muddling)에 대한 학습하기

❋ 재료 · 자료

- 기주(진, 보드카, 럼, 테킬라, 위스키, 브랜디 등)
- 부재료(리큐르, 비터, 시럽 등)
- 소프트류(주스, 소다수, 진저에일, 콜라, 스프라이트, 우유 등)
- 가니시류(레몬, 오렌지, 사과, 파인애플, 체리 등)
- 얼음류(큐브아이스, 크러쉬아이스)
- 허브 잎, 라임, 레몬

❋ 기기(장비 · 공구)

- 칼린스글라스, 하이볼글라스, 올드패션글라스, 믹싱글라스

- 지거, 바스푼, 머들러
- 아이스패일, 아이스텅

❋ 안전 · 유의 사항
- 글라스와 주류 파지에 유의하여 깨질 위험에 미리 대비하도록 한다.

❋ 수행 순서

1 글라스를 준비한다.
글라스는 텀블러(칼린스, 하이볼, 올드패션글라스)로 준비한다.

2 글라스에 허브 잎 또는 과일 조각을 넣는다.
과일 조각은 껍질째 자르는 것이 좋다.

3 머들러를 이용하여 허브 잎 또는 과일 조각을 으깨 준다.
1. 이때 머들러로 너무 세게 두드리기 보다는 과일 즙을 짜주는 것처럼 눌러 주는 것이 좋다.
2. 즙이 나올 때까지 으깨 준다.

4 글라스에 크러쉬아이스를 넣고 남은 재료를 넣어 준다.
가니시로 장식한다.

5 바스푼을 이용하여 저어 준다.
1. 거품이 많이 생길 수 있으니 천천히 주의해서 따라 준다.
2. 준비된 가니시로 장식한다.

6 글라스의 아랫부분을 파지하고 고객에게 칵테일명을 알려 주면서 제공한다.(예: 모히토입니다, 까이삐리냐 나왔습니다 등)

[그림 2-6] 머들링 기법

평가 준거

- 평가자는 학습자가 수행 준거 및 평가 항목에 제시한 내용을 성공적으로 수행하였는지를 평가해야 한다.
- 평가자는 다음 사항에 대하여 평가한다.

학습 내용	평가 항목	성취수준		
		상	중	하
빌딩(building)	– 빌딩(building)의 숙련도			
스터링(stirring)	– 스터링(stirring)의 숙련도			
셰이킹(shaking)	– 셰이킹(shaking)의 숙련도			
플로팅(floating)	– 플로팅(floating)의 숙련도			
블렌딩(blending)	– 블렌딩(blending)의 숙련도			
머들링(muddling)	– 머들링(muddling)의 숙련도			

평가 방법

- 작업장 평가

학습 내용	평가 항목	성취수준		
		상	중	하
빌딩(building)	– 빌딩(building)을 이용한 칵테일 조주			
스터링(stirring)	– 스터링(stirring)을 이용한 칵테일 조주			
셰이킹(shaking)	– 셰이킹(shaking)을 이용한 칵테일 조주			
플로팅(floating)	– 플로팅(floating)을 이용한 칵테일 조주			
블렌딩(blending)	– 블렌딩(blending)을 이용한 칵테일 조주			
머들링(muddling)	– 머들링(muddling)을 이용한 칵테일 조주			

피 드 백

1. 작업장 평가
- 빌딩(Building)은 재료를 넣고 젓는 방법을 체크하고 수정한다.
- 스터링(Stirring)은 믹싱글라스를 사용하며 바스푼으로 젓는 방법을 체크하고 수정한다.
- 셰이킹(Shaking)은 양손 파지법을 실시하고, 셰이킹 횟수를 체크하고 수정한다.
- 플로팅(Floating)은 지거를 이용하여 바스푼에 천천히 소량을 붓는 것을 체크한다.
- 블렌딩(Blending)은 크러쉬아이스를 사용하는 것을 체크하고 수정한다.
- 머들링(Muddling)은 재료가 골고루 빻아지는지의 여부를 체크하고 수정한다.

칵테일 조주하기

3-1 칵테일의 표준 레시피

| 학습 목표 |
- 동일한 맛을 유지하기 위해서 표준 레시피를 조주할 수 있다.
- 다양한 칵테일을 제공하기 위해서 조주 방법에 대한 장단점을 비교할 수 있다.
- 고객 서비스 만족을 위해서 신속 정확하게 조주할 수 있다.

제3장에 수록된 칵테일은 조주기능사 실기 출제문제로 Recipe는 사)한국베버리지마스터협회 (KBMA)의 공식 가이드북인 Mr. Boston을 기준으로 하였다.

• 조주기능사 실기시험 Glass 및 Recipe 기준

Glass류		Glass 크기	Recipe 용량
Cocktail Glass		$4\frac{1}{2}$ oz	$2\frac{1}{4}$~$3\frac{1}{6}$ oz
Champagne Glass(Saucer형)		4 oz	$2\frac{3}{4}$~3 oz
Flute Champagne Glass		6 oz	$4\frac{1}{2}$ oz
Sour Glass		5 oz	3 oz
Highball Glass		8 oz	주재료 $1\frac{1}{2}$ oz
Collins Glass		$12\frac{1}{2}$ oz	주재료 2 oz

※ 부재료에 들어갈 경우 주재료 $1\frac{1}{2}$oz에 부재료 1/2oz

| Footed Pilsner Glass | | 10 oz | 5~$6\frac{1}{4}$ oz |

드라이 마티니 *Dry Martini*

재료

Dry Gin – 2oz(60㎖)
Dry Vermouth – 1/3oz(10㎖)

기 법 휘젓기(Stir)
Glass Cocktail Glass
장 식 Stuffed Green Olive

└─ Dry Vermouth ─┘

만드는 법

1 칵테일 글라스에 큐브드 아이스를 5개 넣고 잔을 차갑게 한다.
2 믹싱글라스에 큐브드 아이스 80%(7~8개)를 넣은 후 위의 재료를 넣고,
　 바 스푼으로 믹싱글라스 벽면을 따라 잘 저어준다
3 칵테일 글라스에 있는 큐브드 아이스를 비운다.
4 칵테일 글라스에 스트레이너로 믹싱글라스에 있는 얼음을 거르며 내용물만 따른다.
5 Green Olive에 칵테일 픽을 꽂아 장식한다.

> **유래** 마티니는 칵테일의 왕자로 애칭되는, 애주가들로부터 사랑받는 유명한 식전주 칵테일이다. 어니스트 헤밍웨이가 애음했다는 칵테일로도 유명한데, 1860년 뉴욕에서 Matinez라는 바텐더가 진의 원조인 네덜란드산 Genever Gin에 이탈리아산 Martini Sweet Vermouth를 1 : 1로 배합하여 만들었으며 제1차 세계대전 후 2 : 1로 배합하여 애음되어 오다가, 1940년대부터 Dry Gin에 Martini Dry Vermouth 를 3 : 1로 배합하여 만들고 올리브를 곁들여 넣어주게 된 것이 지금의 Martini의 모습을 갖추게 되었는데, 배합하는 비율과 재료에 따라 수백 종의 다양한 마티니로 발전하였다.

싱가포르 슬링 *Singapore Sling*

재료

Dry Gin – 1½oz(45㎖)

Lemon Juice – 1/2oz(15㎖)

Powdered Sugar(설탕) – 1tsp(1/6oz, 5㎖)

Fill with Soda Water

Top with Cherry Flavored Brandy – 1/2oz(15㎖)

기 법 흔들기(Shake)+직접 넣기(Build)

Glass Footed Pilsner Glass

장 식 A Slice of Orange and Cherry

만드는 법

1 필스너 글라스에 큐브드 아이스를 넣고 잔을 차갑게 한다.

2 세이커에 큐브드 아이스를 80%(7~8개) 채운 후 위의 재료를 넣고 잘 흔든다.

3 칠링한 필스너 글라스에 다시 얼음을 80% 채운 다음 세이커의 얼음을 걸러 따른다.

4 필스너 글라스의 나머지는 80%까지 소다수로 채우고, 바 스푼으로 잘 저어준다.

5 바 스푼을 이용하여 체리 브랜디를 띄운다.

6 A Slice of Orange and Cherry(오렌지 슬라이스와 체리)로 장식한다.

Tip 체리 브랜디의 색이 약하면 체리 브랜디 1/2oz, 그레나딘 시럽 1tsp를 섞어서 띄우면 저녁노을을 더 아름답게 표현할 수 있다.

유래 영국의 소설가 서머싯 몸이 '동양의 신비'라고 극찬했던 칵테일이다. 싱가포르 래플스(Raffles) 호텔에서 고안하였는데, 세계에서 가장 아름다운 경치로 손꼽히는 싱가포르의 저녁노을을 표현하였다고 한다. 호텔 박물관에는 니암 통 분의 레시피 책이 전시되어 있고, 1936년 호텔 방문객이 웨이터에게 싱가포르 슬링의 레시피를 물어봐서 계산서에 적은 것도 전시되어 있다. 연한 주홍빛이 나는 아름다운 색 배합과 새콤달콤한 맛으로 인해 여성에게 인기가 좋다. 특유의 화려한 과일장식을 보면서 마시는 것도 즐겁다.

니그로니 *Negroni*

재료

Dry Gin - 3/4oz(22.5㎖)
Sweet Vermouth - 3/4oz(22.5㎖)
Campari - 3/4oz(22.5㎖)

기 법 직접 넣기(Build)
Glass Old fashioned Glass
장 식 Twist of Lemon Peel

만드는 법

1 올드 패션드 글라스에 큐브드 아이스를 3~4개 넣는다.
2 올드 패션드 글라스에 위의 재료를 넣고, 바 스푼으로 잘 저어준다.
3 Twist of Lemon Peel(레몬 껍질을 비틀어)로 장식한다.

 Tip 베르무트(Vermouth)란 약 40여 종의 약재가 포함된 혼성 와인을 말한다. 화이트 와인으로 만든 드라이 베르무트(Dry Vermouth), 레드 와인으로 만든 스위트 베르무트(Sweet Vermouth)가 있다.

유래 이탈리아 페렌체에 '카소니'라는 오랜 전통의 레스토랑이 있는데, 이곳의 단골 손님인 카미로 니그로니 백작이 아메리카노(Americano) 칵테일에 드라이 진을 첨가한 식전 음료를 즐겨 마시는 것에서 그 이름이 유래되었다. 칵테일 이름은 카소니의 바텐더가 1962년 백작의 허락으로 '니그로니'라고 발표했다. 캄파리의 쌉쌀한 맛에 베르무트의 달콤함이 어우러져 우아하고 매력적인 맛을 내는 칵테일이다.

진 피즈 *Gin Fizz*

재료

Dry Gin – 1½oz(45㎖)
Lemon Juice – 1/2oz(15㎖)
Powdered Sugar(설탕) – 1tsp(1/6oz, 5㎖)
Fill with Soda Water

기 법 흔들기(Shake)+직접 넣기(Build)
Glass Highball Glass
장 식 A Slice of Lemon

만드는 법

1 하이볼 글라스에 큐브드 아이스를 80%(6개) 넣고 글라스를 차갑게 한다.
2 셰이커에 큐브드 아이스를 80%(7~8개) 채운 후 소다수는 제외하고 위의 재료를 넣고 잘 흔든다.
3 하이볼 글라스에 셰이커에 있는 얼음을 거르며 내용물만 따른다.
4 소다수로 80% 채우고 잘 저어준다.
5 레몬 슬라이스로 장식한다.

| 유 래 | 피즈라는 이름은 탄산음료를 개봉할 때, 또는 따를 때 피- 하는 소리가 난 데서 붙여진 이름이다. 진, 리큐어 등을 베이스로 설탕, 진 또는 레몬주스, 소다수 등을 넣고 과일로 장식한다. Gin Fizz, Sloe Gin Fizz, Cacao Fizz 등이 여기에 속한다. |

애프리콧 칵테일 *Apricot Cocktail*

재료

Apricot–Flavored Brandy – 1½oz(45㎖)
Dry Gin – 1tsp(1/6oz, 5㎖)
Lemon Juice – 1/2oz(15㎖)
Orange Juice – 1/2oz(15㎖)

기 법 흔들기(Shake)
Glass Cocktail Glass
장 식 없음

만드는 법

1 칵테일 글라스에 큐브드 아이스를 5개 넣고 잔을 차갑게 한다.
2 셰이커에 큐브드 아이스를 80%(7~8개) 채운 후 위의 재료를 차례로 넣고 잘 흔든다.
3 칵테일 글라스에 있는 큐브드 아이스를 비운다.
4 칵테일 글라스에 셰이커에 있는 얼음을 거르며 내용물만 따른다.

유래 향기가 강한 리큐어인 애프리콧 브랜디를 베이스로 하여 신선한 주스를 풍부하게 사용한 칵테일로서, 살구, 오렌지, 레몬의 맛이 섞여 있어 마시기가 편하고 상큼한 맛이 살아있는 쇼트 스타일의 칵테일이다. 드라이 진 1tsp이 전체의 조화를 이루는 역할을 하며, 단맛과 신맛이 균형을 이루고 있어서 누구나 부담없이 쉽게 즐길 수 있다. 맛, 향기, 색의 삼박자를 고루 갖춘 칵테일이다.

그래스호퍼 *Grasshopper*

재료

Créme de Menthe(Green) – 1oz(30㎖)
Créme de Cacao(White) – 1oz(30㎖)
Light Milk(우유) – 1oz(30㎖)

기 법 흔들기(Shake)
Glass Saucer형 Champagne Glass
장 식 없음

만드는 법

1 소서형 샴페인 글라스에 큐브드 아이스를 6~7개 넣고 잔을 차갑게 한다.
2 셰이커에 큐브드 아이스를 80%(7~8개) 채운 후 위의 재료를 차례로 넣고 잘 흔든다.
3 소서형 샴페인 글라스에 있는 큐브드 아이스를 비운다.
4 소서형 샴페인 글라스에 셰이커에 있는 얼음을 거르며 내용물만 따른다.

Tip 조금 더 부드럽거나 단맛을 원할 경우 우유에 설탕을 첨가해서 세게 셰이킹을 한 후에 거품을 위에 띄우면 좋다.

유래 그래스호퍼란 '메뚜기' 혹은 '여치'를 말한다. 완성된 색이 연한 초록빛을 띠기 때문에 그 색으로부터 유래된 이름이다. 크렘 드 망뜨의 상큼한 향기와 크렘 드 카카오(화이트)의 달콤한 맛에 생크림을 가미하여 만드는 이 칵테일은 디저트 대용으로 즐겨도 좋다. 여성들이 특히 좋아하는 칵테일인데, 크렘 드 망뜨(그린)의 양을 늘리거나 브랜디를 조금 가미하면 남성들의 식후주로도 충분히 즐길 수 있다.

준 벽 *June Bug*

재료

Midori or Melon Liqueur − 1oz(30㎖)
Coconut Flavored Rum − 1/2oz(15㎖)
Banana Liqueur − 1/2oz(15㎖)
Pineapple Juice − 2oz(60㎖)
Sweet & Sour Mix − 2oz(60㎖)

기 법 흔들기(Shake)
Glass Collins Glass
장 식 A Wedge of Fresh Pineapple & Cherry

만드는 법

1 콜린스 글라스(12½oz)에 얼음을 80%(7~8개) 채운다.
2 셰이커에 큐브드 아이스를 80%(7~8개) 채운 후 위의 재료를 넣고 잘 흔든다.
3 얼음이 담겨 있는 콜린스 글라스에 셰이커의 내용물과 얼음을 걸러 따른다.
4 A Wedge of Fresh Pineapple & Cherry(파인애플 웨지와 체리)로 장식한다.

> **유래** 한국인이 가장 많이 마시는 칵테일 10위 안에 드는 준 벽은 부산에 있는 티지아이프라이데이(TGIF)에서 만들어져 전 세계적으로 인기를 얻은 칵테일이다. 준 벽은 6월의 애벌레, 초원이 푸르러 활동이 왕성해진 애벌레란 뜻으로 상큼한 맛과 푸르른 색깔이 조화를 이루며 멜론과 코코넛, 바나나의 맛과 향을 풍부하게 느낄 수 있다. 알코올조차 잘 느껴지지 않아 여성들이 많이 찾는 칵테일 중 하나이다.

비−52 *B-52*

재료

Coffee Liqueur (Kahlûa) − 1/3Part
Bailey's Irish Cream − 1/3Part
Grand Marnier − 1/3Part

기 법 띄우기(Float)
Glass Sherry Glass
장 식 없음

만드는 법

1 셰리 글라스(Sherry Glass)를 준비한다.
2 바 스푼을 이용하여 위의 재료를 차례로 조심해서 쌓는다.

Tip 베일리스는 크림을 사용하여 부드러운 맛을 보장하는 시간이 길지 않다. 따라서 뚜껑을 개봉한 제품은 냉장 보관해야 하는 불편함이 있었는데, 지금은 특허기술을 가지고 있어 상온 보관하여도 유통기한 안에는 변질되지 않는다.

유래 슈터 칵테일(Shooter Cocktail)의 대표적인 작품으로 미국 보잉사에서 제작한 전략폭격기 B−52에서 이름을 따 온, 원샷하기 좋은 칵테일이다.
커피, 초콜릿, 크림, 코냑에 오렌지의 향이 어우러져 불을 붙여 마시면 맛과 멋에 빠져들기 쉽다. 하지만 술을 못하는 사람은 조심해야 할 칵테일 중 하나이다. 달콤한 맛과 향에 끌려 한 잔 마시다 보면 강렬한 긴 여운이 느껴진다.

푸스카페 *Pousse Café*

재료

Grenadine Syrup – 1/3part
Creme de Menthe(Green) – 1/3part
Brandy – 1/3part

기 법 띄우기(Float)
Glass Stemed Liqueur Glass
장 식 없음

만드는 법

1 Stemed Liqueur Glass를 준비한다.
2 바 스푼을 이용하여 위의 재료를 차례로 조심해서 쌓는다.

Tip 리큐어 명칭 중 크렘(créme)이 종종 나오는데, 크렘은 '좋은, 최상'이란 뜻과 '달다'는 뜻을 함께 갖고 있다. 그래서 이런 리큐어는 일반 리큐어보다 더 단맛을 갖는데, 보편적으로 1L에 200g 이상의 당분이 있고, 특히 디종시에서 나온 크렘 드 카시스는 일반 크렘 드 카시스보다 2배 높은 당분을 갖고 있다.

유래 재료의 비중을 이용해 섞이지 않게 층을 띄우는 방법으로 만드는 칵테일로서, 3색 교통신호등을 잘 표현한 칵테일이다. 한번에 넣어 입안에서 섞어마실 경우 첫 맛은 강하지만 뒷맛은 달콤한 맛이 입안을 채운다. 스트로를 이용하여 빨아 마시면 첫 느낌은 달콤하지만 점점 강한 알코올의 맛과 향이 입안을 채운다.

뉴욕 *New York*

재료

Bourbon Whiskey — 1½oz(45㎖)
Lime Juice — 1/2oz(15㎖)
Powdered Sugar — 1tsp(1/6oz, 5㎖)
Grenadine Syrup — 1/2tsp

기 법 흔들기(Shake)
Glass Cocktail Glass
장 식 Twist of Lemon Peel

만드는 법

1 칵테일 글라스에 큐브드 아이스를 5개 넣고 잔을 차갑게 한다.
2 셰이커에 큐브드 아이스를 80%(7~8개) 채운 후 위의 재료를 차례로 넣고 잘 흔든다.
3 칵테일 글라스에 있는 큐브드 아이스를 비운다.
4 칵테일 글라스에 셰이커에 있는 얼음을 거르며 내용물만 따른다.
5 Twist of Lemon Peel(레몬 껍질을 비틀어)로 장식한다.

유래 미국의 대도시 뉴욕의 이름을 그대로 붙인 칵테일이다. 뉴욕에 해가 떠오르는 모습을 연상하게 하는 화려한 색채와 자극적이지 않은 맛으로 전 세계인들로부터 사랑받고 있다. 베이스가 되는 위스키는 미국에서 생산된 아메리칸 또는 버번을 사용한다.

맨해튼 칵테일 *Manhattan Cocktail*

재료

Bourbon Whiskey – 1½oz(45㎖)
Sweet Vermouth – 3/4oz(22.5㎖)
Angostura Bitters – 1dash(1/32oz, 0.9㎖)

기 법 휘젓기(Stir)
Glass Cocktail Glass
장 식 Cherry

└ Sweet Vermouth ┘

만드는 법

1 칵테일 글라스에 큐브드 아이스를 5개 넣고 잔을 차갑게 한다.
2 믹싱글라스에 큐브드 아이스 80%(7~8개)를 넣은 후 위의 재료를 넣고 바 스푼으로 젓는다.
3 칵테일 글라스에 있는 큐브드 아이스를 비운다.
4 칵테일 글라스에 스트레이너로 믹싱글라스에 있는 얼음을 거르며 내용물만 따른다.
5 Cherry(체리)에 칵테일 픽을 꽂아 장식한다.

유래 19세기 중반부터 사랑받아온 칵테일로 칵테일의 여왕이라고도 불린다. 제19대 미국 대통령선거 때 윈스턴 처칠의 어머니가 맨해튼클럽에서 파티를 열었을 때 처음 선보인 칵테일이기 때문에 붙여졌다는 설과 메릴랜드주의 바텐더가 상처 입은 무장경비원의 사기를 북돋아주기 위해 만들었다고 하는 설 등 다수가 있다. 맨해튼은 인디언들이 예전에 쓰던 말로 '주정꾼'이라는 뜻이기도 하다.

러스티 네일 *Rusty Nail*

재료

Scotch Whisky – 1oz(30㎖)
Drambuie – 1/2oz(15㎖)

기 법 직접 넣기(Build)
Glass Old Fashioned Glass
장 식 없음

만드는 법

1 올드 패션드 글라스에 큐브드 아이스를 4~5개 넣는다.
2 올드 패션드 글라스에 스카치 위스키를 따른 다음 드람뷔이를 위에 띄운다.
3 바 스푼을 이용하여 3~4회 저어준다.

> **Tip** 게일어로 '만족스러운 음료'라는 말에서 유래됐다. 평균 15년 이상 숙성된 위스키와 약 60여 가지 스카치 위스키에 벌꿀과 약초, 허브를 배합하여 만든 리큐어이다.

> **유 래** '녹슨 못' 또는 '고풍스러운'이라는 의미를 지닌 칵테일이다. 그만큼 오래된 칵테일이라는 뜻. 위스키로 만든 리큐어 가운데 가장 역사가 깊은 드람뷔이(Drambuie)를 사용하는 것이 특징이다. 드람뷔이는 스카치 위스키에 벌꿀과 허브를 첨가하여 단맛이 강하다. 위스키의 쓴맛과 드람뷔이의 단맛이 적절히 조화된 러스티 네일은 식후에 마시기 좋은 칵테일로 손꼽힌다. 여기에 오렌지 비터스를 두 방울 넣으면 '스카치 킬트'라는 칵테일이 된다.

올드 패션드 *Old Fashioned*

재료

Powdered Sugar(설탕) — 1tsp(5㎖)
Angostura Bitter — 1dash(1㎖)
Soda Water — 1/2oz(15㎖)
Bourbon Whiskey — 1½oz(45㎖)

기 법 직접 넣기(Build)
Glass Old Fashioned Glass
장 식 A Wedge of Orange and Cherry

만드는 법

1 올드 패션드 글라스에 얼음을 넣고 잔을 차갑게 준비한다.
2 올드 패션드 글라스에 얼음을 버리고 파우더 슈거와 앙고스투라 비터, 소다수를 차례로 넣고 잘 용해시킨다.
3 올드 패션드 글라스에 큐브드 아이스를 4~5개 넣는다.
4 버번위스키를 넣고 바 스푼으로 잘 저어준다.
5 A Slice of Orange and Cherry(오렌지 슬라이스와 체리)로 장식한다.

> **유래** 미국 켄터키주의 벤텐스클럽에 모여든 경마 팬을 위해 만들어진 칵테일이라고 한다. 당시 유행하던 '토디(Tody)'와 맛과 형태가 비슷해 지난날의 기억을 되살려준다는 의미로 붙은 이름이다. 이 칵테일은 전용 글라스까지 있을 정도로 인기가 높다. 전용 글라스에 각설탕 1개를 넣고 앙고스투라 비터스 1~2대시를 떨어뜨린 다음 약간의 소다수로 녹여준 후 각얼음을 넣는다. 약한 술을 원하면 아메리칸 위스키, 강한 술을 원하면 버번위스키 1~1½온스를 넣는다. 마지막으로 오렌지, 체리를 글라스에 장식한다. 각설탕 대신 설탕 시럽 또는 가루설탕을 사용해도 된다.

WHISKY

위스키 사워 *Whisky Sour*

재료

Bourbon Whiskey – 1½oz(45㎖)

Lemon Juice – 1/2oz(15㎖)

Powdered Sugar – 1tsp(1/6oz, 5㎖)

Top with Soda Water – 1oz(30㎖)

기 법　흔들기(Shake)+직접 넣기(Build)

Glass　Sour Glass

장 식　A Slice of Lemon and Cherry

만드는 법

1 사워 글라스에 큐브드 아이스를 넣고 잔을 차갑게 준비한다.

2 셰이커에 큐브드 아이스를 80%(7~8개) 채운 후 소다수를 제외한 위의 재료를 차례로 넣고 잘 흔든다.

3 사워 글라스에 얼음을 걸러서 따른 후 소다수를 넣고 저어준다.

4 A Slice of Lemon and Cherry(레몬 슬라이스와 체리)로 장식한다.

유래 1860년 프랑스에서 브랜디에 레몬주스와 설탕을 넣고 만들어 마신 것이 시초이며 1891년 미국에서 버번위스키를 베이스로 만들어 마시면서 널리 알려지기 시작하였다. 레몬주스의 새콤한 맛이 미각을 돋우어주는 칵테일로서, 베이스로 진을 사용하면 진사워, 브랜디를 사용하면 브랜디 사워가 된다.

불바디에 *Boulevardier*

재료

Bourbon Whiskey 1oz (30㎖)
sweet Vermouth 1oz (30㎖)
Campari 1oz (30㎖)

기 법 휘젓기(Stir)
Glass Old fashiioned Glass
장 식 Twist of Orange Peel

└ Sweet Vermouth ┘

만드는 법

1 올드 패션드 글라스에 큐브드 아이스를 넣고 잔을 차갑게 준비한다.
2 믹싱글라스에 큐브드 아이스를 80%(7~8개) 넣은 후 위의 재료를 넣고
　바 스푼으로 믹싱글라스 벽면을 따라 잘 저어준다.
3 올드 패션드 글라스에 얼음을 채우고 내용물을 따른 다음 바 스푼으로 잘 저어준다.
4 오렌지 껍질로 장식한다.

 Tip 니그로니처럼 캄파리와 스위트 베르무트의 조화로 달콤 씁쓸한 맛이 느껴지지만, 진과 버번의 차이로
니그로니는 깔끔하고 샤프하다면 불바디에는 묵직하고 부드럽다.

유래 1927년에서 1932년 사이, 파리에서 월간지를 출판하던 미국인 작가 에리스킨 그웬(Erskine Gwynne)에 의해 발명되었다. 미국의 버번위스키와 유럽의 캄파리가 만나 탄생한 금주법 시대를 대표하는 칵테일이다.
프랑스어로 큰길을 뜻하는 Boulevard에 ~ier(~하는 사람)이 붙어 길거리를 배회하는 사람이라는 뜻이다.

사이드 카 *Sidecar*

재료

Brandy – 1oz(30㎖)
Triple sec – 1oz(30㎖)
Lemon Juice – 1/4oz(7.5㎖)

기 법 흔들기(Shake)
Glass Cocktail Glass
장 식 없음

만드는 법

1 칵테일 글라스에 큐브드 아이스를 5개 넣고 잔을 차갑게 한다.
2 세이커에 큐브드 아이스를 80%(7~8개) 채운 후 위의 재료를 차례로 넣고 잘 흔든다.
3 칵테일 글라스에 있는 큐브드 아이스를 비운다.
4 칵테일 글라스에 세이커에 있는 얼음을 거르며 내용물만 따른다.

유 래 제1차 세계대전 중 전쟁터에서 대활약을 했던 사이드카를 이름으로 한 칵테일이다. 프랑스의 군인이 만들었다는 설과 파리의 하리즈 뉴욕 바의 바텐더였던 하리 마켈혼이 고안했다고 하는 설이 있다. 브랜디 대신에 진을 사용하면 화이트 레이디(White Lady), 보드카를 사용하면 발랄라이카(Balalaika), 라이트 럼을 사용하면 엑스와이지(XYZ) 칵테일이 된다.

브랜디 알렉산더 *Brandy Alexander*

재료

Brandy – 3/4oz(22.5mℓ)
Créme de Cacao(Brown) – 3/4oz(22.5mℓ)
Light Milk(우유) – 3/4oz(22.5mℓ)

기 법 흔들기(Shake)
Glass Cocktail Glass
장 식 Nutmeg가루

만드는 법

1 칵테일 글라스에 큐브드 아이스를 5개 넣고 잔을 차갑게 한다.

2 셰이커에 큐브드 아이스를 80%(7~8개) 채운 후 위의 재료를 차례로 넣고 잘 흔든다.

3 칵테일 글라스에 있는 큐브드 아이스를 비운다.

4 칵테일 글라스에 셰이커에 있는 얼음을 거르며 내용물만 따른다.

5 Nutmeg(넛멕)가루를 가운데 뿌려서 제공한다.

 Tip 위 Recipe에 Brandy 대신 Gin을 사용하면 Gin Alexander이고, Gin Alexander의 Recipe에서 Créme de Caca(Brown) 대신 Créme de Menth(Green)를 사용하면 Alexander's Sister가 된다.

유래 19세기 중반 영국의 국왕 에드워드 7세와 왕비 알렉산더의 결혼을 기념하기 위해 만든 칵테일이다. 처음에는 알렉산드라라고 하는 여성의 이름이 붙었으나 시간이 지나자 지금의 이름으로 변했다고 한다. 크림 맛이 부드럽게 입에 닿는 여성 취향의 칵테일이다. 식후 칵테일로는 최적이다. 브랜디 대신에 보드카를 넣으면 바바라(Babara)라는 칵테일이 된다.

허니문 칵테일 *Honeymoon Cocktail*

재료

Apple Brandy — 3/4oz(22.5mℓ)

Benedictine D.O.M — 3/4oz(22.5mℓ)

Triple Sec — 1/4oz(7.5mℓ)

Lemon Juice — 1/2oz(15mℓ)

기 법 흔들기(Shake)

Glass Cocktail Glass

장 식 없음

만드는 법

1 칵테일 글라스에 큐브드 아이스를 5개 넣고 잔을 차갑게 한다.

2 셰이커에 큐브드 아이스를 80%(7~8개) 채운 후 위의 재료를 차례로 넣고 잘 흔든다.

3 칵테일 글라스에 있는 큐브드 아이스를 비운다.

4 칵테일 글라스에 셰이커에 있는 얼음을 거르며 내용물만 따른다.

유래 '신혼여행'이라는 이름이 붙은 칵테일로 신혼의 단꿈을 영원히 간직하기 위해 만든 칵테일이다. 별명이 파머스 도터(Farmer's Daughter), 즉 농부의 딸이라는 것이 재밌다. 프랑스 칼바도스산의 Apple Brandy와 프랑스에서 가장 오래된 리큐어의 하나인 Benedictine, 오렌지 향을 풍기는 Triple Sec의 조화가 잘 어우러진 상큼하면서도 향긋한 칵테일이라 하겠다.

바카디 칵테일 *Bacardi Cocktail*

재료

Bacardi Rum White – 1¾oz(52.5㎖)
Lime Juice – 3/4oz(22.5㎖)
Grenadine Syrup – 1tsp

기 법 흔들기(Shake)
Glass Cocktail Glass
장 식 없음

만드는 법

1 칵테일 글라스에 큐브드 아이스를 5개 넣고 잔을 차갑게 한다.
2 셰이커에 큐브드 아이스를 80%(7~8개) 채운 후 위의 재료를 차례로 넣고 잘 흔든다.
3 칵테일 글라스에 있는 큐브드 아이스를 비운다.
4 칵테일 글라스에 셰이커에 있는 얼음을 거르며 내용물만 따른다.

유래 바카디 칵테일은 럼을 제조하는 바카디 회사가 1933년에 발표한 칵테일인데 럼을 베이스로 라임 주스, 그레나딘 시럽을 첨가한다. 바카디 칵테일은 반드시 바카디 럼을 사용하도록 되어 있다.
그 일화를 보면 뉴욕에서 어느 손님이 바텐더에게 바카디 칵테일을 주문하였는데 바텐더가 다른 회사의 럼을 사용하여 조주하였다. 그것을 보고 화가 난 손님이 바카디 칵테일에 바카디 럼을 사용하지 않았다고 고소를 했다. 그 결과 '바카디 칵테일은 바카디 럼만을 사용해야 한다'는 판결이 내려졌다고 한다.

다이키리 *Daiquiri*

재료

Light Rum − 1¾oz(52.5㎖)
Lime Juice − 3/4oz(22.5㎖)
Powdered Sugar − 1tsp

기 법 흔들기(Shake)
Glass Cocktail Glass
장 식 없음

└ Light Rum ┘

만드는 법

1 칵테일 글라스에 큐브드 아이스를 5개 넣고 잔을 차갑게 한다.
2 셰이커에 큐브드 아이스를 80%(7~8개) 채운 후 위의 재료를 차례로 넣고 잘 흔든다.
3 칵테일 글라스에 있는 큐브드 아이스를 비운다.
4 칵테일 글라스에 셰이커에 있는 얼음을 거르며 내용물만 따른다.

 유래
다이키리는 쿠바 산티아고 해변 근처의 광산이름으로, 1905년 광산에서 근무하던 미국인 기술자 콕스Jennings Cox가 찾아오는 친구들을 대접하려고 쿠바산 럼주에 라임 주스와 설탕을 넣고 만든 것이 시초이다. 당시 쿠바는 스페인으로부터 독립한 후 미국에서 광산기사가 많이 파견되었고, 노동자들이 더위를 식히기 위한 수단으로 주위에서 손쉽게 얻을 수 있는 재료를 사용해 술을 만들어 마신 데서 그 이름이 유래되었다는 설도 있다. 다이키리를 말할 때 빠지지 않는 것이 바로 다이키리 마니아인 어니스트 헤밍웨이Ernest Hemingway이다. 다이키리를 크러시드 아이스와 함께 믹서로 혼합하여 셔벗Sherbet 상태로 만들면, 프로즌 다이키리Frozen Daiquiri가 완성된다. 프로즌 다이키리는 10년의 슬럼프에서 헤밍웨이를 구해 그 유명한 〈노인과 바다〉를 쓰게 했다. 프로즌으로 했을 경우 설탕을 조금 더 넣지 않으면 감미가 나지 않기때문에, 화이트 큐라소를 더하여 맛을 살리면 된다.

쿠바 리브레 *Cuba Libre*

재료

Light Rum − 1½ oz(45㎖)
Lime Juice − 1/2oz(15㎖)
Fill with Cola

기 법 직접 넣기(Build)
Glass Highball Glass
장 식 A Wedge of Fresh Lemon

└─ Light Rum ─┘

만드는 법

1 하이볼 글라스에 큐브드 아이스를 80%(6개) 넣은 후 콜라는 제외하고 위의 재료를 넣는다.
2 하이볼 글라스의 나머지는 80%까지 콜라로 채운 후 바 스푼으로 잘 젓는다.
3 A Wedge of Fresh Lemon(레몬 웨지)으로 장식하여 제공한다.

유 래 1902년 스페인의 식민지였던 쿠바의 독립운동 당시에 생겨난 "Viva Cuba Libre(자유 쿠바 만세)"라는 표어에서 유래된 이름이다. 이 표어는 독립 후에도 쿠바에서 건배할 때 쓰는 합창으로 남아 있다가 그대로 칵테일 이름이 되었다고 한다. 'Cuba Libre'는 영어식으로 읽으면 쿠바 리버이고, 스페인식으로 읽으면 쿠바 리브레이다. 쿠바 리버는 당시 독립전쟁을 지원하기 위하여 하바나에 주둔해 있던 미군 소위가 술집에서 우연히 럼에 콜라를 넣어 마신 것에서 탄생해서 유행한 칵테일로 남미지역을 중심으로 더운 지역에서 흔히 마신다. 쿠바산 럼에 미국산 콜라를 넣어 양국의 연대감을 나타낸 것이 이 칵테일로 정치적인 의미가 짙다. 현재는 소원해진 양국 관계처럼 쿠바에서 사랑받는 칵테일은 아니다. 쿠바 리버는 얼음을 넣은 하이볼 글라스에 화이트 럼 1~1½온스에 라임 주스 1/2온스를 넣고 적당량의 콜라를 채운 후 잘 저어주고 레몬 또는 라임 조각으로 장식한다. 럼 특유의 달콤한 향기에 콜라의 단맛과 라임의 신맛이 가미되어 상큼함을 더한다. 럼 대신에 리큐어를 넣으면 '쿠바 리버 슈브림'이라는 칵테일이 된다.

피냐 콜라다 *Pina Colada*

재료

Light Rum – 1¼oz(37.5㎖)
Piña Colada Mix – 2oz(60㎖)
Pineapple Juice – 2oz(60㎖)

기 법 블렌더(Blender)
Glass Footed Pilsner Glass
장 식 A Wedge of Fresh Pineapple and Cherry

만드는 법

1 필스너 글라스를 준비한다.
2 필스너 글라스에 큐브드 아이스를 80%(7~8개) 채운다.
3 위의 재료를 크러시 아이스 1스쿠퍼와 함께 Blender에 넣고 10초 정도 돌린다.
4 필스너 글라스에 있는 큐브드 아이스를 비우고 글라스에 따른다.
5 A Wedge of Fresh Pineapple and Cherry(파인애플 웨지와 체리)로 장식한다.

유래 스페인어로 '파인애플이 무성한 언덕'이라는 의미를 지니고 있는 이 칵테일은, 카리브해에서 만들어졌다. 알코올 맛보다는 진한 코코넛 향과 파인애플 주스가 어우러져 여성들의 사랑을 한몸에 받고 있는 트로피컬 칵테일 중의 하나이다. 시원함과 달콤함으로 상쾌한 기분을 내는 데 최고인 칵테일이다.

블루 하와이안 *Blue Hawaiian*

재료

Light Rum – 1oz(30㎖)

Blue Curacao – 1oz(30㎖)

Coconut Flavored Rum – 1oz(30㎖)

Pineapple Juice – 2½oz(75㎖)

기 법 블렌드(Blend)

Glass Footed Pilsner Glass

장 식 A Wedge of Fresh Pineapple and Cherry

만드는 법

1 필스너 글라스를 준비한다.

2 필스너 글라스에 큐브드 아이스를 80%(7~8개) 채운다.

3 위의 재료를 크러시 아이스 1스쿠퍼와 함께 Blender에 넣고 10초 정도 돌린다.

4 필스너 글라스에 있는 큐브드 아이스를 비우고 글라스에 따른다.

5 A Wedge of Fresh Pineapple and Cherry(파인애플 웨지와 체리)로 장식한다.

 Tip 블루 하와이는 단맛에 비해 상쾌한 맛이 강하고, 블루 하와이안은 그보다 단맛이 훨씬 풍부하다.

유래 1957년 하와이 힐튼호텔 바텐더가 개발한 이 칵테일은 사계절이 여름인 하와이섬을 연상시키는 트로피컬 칵테일이다. 지금처럼 해외여행이 성행하지 않고 하와이가 모든 사람들의 이상이자 목표였던 시대에 사람들의 꿈을 실현시켜준 칵테일이다. 블루 큐라소의 푸른색이 하와이의 에메랄드빛 바닷가를 연상케 하는 환상의 칵테일이다.

마이타이 *Mai-Tai*

재료

Light Rum – 1¼oz(37.5ml)

Triple Sec – 3/4oz(22.5ml)

Lime Juice – 1oz(30ml)

Pineapple Juice – 1oz(30ml)

Orange Juice – 1oz(30ml)

Grenadine Syrup – 1/4oz(7.5ml)

기 법 블렌딩(Blending)

Glass Footed Pilsner Glass

장 식 A Wedge of Fresh Pineapple(orange)
& Cherry

만드는 법

1 필스너 글라스를 준비한다.

2 필스너 글라스에 큐브드 아이스를 80%(7~8개) 채운다.

3 위의 재료를 크러시 아이스 1스쿠퍼와 함께 Blender에 넣고 10초 정도 돌린다.

4 필스너 글라스에 있는 큐브드 아이스를 비우고 글라스에 따른다.

5 A Wedge of Fresh Pineapple(Orange) and Cherry(파인애플(오렌지) 웨지와 체리)로 장식한다.

유 래

마이타이란 타히티어로 '최고'라는 의미이다. 오클랜드에 있는 폴리네시안 레스토랑인 '토레다 빅스'의 사장인 빅터 J. 바지로가 고안한 트로피컬 칵테일이다. 전 세계적으로 사랑받고 있는 문자 그대로 '최고'인 트로피컬 칵테일이다. 장식의 화려함과 칵테일의 색 배합과 그 실루엣은 아름답기로 유명하다. 전 세계에 레시피가 알려져서 럼만 타면 즉석에서 만들 수 있도록 한 마이타이믹스, 완제품을 병에 담아 놓은 것 등 미국을 중심으로 다양한 제품이 나와 있다.

코즈모폴리탄 칵테일 *Cosmopolitan Cocktail*

재료

Vodka – 1oz(30ml)
Triple Sec – 1/2oz(15ml)
Lime Juice – 1/2oz(15ml)
Cranberry Juice – 1/2oz(15ml)

기 법 흔들기(Shake)
Glass Cocktail Glass
장 식 Twist of Lime or Lemon Peel

만드는 법

1 칵테일 글라스에 큐브드 아이스를 5개 넣고 잔을 차갑게 한다.
2 셰이커에 큐브드 아이스를 80%(7~8개) 채운 후 위의 재료를 차례로 넣고 잘 흔든다.
3 칵테일 글라스에 있는 큐브드 아이스를 비운다.
4 칵테일 글라스에 셰이커에 있는 얼음을 거르며 내용물만 따른다.
5 Twist of Lime or Lemon Peel(라임 또는 레몬 껍질을 비틀어)로 장식한다.

Tip 트위스트(Twist)란, 필러를 사용하여 과일 껍질을 벗겨 둥글게 말아서 글라스 가장자리에 장식하는 방식을 말한다.

유래 '세계인', '국제인', '범세계주의자' 등의 의미를 지닌 코즈모폴리탄은 희미한 핑크색의 그라데이션이 매우 도시적인, 뉴욕 여성들에게 인기 높은 칵테일이다. 인기 드라마인 섹스 앤 더 시티(Sex and the City)의 여자 주인공 캐리가 즐겨 마시던 칵테일 중 하나로, 달콤하고 정열적인 붉은색이 유혹의 물결을 만든다. 시트러스 보드카를 사용하여 일반 보드카보다 풍미를 좀 더 풍부하게 만드는 방법도 있다.

애플 마티니 *Apple Martini*

재료

Vodka – 1oz(30㎖)
Apple Pucker(Sour apple Liqueur) – 1oz(30㎖)
Lime Juice – 1/2oz(15㎖)

기 법 흔들기(Shake)
Glass Cocktail Glass
장 식 A Slice of Apple

만드는 법

1 칵테일 글라스에 큐브드 아이스를 5개 넣고 잔을 차갑게 한다.
2 셰이커에 큐브드 아이스를 80%(7~8개) 채운 후 위의 재료를 차례로 넣고 잘 흔든다.
3 칵테일 글라스에 있는 큐브드 아이스를 비운다.
4 칵테일 글라스에 셰이커에 있는 얼음을 거르며 내용물만 따른다.
5 A Slice of Apple(사과 슬라이스)로 장식한다.

유래 칵테일의 제왕 마티니 시리즈 중의 하나로 코즈모폴리탄과 함께 미국의 인기드라마 섹스 앤 더 시티 (Sex and the City)에 자주 등장해 우리에게 친숙한 칵테일이다. 사과와 라임의 상큼한 맛과 향이 환상적인 맛을 내는데, 약간 시큼하면서 상큼한 조화로 강렬한 맛을 느끼게 된다. 영화 속 주인공이 멋진 분위기를 연출하며 마시는 것이 칵테일이다.

시브리즈 *Seabreeze*

재료

Vodka – 1½oz(45㎖)
Cranberry Juice – 3oz(90㎖)
Grapefruit Juice – 1/2oz(15㎖)

기 법 직접 넣기(Build)
Glass Highball
장 식 A Wedge of Lime or Lemon

만드는 법

1 하이볼 글라스에 큐브드 아이스를 80%(6개) 넣는다.
2 하이볼 글라스에 위의 재료를 차례대로 넣고 바 스푼으로 잘 젓는다.
3 A Wedge of Lime or Lemon(라임 또는 레몬 웨지)으로 장식하여 제공한다.

> **유래** 바닷바람, 산들산들 불어오는 해풍이라는 뜻을 가진 이 칵테일은 1920년대 후반 처음 만들어졌을 당시의 오리지널 레시피는 지금과 달리 진을 베이스로 크랜베리주스와 자몽주스 대신 석류 시럽을 혼합하여 만들어졌다. 1980년대 미국에서 대유행한 이 칵테일은 알코올 도수가 낮은 드링크로, 그 이름이 주는 신선한 느낌과 함께 많은 사람들에게 인기를 얻었다. 이 칵테일은 로맨틱한 영화, 프렌치 키스(French Kiss), 1995作에서 여주인공 케이트(맥 라이언)가 '프랑스 웨이터는 무례하게 할수록 친절해진다'는 농담과 함께 주문한 칵테일로 유명하다.

모스코 뮬 *Moscow Mule*

재료

Vodka – 1½oz(45㎖)
Lime Juice – 1/2oz(15㎖)
Fill with Gingerale

기 법 직접 넣기(Build)
Glass Highball Glass
장 식 A Slice of Lime or Lemon

만드는 법

1 하이볼 글라스에 큐브드 아이스를 80%(6개) 넣는다.
2 하이볼 글라스에 보드카와 라임 주스를 따른다.
3 진저에일로 나머지 80%를 채우고, 바 스푼으로 잘 저어준다.
4 Slice of Lime or Lemon(라임 또는 레몬 슬라이스)으로 장식한다.

유래 스미노프 보드카의 소유자 잭 마틴(Jack Martin)과 그의 친구인 콕 앤 불(Cock & Bull)의 사장 잭 모건(Jack Morgan)에 의해 채텀 바(Chatham Bar)에서 만들어진 이 칵테일은 '모스크바의 노새'라는 뜻을 가지고 있다. 미국에서 판매가 부진했던 스미노프 보드카와 진저 맥주의 판매 확대를 모색하던 중 두 가지 재료를 섞어 라임을 넣어 만든 새로운 칵테일을 옆면에 노새가 새겨진 구리잔에 담아 판매하기 시작했다. 처음 마실 때에는 라임과 진저에일의 상큼함과 청량감을 맛보게 되지만, 그 뒤에 숨겨진 보드카의 풍미 때문에 마신 뒤에는 살짝 취기가 돌아 노새가 뒷발로 찬다는 이름 그대로 알코올이 강하게 느껴지기도 한다. 참고로 진저Ginger는 생강을 말하는데, 진저에일은 문자 그대로 생강 풍미가 나는 탄산음료를 말한다.

VODKA

롱아일랜드 아이스티 *Long Island Iced Tea*

재료

Vodka – 1/2oz(15㎖)
Tequila – 1/2oz(15㎖)
Dry Gin – 1/2oz(15㎖)
Light Rum – 1/2oz(15㎖)
Triple Sec – 1/2oz(15㎖)
Sweet & Sour Mix – 1½oz(45㎖)
Top with Cola

기 법 직접 넣기(Build)
Glass Collins Glass
장 식 A Wedge of Lime or Lemon

만드는 법

1 콜린스 글라스에 큐브드 아이스를 80%(7~8개) 넣는다.
2 콜린스 글라스에 콜라를 제외한 위의 재료를 차례대로 넣는다.
3 콜린스 글라스에 콜라를 80% 정도 채우고 바 스푼으로 젓는다.
4 A Wedge of Fresh Lemon(레몬 웨지)으로 장식한다.

Tip 롱아일랜드 아이스 티에 콜라 대신 크랜베리 주스를 Top으로 하면 롱비치 아이스티가 된다.

유래 1980년대 초 미국 서해안에서 탄생했다는 설과 미국 뉴욕주 남동부의 섬 롱아일랜드에 있는 '오크비치 인'의 바텐더 로버트 버트에 의해 창작된 칵테일이라는 설이 있다. 홍차류를 사용하지 않고 홍차의 맛과 색을 표현한 '마법의 칵테일'로 불리는 이 칵테일은 마실 때 부드러움 뒤에 강한 알코올 도수가 숨어 있어 일명 '칵테일의 폭탄주'라 불리기도 한다. 레시피는 세계적으로 표준화되어 있지만 현재는 변화를 주어 다양한 칵테일이 만들어지고 있다. 롱아일랜드 아이스티에 콜라 대신 크랜베리 주스를 Top으로 하면 롱비치 아이스티가 된다.

VODKA

블랙 러시안 *Black Russian*

재료

Vodka – 1oz(30㎖)
Coffee Liqueur(Kahlûa) – 1/2oz(15㎖)

기 법 직접 넣기(Build)
Glass Old Fashioned Glass
장 식 없음

만드는 법

1 올드 패션드 글라스를 준비하고 글라스에 큐브드 아이스를 넣는다.
2 보드카를 먼저 글라스에 직접 따른다.
3 나머지 깔루아를 글라스에 따른다.
4 잘 저어서 제공한다.

 Tip 블랙 러시안에 밀크 또는 크림을 첨가하면 화이트 러시안이 되고, 일반적으로 커피 리큐어는 멕시코 산 Kahlûa를 주로 사용하지만 강한 단맛을 싫어하는 사람에게는 단맛이 약한 자메이카산 티아마리아 (Tia Maria)가 적합하다.

유래 달콤한 커피의 풍미가 특징인 이 칵테일은 식후주로도 그만이다. 공산주의의 맹주였던 구소련이 철의 장벽으로 막혀 있던 시절, KGB의 횡포에 저항하겠다는 의미가 담긴 칵테일이기도 하다. 블랙 러시안 이라는 이름은 러시아를 대표하는 보드카를 사용한다는 것과 색이 검정인 것에서 유래하였는데, 커피 리큐어의 단맛이 독한 보드카를 부드럽게 하여, 알코올 함량이 높은데도 불구하고 감칠맛이 좋은 인 상적인 칵테일이다. 블랙 러시안에 밀크나 크림을 첨가하면 화이트 러시안이 된다.

TEQUILA

테킬라 선라이즈 *Tequila Sunrise*

재료

Tequila — 1½oz(45mℓ)
Fill with Orange Juice
Grenadine Syrup — 1/2oz(15mℓ)

기 법   직접 넣기(Build)+띄우기(Float)
Glass   Footed Pilsner Glass
장 식   없음

만드는 법

1 Footed Pilsner Glass에 큐브드 아이스를 80%(7~8개) 넣는다.

2 Footed Pilsner Glass에 Tequila를 1½oz 따른다.

3 글라스에 오렌지 주스를 80% 채우고 바 스푼으로 잘 저어준다.

4 바 스푼을 이용하여 Grenadine Syrup을 그 위에 섞이지 않게 띄워서 제공한다.

Tip   Do not stir. 마시는 사람이 저어서 마실 수 있도록 절대 젓지 않은 상태로 서비스한다.

유래   테킬라의 고향인 멕시코의 '일출'을 형상화해서 만든 롱 드링크 칵테일이다. 비슷한 칵테일로 쇼트 드링크인 선 라이즈가 있다. 오렌지 주스와 그레나딘 시럽이 만들어내는 색이 인상적인 일출을 표현하고 있다. 붉은색에서 오렌지색으로 그라데이션되는 비밀은 그레나딘 시럽에 있다. 테킬라와 오렌지 주스 사이에 천천히 그레나딘 시럽을 부으면 질량이 큰 시럽이 아래쪽에 쌓이면서 절묘한 색 배합을 만들어내게 된다.

마가리타 *Margarita*

재료

Tequila – 1½oz(45㎖)
Triple Sec – 1/2oz(15㎖)
Lime Juice – 1/2oz(15㎖)

기 법 흔들기(Shake)
Glass Cocktail Glass
장 식 Rimming with Salt

만드는 법

1 칵테일 글라스에 큐브드 아이스를 넣어 잔을 차갑게 준비한다.
2 칵테일 글라스 안에 있는 얼음을 버리고 깨끗한 냅킨으로 물기를 닦는다.
3 칵테일 글라스 테두리에 레몬즙을 바르고 소금을 묻힌다.
4 셰이커에 큐브드 아이스를 80%(7~8개) 채운 후 위의 재료를 차례로 넣고 잘 흔든다.
5 칵테일 글라스에 셰이커에 있는 얼음을 거르며 내용물만 따른다.

유의사항

내용물을 따를 때 소금이 흘러내리지 않도록 글라스 안쪽의 소금을 제거해 준다.

 유 래 칵테일 글라스에 레몬이나 라임으로 가장자리를 적신 후 소금을 묻혀 스노우 스타일로 장식하는 칵
테일로, 1949년 전미 칵테일 콘테스트 입선작으로 존 듀레서가 고안한 것으로 알려져 있는데, 사냥
에서 총기 오발 사고로 죽은 그의 연인 마가리타의 이름을 붙인 것이라는 애틋한 사연이 전해져 온
다. 또 하나 전해지는 설로는 갈시 크레포스 호텔의 지배인이 어떤 음료든지 소금을 넣어 마시는 것
을 좋아했던 여자친구를 위해 잔에 소금을 묻힌 칵테일을 고안하여 그 여자친구의 이름을 붙였다는
이야기도 있다. 마가리타는 그 종류도 다양한데, 트리플 섹을 블루 큐라소로 바꾸면 블루 마가리타가
되기도 한다. 또한 잘게 부순 얼음을 이용한 프로즌 마가리타도 시원하게 즐길 수 있어 많은 사람들
에게 사랑을 받는다.

키르 *Kir*

재료

White Wine – 3oz(90㎖)
Créme de Cassis – 1/2oz(15㎖)

기 법 직접 넣기(Build)
Glass White Wine Glass
장 식 Twist of Lemon Peel

만드는 법

1 화이트 와인 글라스에 큐브드 아이스를 80% 채워 차갑게 해준다.
2 화이트 와인 글라스에 있는 큐브드 아이스를 비운다.
3 화이트 와인 글라스에 White Wine 3oz를 붓고 Créme de Cassis 1/2oz를 따르고, 바 스푼으로 잘 저어준다.
4 Twist of Lemon Peel(레몬 껍질을 비틀어)로 장식한다.

유래

와인 산지로 알려진 프랑스 부르고뉴 지방의 중심지인 디종시에서 5차례나 시장을 지낸 캐농 펠릭스 키르Canon Felix Kir에 의해 유명해진 칵테일이다. 현지의 특산물인 강하고 쌉쌀한 와인 알리고테와 함께 크렘 드 카시스의 향기와 단맛이 적절히 조화를 이룬 이 칵테일은, 공식 환영회의 식전 음료로 즐겨 사용되었다고 한다. 그 맛이 널리 호평을 얻어 디종시의 공식 칵테일이 되었고, 화이트 와인의 매출 증가까지 가져와 경제 발전에도 크게 공헌했다. 화이트 와인과 리큐어의 비율은 취향에 맞게 즐길 수 있지만, 리큐어를 너무 많이 넣을 경우 단맛이 강해질 수 있다.

금산 *Geumsan*

재료

Geumsan Insamju(금산 인삼주, 43도) – 1½oz(45mℓ)

Coffee Liqueur(Kahlua) – 1/2oz(15mℓ)

Apple Pucker(Sour apple Liqueur) – 1/2oz(15mℓ)

Lime Juice – 1tsp

기 법 Shake

Glass Cocktail Glass

장 식 없음

만드는 법

1 칵테일 글라스에 큐브드 아이스를 5개 넣고 잔을 차갑게 한다.

2 셰이커에 큐브드 아이스를 80%(7~8개) 채운 후 위의 재료를 차례로 넣고 잘 흔든다.

3 칵테일 글라스에 있는 큐브드 아이스를 비운다.

4 칵테일 글라스에 셰이커에 있는 얼음을 거르며 내용물만 따른다.

> **유래** 금산은 한국의 고려 인삼을 대표하는 인삼 생산지로 다른 지역의 인삼보다 육질이 단단하고 사포닌(Saponin)의 함량과 성분이 우수하다. 특히 스트레스, 피로, 우울증, 심부전, 동맥경화, 당뇨병 등에 효과가 있으며 암세포의 증식을 억제하는 항암작용이 있다.
> 인삼주를 적당히 마시면 허약체질 보강에 효과가 있다고 알려져 있어 바쁘고 지친 현대인을 위한 안성맞춤 칵테일이다.

진도 *Jindo*

└── 진도 홍주 ──┘

재료

Jindo Hong Ju(진도 홍주, 40도) − 1oz(30㎖)
Créme de Menthe White − 1/2oz(15㎖)
White Grape Juice(청포도 주스) − 3/4oz(22.5㎖)
Raspberry Syrup − 1/2oz(15㎖)

기 법	Shake
Glass	Cocktail Glass
장 식	없음

만드는 법

1 칵테일 글라스에 큐브드 아이스를 5개 넣고 잔을 차갑게 한다.

2 셰이커에 큐브드 아이스를 80%(7~8개) 채운 후 위의 재료를 차례로 넣고 잘 흔든다.

3 칵테일 글라스에 있는 큐브드 아이스를 비운다.

4 칵테일 글라스에 셰이커에 있는 얼음을 거르며 내용물만 따른다.

유래 진도(Jindo) 칵테일은 소줏고리를 이용하여 소주를 내릴 때 술 단지에 받쳐둔 지초를 통과하는 과정에서 지초의 색소가 착색되어 빨간 홍옥색의 빛깔을 띠는 홍주에 상큼한 민트 화이트와 청포도 주스, 라즈베리 시럽을 사용해서 만들었다. 진도는 천연기념물 제53호 진돗개, 중요무형문화재 제8호인 강강술래와 진도아리랑의 발상지로 유명한 곳이다.

풋사랑 *Puppy Love*

재료

Andong Soju(안동소주, 35도) – 1oz(30mℓ)

Triple Sec – 1/3oz(10mℓ)

Apple Pucker(Sour apple Liqueur) – 1oz(30mℓ)

Lime Juice – 1/3oz(10mℓ)

기 법 Shake

Glass Cocktail Glass

장 식 A Slice of Apple

만드는 법

1 칵테일 글라스에 큐브드 아이스를 5개 넣고 잔을 차갑게 한다.

2 셰이커에 큐브드 아이스를 80%(7~8개) 채운 후 위의 재료를 차례로 넣고 잘 흔든다.

3 칵테일 글라스에 있는 큐브드 아이스를 비운다.

4 칵테일 글라스에 셰이커에 있는 얼음을 거르며 내용물만 따른다.

5 A Slice of Apple(슬라이스 사과)로 장식한다.

유 래 풋사랑은 대구, 능금아가씨의 풋풋하고 아련한 첫사랑의 감정을 떠올리면서 안동소주를 사용하여 만든 우리 술 칵테일이다.

힐링 *Healing*

재료

Gam Hong Ro(감홍로, 40도) − 1½oz(45㎖)
Benedictine D.O.M − 1/3oz(10㎖)
Créme de Cassis − 1/3oz(10㎖)
Sweet & Sour mix − 1oz(30㎖)

기 법	Shake
Glass	Cocktail Glass
장 식	Twist of Lemon Peel

만드는 법

1 칵테일 글라스에 큐브드 아이스를 5개 넣고 잔을 차갑게 한다.
2 셰이커에 큐브드 아이스를 80%(7~8개) 채운 후 위의 재료를 차례로 넣고 잘 흔든다.
3 칵테일 글라스에 있는 큐브드 아이스를 비운다.
4 칵테일 글라스에 셰이커에 있는 얼음을 거르며 내용물만 따른다.
5 Twist of Lemon Peel(레몬 껍질을 비틀어)로 장식한다.

유래 힐링(Healing)이란 진피 등 몸에 좋은 8가지 한약재를 침출·숙성시켜 만든 감홍로에 하루의 피로를 푸는 데 안성맞춤인 베네딕틴을 사용해서 만든 우리 술 칵테일이다. 스트레스로 몸과 마음이 지쳐가는 현대인에게 한 잔의 힐링으로 마음을 치유해 보자는 의미이다.

고창 *Gochang*

재료

Sunwoonsan Bokbunja Wine(선운산 복분자주) – 2oz(60ml)
Triple Sec – 1/2oz(15ml)
Sprite – 2oz(60ml)

기 법 Stir
Glass Flute Champagne Glass
장 식 없음

만드는 법

1 플루트 샴페인 글라스에 큐브드 아이스를 넣고 잔을 차갑게 한다.
2 믹싱글라스에 큐브드 아이스 80%(7~8개)를 넣은 후 선운산 복분자주, 트리플 섹, 스프라이트를 넣고 스터링한다.
3 플루트 샴페인 글라스에 있는 큐브드 아이스를 비운다.
4 스트레이너를 이용하여 믹싱글라스에 있는 내용물을 걸러서 플루트 샴페인 글라스에 잘 따른다.

유래

선운산 복분자주는 1998년 현대그룹 정주영 회장이 소떼를 몰고 방북, 김정일 국방위원장 등 북측 인사들에게 선물하면서 세상의 주목을 받기 시작한 데 이어 농림부가 주최한 '우리 식품 세계화 특별품평회'에서 대상인 대통령상을 받았다. 또한 2000년 10월 서울에서 개최된 아시아유럽정상회의(ASEM) 당시 위스키 대신 공식 연회주로 선정되는 등 국가적인 행사에서 우리나라를 대표하는 전통주로서의 명성을 재확인하면서 더욱 급속히 알려지게 되었다.
복분자라는 이름은 이 열매를 먹으면 요강이 뒤집힐 만큼 소변줄기가 세어진다는 민담에서 유래되어 '엎어질 복(覆), 요강 분(盆), 아이 자(子)'라는 이름을 얻었다.
복분자는 폴리페놀을 다량 함유, 항암효과, 노화억제, 동맥경화예방, 혈전예방, 살균효과 등이 있다는 것이 밝혀졌다.

NON ALCOHOL

프레시 레몬 스쿼시 *Fresh lemon squash*

재료

Fresh squeezed Lemon – 1/2ea
Powdered Sugar – 2tsp
Fill with Soda Water

기 법 Build
Glass Highball Glass
장 식 A slice of Lemon

만드는 법

1 하이볼 글라스에 큐브드 아이스를 80%(6개) 넣는다.
2 레몬을 스퀴저하여 하이볼 글라스에 따른다.
3 파우더 슈거를 하이볼 글라스에 넣는다.
4 소다수로 나머지 80%를 채운다.
5 바스푼으로 잘 저어준다.
6 레몬 슬라이스로 장식한다.

유래

과거 유럽에서는 과일을 오래 보존하기 위해 주스를 농축시킨 코디얼의 형태로 보관했는데, 코디얼을 물에 희석시킨 음료를 스쿼시라고 하며, 농축 주스가 아닌 신선한 과일 주스를 물에 희석시킨 음료는 에이드라 불렀다. 전통적인 스쿼시는 '레몬 스쿼시'로, '코디얼' 또는 '희석한 주스'로 알려져 있다. 미국과 아이사에서는 스쿼시와 에이드에 주로 물을 사용하고, 물에 석회질이 많은 유럽에서는 탄산수를 첨가하는 것이 일반적이다.

스쿼시는 영국의 음료로 과일 주스, 물(탄산수) 이외에 설탕 시럽이나 감미료를 사용하며, 현대적인 스쿼시는 과일(레몬, 라임, 오렌지) 이외에도 다양한 허브를 사용하고 있다.

과일의 유통이 자유로워진 요즘에는 스쿼시와 에이드를 섞어서 사용하기도 한다.

버진 프루트 펀치 *Virgin fruit Punch*

재료

Orange Juice – 1oz(30ml)
Pineapple Juice – 1oz(30ml)
Cranberry Juice – 1oz(30ml)
Grapefruit Juice – 1oz(30ml)
Lemon Juice – 1/2oz(15ml)
Grenadine Syrup – 1/2oz(15ml)

기 법 Blend
Glass Footed Pilsner Glass
장 식 A wedge of fresh Pineapple & Cherry

만드는 법

1 필스너 글라스를 준비한다.
2 필스너 글라스에 큐브드 아이스를 80%(7~8개) 채운다.
3 위의 재료를 크러시 아이스 1스쿠퍼와 함께 Blender에 넣고 10초 정도 돌린다.
4 필스너 글라스에 있는 큐브드 아이스를 비우고 글라스에 따른다.
5 A wedge of fresh Pineapple and Cherry(파인애플 웨지와 체리)로 장식한다.

 유래

펀치는 최초로 정립된 칵테일 스타일로 알려져 있으며, 1632년 영국이 세운 동인도회사의 영향으로 인도에서 시작되었다. '다섯(Paunch)'을 뜻하는 힌디어에서 기원된 펀치는 스피릿(브랜디, 럼 또는 아락), 감귤 주스(레몬 또는 라임), 설탕, 물 그리고 스파이스(넛멕) 등의 다섯 가지 재료를 사용하며, 보통 대용량의 'Punch bowl'에 담아 제공한다.

영국 선원들에 의해 런던에 펀치(아락 베이스)가 알려졌으며, 초창기에는 와인이나 브랜디 베이스였다가, 이후 선원들의 술인 '럼'으로 대체되면서 'Rum punch'가 대표적인 펀치가 되었다.

고전적인 펀치 레시피의 비율은 감귤류 주스(라임 주스 또는 레몬 주스) 1 : 설탕 시럽 2 : 스피릿(아락, 럼 또는 브랜디) 3 : 무알코올 음료(물, 과일주스, 차 등) 4 : 스파이스(넛멕, 시나몬, 장미워터 등)이다.

현대에는 펀치의 의미가 확장되어 각종 과일 주스와 설탕 시럽 등을 혼합한 음료들 역시 'Fruit punch'라고 불린다.

3-2 얼음의 종류

┌───┐
│ | 학습 목표 | • 칵테일의 특성을 강화하기 위하여 양질의 얼음을 활용할 수 있다. │
└───┘

① 얼음(Ice)의 종류

얼음의 종류는 매우 다양하며 용도에 따라 사용법도 각기 다르다. 칵테일에도 다양한 얼음이 사용되며, 용도에 맞는 얼음을 사용하면 좋은 효과를 가져올 수 있다. 얼음은 얼음 속에 공기가 들어가 있지 않고, 냄새가 없고 투명해야 하며, 물에 잘 녹지 않는 것이 좋은 얼음이다.

얼음은 맑고 단단한 것을 사용하는 것이 좋으며, 용도에 따라 알맞은 크기와 모양을 선택한다. 칵테일에 사용되는 얼음의 종류는 다음과 같다.

1. 셰이브드 아이스(Shaved Ice; 눈얼음)

무더운 여름철 팥빙수를 만들 때 사용하는 얼음처럼 곱게 갈아서 나오는 얼음으로 프라페(Frappé) 스타일의 칵테일을 조주할 때 주로 사용한다.

2. 크러쉬드 아이스(Crushed Ice; 부순 얼음)

잘게 갈아낸 알갱이 모양의 얼음으로 Cubed Ice를 타월에 싸서 아이스픽의 자루로 두들겨 깨거나, 또는 잔얼음 만드는 기계에 갈아서 사용하였으나 최근에는 제빙기 자체에서 Crushed Ice와 Cubed Ice를 선택할 수 있는 버튼이

있어 편리하게 사용할 수 있다.

3. 큐브드 아이스(Cubed Ice; 각얼음)

칵테일 조주 때 가장 많이 사용하는 얼음으로 제빙기에서 육면체 모양으로 만들어서 나온다.

4. 크랙트 아이스(Cracked Ice; 깬 얼음)

큰 얼음 덩어리를 아이스픽으로 깨서 만든다. 셰이크나 스터에 사용하므로 모서리가 없는 것이 이상적이다.

5. 럼프 오브 아이스(Lump of Ice; 덩어리 얼음)

일반적으로 록 아이스라 부르는 것으로 크랙트 아이스보다 조금 큼직하다.

얼음의 종류 학습하기

✳ 재료 · 자료

- 럼프아이스
- 큐브아이스

✳ 기기(장비 · 공구)

- 제빙기
- 아이스크러셔, 빙삭기(빙수 기계)
- 아이스패일, 아이스텅, 아이스픽

✳ 안전 · 유의 사항

- 아이스픽이 날카로우므로 얼음을 깰 때 유의하도록 한다.
- 블록아이스는 크기가 크고 무거우므로 운반에 유의하도록 한다.

✳ 수행 순서

1 교재에서 제공하는 얼음의 종류에 대한 정확한 이해를 위해 교재의 내용을 정독하고 숙지한다.

2 블록아이스와 럼프아이스의 크기를 파악한다.

3 아이스픽을 이용하여 블록아이스와 럼프아이스를 깨서 크랙아이스를 만든다. 이때 아이스픽이 날카롭고 얼음이 미끄러질 수 있으므로 주의하여야 한다.

4 크랙아이스와 큐브아이스의 크기와 특징을 비교하고 구분할 수 있도록 한다.

5 아이스크러셔를 이용하여 큐브아이스를 크러쉬아이스로 만든다. 아이스크러셔가 없을 경우 깨끗한 타월이나 클로스에 큐브아이스를 넣고 덮은 다음, 망치를 이용하거나 타월이나 클로스를 바닥에 내리쳐서 으깬다. 타월이나 클로스를 펼쳐서 크러쉬아이스의 크기와 특징을 파악한다.

6 빙수 기계를 이용하여 셰이브아이스를 만든다.

- **얼음은 온도에 매우 민감하니 온도 관리에 주의해야 한다.**

평가 준거

- 평가자는 학습자가 수행 준거 및 평가 항목에 제시한 내용을 성공적으로 수행하였는지를 평가해야 한다.
- 평가자는 다음 사항에 대하여 평가한다.

학습 내용	평가 항목	성취수준		
		상	중	하
칵테일의 표준 레시피	- 조주 방법에 대한 올바른 이해와 장단점 비교			
	- 칵테일 기구에 대한 정확한 활용 정도			
	- 정확한 레시피(글라스, 조주 기법, 가니시 등)의 이해			
	- 고객 서비스 만족을 위한 신속정확한 조주			
얼음의 종류	- 얼음의 종류에 대한 이해 정도			

평가 방법

- 작업장 평가

학습 내용	평가 항목	성취수준		
		상	중	하
칵테일의 표준 레시피	- 조주 방법의 종류에 대한 지식			
	- 칵테일 기구에 대한 지식			
	- 칵테일레시피에 대한 지식			
	- 칵테일 가니시의 종류			
얼음의 종류	- 얼음의 종류와 특성			

피 드 백

1. 평가자 질문
- 칵테일 조주 방법에 대한 장단점에 대한 다양한 올바른 이해가 부족한 경우 조주기법의 특성에 대한 재학습을 실시한다.
- 칵테일 기구의 명칭 파악과 기구의 올바른 사용 방법에 대한 반복 학습
- 칵테일 레시피 암기 위주가 아닌 실습을 통한 칵테일의 특성 파악
- 다양한 가니시를 만들어 보는 실습
- 종류별 얼음의 특성을 파악하고 직접 해당 종류의 얼음을 만들며 비교 학습

1. 조주기능사 필기 출제기준

직무분야	음식서비스	중직무분야	조리	조주기능사	적용기간	2022.1.1.~2024.12.31.

◉ **직무내용** : 다양한 음료에 대한 이해를 바탕으로 칵테일을 조주하고 영업장관리, 고객관리, 음료서비스 등의 업무를 수행하는 직무이다.

필기검정방법	객관식	문제수	60	시험시간	1시간

필기과목명	문제수	주요항목	세부항목	세세항목
음료특성, 칵테일 조주 및 영업장 관리	60	1. 위생관리	1. 음료 영업장 위생 관리	1. 영업장 위생 확인
			2. 재료·기물·기구 위생 관리	1. 재료·기물·기구 위생 확인
			3. 개인위생 관리	1. 개인위생 확인
			4. 식품위생 및 관련법규	1. 위생적인 주류 취급 방법 2. 주류판매 관련 법규
		2. 음료 특성 분석	1. 음료 분류	1. 알코올성 음료 분류 2. 비알코올성 음료 분류
			2. 양조주 특성	1. 양조주의 개념 2. 양조주의 분류 및 특징 3. 와인의 분류 4. 와인의 특징 5. 맥주의 분류 6. 맥주의 특징
			3. 증류주 특성	1. 증류주의 개념 2. 증류주의 분류 및 특징
			4. 혼성주 특성	1. 혼성주의 개념 2. 혼성주의 분류 및 특징
			5. 전통주 특성	1. 전통주의 특징 2. 지역별 전통주
			6. 비알코올성 음료 특성	1. 기호음료 2. 영양음료 3. 청량음료

		7. 음료 활용	1. 알코올성 음료 활용 2. 비알코올성 음료 활용 3. 부재료 활용
		8. 음료의 개념과 역사	1. 음료의 개념 2. 음료의 역사
	3. 칵테일 기법 실무	1. 칵테일 특성 파악	1. 칵테일 역사 2. 칵테일 기구 사용 3. 칵테일 분류
		2. 칵테일 기법 수행	1. 셰이킹(Shaking) 2. 빌딩(Building) 3. 스터링(Stirring) 4. 플로팅(Floating) 5. 블렌딩(Blending) 6. 머들링(Muddling) 7. 그 밖의 칵테일 기법
	4. 칵테일 조주 실무	1. 칵테일 조주	1. 칵테일 종류별 특징 2. 칵테일 레시피 3. 얼음 종류 4. 글라스 종류
		2. 전통주 칵테일 조주	1. 전통주 칵테일 표준 레시피
		3. 칵테일 관능평가	1. 칵테일 관능평가 방법
	5. 고객 서비스	1. 고객 응대	1. 예약 관리 2. 고객응대 매뉴얼 활용 3. 고객 불만족 처리
		2. 주문 서비스	1. 메뉴 종류와 특성 2. 주문 접수 방법
		3. 편익 제공	1. 서비스 용품 사용 2. 서비스 시설 사용
		4. 술과 건강	1. 술이 인체에 미치는 영향
	6. 음료 영업장 관리	1. 음료 영업장 시설 관리	1. 시설물 점검 2. 유지보수 3. 배치 관리
		2. 음료 영업장 기구·글라스 관리	1. 기구 관리 2. 글라스 관리
		3. 음료 관리	1. 구매관리 2. 재고관리 3. 원가관리

		7. 바텐더 외국어 사용	1. 기초 외국어 구사	1. 음료 서비스 외국어
				2. 접객 서비스 외국어
			2. 음료 영업장 전문용어 구사	1. 시설물 외국어 표현
				2. 기구 외국어 표현
				3. 알코올성 음료 외국어 표현
				4. 비알코올성 음료 외국어 표현
		8. 식음료 영업 준비	1. 테이블 세팅	1. 영업기물별 취급 방법
			2. 스테이션 준비	1. 기물 관리
				2. 비품과 소모품 관리
			3. 음료 재료 준비	1. 재료 준비
				2. 재료 보관
			4. 영업장 점검	1. 시설물 유지관리
		9. 와인장비· 비품 관리	1. 와인글라스 유지·관리	1. 와인글라스 용도별 사용
			2. 와인비품 유지·관리	1. 와인 용품 사용

2. 조주기능사 실기 출제기준

직무 분야	음식서비스	중직무 분야	조리	조주기능사	적용 기간	2022.1.1.~2024.12.31.

◉ **직무내용** : 다양한 음료의 특성을 이해하고 조주에 관계된 지식, 기술, 태도의 습득을 통해 음료 서비스, 영업장 관리를 수행하는 직무이다.

◉ **수행준거** : 1. 고객에게 위생적인 음료를 제공하기 위하여 음료 영업장과 조주에 활용되는 재료·기물·기구를 청결히 관리하고 개인위생을 준수할 수 있다.
2. 다양한 음료의 특성을 파악·분류하고 조주에 활용할 수 있다.
3. 칵테일 조주를 위한 기본적인 지식과 기법을 습득하고 수행할 수 있다.
4. 칵테일 조주 기법에 따라 칵테일을 조주하고 관능평가를 수행할 수 있다.
5. 고객영접, 주문, 서비스, 다양한 편익제공, 환송 등 고객에 대한 서비스를 수행할 수 있다.
6. 음료 영업장 시설을 유지보수하고 기구·글라스를 관리하며 음료의 적정 수량과 상태를 관리할 수 있다.
7. 기초 외국어, 음료 영업장 전문용어를 숙지하고 사용할 수 있다.
8. 본격적인 식음료서비스를 제공하기 전 영업장환경과 비품을 점검함으로써 최선의 서비스가 될 수 있도록 준비할 수 있다.
9. 와인서비스를 위해 와인글라스, 디캔터와 그 외 관련비품을 청결하게 유지 · 관리할 수 있다.

실기검정 방법	작업형	시험시간	7분 정도

실 기 과목명	주요 항목	세부 항목	세세항목
바텐더 실무	1. 위생관리	1. 음료 영업장 위생 관리하기	1. 음료 영업장의 청결을 위하여 영업 전 청결상태를 확인하여 조치할 수 있다. 2. 음료 영업장의 청결을 위하여 영업 중 청결상태를 유지할 수 있다. 3. 음료 영업장의 청결을 위하여 영업 후 청결상태를 복원할 수 있다.
		2. 재료·기물·기구 위생 관리하기	1. 음료의 위생적 보관을 위하여 음료 진열장의 청결을 유지할 수 있다. 2. 음료 외 재료의 위생적 보관을 위하여 냉장고의 청결을 유지할 수 있다. 3. 조주 기물의 위생 관리를 위하여 살균 소독을 할 수 있다.
		3. 개인위생 관리	1. 이물질에 의한 오염을 막기 위하여 개인 유니폼을 항상 청결하게 유지할 수 있다. 2. 이물질에 의한 오염을 막기 위하여 손과 두발을 항상 청결하게 유지할 수 있다. 3. 병원균에 의한 오염을 막기 위하여 보건증을 발급받을 수 있다.

	2. 음료 특성 분석	1. 음료 분류하기	1. 알코올 함유량에 따라 음료를 분류할 수 있다. 2. 양조방법에 따라 음료를 분류할 수 있다. 3. 청량음료, 영양음료, 기호음료를 분류할 수 있다. 4. 지역별 전통주를 분류할 수 있다.
		2. 음료 특성 파악하기	1. 다양한 양조주의 기본적인 특성을 설명할 수 있다. 2. 다양한 증류주의 기본적인 특성을 설명할 수 있다. 3. 다양한 혼성주의 기본적인 특성을 설명할 수 있다. 4. 다양한 전통주의 기본적인 특성을 설명할 수 있다. 5. 다양한 청량음료, 영양음료, 기호음료의 기본적인 특성을 설명할 수 있다.
		3. 음료 활용하기	1. 알코올성 음료를 칵테일 조주에 활용할 수 있다. 2. 비알코올성 음료를 칵테일 조주에 활용할 수 있다. 3. 비터와 시럽을 칵테일 조주에 활용할 수 있다.
	3. 칵테일 기법 실무	1. 칵테일 특성 파악하기	1. 고객에게 정보를 제공하기 위하여 칵테일의 유래와 역사를 설명할 수 있다. 2. 칵테일 조주를 위하여 칵테일 기구의 사용법을 습득할 수 있다. 3. 칵테일별 특성에 따라서 칵테일을 분류할 수 있다.
		2. 칵테일 기법 수행하기	1. 셰이킹(Shaking) 기법을 수행할 수 있다. 2. 빌딩(Building) 기법을 수행할 수 있다. 3. 스터링(Stirring) 기법을 수행할 수 있다. 4. 플로팅(Floating) 기법을 수행할 수 있다. 5. 블렌딩(Blending) 기법을 수행할 수 있다. 6. 머들링(Muddling) 기법을 수행할 수 있다.
	4. 칵테일 조주 실무	1. 칵테일 조주하기	1. 동일한 맛을 유지하기 위하여 표준 레시피에 따라 조주할 수 있다. 2. 칵테일 종류에 따라 적절한 조주 기법을 활용할 수 있다. 3. 칵테일 종류에 따라 적절한 얼음과 글라스를 선택하여 조주할 수 있다.
		2. 전통주 칵테일 조주하기	1. 전통주 칵테일 레시피를 설명할 수 있다. 2. 전통주 칵테일을 조주할 수 있다. 3. 전통주 칵테일에 맞는 가니시를 사용할 수 있다.
		3. 칵테일 관능평가하기	1. 시각을 통해 조주된 칵테일을 평가할 수 있다. 2. 후각을 통해 조주된 칵테일을 평가할 수 있다. 3. 미각을 통해 조주된 칵테일을 평가할 수 있다.

5. 고객 서비스	1. 고객 응대하기	1. 고객의 예약사항을 관리할 수 있다. 2. 고객을 영접할 수 있다. 3. 고객의 요구사항과 불편사항을 적절하게 처리할 수 있다. 4. 고객을 환송할 수 있다.	
	2. 주문 서비스하기	1. 음료 영업장의 메뉴를 파악할 수 있다. 2. 음료 영업장의 메뉴를 설명하고 주문 받을 수 있다. 3. 고객의 요구나 취향, 상황을 확인하고 맞춤형 메뉴를 추천할 수 있다.	
	3. 편익 제공하기	1. 고객에 필요한 서비스 용품을 제공할 수 있다. 2. 고객에 필요한 서비스 시설을 제공할 수 있다. 3. 고객 만족을 위하여 이벤트를 수행할 수 있다.	
6. 음료영업장 관리	1. 음료 영업장 시설 관리하기	1. 음료 영업장 시설물의 안전 상태를 점검할 수 있다. 2. 음료 영업장 시설물의 작동 상태를 점검할 수 있다. 3. 음료 영업장 시설물을 정해진 위치에 배치할 수 있다.	
	2. 음료 영업장 기구·글라스 관리하기	1. 음료 영업장 운영에 필요한 조주 기구, 글라스를 안전하게 관리할 수 있다. 2. 음료 영업장 운영에 필요한 조주 기구, 글라스를 정해진 장소에 보관할 수 있다. 3. 음료 영업장 운영에 필요한 조주 기구, 글라스의 정해진 수량을 유지할 수 있다.	
	3. 음료 관리하기	1. 원가 및 재고 관리를 위하여 인벤토리(inventory)를 작성할 수 있다. 2. 파스탁(par stock)을 통하여 적정재고량을 관리할 수 있다. 3. 음료를 선입선출(F.I.F.O)에 따라 관리할 수 있다.	
7. 바텐더 외국어 사용	1. 기초 외국어 구사하기	1. 기초 외국어 습득을 통하여 외국어로 고객을 응대할 수 있다. 2. 기초 외국어 습득을 통하여 고객 응대에 필요한 외국어 문장을 해석할 수 있다. 3. 기초 외국어 습득을 통해서 고객 응대에 필요한 외국어 문장을 작성할 수 있다.	
	2. 음료 영업장 전문 용어 구사하기	1. 음료영업장 시설물과 조주 기구를 외국어로 표현할 수 있다. 2. 다양한 음료를 외국어로 표현할 수 있다. 3. 다양한 조주 기법을 외국어로 표현할 수 있다.	

8. 식음료 영업 준비	1. 테이블 세팅하기	1. 메뉴에 따른 세팅 물품을 숙지하고 정확하게 준비할 수 있다. 2. 집기 취급 방법에 따라 테이블 세팅을 할 수 있다. 3. 집기의 놓는 위치에 따라 정확하게 테이블 세팅을 할 수 있다. 4. 테이블 세팅 시에 소음이 나지 않게 할 수 있다. 5. 테이블과 의자의 균형을 조정할 수 있다. 6. 예약현황을 파악하여 요청사항에 따른 준비를 할 수 있다. 7. 영업장의 성격에 맞는 테이블크로스, 냅킨 등 린넨류를 다룰 수 있다. 8. 냅킨을 다양한 방법으로 활용하여 접을 수 있다.	
	2. 스테이션 준비하기	1. 스테이션의 기물을 용도에 따라 정리할 수 있다. 2. 비품과 소모품의 위치와 수량을 확인하고 재고 목록표를 작성할 수 있다. 3. 회전율을 고려한 일일 적정 재고량을 파악하여 부족한 물품이 없도록 확인할 수 있다. 4. 식자재 유통기한과 표시기준을 확인하고 선입선출의 방법에 따라 정돈 사용할 수 있다.	
	3. 음료 재료 준비하기	1. 표준 레시피에 따라 음료제조에 필요한 재료의 종류와 수량을 파악하고 준비할 수 있다. 2. 표준 레시피에 따라 과일 등의 재료를 손질하여 준비할 수 있다. 3. 덜어 쓰는 재료를 적합한 용기에 보관하고 유통기한을 표시할 수 있다.	
	4. 영업장 점검하기	1. 영업장의 청결을 점검할 수 있다. 2. 최적의 조명상태를 유지하도록 조명기구들을 점검할 수 있다. 3. 고정 설치물의 적합한 위치와 상태를 유지할 수 있도록 점검할 수 있다. 4. 영업장 테이블 및 의자의 상태를 점검할 수 있다. 5. 일일 메뉴의 특이사항과 재고를 점검할 수 있다.	
9. 와인장비·비품 관리	1. 와인글라스 유지·관리하기	1. 와인글라스의 파손, 오염을 확인할 수 있다. 2. 와인글라스를 청결하게 유지·관리할 수 있다. 3. 와인글라스를 종류별로 정리·정돈할 수 있다. 4. 와인글라스의 종류별 재고를 적정하게 확보·유지할 수 있다.	

		2. 와인디캔터 유지· 관리하기	1. 디캔터의 파손, 오염을 확인할 수 있다. 2. 디캔터를 청결하게 유지·관리할 수 있다. 3. 디캔터를 종류별로 정리·정돈할 수 있다. 4. 디캔터의 종류별 재고를 적정하게 확보·유지할 수 있다.
		3. 와인비품 유지·관리 하기	1. 와인오프너, 와인쿨러 등 비품의 파손, 오염을 확인할 수 있다. 2. 와인오프너, 와인쿨러 등 비품을 청결하게 유지·관리할 수 있다. 3. 와인오프너, 와인쿨러 등 비품을 종류별로 정리·정돈할 수 있다. 4. 와인오프너, 와인쿨러 등 비품을 적정하게 확보·유지할 수 있다.

3. 국가기술자격 실기시험문제

자격종목	조주기능사	과제명	칵테일

※ 문제지는 시험종료 후 본인이 가져갈 수 있습니다.

비번호		시험일시		시험장명	

※ 시험시간 : 7분

1. 요구사항

※ 다음의 칵테일 중 감독위원이 제시하는 3가지 작품을 조주하여 제출하시오.

번호	칵테일	번호	칵테일	번호	칵테일	번호	칵테일
1	Pousse Café	11	New York	21	Long Island Iced Tea	31	Tequila Sunrise
2	Manhattan	12	Daiquiri	22	Sidecar	32	Healing
3	Dry Martini	13	B-52	23	Mai-Tai	33	Jindo
4	Old Fashioned	14	June Bug	24	Pina Colada	34	Puppy Love
5	Brandy Alexander	15	Bacardi Cocktail	25	Cosmopolitan Cocktail	35	Geumsan
6	Singapore Sling	16	Cuba Libre	26	Moscow Mule	36	Gochang
7	Black Russian	17	Grasshopper	27	Apricot Cocktail	37	Gin Fizz
8	Margarita	18	Seabreeze	28	Honeymoon Cocktail	38	Fresh Lemon Squash
9	Rusty Nail	19	Apple Martini	29	Blue Hawaiian	39	Virgin Fruit Punch
10	Whiskey Sour	20	Negroni	30	Kir	40	Boulevardier

2. 수험자 유의사항

1) 시험시간 전 2분 이내에 재료의 위치를 확인합니다.

2) 개인위생 항목에서 0점 처리되는 경우는 다음과 같습니다.

  가) 두발 상태가 불량하고 복장 상태가 비위생적인 경우

  나) 손에 과도한 액세서리를 착용하여 작업에 방해가 되는 경우

  다) 작업 전에 손을 씻지 않는 경우

3) 감독위원이 요구한 3가지 작품을 7분 내에 완료하여 제출합니다.

4) 완성된 작품을 제출 시 반드시 코스터를 사용해야 합니다.

5) 검정장 시설과 지급재료 이외의 도구 및 재료를 사용할 수 없습니다.

6) 시설이 파손되지 않도록 주의하며, 실기시험이 끝난 수험자는 본인이 사용한 기물을 3분 이내에 세척 · 정리하여 원위치에 놓고 퇴장합니다.

7) 과도, 글라스 등을 조심성 있게 다루어 안전사고가 발생되지 않도록 주의해야 합니다.

8) 채점 대상에서 제외되는 경우는 다음과 같습니다.

  가) 오 작 :

    (1) 3가지 과제 중 2가지 이상의 주재료(주류) 선택이 잘못된 경우

    (2) 3가지 과제 중 2가지 이상의 조주법(기법) 선택이 잘못된 경우

    (3) 3가지 과제 중 2가지 이상의 글라스 사용 선택이 잘못된 경우

    (4) 3가지 과제 중 2가지 이상의 장식 선택이 잘못된 경우

    (5) 1과제 내에 재료(주 · 부재료) 선택이 2가지 이상 잘못된 경우

  나) 미완성 :

    (1) 요구된 과제 3가지 중 1가지라도 제출하지 못한 경우

9) 다음의 경우에는 득점과 관계없이 채점 대상에서 제외됩니다.

  가) 시험 도중 포기한 경우

  나) 시험 도중 시험장을 무단이탈하는 경우

  다) 부정한 방법으로 타인의 도움을 받거나 타인의 시험을 방해하는 경우

  라) 국가기술자격법상 국가기술자격검정에서의 부정행위 등을 하는 경우

4. 국가기술자격 실기시험 표준레시피

번호	칵테일명	조주법	글라스	가니시	재료	
01	Dry Martini	Stir	Cocktail Glass	Green Olive	Dry Gin Dry Vermouth	2 oz 1/3 oz
02	Singapore Sling	Shake/ Build	Footed Pilsner Glass	A slice of Orange and Cherry	Dry Gin Lemon Juice Powdered Sugar Fill with Soda Water On Top with Cherry 　Flavored Brandy	1½ oz 1/2 oz 1 tsp 1/2 oz
03	Negroni	Build	Old-Fashioned Glass	Twist of Lemon peel	Dry Gin Sweet Vermouth Campari	3/4 oz 3/4 oz 3/4 oz
04	Gin Fizz	Shake/ Build	Highball Glass	A slice of Lemon	Dry Gin Lemon Juice Powdered Sugar Fill with Soda Water	1½ oz 1/2 oz 1 tsp
05	Apricot Cocktail	Shake	Cocktail Glass	없음	Apricot Flavored Brandy Dry Gin Lemon Juice Orange Juice	1½ oz 1 tsp 1/2 oz 1/2 oz
06	Grasshopper	Shake	Champagne Glass(saucer형)	없음	Crème De Menthe(Green) Crème De Cacao(White) Light Milk	1 oz 1 oz 1 oz
07	June Bug	Shake	Collins Glass	A wedge of fresh Pineapple & Cherry	Midori(Melon Liqueur) Coconut Flavored Rum Banana Liqueur Pineapple Juice Sweet & Sour mix	1 oz 1/2 oz 1/2 oz 2 oz 2 oz
08	B-52	Float	Sherry Glass (2oz)	없음	Coffee Liqueur Balley's Irish Cream Liqueur Grand Marnier	1/3 part 1/3 part 1/3 part
09	Pousse Café	Float	Steamed Liqueur Glass	없음	Grenadine Syrup Crème De Menthe(Green) Brandy	1/3 part 1/3 part 1/3 part

10	New York	Shake	Cocktail Glass	Twist of Lemon peel	Bourbon Whiskey	1½ oz
					Lime Juice	1/2 oz
					Powdered Sugar	1 tsp
					Grenadine Syrup	1/2 tsp
11	Manhattan Cocktail	Stir	Cocktail Glass	Cherry	Bourbon Whiskey	1½ oz
					Sweet Vermouth	3/4 oz
					Angostura Bitters	1 dash
12	Rusty Nail	Build	Old-Fashioned Glass	없음	Scotch Whiskey	1 oz
					Drambuie	1/2 oz
13	Old Fashioned	Build	Old-Fashioned Glass	A slice of Orange and Cherry	Bourbon Whiskey	1½ oz
					Powdered Sugar	1 tsp
					Angostura Bitters	1 dash
					Soda Water	1/2 oz
14	Whiskey Sour	Shake/Build	Sour Glass	A slice of Lemon and Cherry	Bourbon Whiskey	1½ oz
					Lemon Juice	1/2 oz
					Powdered Sugar	1 tsp
					On Top with Soda Water	1 oz
15	Boulevardier	Stir	Old-Fashioned Glass	Twist of Orange Peel	Bourbon Whiskey	1 oz
					Sweet Vermouth	1 oz
					Campari	1 oz
16	Sidecar	Shake	Cocktail Glass	없음	Brandy	1 oz
					Triple Sec	1 oz
					Lemon Juice	1/4 oz
17	Brandy Alexander	Shake	Cocktail Glass	Nutmeg Powder	Brandy	3/4 oz
					Crème De Cacao(Brown)	3/4 oz
					Light Milk	3/4 oz
18	Honeymoon Cocktail	Shake	Cocktail Glass	없음	Apple Brandy	3/4 oz
					Benedictine DOM	3/4 oz
					Triple Sec	1/4 oz
					Lemon Juice	1/2 oz
19	Bacardi Cocktail	Shake	Cocktail Glass	없음	Bacardi Rum White	1¾ oz
					Lime Juice	3/4 oz
					Grenadine Syrup	1 tsp
20	Daiquiri	Shake	Cocktail Glass	없음	Light Rum	1¾ oz
					Lime Juice	3/4 oz
					Powdered Sugar	1 tsp

21		Cuba Libre	Build	Highball Glass	A wedge of Lemon	Light Rum Lime Juice Fill with Cola	1½ oz 1/2 oz
22		Pina Colada	Blend	Footed Pilsner Glass	A wedge of fresh Pineapple & Cherry	Light Rum Pina Colada Mix Pineapple Juice	1¼ oz 2 oz 2 oz
23		Blue Hawaiian	Blend	Footed Pilsner Glass	A wedge of fresh Pineapple & Cherry	Light Rum Blue Curacao Coconut Flavored Rum Pineapple Juice	1 oz 1 oz 1 oz 2½ oz
24		Mai-Tai	Blend	Footed Pilsner Glass	A wedge of fresh Pineapple (Orange) & Cherry	Light Rum Triple Sec Lime Juice Pineapple Juice Orange Juice Grenadine Syrup	1¼ oz 3/4 oz 1 oz 1 oz 1 oz 1/4 oz
25		Cosmopolitan Cocktail	Shake	Cocktail Glass	Twist of Lime or Lemon peel	Vodka Triple Sec Lime Juice Cranberry Juice	1 oz 1/2 oz 1/2 oz 1/2 oz
26		Apple Martini	Shake	Cocktail Glass	A slice of Apple	Vodka Apple Pucker(Sour apple Liqueur) Lime Juice	1 oz 1 oz 1/2 oz
27		Seabreeze	Build	Highball Glass	A wedge of Lime or Lemon	Vodka Cranberry Juice Grapefruit Juice	1½ oz 3 oz 1/2 oz
28		Moscow Mule	Build	Highball Glass	A slice of Lime or Lemon	Vodka Lime Juice Fill with Ginger ale	1½ oz 1/2 oz
29		Long Island Iced Tea	Build	Collins Glass	A wedge of Lime or Lemon	Dry Gin Vodka Light Rum Tequila Triple Sec Sweet & Sour Mix On Top with Cola	1/2 oz 1/2 oz 1/2 oz 1/2 oz 1/2 oz 1½ oz
30		Black Russian	Build	Old-Fashioned Glass	없음	Vodka Coffee Liqueur	1 oz 1/2 oz

31	Tequila Sunrise	Build/ Float	Footed Pilsner Glass	없음	Tequila Fill with Orange Juice Grenadine Syrup	1½ oz 1/2 oz
32	Margarita	Shake	Cocktail Glass	Rimming with Salt	Tequila Triple Sec Lime Juice	1½ oz 1/2 oz 1/2 oz
33	Kir	Build	White Wine Glass	Twist of Lemon peel	White Wine Crème De Cassis	3 oz 1/2 oz
34	금산(Geumsan)	Shake	Cocktail Glass	없음	Geumsan Insamju(43도) Coffee Liqueur(Kahlua) Apple Pucker(Sour apple Liqueur) Lime Juice	1½ oz 1/2 oz 1/2 oz 1 tsp
35	진도(Jindo)	Shake	Cocktail Glass	없음	Jindo Hong Ju(40도) Crème De Menthe White White Grape Juice(청포도주스) Raspberry Syrup	1 oz 1/2 oz 3/4 oz 1/2 oz
36	풋사랑(Puppy Love)	Shake	Cocktail Glass	A slice of Apple	Andong Soju(35도) Triple Sec Apple Pucker(Sour apple Liqueur) Lime Juice	1 oz 1/3 oz 1 oz 1/3 oz
37	힐링(Healing)	Shake	Cocktail Glass	Twist of Lemon peel	Gam Hong Ro(40도) Benedictine DOM Crème De Cassis Sweet & Sour mix	1½ oz 1/3 oz 1/3 oz 1/2 oz
38	고창(Gochang)	Stir	Flute Champagne Glass	없음	Sunwoonsan Bokbunja Wine Triple Sec Sprite	2 oz 1/2 oz 2 oz
39	Fresh Lemon Squash	Build	Highball Glass	A slice of Lemon	Fresh squeezed Lemon Powdered Sugar Fill with Soda Water	1/2 ea 2 tsp
40	Virgin Fruit Punch	Blend	Footed Pilsner Glass	A wedge of fresh Pineapple & Cherry	Orange Juice Pineapple Juice Cranberry Juice Grapefruit Juice Lemon Juice Grenadine Syrup	1 oz 1 oz 1 oz 1 oz 1/2 oz 1/2 oz

* 칵테일 레시피는 국가별, 지역별로 일부 차이가 있을 수 있으나 조주기능사 실기시험은 위의 국가기술자격실기시험 표준 레시피를 적용함을 양지하시기 바랍니다.

[과목1] 양주학개론(30문제)

01 스파클링 와인에 해당되지 않는 것은?

① Champagne
② Cremant
③ Vin doux naturel
④ Spumante

02 다음 중 이탈리아 와인 등급 표시로 맞는 것은?

① A.O.P.
② D.O.
③ D.O.C.G
④ QbA

03 Malt Whisky를 바르게 설명한 것은?

① 대량의 양조주를 연속식으로 증류해서 만든 위스키
② 단식 증류기를 사용하여 2회의 증류과정을 거쳐 만든 위스키
③ 피트탄(peat, 석탄)으로 건조한 맥아의 당액을 발효해서 증류한 피트향과 통의 향이 배인 독특한 맛의 위스키
④ 옥수수를 원료로 대맥의 맥아를 사용하여 당화시켜 개량솥으로 증류한 고농도 알코올의 위스키

04 Ginger ale에 대한 설명 중 틀린 것은?

① 생강의 향을 함유한 소다수이다.
② 알코올 성분이 포함된 영양음료이다.
③ 식욕증진이나 소화제로 효과가 있다.
④ Gin이나 Brandy와 조주하여 마시기도 한다.

05 다음 중 알코올성 커피는?

① 카페 로얄(Cafe Royale)
② 비엔나 커피(Vienna Coffee)
③ 데미타세 커피(Demi-Tasse Coffee)
④ 카페오레(Cafe au Lait)

06 다음 중에서 이탈리아 와인 키안티 클라시코 (Chianti classico)와 가장 거리가 먼 것은?

① Gallo nero
② Piasco
③ Raffia
④ Barbaresco

07 옥수수를 51% 이상 사용하고 연속식 증류기로 알코올 농도 40% 이상 80% 미만으로 증류하는 위스키는?

① Scotch Whisky
② Bourbon Whiskey
③ Irish Whiskey
④ Canadian Whisky

08 사과로 만들어진 양조주는?

① Camus Napoleon
② Cider
③ Kirschwasser
④ Anisette

09 스트레이트 업(Straight Up)의 의미로 가장 적합한 것은?

① 술이나 재료의 비중을 이용하여 섞이지 않게 마시는 것

② 얼음을 넣지 않은 상태로 마시는 것

③ 얼음만 넣고 그 위에 술을 따른 상태로 마시는 것

④ 글라스 위에 장식하여 마시는 것

10 약초, 향초류의 혼성주는?

① 트리플 섹
② 크림 드 카시스
③ 깔루아
④ 쿰멜

11 헤네시의 등급 규격으로 틀린 것은?

① EXTRA : 15~25년
② V.O : 15년
③ X.O : 45년 이상
④ V.S.O.P : 20~30년

12 다음은 어떤 포도 품종에 관하여 설명한 것인가?

작은 포도알, 깊은 적갈색, 두꺼운 껍질, 많은 씨앗이 특징이며 씨앗은 타닌함량을 풍부하게 하고, 두꺼운 껍질은 색깔을 깊이 있게 나타낸다. 블랙커런트, 체리, 자두 향을 지니고 있으며, 대표적인 생산지역은 프랑스 보르도 지방이다.

① 메를로(Merlot)
② 삐노 느와르(Pinot Noir)
③ 까베르네 쇼비뇽(Cabernet Sauvignon)
④ 샤르도네(Chardonnay)

13 담색 또는 무색으로 칵테일의 기본주로 사용되는 Rum은?

① Heavy Rum
② Medium Rum
③ Light Rum

④ Jamaica Rum

14 전통 민속주의 양조기구 및 기물이 아닌 것은?

① 오크통
② 누룩고리
③ 채반
④ 술자루

15 세계의 유명한 광천수 중 프랑스 지역의 제품이 아닌 것은?

① 비시 생수(Vichy Water)
② 에비앙 생수(Evian Water)
③ 셀처 생수(Seltzer Water)
④ 페리에 생수(Perrier Water)

16 Irish Whiskey에 대한 설명으로 틀린 것은?

① 깊고 진한 맛과 향을 지닌 몰트 위스키도 포함된다.
② 피트훈연을 하지 않아 향이 깨끗하고 맛이 부드럽다.
③ 스카치 위스키와 제조과정이 동일하다.
④ John Jameson, Old Bushmills가 대표적이다.

17 세계 4대 위스키(Whisky)가 아닌 것은?

① 스카치(Scotch)
② 아이리쉬(Irish)
③ 아메리칸(American)
④ 스패니쉬(Spanish)

18 다음 중 연속식 증류주에 해당하는 것은?

① Pot still Whisky
② Malt Whisky

③ Cognac

④ Patent still Whisky

19 Benedictine의 설명 중 틀린 것은?

① B-52 칵테일을 조주할 때 사용한다.

② 병에 적힌 D.O.M은 '최선 최대의 신에게' 라는 뜻이다.

③ 프랑스 수도원 제품이며 품질이 우수하다.

④ 허니문(Honeymoon)칵테일을 조주할 때 사용한다.

20 이탈리아가 자랑하는 3대 리큐어(liqueur) 중 하나로 살구씨를 기본으로 여러 가지 재료를 넣어 만든 아몬드 향의 리큐어로 옳은 것은?

① 아드보카트(Advocaat)

② 베네딕틴(Benedictine)

③ 아마레또(Amaretto)

④ 그랜드 마니에르(Grand Marnier)

21 소주가 한반도에 전해진 시기는 언제인가?

① 통일신라   ② 고려

③ 조선초기   ④ 조선중기

22 프랑스와인의 원산지 통제 증명법으로 가장 엄격한 기준은?

① DOC   ② AOC

③ VDQS   ④ QMP

23 솔레라 시스템을 사용하여 만드는 스페인의 대표적인 주정강화 와인은?

① 포트 와인   ② 쉐리 와인

③ 보졸레 와인   ④ 보르도 와인

24 리큐어(liqueur) 중 베일리스가 생산되는 곳은?

① 스코틀랜드   ② 아일랜드

③ 잉글랜드   ④ 뉴질랜드

25 다음 중 스타일이 다른 맛의 와인이 만들어지는 것은?

① late harvest

② noble rot

③ ice wine

④ vin mousseux

26 커피의 3대 원종이 아닌 것은?

① 로부스타종   ② 아라비카종

③ 인디카종   ④ 리베리카종

27 주류와 그에 대한 설명으로 옳은 것은?

① absinthe – 노르망디 지방의 프랑스산 사과 브랜디

② campari – 주정에 향쑥을 넣어 만드는 프랑스산 리큐어

③ calvados – 이탈리아 밀라노에서 생산되는 와인

④ chartreuse – 승원(수도원)이라는 뜻을 가진 리큐어

28 브랜디의 제조공정에서 증류한 브랜디를 열탕 소독한 White oak Barrel에 담기 전에 무엇을 채워 유해한 색소나 이물질을 제거하는가?

① Beer

② Gin

③ Red Wine

④ White Wine

29 양조주의 제조방법 중 포도주, 사과주 등 주로 과일주를 만드는 방법으로 만들어진 것은?

① 복발효주
② 단발효주
③ 연속발효주
④ 병행발효주

30 우유의 살균방법에 대한 설명으로 가장 거리가 먼 것은?

① 저온 살균법 : 50℃에서 30분 살균
② 고온 단시간 살균법 : 72℃에서 15초 살균
③ 초고온 살균법 : 135~150℃에서 0.5~5초 살균
④ 멸균법 : 150℃에서 2.5~3초 동안 가열 처리

[과목2] 주장관리개론(20문제)

31 맥주의 보관에 대한 내용으로 옳지 않은 것은?

① 장기 보관할수록 맛이 좋아진다.
② 맥주가 얼지 않도록 보관한다.
③ 직사광선을 피한다.
④ 적정온도(4~10℃)에 보관한다.

32 바텐더가 bar에서 glass를 사용할 때 가장 먼저 체크하여야 할 사항은?

① glass의 가장자리 파손 여부
② glass의 청결 여부
③ glass의 재고 여부
④ glass의 온도 여부

33 우리나라에서 개별소비세가 부과되지 않는 영업장은?

① 단란주점
② 요정
③ 카바레
④ 나이트클럽

34 칵테일 글라스의 3대 명칭이 아닌 것은?

① bowl
② cap
③ stem
④ base

35 칵테일 서비스 진행 절차로 가장 적합한 것은?

① 아이스 페일을 이용해서 고객의 요구대로 글라스에 얼음을 넣는다.
② 먼저 커팅보드 위에 장식물과 함께 글라스를 놓는다.
③ 칵테일용 냅킨을 고객의 글라스 오른쪽에 놓고 젓는 막대를 그 위에 놓는다.
④ 병술을 사용할 때는 스토퍼를 이용해서 조심스럽게 따른다.

36 오크통에서 증류주를 보관할 때의 설명으로 틀린 것은?

① 원액의 개성을 결정해 준다.
② 천사의 몫(Angel's share) 현상이 나타난다.
③ 색상이 호박색으로 변한다.
④ 변화 없이 증류한 상태 그대로 보관된다.

37 Blending 기법에 사용하는 얼음으로 가장 적당한 것은?

① lumped ice
② crushed ice
③ cubed ice
④ shaved ice

38 비터류(bitters)가 사용되지 않는 칵테일은?

① Manhattan
② Cosmopolitan
③ Old Fashioned
④ Negroni

39 Bock beer에 대한 설명으로 옳은 것은?

① 알코올 도수가 높은 흑맥주
② 알코올 도수가 낮은 담색 맥주
③ 이탈리아산 고급 흑맥주
④ 제조 12시간 이내의 생맥주

40 탄산음료나 샴페인을 사용하고 남은 일부를 보관할 때 사용하는 기구로 가장 적합한 것은?

① 코스터　　　　② 스토퍼
③ 폴러　　　　　④ 코르크

41 영업 형태에 따라 분류한 bar의 종류 중 일반적으로 활기차고 즐거우며 조금은 어둡지만 따뜻하고 조용한 분위기와 가장 거리가 먼 것은?

① Western bar　　② Classic bar
③ Modern bar　　④ Room bar

42 칼바도스(Calvados)는 보관온도상 다음 품목 중 어떤 것과 같이 두어도 좋은가?

① 백포도주　　　② 샴페인
③ 생맥주　　　　④ 코냑

43 칵테일 Kir Royal의 레시피로 옳은 것은?

① Champagne + Cacao
② Champagne + Kahlua
③ Wine + Cointreau
④ Champagne + Creme de Cassis

44 소프트드링크 디캔터의 올바른 사용법은?

① 각종 청량음료(soft drink)를 별도로 담아 나간다.

② 술과 같이 혼합하여 나간다.
③ 얼음과 같이 넣어 나간다.
④ 술과 얼음을 같이 넣어 나간다.

45 Red cherry가 사용되지 않는 칵테일은?

① Manhattan
② Old Fashioned
③ Mai-Tai
④ Moscow Mule

46 고객이 위스키 스트레이트를 주문하고, 얼음과 함께 콜라나 소다수, 물 등을 원하는 경우 이를 제공하는 글라스는?

① wine decanter
② cocktail decanter
③ Collins glass
④ cocktail glass

47 스카치 750mL 1병의 원가가 100000원이고 평균원가율을 20%로 책정했다면 스카치 1잔의 판매가격은?

① 10000원　　　② 15000원
③ 20000원　　　④ 25000원

48 일반적인 칵테일의 특징으로 가장 거리가 먼 것은?

① 부드러운 맛
② 분위기의 증진
③ 색, 맛, 향의 조화
④ 항산화, 소화증진 효소 함유

49 휘젓기(stirring) 기법을 할 때 사용하는 칵테일 기구로 가장 적합한 것은?

① hand shaker
② mixing glass
③ squeezer
④ jigger

50 용량 표시가 옳은 것은?

① 1 tea spoon = 1/32 oz
② 1 pony = 1/2 oz
③ 1 pint = 1/2 quart
④ 1 table spoon = 1/32 oz

[과목3] 기초영어(10문제)

51 Three factors govern the appreciation of wine. Which of the following does not belong to them?

① Color   ② Aroma
③ Taste   ④ Touch

52 "당신은 손님들에게 친절해야 한다."의 표현으로 가장 적합한 것은?

① You should be kind to guest.
② You should kind guest.
③ You'll should be to kind to guest.
④ You should do kind guest.

53 '한잔 더 주세요.'라는 의미의 표현으로 가장 적합한 것은?

① I'd like other drink.
② I'd like to have another drink.
③ I want one more wine.
④ I'd like to have the other drink.

54 Which of the following is the right beverage in the blank?

B : Here you are. Drink it While it's hot.
G : Um... nice. What pretty drink are you mixing there?
B : Well, it's for the lady in that corner. It is a "_____", and it is made from several liqueurs.
G : Looks like a rainbow. How do you do that?
B : Well, you pour it in carefully. Each liquid has a different weight, so they sit on the top of each other without mixing.

① Pousse cafe
② Cassis Frappe
③ June Bug
④ Rum Shrub

55 바텐더가 손님에게 처음 주문을 받을 때 사용할 수 있는 표현으로 가장 적합한 것은?

① What do you recommend?
② Would you care for a drink?
③ What would you like with that?
④ Do you have a reservation?

56 Which one is the right answer in the blank?

> B : Good evening, sir. What Would you like?
> G : What kind of ( ) have you got?
> B : We've got our own brand, sir. Or I can give you an rye, a bourbon or a malt.
> G : I'll have a malt. A double, please.
> B : Certainly, sir. Would you like any water or ice with it?
> G : No water, thank you. That spoils it. I'll have just one lump of ice.
> B : One lump, sir. Certainly.

① Wine   ② Gin
③ Whiskey   ④ Rum

57 'Are you free this evening?'의 뜻은?

① 이것은 무료입니까?
② 오늘밤에 시간 있으십니까?
③ 오늘밤에 만나시겠습니까?
④ 오늘밤에 개점합니까?

58 ( ) 안에 들어갈 알맞은 것은?

> I don't know what happened at the meeting because I wasn't able to ( ).

① decline   ② apply
③ depart   ④ attend

59 Which one is not made from grapes?

① Cognac   ② Calvados
③ Armagnac   ④ Grappa

60 다음 ( ) 안에 들어갈 알맞은 것은?

> ( ) must have juniper berry flavor and can be made either by distillation or redistillation.

① Whisky   ② Rum
③ Tequila   ④ Gin

정답

01	③	02	③	03	③	04	②	05	①	06	④	07	②	08	②	09	②	10	④
11	①	12	③	13	③	14	①	15	③	16	④	17	④	18	④	19	①	20	③
21	②	22	②	23	②	24	②	25	④	26	③	27	④	28	④	29	②	30	①
31	①	32	①	33	①	34	②	35	③	36	④	37	②	38	②	39	①	40	②
41	①	42	④	43	④	44	①	45	④	46	②	47	③	48	④	49	①	50	③
51	④	52	①	53	②	54	①	55	②	56	③	57	②	58	④	59	②	60	④

자격종목		코드	시험시간	형별	수험번호	성 명	가답안/최종정답
조주기능사		7916	1시간	A			

01 혼성주에 해당하는 것은?

① Armagnac   ② Corn Whisky

③ Cointreau   ④ Jamaican Rum

02 각 국가별 부르는 적포도주로 틀린 것은?

① 프랑스 – Vin Rouge

② 이태리 – Vino Rosso

③ 스페인 – Vino Rosado

④ 독일 – Rotwein

03 Sparkling Wine이 아닌 것은?

① Asti Spumante   ② Sekt

③ Vin mousseux   ④ Troken

04 포도 품종의 그린 수확(Green Harvest)에 대한 설명으로 옳은 것은?

① 수확량을 제한하기 위한 수확

② 청포도 품종 수확

③ 완숙한 최고의 포도 수확

④ 포도원의 잡초제거

05 보르도 지역의 와인이 아닌 것은?

① 샤블리   ② 메독

③ 마고   ④ 그라브

06 프랑스에서 생산되는 칼바도스(Calvados)는 어느 종류에 속하는가?

① Brandy   ② Gin

③ Wine   ④ Whisky

07 원료인 포도주에 브랜디나 당분을 섞고 향료나 약초를 넣어 향미를 내어 만들며 이탈리아산이 유명한 것은?

① Manzanilla   ② Vermouth

③ Stout   ④ Hock

08 다음 중 Aperitif Wine으로 가장 적합한 것은?

① Dry Sherry Wine   ② White Wine

③ Red Wine   ④ Port Wine

09 혼성주의 종류에 대한 설명이 틀린 것은?

① 아드보카트(Advocaat)는 브랜디에 달걀 노른자와 설탕을 혼합하여 만들었다.

② 드람브이(Drambuie)는 "사람을 만족시키는 음료"라는 뜻을 가지고 있다.

③ 아르마냑(Armagnac)은 체리향을 혼합하여 만든 술이다.

④ 깔루아(Kahlua)는 증류주에 커피를 혼합하여 만든 술이다.

10 혼성주 제조방법인 침출법에 대한 설명으로 틀린 것은?

① 맛과 향이 알코올에 쉽게 용해되는 원료일 때 사용한다.
② 과실 및 향료를 기주에 담가 맛과 향이 우러나게 하는 방법이다.
③ 원료를 넣고 밀봉한 후 수개월에서 수년간 장기숙성시킨다.
④ 맛과 향이 추출되면 여과한 후 블렌딩하여 병입한다.

11 보졸레 누보 양조과정의 특징이 아닌 것은?

① 기계수확을 한다.
② 열매를 분리하지 않고 송이째 밀폐된 탱크에 집어넣는다.
③ 발효 중 CO_2의 영향을 받아 산도가 낮은 와인이 만들어진다.
④ 오랜 숙성기간 없이 출하한다.

12 맥주의 원료로 알맞지 않은 것은?

① 물   ② 피트
③ 보리   ④ 호프

13 원산지가 프랑스인 술은?

① Absinthe   ② Curacao
③ Kahlua   ④ Drambuie

14 상면발효 맥주로 옳은 것은?

① Bock Beer
② Budweiser Beer
③ Porter Beer
④ Asahi Beer

15 Hop에 대한 설명 중 틀린 것은?

① 자웅이주의 숙근 식물로서 수정이 안 된 암꽃을 사용한다.
② 맥주의 쓴맛과 향을 부여한다.
③ 거품의 지속성과 항균성을 부여한다.
④ 맥아즙 속의 당분을 분해하여 알코올과 탄산가스를 만드는 작용을 한다.

16 다음에서 설명하는 것은?

- 북유럽 스칸디나비아 지방의 특산주로 어원은 생명의 물이라는 라틴어에서 온 말이다.
- 제조과정은 먼저 감자를 익혀서 으깬 감자와 맥아를 당화, 발효시켜 증류시킨다.
- 연속증류기로 95%의 고농도 알코올을 얻은 다음 물로 희석하고 회향초 씨나 박하, 오렌지 껍질 등 여러 가지 종류의 허브로 향기를 착향 시킨 술이다.

① Vodka   ② Rum
③ Aquavit   ④ Brandy

17 프랑스에서 사과를 원료로 만든 증류주인 Apple Brandy는?

① Cognac   ② Calvados
③ Armagnac   ④ Camus

18 다음 중 과실음료가 아닌 것은?

① 토마토주스   ② 천연과즙주스
③ 희석과즙음료   ④ 과립과즙음료

19 우리나라 전통주 중에서 약주가 아닌 것은?

① 두견주   ② 한산 소국주
③ 칠선주   ④ 문배주

20 다음 중 스카치 위스키가 아닌 것은?

① Crown Royal ② White Horse
③ Johnnie Walker ④ Chivas Regal

21 차를 만드는 방법에 따른 분류와 대표적인 차의 연결이 틀린 것은?

① 불발효차 – 보성녹차
② 반발효차 – 오룡차
③ 발효차 – 다즐링차
④ 후발효차 – 자스민차

22 소다수에 대한 설명으로 틀린 것은?

① 인공적으로 이산화탄소를 첨가한다.
② 약간의 신맛과 단맛이 나며 청량감이 있다.
③ 식욕을 돋우는 효과가 있다.
④ 성분은 수분과 이산화탄소로 칼로리는 없다.

23 다음에서 설명되는 우리나라 고유의 술은?

① 두견주 ② 인삼주
③ 감홍로주 ④ 경주교동법주

24 레몬주스, 슈가시럽, 소다수를 혼합한 것으로 대용할 수 있는 것은?

① 진저엘 ② 토닉워터
③ 칼린스 믹스 ④ 사이다

25 다음 중 테킬라(Tequila)가 아닌 것은?

① Cuervo ② El Toro
③ Sambuca ④ Sauza

26 다음 중 아메리칸 위스키가 아닌 것은?

① Jim Beam ② Wild Whisky
③ John Jameson ④ Jack Daniel

27 다음 중 그 종류가 다른 하나는?

① Vienna Coffee
② Cappuccino Coffee
③ Espresso Coffee
④ Irish Coffee

28 스카치 위스키의 5가지 법적 분류에 해당하지 않는 것은?

① 싱글 몰트 스카치 위스키
② 블렌디드 스카치 위스키
③ 블렌디드 그레인 스카치 위스키
④ 라이 위스키

29 다음 중 증류주에 속하는 것은?

① Vermouth ② Champagne
③ Sherry Wine ④ Light Rum

30 음료의 역사에 대한 설명으로 틀린 것은?

① 기원전 6000년경 바빌로니아 사람들은 레몬과즙을 마셨다.
② 스페인 발렌시아 부근의 동굴에서는 탄산가스를 발견해 마시는 벽화가 있었다.
③ 바빌로니아 사람들은 밀빵이 물에 젖어 발효된 맥주를 발견해 음료로 즐겼다.
④ 중앙아시아 지역에서는 야생의 포도가 쌓여 자연 발효된 포도주를 음료로 즐겼다.

31 주장(Bar)에서 주문받는 방법으로 가장 거리가 먼 것은?

① 손님의 연령이나 성별을 고려한 음료를 추천하는 것은 좋은 방법이다.

② 추가 주문은 고객이 한 잔을 다 마시고 나면 최대한 빠른 시간에 여쭤본다.

③ 위스키와 같은 알코올 도수가 높은 술을 주문받을 때에는 안주류도 함께 여쭤본다.

④ 2명 이상의 외국인 고객의 경우 반드시 영수증을 하나로 할지, 개인별로 따로 할지 여쭤본다.

32 샴페인 1병을 주문한 고객에게 샴페인을 따라 주는 방법으로 옳지 않은 것은?

① 샴페인은 글라스에 서브할 때 2번에 나눠서 따른다.

② 샴페인의 기포를 눈으로 충분히 즐길 수 있게 따른다.

③ 샴페인은 글라스의 최대 절반 정도까지만 따른다.

④ 샴페인을 따를 때에는 최대한 거품이 나지 않게 조심해서 따른다.

33 에스프레소 추출 시 너무 진한 크레마(Dark Crema)가 추출되었을 때 그 원인이 아닌 것은?

① 물의 온도가 95℃보다 높은 경우

② 펌프압력이 기준 압력보다 낮은 경우

③ 포터필터의 구멍이 너무 큰 경우

④ 물 공급이 제대로 안 되는 경우

34 칵테일을 만드는 데 필요한 기물이 아닌 것은?

① Cork Screw　　② Mixing Glass
③ Shaker　　　　④ Bar Spoon

35 다음 중 주장 종사원(Waiter/Waitress)의 주요 임무는?

① 고객이 사용한 기물과 빈 잔을 세척한다.

② 칵테일의 부재료를 준비한다.

③ 창고에서 주장(Bar)에서 필요한 물품을 보급한다.

④ 고객에게 주문을 받고 주문받은 음료를 제공한다.

36 바람직한 바텐더(Bartender) 직무가 아닌 것은?

① 바(Bar) 내에 필요한 물품 재고를 항상 파악한다.

② 일일 판매할 주류가 적당한지 확인한다.

③ 바(Bar)의 환경 및 기물 등의 청결을 유지, 관리한다.

④ 칵테일 조주 시 지거(Jigger)를 사용하지 않는다.

37 Glass 관리방법 중 틀린 것은?

① 알맞은 Rack에 담아서 세척기를 이용하여 세척한다.

② 닦기 전에 금이 가거나 깨진 것이 없는지 먼저 확인한다.

③ Glass의 Steam부분을 시작으로 돌려서 닦는다.

④ 물에 레몬이나 에스프레소 1잔을 넣으면 Glass의 잡냄새가 제거된다.

38 Extra Dry Martini는 Dry Vermouth를 어느 정도 넣어야 하는가?

① 1/4 oz　　　　② 1/3 oz
③ 1 oz　　　　　④ 2 oz

39 Gibson에 대한 설명으로 틀린 것은?

① 알코올 도수는 약 36도에 해당된다.
② 베이스는 Gin이다.
③ 칵테일 어니언(Onion)으로 장식한다.
④ 기법은 Shaking이다.

40 칵테일 상품의 특성과 가장 거리가 먼 것은?

① 대량 생산이 가능하다.
② 인적 의존도가 높다.
③ 유통 과정이 없다.
④ 반품과 재고가 없다.

41 바의 한 달 전체 매출액이 1000만원이고 종사원에게 지불된 모든 급료가 300만원이라면 이 바의 인건비율은?

① 10%　　　　② 20%
③ 30%　　　　④ 40%

42 내열성이 강한 유리잔에 제공되는 칵테일은?

① Grasshopper
② Tequila Sunrise
③ New York
④ Irish Coffee

43 다음 중에서 Cherry로 장식하지 않는 칵테일은?

① Angel's Kiss　　② Manhattan
③ Rob Roy　　　④ Martini

44 칵테일에 사용되는 Garnish에 대한 설명으로 가장 적절한 것은?

① 과일만 사용이 가능하다.

② 꽃이 화려하고 향기가 많이 나는 것이 좋다.
③ 꽃가루가 많은 꽃은 더욱 운치가 있어서 잘 어울린다.
④ 과일이나 허브향이 나는 잎이나 줄기가 적합하다.

45 다음 중 가장 영양분이 많은 칵테일은?

① Brandy Eggnog　　② Gibson
③ Bacardi　　　　　④ Olympic

46 다음 중 1 oz당 칼로리가 가장 높은 것은? (단, 각 주류의 도수는 일반적인 경우를 따른다.)

① Red Wine　　　② Champagne
③ Liqueur　　　　④ White Wine

47 네그로니(Negroni) 칵테일의 조주 시 재료로 가장 적합한 것은?

① Rum 3/4oz, Sweet Vermouth 3/4oz, Campari 3/4oz, Twist of Lemon Peel
② Dry Gin 3/4oz, Sweet Vermouth 3/4oz, Campari 3/4oz, Twist of Lemon Peel
③ Dry Gin 3/4oz, Dry Vermouth 3/4oz, Campari 3/4oz, Twist of Lemon Peel
④ Tequila 3/4oz, Sweet Vermouth 3/4oz, Campari 3/4oz, Twist of Lemon Peel

48 다음 중 장식이 필요 없는 칵테일은?

① 김렛(Gimlet)
② 시브리즈(Seabreeze)
③ 올드 패션(Old Fashioned)

④ 싱가폴 슬링(Singapore Sling)

49 칵테일 레시피(Recipe)를 보고 알 수 없는 것은?

① 칵테일의 색깔
② 칵테일의 판매량
③ 칵테일의 분량
④ 칵테일의 성분

50 Gibson을 조주할 때 Garnish는 무엇으로 하는가?

① Olive   ② Cherry
③ Onion   ④ Lime

51 "우리 호텔을 떠나십니까?"의 표현으로 옳은 것은?

① Do you start our hotel?
② Are you leave to our hotel?
③ Are you leaving our hotel?
④ Do you go our hotel?

52 다음 ( ) 안에 가장 적합한 것은?

> W : Good evening Mr. Carr. How are you this evening?
> G : Fine, and you Mr. Kim?
> W : Very well, Thank you. What would you like to try tonight?
> G : (   )
> W : A whisky, No ice, No water. Am I correct?
> G : Fantastic!

① Just one For my health, please.
② One for the road.
③ I'll stick to my usual.
④ Another one please.

53 다음 ( ) 안에 알맞은 단어와 아래의 상황 후 Jenny가 Kate에게 할 말의 연결로 가장 적합한 것은?

> Jenny comes back with a magnum and glasses carried by a barman. She sets the glasses while he barman opens the bottle. There is a loud "(   )" and the cork hits Kate who jumps up with a cry. The champagne spills all over the carpet.

① Peep. Good luck to you.
② Ouch. I am sorry to hear that.
③ Tut. How awful!
④ Pop. I am very sorry. I do hope you are not hurt.

54 다음 밑줄에 들어갈 가장 적합한 것은?

> I'm sorry to have _____ you waiting.

① kept   ② made
③ put   ④ had

55 Which one is not aperitif cocktail?

① Dry Martini   ② Kir
③ Campari Orange   ④ Grasshopper

56 다음 ( ) 안에 알맞은 것은?

> ( ) is distilled spirits from the fermented juice of sugarcane or other sugarcane by-products.

① Whisky   ② Vodka
③ Gin   ④ Rum

57 There are basic direction of wine service. Select the one which is not belong to them in the following?

① Filling four-fifth of red wine into the glass.

② Serving the red wine with room temperature.

③ Serving the white wine with condition of 8~12℃.

④ Showing the guest the label of wine before service.

58 Which one is not distilled beverage in the following?

① Gin   ② Calvados

③ Tequila   ④ Cointreau

59 다음 문장에서 의미하는 것은?

This is produced in Italy and made with apricot and almond.

① Amaretto   ② Absinthe

③ Anisette   ④ Angelica

60 다음 밑줄 친 곳에 가장 적합한 것은?

A : Good evening, Sir.
B : Could you show me the wine list?
A : Here you are, Sir. This week is the promotion week of _____.
B : O.K. I'll try it.

① Stout

② Calvados

③ Glenfiddich

④ Beaujolais Nouveau

02 프랑스 Vino Rouge(비노 루즈) : 레드 와인　　이태리 Vino Rosso(비노 로쏘) : 레드 와인
　 이태리 Vino Rosato(비노 로사토) : 로제　　독일 Rotwein(로트바인) : 레드 와인
　 스페인 Vino Tinto(비노 띤또) : 레드 와인　　포르투갈 Vinho Tinto(비뉴 띤또) : 레드 와인

03 차나무 잎으로 만든 차는 크게 네 종류로 분류한다.
　 ① 불발효차(녹차) : 불발효차인 녹차(綠茶 : green tea)는 햇볕에 말려서 만드는 일쇄차(日晒茶)와 화열(火熱)로
　　 가마에 덖어서 만드는 부초차(釜炒茶) 및 가마에 찌거나 데쳐서 만드는 증자차(蒸煮茶)로 나누어진다.
　 ② 반발효차(효소발효차의 일종) : 중국의 오룡차(烏龍茶)는 60~70%, 흑차(黑茶)는 80%, 황차(黃茶)는 85%를
　　 발효시킨 반발효차이다. 오룡차는 6~7월경 찻잎을 광주리에 엷게 펴서 햇볕에 쬐어 말린다.
　 ③ 발효차 : 찻잎 중의 폴리페놀 성분이 85% 이상이 되도록 발효시켜 만든 차로 홍차가 대표적이다.
　 ④ 후발효차 : 찻잎을 찐지 삶든지 또는 솥에서 덖어서 효소활성을 없앤 뒤 퇴적하여 미생물 발효시켜 만든 차.
　　 중국의 보이차, 태국의 미엔, 일본의 아파만차, 바둑돌차 등이 있다.

28 스카치위스키협회(SWA) 새 규정에 따른 위스키 분류
　 ① 싱글 몰트 스카치 위스키(Single Malt Scotch Whisky)
　 ② 싱글 그레인 스카치 위스키(Single Grain Scotch Whisky)
　 ③ 블렌디드 몰트 스카치 위스키(Blended Malt Scotch Whisky)
　 ④ 블렌디드 그레인 스카치 위스키(Blended Grain Scotch Whisky)
　 ⑤ 블렌디드 스카치 위스키(Blended Scotch Whisky)

29 스페인의 발렌시아(Valencia) 부근에 있는 동굴 속에서 약 1만 년 전의 것으로 추측되는 암벽조각에는 한 손에 바
　 구니를 들고 봉밀을 채취하는 인물 그림이 있다.

31 추가 주문은 고객이 잔을 다 비우기 전에 여쭤보는 것이 좋다.

48 ② 시브리즈(Seabreeze)는 A Wedge of Lime or Lemon으로 장식
　 ③ 올드 패션(Old Fashioned)은 A Slice of Orange and Cherry로 장식
　 ④ 싱가폴 슬링(Singapore Sling)은 A Slice of Orange and Cherry로 장식

정답

01	③	02	③	03	④	04	①	05	①	06	①	07	②	08	①	09	③	10	①
11	①	12	②	13	①	14	③	15	④	16	③	17	②	18	①	19	④	20	①
21	④	22	②	23	④	24	③	25	③	26	③	27	④	28	④	29	④	30	②
31	②	32	④	33	③	34	①	35	④	36	④	37	③	38	①	39	④	40	①
41	③	42	④	43	④	44	④	45	①	46	④	47	②	48	①	49	②	50	④
51	③	52	③	53	④	54	①	55	④	56	④	57	①	58	④	59	①	60	④

자격종목	코드	시험시간	형별	수험번호	성 명	가답안/최종정답
조주기능사	7916	1시간	A			

01 레드 와인용 포도 품종이 아닌 것은?

① 리슬링(Riesling)
② 메를로(Merlot)
③ 삐노 누아(Pinot Noir)
④ 카베르네 소비뇽(Cabernet Sauvignon)

02 과일이나 곡류를 발효시켜 증류한 스피릿츠 (Spirits)에 감미와 추출물 등을 첨가한 것은?

① 양조주(Fermented Liquor)
② 증류주(Distilled Liquor)
③ 혼성주(Liqueur)
④ 아쿠아비트(Aquavit)

03 이탈리아 와인에 대한 설명으로 틀린 것은?

① 거의 전 지역에서 와인이 생산된다.
② 지명도가 높은 와인산지로는 피에몬테, 토스카나, 베네토 등이 있다.
③ 이탈리아 와인 등급체계는 5등급이다.
④ 네비올로, 산지오베제, 바르베라, 돌체토 포도 품종은 레드 와인용으로 사용된다.

04 다음 보기들과 가장 관련되는 것은?

만사니아(Manzanilla), 몬티아(Montilla)
올로로소(Oloroso), 아몬티아도(Amontillado)

① 이탈리아산 포도주
② 스페인산 백포도주
③ 프랑스산 샴페인
④ 독일산 포도주

05 맥주의 제조과정 중 발효가 끝난 후 숙성시킬 때의 온도로 가장 적합한 것은?

① -1~3℃   ② 8~10℃
③ 12~14℃   ④ 16~20℃

06 밀(Wheat)을 주원료로 만든 맥주는?

① 산미구엘(San Miguel)
② 호가든(Hoegaarden)
③ 람빅(Lambic)
④ 포스터스(Foster's)

07 리큐어(Liqueur)의 여왕이라고 불리며 프랑스 의 수도원의 이름을 가지고 있는 것은?

① 드람부이(Drambuie)
② 샤르트뢰즈(Chartreuse)
③ 베네딕틴(Benedictine)
④ 체리 브랜디(Cherry Brandy)

08 맥주 제조 시 호프(Hop)를 사용하는 가장 주된 이유는?

① 잡냄새 제거
② 단백질 등 질소화합물 제거
③ 맥주색깔의 강화
④ 맥즙의 살균

09 다음 중 호크 와인(Hock Wine)이란?

① 독일 라인산 화이트 와인
② 프랑스 버건디산 화이트 와인
③ 스페인 호크하임엘산 레드 와인
④ 이탈리아 피에몬테산 레드 와인

10 다음 중 Bitter가 아닌 것은?

① Angostura
② Campari
③ Galliano
④ Amer Picon

11 발포성 와인의 이름이 잘못 연결된 것은?

① 스페인 – 카바(Cava)
② 독일 – 젝트(Sekt)
③ 이탈리아 – 스푸만테(Spumante)
④ 포르투갈 – 도세(Doce)

12 식후주(After Dinner Drink)로 가장 적합한 것은?

① 코냑(Cognac)
② 드라이 셰리 와인(Dry Sherry Wine)
③ 드라이 진(Dry Gin)
④ 베르무트(Vermouth)

13 리큐어 중 D.O.M. 글자가 표기되어 있는 것은?

① Sloe Gin
② Kahlua
③ Kummel
④ Benedictine

14 슬로우 진(Sloe Gin)의 설명 중 옳은 것은?

① 증류주의 일종이며, 진(Gin)의 종류이다.
② 보드카에 그레나딘 시럽을 첨가한 것이다.
③ 아주 천천히 분위기 있게 마시는 칵테일이다.
④ 진(Gin)에 야생자두(Sloe Berry)의 성분을 첨가한 것이다.

15 콘 위스키(Corn Whiskey)란?

① 원료의 50% 이상 옥수수를 사용한 것
② 원료에 옥수수 50%, 호밀 50%가 섞인 것
③ 원료의 80% 이상 옥수수를 사용한 것
④ 원료의 40% 이상 옥수수를 사용한 것

16 일반적으로 단식 증류기(Pot Still)로 증류하는 것은?

① Kentucky Straight Bourbon Whiskey
② Grain Whiskey
③ Dark Rum
④ Aquavit

17 알코올성 음료를 의미하는 용어가 아닌 것은?

① Hard Drink
② Liquor
③ Ginger Ale
④ Spirits

18 비알코올성 음료의 분류방법에 해당하지 않는 것은?

① 청량음료
② 영양음료
③ 발포성음료
④ 기호음료

19 다음 중 럼에 대한 설명이 아닌 것은?

① 럼의 주재료는 사탕수수이다.
② 럼은 서인도제도를 통치하는 유럽의 식민 정책 중 삼각무역에 사용되었다.
③ 럼은 사탕을 첨가하여 만든 리큐어이다.
④ 럼의 향, 맛에 따라 라이트 럼, 미디엄 럼, 헤비 럼으로 분류된다.

20 탄산음료 중 뒷맛이 쌉쌀한 맛이 남는 음료는?

① 칼린스 믹서　　② 토닉 워터
③ 진저엘　　④ 콜라

21 다음 중 생산지가 옳게 연결된 것은?

① 비시수 – 오스트리아
② 셀처수 – 독일
③ 에비앙수 – 그리스
④ 페리에수 – 이탈리아

22 우리나라 전통주에 대한 설명으로 틀린 것은?

① 증류주 제조기술은 고려시대 때 몽고에 의해 전래되었다.
② 탁주는 쌀 등 곡식을 주로 이용하였다.
③ 탁주, 약주, 소주의 순서로 개발되었다.
④ 청주는 쌀의 향을 얻기 위해 현미를 주로 사용한다.

23 보드카의 설명으로 옳지 않은 것은?

① 슬라브 민족의 국민주로 애음되고 있다.
② 보드카는 러시아에서만 생산된다.
③ 보드카의 원료는 주로 보리, 밀, 호밀, 옥수수, 감자 등이 사용된다.
④ 보드카에 향을 입힌 보드카를 플레이버 보드카라 칭한다.

24 Whiskey의 재료가 아닌 것은?

① 맥아　　② 보리
③ 호밀　　④ 감자

25 에스프레소의 커피추출이 빨리 되는 원인이 아닌 것은?

① 너무 굵은 분쇄입자
② 약한 탬핑 강도
③ 너무 많은 커피 사용
④ 높은 펌프 압력

26 브랜디에 대한 설명으로 가장 거리가 먼 것은?

① 포도 또는 과실을 발효하여 증류한 술이다.
② 코냑 브랜디에 처음으로 별표의 기호를 도입한 것은 1865년 헤네시(Hennessy)사에 의해서이다.
③ Brandy는 저장기간을 부호로 표시하며 그 부호가 나타내는 저장기간은 법적으로 정해져 있다.
④ 브랜디의 증류는 와인을 2~3회 단식 증류기(Pot Still)로 증류한다.

27 위스키의 원료에 따른 분류가 아닌 것은?

① 몰트 위스키　　② 그레인 위스키
③ 포트 스틸 위스키　　④ 블렌디드 위스키

28 국가지정 중요무형문화재로 지정받은 전통주가 아닌 것은?

① 충남 면천두견주　　② 진도 홍주
③ 서울 문배주　　④ 경주 교동법주

29 커피로스팅의 정도에 따라 약한 순서에서 강한 순서대로 나열한 것으로 옳은 것은?

① American Roasting → German Roasting → French Roasting → Italian Roasting
② German Roasting → Italian Roasting → American Roasting → French Roasting
③ Italian Roasting → German Roasting → American Roasting → French Roasting
④ French Roasting → American Roasting → Italian Roasting → German Roasting

30 혼합물을 구성하는 각 물질의 비등점의 차이를 이용하여 만드는 술을 무엇이라 하는가?

① 발효주　　　　② 발아주
③ 증류주　　　　④ 양조주

31 구매부서의 기능이 아닌 것은?

① 검수　　　　② 저장
③ 불출　　　　④ 판매

32 Pousse Cafe를 만드는 재료 중 가장 나중에 따르는 것은?

① Brandy
② Grenadine
③ Creme de Menthe(White)
④ Creme de Cassis

33 Manhattan 조주 시 사용하는 기물은?

① 셰이커(Shaker)
② 믹싱 글라스(Mixing Glass)
③ 전기 블렌더(Blender)
④ 주스 믹서(Juice Mixer)

34 바텐더의 칵테일용 가니쉬 재료 손질에 관한 설명 중 가장 거리가 먼 것은?

① 레몬 슬라이스는 미리 손질하여 밀폐용기에 넣어서 준비한다.
② 오렌지 슬라이스는 미리 손질하여 밀폐용기에 넣어서 준비한다.
③ 레몬 껍질은 미리 손질하여 밀폐용기에 넣어서 준비한다.
④ 딸기는 미리 꼭지를 제거한 후 깨끗하게 세척하여 밀폐용기에 넣어서 준비한다.

35 Gin & Tonic에 알맞은 Glass와 장식은?

① Collins Glass – Pineapple Slice
② Cocktail Glass – Olive
③ Cordial Glass – Orange Slice
④ Highball Glass – Lemon Slice

36 Classic Bar의 특징과 가장 거리가 먼 것은?

① 서비스의 중점을 정중함과 편안함에 둔다.
② 소규모 라이브 음악을 제공한다.
③ 고객에게 화려한 바텐딩 기술을 선보인다.
④ 칵테일 조주 시 정확한 용량과 방법으로 제공한다.

37 위스키가 기주로 쓰이지 않는 칵테일은?

① 뉴욕(New York)

② 로브 로이(Rob Roy)

③ 블랙 러시안(Black Russian)

④ 맨하탄(Manhattan)

38 셰이킹(Shaking)기법에 대한 설명으로 틀린 것은?

① 셰이커에 얼음을 충분히 넣어 빠른 시간 안에 잘 섞이고 차게 한다.

② 셰이커에 재료를 순서대로 Cap을 Strainer에 씌운 다음 Body에 덮는다.

③ 잘 섞이지 않는 재료들을 셰이커에 넣어 세차게 흔들어 섞는 조주기법이다.

④ 달걀, 우유, 크림, 당분이 많은 리큐어 등으로 칵테일을 만들 때 많이 사용된다.

39 주장의 종류로 가장 거리가 먼 것은?

① Cocktail Bar

② Members Club Bar

③ Snack Bar

④ Pub Bar

40 다음 중 달걀이 들어가는 칵테일은?

① Millionaire

② Black Russian

③ Brandy Alexander

④ Daiquiri

41 다음 중 휘젓기(Stirring)기법으로 만드는 칵테일이 아닌 것은?

① Manhattan ② Martini

③ Gibson ④ Gimlet

42 다음 칵테일 중 Floating기법으로 만들지 않는 것은?

① B&B ② Pousse Cafe

③ B-52 ④ Black Russian

43 와인에 대한 Corkage의 설명으로 가장 거리가 먼 것은?

① 업장의 와인이 아닌 개인이 따로 가져온 와인을 마시고자 할 때 적용된다.

② 와인을 마시기 위해 이용되는 글라스, 직원 서비스 등에 대한 요금이 포함된다.

③ 주로 업소가 보유하고 있지 않은 와인을 시음할 때 많이 적용된다.

④ 코르크로 밀봉되어 있는 와인을 서비스하는 경우에 적용되며, 스크류캡을 사용한 와인은 부과되지 않는다.

44 주장(Bar)에서 기물의 취급방법으로 적합하지 않은 것은?

① 금이 간 접시나 글라스는 규정에 따라 폐기한다.

② 은기물은 은기물 전용 세척액에 오래 담가두어야 한다.

③ 크리스탈 글라스는 가능한 손으로 세척한다.

④ 식기는 같은 종류별로 보관하며 너무 많이 쌓아두지 않는다.

45 다음 중 소믈리에(Sommelier)의 주요 임무는?

① 기물 세척(Utensil Cleaning)

② 주류 저장(Store Keeper)

③ 와인 판매(Wine Steward)

④ 칵테일 조주(Cocktail Mixing)

46 바의 매출액 구성요소 산정방법 중 옳은 것은?

① 매출액 = 고객수÷객단가
② 고객수 = 고정고객x일반고객
③ 객단가 = 매출액÷고객수
④ 판매가 = 기준단가x(재료비/100)

47 바(Bar) 기물이 아닌 것은?

① Bar Spoon ② Shaker
③ Chaser   ④ Jigger

48 글라스 세척 시 알맞은 세제와 세척순서로 짝지어진 것은?

① 산성세제, 더운물 – 찬물
② 중성세제, 찬물 – 더운물
③ 산성세제, 찬물 – 더운물
④ 중성세제, 더운물 – 찬물

49 Rum 베이스 칵테일이 아닌 것은?

① Daiquiri   ② Cuba Libre
③ Mai Tai   ④ Stinger

50 다음 중 보드카를 주재료로 사용하지 않는 칵테일은?

① Cosmopolitan ② Kiss of Fire
③ Apple Martini ④ Margarita

51 "5월 5일에는 이미 예약이 다 되어 있습니다."의 표현은?

① We look forward to seeing you on May 5th.
② We are fully booked on May 5th.
③ We are available on May 5th.
④ I will check availability on May 5th.

52 다음 문장 중 틀린 것은?

① Are you in a hurry?
② May I help with you your baggage?
③ Will you pay in cash or with a credit card?
④ What is the most famous in Seoul?

53 아래 문장의 의미는?

The line is busy, so I can't put you through.

① 통화 중이므로 바꿔 드릴 수 없습니다.
② 고장이므로 바꿔 드릴 수 없습니다.
③ 외출 중이므로 바꿔 드릴 수 없습니다.
④ 아무도 없으므로 바꿔 드릴 수 없습니다.

54 Which one is the spirit made from agave?

① Tequila   ② Rum
③ Vodka   ④ Gin

55 "a glossary of basic wine terms"의 연결로 틀린 것은?

① Balance: the portion of the wine's odor derived from the grape variety and fermentation.
② Nose: the total odor of wine composed of aroma, bouquet, and other factors.
③ Body: the weight of fullness of wine on palate.

④ Dry: a tasting term to denote the absence of sweetness in wine.

56 다음 ( )에 들어갈 단어로 가장 적합한 것은?

( ) goes well with dessert.

① Ice Wine   ② Red Wine
③ Vermouth   ④ Dry Sherry

57 Which one is not an appropriate instrument for stirring method of how to make cocktail?

① Mixing Glass   ② Bar Spoon
③ Shaker   ④ Strainer

58 다음 중 의미가 다른 하나는?

① It's my treat this time.
② I'll pick up the tab.
③ Let's go Dutch.
④ It's on me.

59 다음 ( ) 안에 가장 적합한 것은?

A bartender must ( ) his helpers, waiters or waitress. He must also ( ) various kinds of records, such as stock control, inventory, daily sales report, purchasing report and so on.

① take, manage
② supervise, handle
③ respect, deal
④ manage, careful

60 Dry Gin, Egg White, and Grenadine are the main ingredients of ( ).

① Bloody Mary   ② Eggnog
③ Tom and Jerry   ④ Pink Lady

01 리슬링(Riesling)은 독일을 대표하는 품종으로 라인과 모젤 지방, 프랑스의 알자스에서 생산되는 화이트 와인의 대표적인 품종이다.

03 이탈리아 와인 등급은 Quality Wine(품질이 우수한 와인)으로 최상급 DOCG, 상급 DOC와 Table Wine으로 지방와인인 IGT, 테이블 와인인 VdT가 있다.

04 - 만사니아(Manzanilla) : 피노를 대서양 연안의 산루까르 데 바라메다(Sanlucar de Barrameda)라는 곳에서 발효숙성시킨 것을 말한다.
  - 몬티야(Montilla) : 스페인 상급와인 생산지역
  - 올로로소(Oloroso) : 진한 금빛이 나고 향이 많은 18-20%의 스페인 남부 헤레스산 포도주
  - 아몬티아도(Amontillado) : 피노와 똑같이 만들지만 숙성을 좀 더 오래 시키고(최소 8년) 알코올 농도를 16~20%로 조절한 것이다.

05 주의 제조과정 중 후발효는 0~2℃의 낮은 온도로 냉각장치를 설치하고 완전히 보온하여야 한다.

06 호가든(Hoegaarden)은 1445년 벨기에 호가든 지역의 수도사들이 당시 네덜란드 식민지였던 퀴라소섬의 오렌지 껍질과 고수 열매, 밀, 효모, 맥아, 홉을 넣은 새로운 제조법으로 맥주를 양조하기 시작했다. 2016년 월드비어컵(WBC)에서 밀맥주 부문 금메달을 수여했다.

08 호프(Hop)는 거품의 지속성, 향균성을 부여하고, 호프의 타닌 성분이 양조공정에서 불안정한 단백질을 침전, 제거하여 맥주의 청징에 효과

11 포르투갈- 도세(Doce)는 단맛(Sweet)을 뜻한다.

15 콘 위스키(Corn Whiskey)는 80% 이상의 옥수수가 포함되어 있는 곡물로 만들어지며, 보통 재사용되는 그을린 참나무통에 저장 숙성시킨다.

16 Gold Rum, Dark Rum은 단식 동 증류기를 사용하여 증류한다.

20 토닉워터는 영국에서 처음으로 개발한 무색 투명한 음료이다. 레몬, 라임, 오렌지, 키니네 껍질 등으로 농축액을 만들어 당분을 배합한 것으로 약간 쌉쌀한 뒷맛의 여운이 남아 있다.

21 비시, 에비앙, 페레에는 원산지가 프랑스이다.

26 브랜디는 품질을 구별하기 위해서 여러 가지 문자나 부호로 표시하는 관습이 있다. 그러나 각 회사별로 저장기간을 달리 표기하기도 해 같은 등급이라도 저장연수가 다를 수 있다.

28 충남 면천 두견주: 중요무형문화재 제86-나호
  서울 문배주: 중요무형문화재 제86-가호, 식품명인7호(현재 경기도 김포 소재)
  경주 교동법주: 중요무형문화재 제86-3호

29 커피 원두 로스팅 단계(볶음도)
  그린빈- 라이트 로스팅 - 시나몬 로스팅 - 미디엄 로스팅(아메리칸 로스팅) - 하이 로스팅 - 시티 로스팅 -
  풀 시티 로스팅 - 프렌치 로스팅 - 이탈리안 로스팅

32 푸스 카페와 같은 띄우기 스타일 칵테일은 알코올 도수가 가장 높은 브랜디(Brandy)를 가장 나중에 따른다.

40 Millionaire 칵테일에는 블렌디드 위스키 30ml, 트리플 섹 15ml, 그레나딘 시럽 1tsp, 달걀 흰자 1개가 들어간다.

43 코키지(Corkage)는 외부로부터 반입된 음료를 서브하고, 그에 대한 서비스 대가로 받는 요금을 말한다.

48 글라스 세척 시에는 중성세제와 따뜻한 물로 씻고, 찬물로 헹구어 깨끗하게 닦는다.

49 스팅어(Stinger)는 브랜디 베이스 칵테일이다.

50 마가리타(Margarita)는 테킬라 베이스 칵테일이다.

55 ①은 포도 품종과 발효에서 나오는 와인의 향인 아로마(Aroma)에 대한 설명이다.

58 ①, ②, ④는 계산을 내가 한다는 의미이고, ③은 각자 더치 페이(dutch pay)하자는 뜻

Andrew Sharp, Wine Taster's Secret's Warwick Publishing(2001)

Elin, McCoy and John, Frederick Walker, Mr. Boston Official Bartender's Guide, A Time Warner Company(1988)

Hugh Johnson & Jancis Robinson, The World Atlas of Wine(5th ed), Simon & Schuster(2001)

Jens Priewe, Wine From Grape to Glass, Abbeville(1999)

John, J. Poister, The New American Bartender's Guide, Penguin Books Ltd., USA(1989)

Michael Jackson's Malt Whisky Companion, DK(2004)

Sopexa, Wines and Spirits of France, Sopexa(1989)

The Wine Academy, Wine Guide, Winenara.com(2001)

United Kingdom Bartender's Guide, International Guide to Drinks, Hutchinson Benham Ltd. (1994)

고치원 · 유윤종, 칵테일교실, 동신출판사(1999)

김   혁, 프랑스 와인기행, 세종서적(2000)

김상진, 음료서비스관리론, 백산출판사, 서울(1999)

김성혁 · 김진국, 와인학개론, 백산출판사, 서울(2002)

김준철, 와인 알고 마시면 두배로 즐겁다, 세종서적(2000)

김충호, 양주개론, 형설출판사, 서울(1977)

김호남, 양주와 칵테일, 도서출판 알파, 서울(1985)

다나카 요시미 · 요시다 쓰네미치, 싱글몰트 위스키, 랜덤하우스(2008)

두산그룹 기획실 홍보부, 황금빛 낭만, 동아출판사, 서울(1994)

마주앙, 와인이야기, 두산동아출판사, 서울(1998)

박영배, 호텔 · 외식산업 음료 · 주장관리, 백산출판사, 서울(2000)

박용균 · 우희명 · 조홍근 · 김정달, 롯데호텔 식음료직무교재, 명지출판사, 서울(1990)

배상면, 전통주제조기술, 국순당 부설 효소연구소, 서울(1995)

서상길, Beverage Service Manual, 호텔롯데월드 식음료부, 서울(1988)

성중용, 위스키 수첩, 우듬지(2010)

유성운, Single Malt Whisky Bible, 위즈덤스타일(2013)

이석현, 전통 민속주를 이용한 칵테일 개발, 동국대학교 석사학위논문(2002)

이순주·고재윤 역, 와인·소믈리에 경영실무, 백산출판사, 서울(2001)

이종기, 술을 알면 세상이 즐겁다, 도서출판 한송, 서울(2000)

임웅규, 호프, 일신사, 서울(1976)

정동호, 우리 술사전, 중앙대학교출판부, 서울(1995)

조정형, 다시 찾아야 할 우리의 술, 서해문집, 전주(1991)

캘리포니아와인협회, 지상최대의 음료 와인, 캘리포니아와인협회(1986)

하덕모, 발효공학, 문운당, 서울(1988)

한국관광식음료학회, 음료학개론, 백산출판사, 서울(1999)

<자료제공> OB맥주 양조기술연구소, 동서식품 홍보실, 프랑스 소펙사

국가직무능력표준 바텐더(2016)

국가직무능력표준 소믈리에(2016)

칵테일 주조의 선구자… 이석현 롯데호텔 수석 바텐더

서울 송파구 시그니엘 서울 81층에 위치한 스카이라운지 바 '바81'에서 30년 차 이석현 롯데호텔 수석바텐더가 3가지 색상의 칵테일을 선보이고 있다. 〈한주형 기자〉

칵테일도 인생처럼 원샷 없어… 음미하며 천천히 한잔
고단하고 지친 삶에 위로의 향기를 선물하는 직업이죠

'술에는 영혼이 담겨 있다'는 말이 있다.

실제로 영혼·정신을 뜻하는 영어 단어 '스피릿(Spirit)'은 위스키, 브랜디 등 증류주 전체를 통칭하는 단어로 쓰인다. 그래서 바텐더들은 믿는다. 술에 담긴 영혼을 마시는 사람의 영혼을 따뜻하게 어루만져 줄 수 있다고 말이다. 손님들이 바(Bar)의 문을 열고 들어올 때부터 자리를 뜨고 일어날 때 조금이라도 기분이 더 좋아지기를. 그 하나의 목표를 위해 기다란 바 테이블 너머에 묵묵히 서서, 심혈을 기울여 만든 칵테일 한 잔을 내놓는다.

술에도 취 30년째 현역으로 바를 지키면서 사람들을 위로해온 이가 있다. 서울 잠실 롯데호텔 시그니엘서울의 이석현 수석 바텐더(55)다. 처음엔 호텔 프렌치 레스토랑에서 재즈 음악을 들으며 칵테일을 만드는 바텐더의 모습이 너무 부러웠다는 그. 바텐더라는 직업 자체가 생소한 시대였지만, 짧은 시간 맞은편 스친 당시의 풍경은 스물다섯 살 호텔 웨이터를 국내 바텐더 업계의 대부로 바꿔놓았다.

한국바텐더협회 회장이기도 한 그는 '조주학개론' 등 다양한 저서를 펴낸 국내 최고 수준의 주류 전문가다. 어센틱 바(Authentic Bar·정통 고급 바) 가운데 최고로 꼽히는 호텔 바에서 30년째 현역으로 자리를 지켜 후배 바텐더들의 '롤모델'로 여겨진다. 이제는 현장을 떠나 직원들만 관리해도 될 경력을 갖췄지만 그는 여전히 손에게 칵테일 셰이커와 믹싱 글라스를 놓지 않는다. 그 하나로 롯데호텔 서울 바의 터줏대감으로 있다가 열린 최신 도심 랜드마크가 된 잠실 롯데호텔 시그니엘서울의 바로 자리를 옮겼다. 멋들어지게 빗어 넘긴 머리에 구김 없이 단정한 정장을 갖춰 입고 칼칼 있는 자세로 칵테일을 만드는 모습에선 20대 못지않은 열정이 엿보인다. 이석현 바텐더는 한 잔의 좋은 술이 지친 사람들에게 다음 걸음을 내딛을 힘을 북돋워 준다고 믿는다. 기쁘거나 노엽거나 슬프거나 즐겁거나 이왕이면 손님들이 더 좋은 쪽으로 축발 바, 그리고 테이블 너머 미소를 잃지 않는 바텐더가 있으면 좋겠다. 사람들이 절로 찾아올 만큼 좋은 향기를 품은 바텐더를 그는 꿈꿨다.

은갖 인생 스쳐가는 칵테일바
얼굴 화상 입은 할아버지
술잔 못잡아 빨대 내드려
나중에 알고보니 유명 화가

벤처사업 대박 난 사장님
가정사는 순탄하지 못해
'돈이 전부 아니다' 깨달아
목숨 끊기전에 찾아온 손님
'더 따뜻한 위로 해드릴 걸'
두고두고 가슴 아픈 기억

바텐더에게는 향기가 있어야
명절에 떡 보내주는 고객도 있어
그런 손님들이 30년 지내계한 힘
내 술 찾는 고객 있는한 바 안떠나

— 바텐더는 언제 어떻게 시작하게 됐나.

▶고등학교를 졸업하고 1982년 롯데호텔에 입사했을 때의 일이다. 당시 식음료부에서 레스토랑 웨이터로 배정돼 이탈리안 레스토랑 '라 포렐라'에서 일명 '델리버리 업'으로 근무했다. 음식이나 음료가 나오면 손님들에게 날라주는 역할이었다.

한창 일하던 어느 날, 맞은편 프렌치 레스토랑 '프린스 유진'에서 피아노·바이올린·첼로 3중주가 들려왔다. 나도 모르게 손이 멈추고 쳐다보게 됐는데, 그때 바의 풍경이 아직도 생생하다. 멋들어진 정장에 자신감 있는 표정으로 칵테일을 만들던 바텐더의 모습. 손님들과 편안하게 대화도 하고, 음악도 즐기는 너무 매력적

으로 다가와서 '난 꼭 바텐더가 돼야겠다'는 생각을 했다. 계속 멀찍 뒤에서 일하던 웨이터 시절이라 바에서 가까이 서서 일하는 모습이 부럽기도 했고.

그래서 금세 갔다가 1987년 호텔에 돌아오면서 바텐더를 할 거라고 우겨서 시작됐다. 예전에 웨이터 시절 같이 일했던 선배들이 이제 다 지배인이 됐더라. 그런데 일도 좋은 편이었고 관계도 좋아서 나를 '내 밑으로 와라' 했는데, 바텐더 하겠다고 뿌리쳤다.

— 하고 싶어도 다 할 수 있는 일은 아니었을 것 같은데.

▶사실 문이 참 좁았다. 그때 롯데호텔 본관 레스토랑에 입사한 직원 500여 명 중에 바텐더가 50명이었다. 입사동기 100여 명 중에 바에 가는 사람이 1~2명 정도인데 아무나 시켜지도 않았다. 경쟁이 치열했다. 그래서 생각했던 게 1985년에 생겼던 조주(調酒) 기능사 자격증이었다. 지금이야 1년에 여러 차례 시험이 있지만 그때는 한 번 떨어지면 1년을 기다려야 하는 일종의 '고시'였다. 그때만 해도 선배들이 조주기능사 자격증을 따지 않은 채 활동하는 경우도 많았다. 이거지 싶었다. 1986년에 시험을 봐서

자격증을 따고 나 나름대로 경쟁력을 만들었다.

지금에야 인터넷도 찾아오 술을 배울 수 있는 곳도 많지만, 예전엔 정식화 해도 마땅치 않았다. 그래서 고민 끝에 호텔 근무 시절 알고 지냈던 이식이라는 선배를 찾아갔다. 이미 퇴직하고 값 시유리한 바텐더 양성 프로그램이던 두산시스그룹에 가신 분이었다. 쉬는 시간마다 귀찮을 정도로 찾아가서 칵테일 가르쳐 달라고 졸랐다. 한 손에 쉐킹, 양손 쉐이킹, 술의 특성과 배합 방법, 이런 칵테일의 기본기는 그때 많이 배웠다. 선배들도 바쁜 와중에도, 저도 개인적으로 참 노력 많이 했다.

아직도 기억나는 게 롯데호텔 37층 나이트클럽 '아네볼스'에서 칵테일 대회를 했던 때다. '그래스호퍼(Grasshopper)'라는 청색색 칵테일을 만들어서 1등을 하고 TV프로그램에 출연까지 했다. 그런 결과들이 하나씩 모이면서 나름대로 자리를 잡을 수 있었던 것 같다.

— 호텔에서 일한게 계기가 돼 바텐더까지 됐다. 원래 꿈은 무엇이었나.

▶제고 향이 경상남도 거창이다. 시골에선 사실 공부를 한다는 소리를 들었던 머리인데, 그때 전 국대 축산학과에 가서 시골에 돌아와 조그마한 농원이나 목장을 하고 싶었다. 뭐, 노래 가사처럼 '저 푸른 초원 위에 그림 같은 집을 짓고' 사는 게 꿈이었다고 할까, 개인적으로 산을 좋아하기도 했고. 그래서 서울로 공부하러 올라왔다.

그런데 어린 나이에 호텔에 입사하면서 전혀 느껴보지 못한 세상이 펼쳐졌다. 나 같은 사람이 무슨 능력이 있어서 고(故) 정주영 현대그룹 명예회장 같이 유명한 분을 만나보고 했겠나. 호텔에 있으니까 자연스럽게 그런 분들을 보게 된 것이다.

당시 롯데호텔 4층 수영장 밑에 멤버스 살롱이라는 게 있었는데, 그곳을 오랫동안 제가 빨간색 유니폼을 입고 있었다. 거기서 쉐이터일을 하면서 지금은 큰 기업을 이끌고 있는 분들과도 나름대로 친해졌고, 그러면서 꿈이 흐릿 변함이 없게 쪽으로 차츰 바뀌었다. 내가 생각보다 이 분야 일을 잘한다는 사실도 깨달았다.

— 처음부터 바텐더 생활을 30년이나 할 수 있으리라 생각했나. 원동력을 꼽는다면.

▶술에 대한 애정도 있지만, 더 큰 힘이 되어준 건 아무래도 손님들이다. 손님과 바텐더는 단순히 술을 사고파는 관계가 아니다. 바 테이블을 사이에 두고 선 두 사람은 한 잔의 술을 통해 서로 보호하을 내리고 인간 대 인간으로 교감하기 시작한다. 지금도 어떤 단골들은 저에게 '바 하나 차려줄 테니 나오라'는 분도 있고, 꽃가게하 되면 같이 꽃게 꾸며 보려고 함께 놀려가자고 권하는 분도 있다. 금융권에서 일하는 단골들은 명절 때면 직접 떡 선물을 챙겨준다. 아무것도 아니라고 치부할 수도 있는 일이지만 이런 사소한 것들이 사람 사는 아름다움

아닐까? 내가 만든 칵테일을 먹고 싶은 사람, 나와 함께 대하려고 싶은 손님들이 있는 한 바를 떠나는 일은 없을 것 같다.

— 당신에게 칵테일과 바는 어떤 의미인가.

▶칵테일은 사람의 마음과 마음을 잇는 술과 같다. 굳게 닫힌 마음을 여는 열쇠가 되기도 하고, 애초에 칵테일 자체가 서로 다른 요소들의 '관계' 없이는 존재할 수 없다. 제각기 다른 개성을 가진 다양한 술이 바텐더의 손을 거쳐 색, 향, 색 3가지 분야에서 하모니를 이룬다. 칵테일이 일종의 도구라면, 바는 소통의 장이다. 때로는 공간 그 자체가 중요한 경우가 있다. 칵테일은 원샷이 없다. 바텐더에게 설명을 듣고, 맛과 향과 색을 천천히 음미하고, 이야기를 나누면서 시간을 보내게 마련이다. 그래서 과경이 고스란히 바에서 이뤄진다. 특별한 칵테일을 기억하는 사람보다 특별한 바와 바텐더를 기억하는 사람이 더 많은 것도 그런 이유라고 생각한다.

저는 바가 현대인들의 힐링 공간이 될 수 있다고 생각한다. 바에서 현대인을 들어내보면 개인적인 고민부터 연애 문제, 가족과의 일, 사업상의 어려움까지 정말 세상에 있는 모든 일들을 두고 이야기를 하게 된다. 자기 마음을 알아주는 바텐더, 삶이 힘들 때 허심탄회하게 이야기를 털어놓을 수 있는 바가 있다면 인생에 큰 힘이 될 것이다. 그래서 후배나 학생들에게 항상 강조한다. '바에는 문화가 있고, 바텐더에는 향기가 있어야 한다'고.

— 바에서 만난 사람 중 기억에 남는 사람이 많겠다.

▶사실 바에서 나눈 얘기, 있었던 일은 문을 열고 나가는 순간 잊는 것이 원칙이다. 비밀이 지켜져야 바의 생명력이 유지될 수 있다. 그래서 아주 개인적인 기억 선에서만 이야기해드릴 수 있을 것 같다. (이하 손님과 관련된 내용은 익명으로 처리)

조금 슬픈 얘기를 해도 되나. 제가 대학 강의도 나가고, 책도 쓰고 있어서 교수님이라고 불러주시는 분들이 많다. 저를 알고 정말 존중해 주시는 분들이 다. 개인적으로 그런 분들이 더 각별한데, 예전에 한 공기업에서 임원을 하시다가 건설업을 하셨던 분이 있다. 사업도 정말 잘하셨고, 제게도 한국 본연의 문화를 살린 바를 하나 만들어 주고 싶다고 압바뜩처럼 말씀해 각별한 단골이셨다. 그런데 IMF 사태가 오면서 이분이 굉장히 어려워지셨다. 수도권 선도시에 20층짜리 빌딩을 지으셨는데 분양이 안 되면서 괴로워하셨다. 언제부터가 그분 계속 고민을 털어놓고, 고충을 토로했다. 결국 돌아가시기 이틀 전에 바를 찾아 오셔서 여러 말씀을 하고 가셨다. 바를 쓰셨던 것 같다. 직원을 다 식사하러 보내놓고 혼자 들어가셨다고 전해 들었다. 30년 바텐더 인생을 돌이켜보도 유독 그분이 아직 잊힌다. 내가 좀 더 좋은 술을 드렸으면, 더 힘이 되는 얘길 해드렸으면 어땠을까 하고, 참 가슴 아픈 기억이다.

A20면에 계속▶

백상경 기자

이석현 바텐더는 1962년 경남 거창에서 태어났다. 1982년 롯데호텔 식음료팀으로 입사해 군 복무를 마치고 복귀한 1987년부터 바텐더의 길을 걷기 시작했다. 동국대 산업기술환경대학원 식품화학과를 졸업했으며, 현재 잠실 롯데호텔 시그니엘서울의 수석바텐더이자 한국바텐더협회 회장을 겸하고 있다. 대한민국 주류품평회 심사위원과 한국산업인력공단 조주기능사 필기 출제위원 등으로 활발히 활동 중이다. 그가 쓴 '조주학개론(현대 칵테일과 음료이론)'과 '손쉽게 풀어 쓴 양조학' 등 저서는 많은 바텐더 지망생들에게 교과서처럼 여겨진다. 우리 전통주를 활용한 칵테일 주조의 선구자로 꼽히며, 청와대 외교사절단 환영행사 등에서 직접 막걸리 칵테일을 선보이기도 했다.

손님마다 사연 구구절절…노숙자가 와도 물한컵 대접하죠

■ A19면서 계속

—많은 생각을 했을 것 같다.

▶바텐션 정말 많은 사람들의 다양한 이야기를 들을 수 있다. 그래서 바텐더도 삶을 굉장히 많이 생각하게 된다.

삶을 어떻게 향기롭게 해 나갈까, 돈이 있으면 될까? 단골 손님 중에 벤처까였으로 소위 '대박'을 터뜨렸던 분이 있었다. 부와 상징이라는 강남 타워 팰리스도 사고, 정말 돈은 부족함 없이 살아간다. 그런데 가장사가 안 좋아졌다. 결국 이혼도 했고, 지금은 혼자 지내고 있다. 다른 곳에서 술을 먹다가도 밤 12시가 되면 집에 가지 않고 내게 오곤 한다. 대리운전비를 줄 테니 자기랑을 한잔 하자고. 돈이 전부는 아니구나 그런 생각을 하게 된다. 바텐더가 아니었으면 그런 생각이 안 하고 그저 돈 열심히 벌어서 흥청망청 살았을 것 같다.

또, 하나 기억나는 상이 있다. 어느 날 밤 8시쯤 앞에게 크게 화상을 입어하신 한 분이 바를 찾아오셨다. 종종 바에 노숙자가 들어오는 경우가 있는데 물에라도 한잔 드리고 조용히 나가시게 한다. 그날도 그런 분이겠지 싶었다. 그런데 그분이 바에 앉더니 맥주를 한 병 달라고 하셨다. 그분이 잔을 못 집으셔서 내가 빨대를 내드렸는데, 혹시나 마음에 상처가 될까 싶어 조심히 응대했던 기억이 난다. 그 뒤로 두 번 정도를 그렇게 오셨는데, 누군지 몰랐다. 알고 보니 유명한 화가였다는 걸 신문에서 뒤늦게 확인했다. 처음의 제 생각이 부끄럽기도 했고, 그분이 애절하게 느껴지기도 하고 그렇다. 모두 바니씨 경험할 수 있던 일이다.

—즐거웠던 에피소드는 없나.

▶한국시리즈 겸승전 롯데 출전 팀이 호텔에 묵은 적이 있다. 그런데 경기가 경기가 보니 감독님과 코치님이 스트레스를 엄청나게 받고 있더라. 술을 입에 못 대고 그저 머리만 싸매고 있기에 제도 어떤 말을 꺼내야 할지 고민했다. 예전에 이분이 선수 시절에 보여줬던 플레이를 넌지시 얘기해봤다. 그리고 그날그날 펼쳐진 겸승전 경기를 쭉 복기해보고 주요 포인트를 메모해봤다. 한끼다해를 건넸다. 그런 얘기가 공감대가 되나뭐 나중엔 긴장이 좀 풀리는 게 보이더라. 결국 경기 다 끝나고선 술 한잔 드시면서 많은 얘기를 하고 가셨다.

호텔 다이에 묵은 적이 경은 고층이 아닐 때도 많았다.

▶지금은 없지만 바텐더라는 직업 자체가 오해를 사던 시절엔 회의감이 컸다. 초창기 우리나라 바 문화가 상당히 왜곡돼 있던 시절이다. IMF 사태를 전후로 '섹시바' '토크바' 같은 유흥업소가 난립했을 때가 있다. 알마나 중요한 술을 내느냐가 중요한 게 아니라 그저 여성이 술을 따라주고 옆에 앉아 있으면 되는 식이었다. 진심으로 술을 대해 고민하는 바, 손님을 고려하는 바는 발길이 끊겼었다. 그러다 딸부 꼴뚜기의 바의 행태가 전체의 것이 양 비난을 받을 때는 '내가 이을 왜 하고 있나' 하는 허탈감이 컸다. 다행히 이제는 그런 바가 거의 사라

원래 꿈은 '초원 위 농장' 운영
고교 졸업후 롯데호텔 입사
웨이터일 하다 바텐더 매력 푹
조주기능사 자격증 따고 첫 발

단순히 술파는 직업 아니야
개성 강한 술 우리손 거치면
맛·향·색 3가지 하모니 재탄생
칵테일은 마음 잇는 실과 같아

'섹시바'로 오해편 회의감
유화파 바텐더도 늘어날만큼
'바'에 대한 인식도 달라져
낮밤 바뀐 생활 가족에 미안

전통주 칵테일 선구자
외국손님들 "한국선 한국술"
레드진생·감홍로 샤워 등
우리술 칵테일 꾸준히 만들것

시그니엘 '바81'에서 이석현 롯데호텔 수석바텐더가 칵테일을 흔들어 섞는 '셰이킹'을 하고 있다.　〈한주형 기자〉

졌다. 사람들이 눈을 뜬 것이다. 요즘 싱글몰트 위스키 바가 늘어나고 있는 건 아시나가 이제 술 자체를 주제로도 대화할 수 있는 시대가 열리고 있다. '문화가 있는바'의 시대 말이다. 조주사 자격증을 가진 사람이 4만7000명이다. 훌륭한 호비 바텐더들도 정말 많이 즐길 수 있는 바를 만들어가고 있다. 외국의 바텐더도도 한국을 찾고, 유화파 바텐더도 늘어났고, 바텐더들이 조금만 더 노력하면 우리나라에서 바 문화가 확고하게 정착할 수 있을 것이다.

—바텐더로 겪은 고충이 있다면.

▶바텐더 중에 경험이 한 번만 가본 사람들이 있을까. 아무리도 술에 취한 사람들을 많이 만나게되니까 처음에 어려운 게 많았다. 절었을 때 한 달에 한 번씩 날라문점창서에서 밤을 꼬박 새워야 했던 제도 있다. 술에 취한 손님의 주정을 부리다구 30만원짜리 테이블을 깨버리기도 하고, 계산을 못할 정도로 인사불성이 되기도 하고. 그럼 그 돈 안 받을 수가 없으니 112에 전화하고 같이 기다 한다. 손님은 유치장 안에서 주무시고, 그는 밖에서 빨대까지 기다린다, 합의화고 조서 받고 집에 아침 8시쯤 들어가면 자다가 또 오후 3시쯤 출근한다, 그럼 참 힘들지만 지나가버 추억이다.

—가족들의 불만은 없다.

▶제가 가장 미안에 하는 게 바로 아내와 딸이다. 바텐더는 직업 특성상 낮과 밤이 바뀔 수밖에 없다. 신혼 실림을 인천에 차렸는데, 잠 단도못 자고 첫차를 타고 퇴근한다. 눈 붙였다 다시 출근하는 생활을 한동안 반복했다. 아내와도 많은 얘기를 나눠야 하는데 피곤하다고 자고 그랬다. 지금은 집이서

을이지만 여전히 새벽 3시까진 잠을 안 잔다. 여기 예 술에 대한 욕심이 있어서 대학원도 다니고 공부도 하고, 심지어 2000년부터는 대학원 강의까지 나간다. 이까만 딸아이도 잘 자라줬다. 다섯 살, 여섯살, 제일 예쁠 때 품히 못 봤다. 그래서 바에 온 손님들 중에 아이 아빠들이 있으면 꼭 얘기한다. 아이 는 금방 크니까 추억 많이 쌓으라고. 아직도 딸아 얼렸을 때 소양강댐 놀러갔던 게 기억 난다. 어른이 눌러간 몇 안 되는 추억이다. 아이가 '아빠-아빠' 부르며 따라오던 제가 꿈 안아줬던 기억이 난다. 하지만 남편, 아빠를 언제나 이해해주고 든든하게 지원해주고 그저 고마운 마음뿐이다.

부모님께도 죄송하다. 제가 명랑에 내려가기 힘드니까, 부모님은 제가 자라는 동안 학비도 못 주고 알아서 크도록 해줬기 때문에 저만 잘되면 좋다고 하신다. 아직도 연세가 올해 여든넘이다. 어머니는 여든넷이라 정말 감사다. 시간이 많지는 않다고 생각이 들어서 많이 못 봤던 효를 해드리고 싶은 마음 뿐이다. 많이 못 챙겨드려 죄송하지만 아직도 두 분이 손잡고 함께 음식도 해서 드시고 정정하셔서 너무 감사하다.

—우리 전통주를 활용한 칵테일의 선구자로 불린다. 관심을 가지게 된 계기는.

▶당시 일하던 호텔 쪽 '바비린민'은 당시 대한민국 최고의 바로 명성이 높았다. 딱 생산권 맥주를 단기간에 있고 땅서 저은 숙성했다가 내놓으니 퀄리티가 상당히 높았다. 그런데 외국의 손님들이 맥주나 위스키 종류가 아니라 당시 판매하면 '김포 따갈리'를 마신다.

외국인들에게 한국에서 만든 마티니, 진토닉은 큰 매력이 없었던 것이다. 위스키 같은 것도 내용을

은 같은데 더 비싸기만 하고, 한국에 왔으니 한국 술을 마시고 싶어진다는 얘기다. 불과 수년 전가지만 해도 외국인 손님 10명 중 2~3명은 메뉴판 보다 가나가는 경우가 많았다. 그래서 우리 전통주로 공 따을 했다. 생각해보면 현존하는 칵테일을 상당수가 각 나라의 전통주로 만든 것이다. 전통주 전문가인 동국대 교수님 밑에서 공부하면서 양조장도 많이 찾아다니고 연구도 했다. 다섯 가지 세칼과 꽃과 향을 가진 '오감만족 오향씨 막걸리 칵테일'을 개발에 일본이나 홍콩에서도 선보였고, 청와대 국빈 햄시에서도 내놨다. 인삼을 활용한 '레드진생', 전통주 감홍로를 활용한 '감홍로 샤워' 등 종류도 늘리고 조주기능사 국가자격시험에도 전통주 베이스 칵테일을 포함시켰다. 앞으로도 우리 술을 활용한 칵테일은 꾸준히 만들고 싶다.

—자신만의 가게를 열 생각은 없나.

▶퇴직하면 내 가게를 차려하겠다는 생각은 하고 있다. 체력적으로 금전적으로 여유가 있을 때 비슷만해도 인간적인 향기가 그득한 바를 만들어보고 싶다. 돈이 없으도 그냥 한자 내줄 수도 있고, 와 살아가는 이야기를 서로 나눌 수 있는 그런 인간미 있는 바 말이다. 나를 좋아하는 사람들이 술 수 있는 공간을 정말 위해 하나하나 역량을 모았고, 이제는 어느 정도 갖춰졌다는 생각이 든다. 대신 호텔에 고마운 부분은 다 갚고 가고 싶다. 저랑 비슷 한 연배의 바텐더들은 모두 현업을 떠났다. 이 나이까지 비슷이 시를 지킨 전 정말 호텔이 받아준 덕분일이다. 대한민국 최고의 바가 시그니엘에 열릴 수 있도록 조급만 더 뛰어 갈 생각이다.

■ 저자 소개

이 석 현

동국대학교 산업기술환경대학원 식품공학과 졸업(공학석사)
한국관광대학, 장안대학 겸임교수
롯데호텔 식음팀 입사
조주사 자격증 취득
현) 사단법인 한국바텐더협회 회장
    롯데시그니엘호텔 수석바텐더
    주류품질인증제 심사위원/제1회 대한민국주류품평회 심사위원(국세청)
    한국직업능력개발원 ETPL 심사위원
    한국산업인력공단 조주기능사 필기 출제위원, 실기 감독위원
    고용노동부 NCS 과정평가 심사위원
    한국산업인력공단 조주분야 전문위원
    NCS 학습모듈 개발 교육분야 전문위원

주요 저서 및 논문
    집에서 즐기는 칵테일 파티
    조주학개론(현대 칵테일과 음료이론)
    손쉽게 풀어 쓴 양조학
    아이러브 칵테일
    전통 민속주를 이용한 칵테일 개발(학위논문)
    조주기능사 필기 쉽게 따기

김 용 식

단국대학교 대학원 식품영양학과(이학박사)
단국대학교 대학원 식품영양학과(이학석사)
경기대(관광경영학과), 경희대(조리학과)(관광경영학사)
이탈리아 I.C.I.F 조리학교 연수
프랑스 Le Cordon Bleu 조리학교 연수
미국 CIA 조리대학 Professional development 과정 수료
롯데호텔 근무
서울올림픽조직위원회 급식운영위원
서울국제외식산업식품전시회 조직위원회 기획부 위원장
현) 전국 외식, 급식관련 기업체 직무 교육 강사
    한국산업인력공단/기능사/산업기사/기능장 시험위원
    한국조리학회 학술부회장
    경희대학교 관광대학원 조리외식경영학과 강사
    단국대학교 일반대학원 식품영양학과 강사
    연성대학교 호텔조리과 교수

김 종 규

강원대학교 대학원 관광경영과 졸업(박사)
경희대학교 경영대학원 관광경영학과 졸업(석사)
롯데호텔 식음료부 근무
롯데호텔잠실 식음연회팀 근무
경북외국어테크노대학 관광과 겸임교수
경복대학교 관광과 겸임교수
현) 사단법인 한국베버리지마스터협회 부회장
    국제대학교 호텔관광학과 교수

주요 저서 및 논문
    호텔 조직내의 커뮤니케이션이 직무만족 및 경영 성과에 미치는 영향
    호텔 식음료 종사원 교육 훈련개선에 관한 연구
    호텔 식음료 실무/관광법규/실전 칵테일 외 다수

김 학 재

인천대학교 대학원 경영학과(경영학박사)
경희대학교 대학원 호텔경영과(호텔경영학석사)
호텔등급심사위원
코레일 외식분야 심사위원
한국외식경영학회 이사
고용노동부 외식서비스교육 담당위원
외식산업분야 창업 및 컨설턴트
현) 신안산대학교 호텔경영과 교수

주요 저서 및 논문

호텔 레스토랑 식음료 서비스 관리론
바리스타 자격증 쉽게 따기
소믈리에 자격증 쉽게 따기
NCS 자격증 검증을 위한 조주학개론
패밀리레스토랑의 지각된 서비스품질, 이미지, 고객만족과의 관계 및 감정의
조절효과 검증
물리적 환경이 고객만족의 구매의도와 구전의도에 미치는 영향에 관한 연구
관계혜택이 고객만족에 미치는 영향, 고객가치의 조절효과를 중심으로

김 선 일

국립강릉원주대학교 대학원(관광학박사)
경기대학교 서비스경영전문대학원 호텔관리전공 졸업(석사)
현) 한국폴리텍대학 강릉캠퍼스 호텔관광과 교수(학과장)
사단법인 한국베버리지마스터협회 이사
한국산업인력공단 조주기능사 강원지역 실기 심사위원
한국산업인력공단 IPP형 일학습병행 참여신청기업 현장실사위원
한국산업인력공단 일학습병행 외부평가 시험위원
강릉관광개발공사 글로컬 관광플랫폼 강릉DMO 위원
전) 한국관광공사 '호텔업 등급결정' 평가위원
강릉커피축제 실행위원
한국산업인력공단 '국가직무능력표준(NCS)' WG 심의위원
강원도인적자원개발위원회 강원지역 일자리 전문가

주요 저서 및 논문

하스피탈리티관리론, 바리스타자격증 쉽게 따기 외 다수
바텐더의 역할이 고객만족 및 재방문의도에 미치는 영향 외 다수
한국산업인력공단 시청각매체 칵테일기초비디오(원고집필)

조주학개론

2002년 9월 1일 초   판 1쇄 발행
2023년 5월 10일 개정12판 1쇄 발행

지은이 이석현 · 김용식 · 김종규 · 김학재 · 김선일
펴낸이 진욱상
펴낸곳 백산출판사
교   정 편집부
본문디자인 신화정
표지디자인 오정은

등   록 1974년 1월 9일 제406-1974-000001호
주   소 경기도 파주시 회동길 370(백산빌딩 3층)
전   화 02-914-1621(代)
팩   스 031-955-9911
이메일 edit@ibaeksan.kr
홈페이지 www.ibaeksan.kr

ISBN 979-11-6639-340-2 93980
값 37,000원